Textilmaschinen

ihre Konstruktion und Berechnung

Handbuch
für den Textilmaschinen-Techniker

Von
Ing. Paul Beckers
Dozent

Mit 282 Abbildungen im Text

M·KRAYN
BERLIN·W·
1 9 2 7

Paul Dünnhaupt, Großdruckerei, Cöthen i. Anh.

Vorwort.

Der Verfasser hat während seiner langjährigen Tätigkeit als Konstrukteur in Textilmaschinenfabriken, als Lehrer an Textilfachschulen und als Berater in textiltechnischen Fragen reichlich Gelegenheit gehabt, sich Aufzeichnungen zu machen über die Probleme, die im Laufe der Jahre an ihn herangetreten sind.

Von berufener Seite ermutigt, das gesammelte Material der Öffentlichkeit zugänglich zu machen, hat der Verfasser die Form einer Sammlung von Beispielen gewählt, die sowohl dem in der Praxis stehenden als auch dem studierenden Techniker des Textilfaches gute Dienste leisten soll.

Dem Ingenieur am Konstruktionstisch werden viele Beispiele Einblick gewähren in die tieferen Zusammenhänge zwischen dem zu entwerfenden Maschinenteil und der Wirkungsweise der ganzen Maschine.

Den Betriebsleitern, Obermeistern und anderen im Betrieb tätigen Personen gibt das Buch Aufschluß über wichtige Neukonstruktionen, über die Bedeutung der einzelnen Mechanismen und über den Einfluß von Konstruktionsänderungen auf den Ausfall des Arbeitsgutes.

Wir haben eine große Anzahl junger Techniker, die an technischen Mittelschulen und an Hochschulen studieren und sich neben ihrer allgemeinen Ausbildung auch eine solche in einem Spezialfache verschaffen möchten. So umfangreich die Textilliteratur ist, so sehr mangelte es doch bisher an einem Buch, welches dem Bestreben des Studierenden, sich mit der Eigenart der im Textilmaschinenbau zu behandelnden Fragen vertraut zu machen, entgegen kam.

Der Verfasser wollte vor allen Dingen zeigen, daß das tiefere Eindringen in das Wesen eines Mechanismus erst durch eine zahlenmäßige Berechnung ermöglicht wird und das formelmäßige Erfassen eines Vorganges auch dann von Nutzen sein kann, wenn die benutzten Rechnungsunterlagen der Zuverlässigkeit entbehren. Die Größe des ermittelten Wertes ist uns vielfach gleichgültig, wenn wir nur die Abhängigkeiten suchen.

Endlich wird das Buch auch dem theoretisch weniger gut Vorgebildeten nützlich sein; dieser kann aus den erläuternden allgemeinen Betrachtungen und aus den zahlreichen klaren Textfiguren manchen Vorteil ziehen.

So möge denn das Buch gute Aufnahme in den ihm zugedachten Kreisen finden.

Für die geschmackvolle Ausstattung des Werkes dankt der Verfasser seinem Verleger.

Inhaltsverzeichnis.

I. Allgemeiner Teil.

Seite

a) Die Ausbildung des textilen Nachwuchses 1
b) Wirtschaft und Technik im Webereibetrieb 4
c) Technische Begriffe 5
d) Was muß der Spinnerei- und Webereifachmann von den Gesetzen der Mechanik wissen? 9
e) Textiles Rechnen und Messen 10
f) Die Einteilung der Textilwaren 13

II. Berechnung von Getriebeteilen.

a) Der Webereipraktiker und die Maschinenfabrik 17
b) Mechanismen zur Erzielung von Geschwindigkeitsänderungen 18

Beispiel Nr. 1: Riemenantrieb zur Erzielung verschiedener Tourenzahlen . 23
a) Die Stufenscheiben 23
b) Die Riemenkonusse 25
Beispiel Nr. 2: Eine zweite Rechenmethode 26
Beispiel Nr. 3: Eine dritte Lösungsmöglichkeit 28
Beispiel Nr. 4: Unterbrochen arbeitende Getriebe 29
Beispiel Nr. 5: Schaltwerk 32
Beispiel Nr. 6: Antrieb mittels elliptischer Zahnräder 35
Beispiel Nr. 7: Eine genauere Berechnungsart 37
Beispiel Nr. 8: Differentialwerk mit Kegelrädern 40
Beispiel Nr. 9: Differentialwerk anderer Konstruktion 41
Beispiel Nr. 10: Pilgerschritt-Mechanismus 42
Beispiel Nr. 11: Zahnräderberechnung bei gegebenem Achsenabstand . . 43
Beispiel Nr. 12: Räderberechnung an einer Preßmaschine 44
Beispiel Nr. 13: Getriebeberechnung an einer Lufttrockenschlichtmaschine . 46
Beispiel Nr. 14: Periodisch wechselnde Schußdichten 47
Beispiel Nr. 15: Über die Konstruktion von Hublinien 49
Beispiel Nr. 16: Tourenregulierung an Webstühlen 53
Beispiel Nr. 17: Friktionsgetriebe an einer Blockschärmaschine 54
Beispiel Nr. 18: Fadenführermechanismus an einer „amerikanischen Windemaschine“ 55
Beispiel Nr. 19: Antrieb der Trittexzenter 56
Beispiel Nr. 20: Positiver Sandbaumregulator 57
Beispiel Nr. 21: Positiver Sandbaumregulator 58
Beispiel Nr. 22: Getriebe an Doppelsamt- und Plüschwebstühlen 59
Beispiel Nr. 23: Positive und negative Regulatoren 62
Beispiel Nr. 24: Kompensationsregulator 63
Beispiel Nr. 25: Präzisionsmeßmaschine 64
Beispiel Nr. 26: Planetengetriebe an Schützenwechselvorrichtungen . . . 67

Seite

Beispiel Nr. 27: Archimedische Spirale 69
Beispiel Nr. 28: Meßvorrichtungen 70
Beispiel Nr. 29: Zähl- und Schmitzapparat 72
Beispiel Nr. 30: Webstuhlantrieb 75
Beispiel Nr. 31: Friktionsantrieb an einer Sektions-Schärmaschine . . . 76
Beispiel Nr. 32: Schußdichtenkontrolle an Webstühlen 78
Beispiel Nr. 33: Klemmgetriebe 78
Beispiel Nr. 34: Fadenführerantrieb an einer Treibmaschine 80
Beispiel Nr. 35: Lyall's Antrieb 81
Beispiel Nr. 36: Riementriebberechnung 83
Beispiel Nr. 37: Mangelradtrieb 84
Beispiel Nr. 38: Kettentrieb 84
Beispiel Nr. 39: Knowlesgetriebe 85
Beispiel Nr. 40: Hartmann-Wechsel 86
Beispiel Nr. 41: Wechsel mit ineinandergeschobenen Exzentern 87
Beispiel Nr. 42: Wechsel mit zwei gleichgroßen Kreisringexzentern . . . 88
Beispiel Nr. 43: Kreisringexzenter zum Jacquardmaschinenantrieb . . . 88

III. Kritische Untersuchungen von Mechanismen.

Beispiel Nr. 44: Über Webladenantriebe 90
Beispiel Nr. 45: Die Stechereinrichtung am mechanischen Webstuhl . . . 97
Beispiel Nr. 46: Kritische Betrachtung von Schlagmechanismen 100
Beispiel Nr. 47: Die Erdbeschleunigung und ihr Einfluß auf die Höchstgeschwindigkeit kraftschlüssiger Mechanismen 103
Beispiel Nr. 48: Über Ladenbewegungen 106
Beispiel Nr. 49: Die Konus-Kettenschärmaschine 110
Beispiel Nr. 50: Verfahren und Vorrichtung zum Schären von Kettenfäden auf Konus-Schärmaschinen 112
Beispiel Nr. 51: Die Untersuchung von Kettbaumbremsen 115
Beispiel Nr. 52: Über Webstuhlkupplungen 119
Beispiel Nr. 53: Die Webstuhlschützenkastenzunge 126
Beispiel Nr. 54: Berechnung der Schaftrollenzüge an Innentrittexzenterstühlen 128
Beispiel Nr. 55: Der Einfluß des Fadenzuges auf den Lauf des Webschützens 130
Beispiel Nr. 56: Der Exzenterschlagmechanismus 131
Beispiel Nr. 57: Die Beurteilung der Leistungsfähigkeit von Kett-, Schußspulmaschinen und Webstühlen 135
Beispiel Nr. 58: Berechnung einer Webstuhlkettenbaumbandbremse . . . 139
Beispiel Nr. 59: Abhängigkeiten an Spulmaschinen 139
Beispiel Nr. 60: Über die Bauert des mechanischen Oberschlagwebstuhles . 140
Beispiel Nr. 61: Das Konstruktionsprinzip der Exzenter - Kreuzkettspulmaschine 147
Beispiel Nr. 62: Schwungradberechnungen an mechanischen Webstühlen . . 149
Beispiel Nr. 63: Die Beanspruchung der Streichwalzen und Streichriegel an Webstühlen 152
Beispiel Nr. 64: Bäumvorrichtung an einer Konusschärmaschine 156
Beispiel Nr. 65: Kurbelwellenberechnung am Webstuhl 157
Beispiel Nr. 66: Der Schützenantrieb Patent Souczek 158
Beispiel Nr. 67: Über Kreuzspulmaschinen 160

IV. Verschiedene Beispiele.

Seite

Beispiel Nr. 68: Die Bedeutung des Trägheitsgesetzes für Textilmaschinen . 163
Beispiel Nr. 69: Apparate zur Bestimmung des Kraftverbrauches von Arbeitsmaschinen 165
Beispiel Nr. 70: Ein Mittel zur Förderung des Webstuhlbaues 167
Beispiel Nr. 71: Der Auerbach-Automat 170
Beispiel Nr. 72: Fadendrehungsverhältnisse bei der Kapselspinnmaschine . 172
Beispiel Nr. 73: Eine Studie über das Zwirnen 174
Beispiel Nr. 74: Drehungsberechnung des Zwirnes 177
Beispiel Nr. 75: Bestimmung der Drehungskonstanten bei Zwirnmaschinen . 178
Beispiel Nr. 76: Baumwollzwirnberechnung 180
Beispiel Nr. 77: Die Tourenregulierung der Ringspinnmaschine 181
Beispiel Nr. 78: Die Fadenbeanspruchung beim Vorbereitungsprozeß . . 189
Beispiel Nr. 79: Längen- und Gewichtsberechnung von Geweben 192
Beispiel Nr. 80: Die Wirkungsweise der Kratzenrauhmaschine 199
Beispiel Nr. 81: Die Mischungsrechnung 202
Beispiel Nr. 82: Die Wolfrum-Schaftmaschine 221
Beispiel Nr. 83: Die Garnwagen 223
Beispiel Nr. 84: Kettenfadenschonung und Fachbildung 230
Beispiel Nr. 85: Graphische Berechnungen 233
Beispiel Nr. 86: Ermittlung des Webwarengewichtes 237
Beispiel Nr. 87: Die Warenprüfungsämter für das Textilgewerbe 240

V. Elektrizität und Wärme.

a) Die Bedeutung der Elektrizität für die Textilindustrie 243
b) Kraft- und Wärmewirtschaft in der Textilindustrie 246
Beispiel Nr. 88: Heizung, Luftbefeuchtung, Lufterneuerung 251
Beispiel Nr. 89: Kettenfadenwächter 253
Beispiel Nr. 90: Der Heizwert der Brennstoffe 258
Beispiel Nr. 91: Der Leistungsfaktor im elektrischen Fabrikbetriebe . . 260
Beispiel Nr. 92: Elektrischer Gruppen- oder Einzelantrieb in Webereien . 263
Beispiel Nr. 93: Der Pendelantrieb 265
Beispiel Nr. 94: Berechnung des Handelsgewichtes 265
Beispiel Nr. 95: Ermittlung des Feuchtigkeitsgehaltes der Luft 266
Beispiel Nr. 96: Die Garnbefeuchtung 267

I. Allgemeiner Teil.

a) Die Ausbildung des textilen Nachwuchses.

Es dürfte sich erübrigen, den Nachweis dafür zu erbringen, daß wir mit allen uns zur Verfügung stehenden Mitteln die Ausbildungsmöglichkeiten für die späteren Führer unserer Textilindustrie und unseres Textilhandels fördern müssen. Wir müssen uns zu diesem Zweck die Frage vorlegen: sind diese Ausbildungsmöglichkeiten in unserem Vaterlande vorhanden, und genügen sie den Anforderungen, welche man im Interesse unserer Volkswirtschaft und unserer Zukunft als Industriestaat notwendigerweise an diese Führer stellen muß?

Ich selbst stehe seit 25 Jahren mit der Textilindustrie in Verbindung, war 13 Jahre Lehrer an Textilfachschulen und glaube, mir also ein Urteil bilden zu können.

Was uns fehlt in Deutschland, ist meiner Ansicht nach eine Textil-Hochschule oder, wenn wir uns anders ausdrücken wollen, ein Zentral-Institut, welches die höchste Berufs-Ausbildung auf textilem Gebiet gewährt. Vorbilder hierfür besitzen wir beispielsweise in England in dem Technischen Institut Bradford.

Meiner Ansicht nach ist das Textilfach in den letzten Jahren eine Wissenschaft geworden, die ebensosehr der Pflege bedarf, wie die klassischen, allgemeinen technischen Wissenschaften. Unsre Höheren Textilfachschulen können den Grundstock zur Betätigung ihrer Absolventen in dieser Wissenschaft nicht schaffen, weil das Schülermaterial größtenteils nicht die nötige theoretische Vorbildung besitzt und die Ausbildungszeit zu kurz ist.

Selbstverständlich kommen von unseren Universitäten und Technischen Hochschulen Kräfte, welche Großes auf dem Gebiete der Textilindustrie geleistet haben und noch leisten werden. Aber diese Herren sind doch in vielen Fällen als Forscher tätig, als reine Wissenschaftler, ein Feld, welches ihnen naturgemäß am meisten zusagt, und man hört nicht selten die Klage, daß die Praxis nicht das richtige Organ für die Bewertung und Einschätzung der Leistungen dieser Kategorie besitzt.

Hier komme ich nun zum Kernpunkt der Sache.

Wir brauchen Leute in unserer Textilindustrie, welche von höherer Warte aus das Rüstzeug betrachten können, welches ihnen die Wissenschaft bietet, und welche umgekehrt auch in der Lage sind, gemäß ihrer Vorbildung und ihres Interessenkreises der Wissenschaft Helferdienste zu leisten. Ich will nicht sagen, daß uns diese Kategorie von Leuten in der Textilindustrie fehlt, aber es mangelt an solchen Leuten, weil es an einer Ausbildungsstätte mangelt. Das Technikum Reutlingen als Institut der Technischen Hochschule Stuttgart kann allerdings als eine solche Stätte wohl angesehen werden, sonst ist mir aber in Deutschland (von Färbereischulen abgesehen) kein Institut bekannt, welches die oben skizzierte Aufgabe übernommen hätte, ein Schülermaterial zu erziehen, welches den nötigen wissenschaftlichen Geist mit in die Praxis nimmt.

Kurz zusammengefaßt: wir haben in Deutschland wohl Ausbildungsstätten für Textilwissenschafter und spätere Textilpraktiker, aber das Zwischenglied fehlt: der wissenschaftlich geschulte Praktiker. Dieser kann entweder nur den Weg über die Hochschule nehmen, oder er muß nach dem Besuch einer höheren Textilfachschule seine theoretische Ausbildung weiter vervollkommnen. Wir brauchen also in unserer Textilindustrie ein Institut, welches z. B. den Chemnitzer Technischen Staatslehranstalten, Abteilung Gewerbeakademie, gleichzustellen wäre. In der allgemeinen Technik die Steigerung: Maschinenbauschule, Gewerbeakademie, Technische Hochschule und in der Textilbranche die Steigerung: Textilfachschule, textiltechnische Akademie, Technische Hochschule.

Augenblicklich hat der Textiltechniker drei Wege, die er beschreiten kann.

1. Akademische Ausbildung. Er absolviert die Technische Hochschule im üblichen akademischen Lehrgang (Reifezeugnis einer neunklassigen Höheren Schule, mindestens 4½jähriges Studium auf der Hochschule in einer Abteilung für Maschinenbau bzw. Fabrikingenieure und wählt eine solche, an der das Textilfach vertreten ist. In seinen Prüfungsarbeiten kann die Faserindustrie berücksichtigt werden. Das praktische Jahr würde natürlich am besten in einer Textilmaschinenfabrik zurückgelegt werden. Nunmehr ist wohl die maschinentechnische Seite des Ingenieurs so weit ausgebildet, daß er weitgehenden Ansprüchen theoretischer Art genügt, jedoch mangelt es noch an rein weberei- bzw. spinnereitechnischen Kenntnissen, die besonders dann vorhanden sein müssen, wenn eine leitende Anstellung in einer Spinnerei oder Weberei angestrebt wird. Praktische Betätigung als Volontär, besser aber der Besuch einer Höheren Textilfachschule würden diesem Mangel abhelfen. Ist der Besuch einer solchen Textilfachschule beabsichtigt, würde natürlich ein Spezialstundenplan in Frage kommen. Die maschinentechnischen Fächer würden gestrichen und durch spinnerei- bzw. webereitechnische ersetzt, soweit sie nicht schon durch Vorlesungen der Hochschule erledigt sind. ¾—1 Jahr würde zur Ausbildung in einem Spezialzweige alsdann genügen.

Es ist zu berücksichtigen, daß es für den zukünftigen Konstrukteur außer rein maschinentechnischen Fragen viele Aufgaben gibt, die nur dann einwandfrei zu lösen sind, wenn die Kenntnisse des allgemeinen Maschinenbaues durch rein textiltechnische Erfahrungen unterstützt werden.

2. Ausbildung auf mittleren technischen Lehranstalten. Der Werdegang ist am besten folgender: Gute Allgemeinbildung (Sprachen), praktische Tätigkeit in einer Textilmaschinenfabrik (Appreturmaschinen, Vorbereitungsmaschinen, Webstühle, Spinnereimaschinen usw.), Absolvieren eines Technikums oder einer Maschinenbauschule, praktische Tätigkeit in einer Spinnerei oder Weberei, Besuch einer Höheren Textilfachschule. Solche gibt es in Aachen, Barmen-Elberfeld, Berlin, Chemnitz, Greiz, Kottbus, Krefeld, Mülhausen, München-Gladbach, Reichenbach, Reutlingen, Sorau, Zittau. In letzter Zeit haben die technischen Staatslehranstalten in Chemnitz eine Abteilung für Textil-Ingenieure ins Leben gerufen, die besondere Beachtung verdient, weil der ganze Lehrplan auf die spätere Betätigung als Textilmaschinenfachmann zugespitzt ist, so daß manches weniger Wichtige fortbleiben und durch anderes ersetzt werden kann, welches von größerem Nutzen ist.

3. Der zukünftige Spinnerei- oder Webereifachmann, dem lediglich die Herstellung des Gespinstes bzw. der Webwaren obliegt, wird sich mit dem Besuch einer höheren Textilfachschule begnügen. Es kommen in Frage: die Preuß. Höh. Fachschule für Textilindustrie in Aachen für die theoretische und praktische Ausbildung in der Wollenindustrie: Spinnerei (Kammgarn und Streichgarn), Weberei, Färberei und Appretur, Dauer 1 bis 4 Semester; die Preuß. Höh. Fachschule für Textilindustrie in Barmen-Elberfeld, hauptsächlich für die Bandindustrie; die Höhere Fachschule für Textil- und Bekleidungsindustrie in Berlin: kaufmännischer Fachkursus, Musterzeichnen, Bekleidungsindustrie, Posamentierkursus, Hand- und Maschinenstickerei, Stickerei, Wirkerei, Färberei, Chemie, 1—6 Semester; die Höhere Webschule und Webereifachschule mit Prüfamt in Chemnitz*): webereitechnische, maschinentechnische, geschmackbildende sowie allgemeinbildende Fächer, Dauer 1—3 Jahre; die Höhere Wirkschule in Chemnitz**); die Höhere Webschule in Greiz, verbunden mit öffentlichem Warenprüfungsamt für das Textilgewerbe und Stickereischule; die Preuß. Höhere Fachschule für Textilindustrie in Kottbus: Spinnerei, Weberei, Färberei, Appretur, Stopferei, 1—4 Semester; die Höhere Fachschule für Textilindustrie, Färberei- und Appreturschule in Krefeld: Chemie, Physik, Mineralogie, technische Botanik, Druckerei, Appretur, Textilgewerbe, Maschinenkunde, Dauer 6 Semester; die Webschule der Preuß. Höheren Fachschule für Textilindustrie in Krefeld: Weberei, Spinnerei, Zeichnen, Stickerei, Weißnäherei, Spezialkurse für Seide und Samt; die Preuß. Höhere Fachschule für Textilindustrie in München-Gladbach: Spinnerei, Weberei, Färberei, Appretur, 2—4 Semester; die Höhere Web- und Spinnschule mit öffentlichem Warenprüfungsamt für das Textilgewerbe in Reichenbach i. Sachsen*): Weberei, Spinnerei, Gewebelehre, Mathematik, Zeichnen, Maschinenbau, Textilgewerbe, technische Verwaltung, 1 bis 3 Jahre; das Technikum für Textilindustrie in Reutlingen: Spinnerei, Weberei, Wirkerei, Musterzeichnen, Textilchemie, Bleicherei, Färberei, Appretur, allgemeine Maschinenlehre, Handelskurse, Jahreskurse, freiwillige Fach-, Abgangs- und Meisterprüfung; die Preuß, Höhere Schule für Textilindustrie in Sorau (N.-L.): Flachsbau und -bereitung, Bastfaserspinnerei, Seilerei, Weberei. Färberei, Bleicherei, Appretur, Musterzeichnen, Damenkonfektion, Kunststickerei, Sonderschule für Leinen- und Baumwollindustrie und Seilerei, 1 Semester bis 3 Jahre; die Höhere Städtische Webschule in Zittau i. Sa.*): Weberei, Musterzeichnen, Damenfachklasse für Weberei, Stickerei und Schneiderei, 1—3 Jahre. Leute, welche sich neben ihrem Beruf in ihrem Fache weiter ausbilden wollen, haben hierzu Gelegenheit in den Abend-Textilschulen, die fast an allen Orten mit entwickelter Textilindustrie anzutreffen und vielfach den Höheren Webschulen angegliedert sind.

Neben der Webschulbildung sind eine kaufmännische Ausbildung und praktische Webereitätigkeit von Nutzen. Viele besuchen außer einer Webschule noch eine Handelsschule. Auch an einigen der neuerdings entstandenen Handelshochschulen finden einzelne Vorlesungen über die Grundlagen der Textiltechnik statt, so z. B. in Köln und Leipzig, wo allerdings nur ein allgemeines Verständnis für diese Fragen bei Spezialkaufleuten erweckt werden soll.

---

*) Die höheren Fachschulen im Freistaat Sachsen führen seit einigen Jahren die Bezeichnung „Höhere Fachschule für Textilindustrie".

**) „Höhere Fachschule für Wirkerei- und Strickerei-Industrie".

Das Fortkommen des Textilfachmannes ist so unterschiedlich wie möglich. Mancher bleibt zeitlebens in nachgeordneter Stellung, obwohl er eine Webschulbildung erfahren hat, andere kommen rasch vorwärts und bringen es in verhältnismäßig jungen Jahren zum technischen Betriebsleiter. Die Gehälter sind nicht immer hoch, Branche und Gegend spielen eine große Rolle. So sollen z. B. die Gehälter in Spinnereien höher sein als in Webereien. Die Textilmaschinentechniker bekleiden Stellen in Spinnerei- und Webereimaschinenfabriken, als Reiseingenieure solcher Firmen, als Betriebsleiter von Spinnereien und Webereien, als selbständige Vertreter von Textilmaschinenfabriken und als Zivilingenieure, als Angestellte der Textilberufsgenossenschaften, als Lehrer an Textilfachschulen, Beamte der Warenprüfungsstellen, der staatlichen Materialprüfungsämter und des Patentamtes. Für behördliche Posten werden naturgemäß meist bestimmte Vorbildungsnormen bestehen, oft wird vollakademische Bildung verlangt, oft tritt die mehr praktische Ausbildung in den Vordergrund. Im Auslande, besonders auch in Rußland, wußte man die Tüchtigkeit der deutschen Textilfachleute sehr zu schätzen, waren sie doch oft die eigentlichen Schöpfer neuer wichtiger Industriezentren.

b) Wirtschaft und Technik im Webereibetriebe.

Der gewaltige Aufschwung, den unsere Technik genommen hat, ist zum großen Teil zu verdanken dem innigen Zusammenarbeiten von Theorie und Praxis. Beide sollen sich nach einem Goethewort ergänzen, wie das Ein- und Ausatmen. Dort, wo Theorie und Praxis in einem gespannten Verhältnis zueinander stehen, ist an einen rationellen Ausbau eines Industriezweiges nicht zu denken. Das Wort: „Zeit ist Geld“ gilt jetzt noch mehr als früher, da wir gezwungen sind, unter bedeutend erschwerten Umständen die Konkurrenz des Auslandes aus dem Felde zu schlagen.

Zur Erhöhung der Wirtschaftlichkeit unserer Betriebe sind 3 Forderungen zu erfüllen: die Schaffung von Arbeitsmethoden und Betriebsmitteln, die Betriebskontrolle und die Erziehung des Nachwuchses im praktisch-wissenschaftlichen Sinne. Ein warnendes Beispiel aus unwissenschaftlich arbeitender Zeit sind die sogenannten Rezepte und Vorschriften, mit denen zum Beispiel viel in Schlichtereien und Appreturen gearbeitet wurde, und welche vom Besitzer, dem Schlichter und dem Appreturmeister streng geheim gehalten wurden, und die in vielen Fällen einzig und allein zur Erhaltung seiner Position im Betriebe ausschlaggebend waren. Wieviel Zeit und Geld wird allein mit dem Ausprobieren solcher Rezepte verloren gegangen sein, und welche Werte wären erhalten geblieben, wenn man immer die Erfahrungen der Wissenschaft verwertet hätte. Die mühsam errungenen Erfahrungen sollten im modern geleiteten Betrieb gesammelt und geordnet werden, wodurch ein wirksames Auskunftsmittel geschaffen würde.

Ich weise auf die Notwendigkeit des Kritikvermögens der verantwortlichen Personen hin. Der Lehrer an einer Höheren Webschule, wo hauptsächlich Fabrikantensöhne ausgebildet werden, hat oft genug Gelegenheit, Aussprüche zu hören wie: „Nähere Untersuchungen der Mechanismen brauche ich nicht; wenn ich nur Warenkenntnisse besitze.“ Die zweckmäßige Ergänzung des Maschinenparkes, die fortwährende Beobachtung der Neuerungen, welche der Maschinenmarkt bringt, wird also als unwesentlich betrachtet, beziehungsweise nachgeordneten Stellen überlassen, wodurch Verhältnisse geschaffen werden, wie sie in einem modern geleiteten Betriebe nicht sein dürfen, und die dahin ausarten, daß die Anschaffung der Maschinen von Umständen abhängig gemacht werden kann, die keineswegs maßgebend sein sollten: Wohlwollen des ausschlaggebenden Beamten gegenüber der Maschinenfabrik, wobei der Grundsatz „non olet" schon oft eine entscheidende Rolle gespielt hat. Dieses Kritikvermögen ist aber die Frucht eines ernsten Studiums der verschiedenen Mechanismen und setzt zur erfolgreichen Betätigung allgemeintechnische Kenntnisse voraus, so daß der zukünftige Fabrikant, der die Aneignung derselben für nutzlos hält, niemals imstande sein wird, wirklich sachgemäße Entscheidungen bei dem Ankauf von Maschinen zu treffen. Wer erfolgreich eine bessere Ausnutzung der Werkstoffe, der Arbeits- und Hilfskräfte, eine Verbesserung des Enderzeugnisses, eine Verbindung von Höchstleistung und Qualitätsarbeit, die Einführung zeit-, geld- und kraftsparender Verfahren, höhere Leistungsfähigkeit, längere Betriebstüchtigkeit, Sparsamkeit der Maschinen, Apparate und Motoren, Verringerung der Betriebsstillstände erzielen will, der muß durch und durch Techniker sein und das erwähnte Kritikvermögen besitzen.

Die Wissenschaft bietet dem Fabrikanten hilfreiche Hand, er braucht nur zuzugreifen. Die verschiedenen Forschungsinstitute Deutschlands sind unablässig bemüht, neues Tatsachenmaterial zu sammeln und der Praxis nutzbar zu machen, und an letzterer ist es, dieses zu benutzen und auch ihrerseits die gemachten Erfahrungen diesen Instituten mitzuteilen. Selbstverständlich ist größter Wert auf eine geeignete Ausbildung des industriellen Nachwuchses zu legen, durch Ausbau der Berufsberatung, der Fachschulen usw. Nicht in der Vermittlung einer Summe von Kenntnissen allein soll die letztere ihre Aufgabe erblicken, sondern auch in der Anerziehung des technischen Denkens.

c) Technische Begriffe.

In Schriften technischen Inhalts, und beim Studium der Tageszeitungen und der Fachzeitschriften stößt der nicht technisch vorgebildete Leser immer wieder auf Begriffe, deren Bedeutung er nicht kennt und die ihm das Verständnis erschweren. Und da es leider nicht jedem Wißbegierigen möglich ist, seine Kenntnisse so zu erweitern, wie er möchte, oder sich eine Schulbildung nach seinen Wünschen zu verschaffen, so seien im folgenden einige technische Begriffe als Anregung zu weiterer Vertiefung in solche Kenntnisse erläutert.

Die Schwere äußert sich als das Bestreben eines jeden Körpers, sich nach dem Erdmittelpunkte hin zu bewegen. Wird demnach ein Körper an dieser Bewegung nicht verhindert, so setzt er sich in der Richtung nach dem Erdmittelpunkt in Bewegung (Fallbewegung); wird jedoch diese Bewegung vereitelt, so übt der Körper einen Druck oder Zug auf die Befestigung aus, den man das Gewicht des Körpers nennt. Die Einheit des Gewichtes ist das Kilogramm. 1 kg = dem Gewicht von 1 Liter reinen Wassers bei 4° C unter dem Luftdrucke von einer Atmosphäre, d. i. der Druck einer Quecksilbersäule von 735,5 mm Höhe und 1 Quadratzentimeter Druckfläche. Unter einer technischen Atmosphäre versteht man also den Druck von 1 kg pro Quadratzentimeter.

Das spezifische Gewicht. Man nennt so das Gewicht der Raumeinheit eines Körpers. Das relative oder spezifische Gewicht eines Körpers erhält man, wenn man das Gewicht des Körpers durch das Gewicht eines gleichgroßen Wasservolumens dividiert. Das spezifische Gewicht ist also eine Verhältniszahl, die angibt, wieviel mal schwerer der betreffende Körper ist als dieselbe Raumeinheit Wasser.

Die Masse ist die Gesamtheit der Moleküle (kleinste Teilchen) eines Körpers. Man ermittelt die Masse eines Körpers, indem man sein Gewicht durch die Erdbeschleunigung dividiert.

Geschwindigkeit ist der Weg, den ein Körper in einer Sekunde zurücklegt. Beschleunigung ist die Geschwindigkeitszunahme in einer Sekunde, Verzögerung die Geschwindigkeitsabnahme in der gleichen Zeit. Fallbeschleunigung ist die Beschleunigung eines frei herunterfallenden Körpers; sie beträgt 9,81 m in der Sekunde.

Die mechanische Arbeit ist das Produkt aus der Größe einer Kraft und dem von ihr zurückgelegten Weg. Die praktische Einheit der mechanischen Arbeit ist das Meterkilogramm = 1 mkg, d. h. die Arbeit, welche geleistet werden muß, um einen Widerstand von 1 kg längs eines Weges von 1 m zu überwinden.

Leistung oder Effekt heißt das Verhältnis der Arbeit zur Zeit, in der sie verrichtet wurde. Im technischen Maßsystem ist die Leistungseinheit das Sekunden-Meterkilogramm (mkg/sek) oder auch die Pferdestärke = 1 PS = 75 mkg/sek. In der Elektrotechnik benutzt man als Einheit das Kilowatt. Es besteht die Beziehung: 1 Kilowatt = 1,359 PS.

Das Arbeitsvermögen. Ändert sich der Bewegungszustand eines Körpers, nimmt seine Geschwindigkeit ab, so wird eine gewisse Arbeitsleistung frei; der bewegte Körper kann Arbeit abgeben. Dieses Arbeitsvermögen nennt man kinetische Energie oder lebendige Kraft. Voraussetzung für das Arbeitsvermögen ist die Fähigkeit des Körpers, bei einer Beschleunigung Arbeit aufstapeln zu können; der Körper wirkt als Kraftmagazin: er hat einen Arbeitsinhalt.

Jeder sich selbst überlassene Körper will sich infolge des Beharrungsvermögens gleichförmig in gerader Linie fortbewegen. Soll er eine Kreisbewegung ausführen, so muß eine Kraft vorhanden sein, welche ihn nach dem Kreismittelpunkt hinzieht. Diese Kraft heißt die Zentripetalkraft. Das Bestreben des rotierenden Körpers, sich vom Mittelpunkt der Bewegung zu entfernen, nennt man die Zentrifugalkraft des Körpers. Da hier von einem rotierenden Körper die Rede ist, so soll an dieser Stelle noch die Winkelgeschwindigkeit erwähnt werden. Es ist dies der Winkel, welchen jedes Massenteilchen in einer Sekunde beschreibt.

Das Trägheitsmoment. Das vorhin erwähnte Arbeitsvermögen eines bewegten Körpers erhält man, wenn man die halbe Masse M des Körpers mit dem Quadrat seiner Geschwindigkeit v multipliziert: $\frac{M}{2} v^2$. Für einen rotierenden Körper, d. i. ein solcher, der sich um eine feststehende Achse dreht, kann aber diese Formel nicht mehr benutzt werden, weil eine einheitliche Geschwindigkeit nicht vorhanden ist. Ersetzt man die Geschwindigkeit v durch die Winkelgeschwindigkeit w, so gelangt man zu der Formel $\frac{J}{2} w^2$ für das Arbeitsvermögen eines rotierenden Körpers. Es ist also an Stelle der Masse M ein anderer Begriff J getreten, das Trägheitsmoment, das ist das Produkt der einzelnen Massenteilchen mal dem Quadrat ihrer Abstände von der Drehachse.

Das Trägheitsmoment läßt sich bei gesetzmäßigen Körpern leicht berechnen. Die Trägheitsmomente für die am häufigsten vorkommenden Querschnitte sind bekannt und in Tabellen zusammengestellt. Körper, die auf Biegung beansprucht sind, die sich also unter dem Einfluß ihrer Belastung durchbiegen, d. h. deren Querschnitte sich um eine Schwerpunktsachse drehen wollen, können nur unter Benutzung des Trägheitsmomentes dieses Querschnittes (Summe aller kleinsten Querschnittsteilchen, multipliziert mit dem Quadrat ihres Abstandes von der Schwerpunktsachse [Biegungsachse]), welches man das geometrische Trägheitsmoment nennt, berechnet werden.

Das Widerstandsmoment bekommt man, wenn man das Trägheitsmoment durch den Abstand des äußersten Querschnittsteilchens von der neutralen Schicht (Schwerpunktsachse) dividiert. Der Ausdruck „Widerstandsmoment" weist darauf hin, daß er uns Aufschluß gibt über die Fähigkeit eines Körpers, Biegungsbeanspruchungen standhalten zu können. Diese Biegungsbeanspruchung wird hervorgerufen durch das statische Moment (Drehungsmoment). Hierunter versteht man den Abstand der Kraft (Belastung) vom Drehungspunkte. Handelt es sich um einen auf Biegung beanspruchten Balken, so gilt der gefährliche Querschnitt als Drehpunkt, d. i. jener Querschnitt, in welchem bei Überlastung der Bruch des Balkens erfolgen würde.

Die zulässigen Spannungen, welche in einem Konstruktionsteile auftreten dürfen, müssen erheblich unter der Bruchspannung und der Elastizitätsgrenze bleiben, weil sonst der Teil brechen oder seine Form dauernd ändern würde.

Das Parallelogramm der Kräfte. Wenn auf einen Körper gleichzeitig zwei Kräfte einwirken, so lassen sie sich ersetzen durch eine dritte Kraft, welche nach Größe und Richtung gegeben ist, durch die vom Angriffspunkt aus gezogene Diagonale desjenigen Parallelogrammes, welches sich aus den beiden gegebenen Kräften als Seiten konstruieren läßt.

Das Polygon der Kräfte. Hat man mehr als zwei Kräfte, welche in einem Punkte gleichzeitig angreifen, so wendet man das soeben beschriebene Verfahren erst auf zwei der Kräfte an, dann auf die gefundene Resultierende und eine dritte Kraft usw.

Die schiefe Ebene. Liegt ein Körper auf einer geneigten Ebene auf, so wirkt sein Gewicht senkrecht nach unten. In dieser Richtung kann aber ein Druck auf die Unterlage nicht ausgeübt werden. Man muß deshalb nach dem „Parallelogramm der Kräfte" eine Zerlegung der Resultierenden (Erdanziehungskraft) vornehmen, in eine Seitenkraft, welche sich als Druck auf die schiefe Ebene bemerkbar macht, und in eine solche, welche parallel zur Ebene wirkt und den Körper die Ebene herunterzuziehen sucht. Jene Kraft, welche das Heruntergleiten des Körpers zu verhindern sucht, ist der Reibungswiderstand zwischen Körper und Unterlage. Die Größe dieses Reibungswiderstandes ist abhängig von dem Gewicht des Körpers und von der Beschaffenheit der reibenden Flächen; diese kommt zum Ausdruck in dem sogenannten Reibungskoeffizienten, d. i. eine unbenannte Zahl kleiner als eins, welche für alle möglichen Körper durch Probieren ermittelt worden ist. Diese Zahl steht in Beziehung zum Reibungswinkel; hat nämlich die schiefe Ebene eine ganz bestimmte Neigung zur Horizontalen, schließt sie einen ganz bestimmten Winkel ein, so steht diejenige Kraft, welche den Körper die Ebene herunterzuziehen sucht, im Gleichgewicht mit dem Reibungswiderstand zwischen Körper und Unterlage. Tritt dieser Zustand ein, so ist die Ebene um den Reibungswinkel gegen die Horizontale geneigt. Das Verhältnis der Höhe der so eingestellten schiefen Ebene zu ihrer Längenprojektion gibt alsdann den Reibungskoeffizienten an.

Eine Kalorie ist die Wärmemenge, die notwendig ist, um 1 Kilogramm Wasser um 1° C in der Temperatur zu erhöhen. Die spezifische Wärme eines Körpers ist die Wärmemenge in Wärmeeinheiten (Kalorien) ausgedrückt, die erforderlich ist, um die Temperatur von 1 kg des Körpers um 1° C zu erhöhen.

Latente Wärme, auch Verdampfungswärme genannt, ist die Wärmemenge, welche erforderlich ist, um ein Kilogramm der Flüssigkeit von der Siedetemperatur entgegen dem konstanten äußeren Druck, in Dampf von derselben Temperatur zu verwandeln. Flüssigkeitswärme ist die Wärmemenge, welche einem Kilogramm einer Flüssigkeit zugeführt werden muß, um deren Temperatur ohne Änderung der Aggregatform (die durch verschiedene Art des Zusammenhanges der Moleküle eines Körpers bedingten Zustände, deren man drei: den festen, flüssigen und den gasförmigen unterscheidet) von 0 Grad auf den Siedepunkt zu erhöhen.

Die absolute Temperatur. Die Temperatur, bei welcher die Gase keinen Druck mehr ausüben, nennt man den absoluten Nullpunkt. Die von diesem Punkte an gemessene Temperatur eines Körpers nennt man seine absolute Temperatur. Der absolute Nullpunkt liegt 273° unter dem Celsiusschen Nullpunkt. Die kritische Temperatur ist die, die das Gas höchstens haben darf, wenn noch eine Überführung in den flüssigen Zustand möglich sein soll.

Wenn man die Zustandsänderungen eines Gases untersucht, so ergeben sich folgende Möglichkeiten:

Die polytropische Zustandsänderung; es sind Volumen, Druck, Temperatur und Energievorrat des Gases veränderlich, jedoch unter gewissen Abhängigkeiten zwischen Spannung und Volumen.

Die isovolumische Zustandsänderung; das Volumen des eingeschlossenen Gases bleibt unverändert.

Die isobarische Zustandsänderung; die Spannung des Gases bleibt konstant.

Die isothermische Zustandsänderung; die Temperatur des Gases bleibt konstant.

Die adiabatische Zustandsänderung; der Energievorrat des Gases bleibt konstant.

Versuche haben gelehrt, daß zur Erzeugung von einer Kalorie immer eine ganz bestimmte Arbeitsgröße von im Mittel 427 Kilogrammeter nötig ist. Umgekehrt kann sich Wärme wieder in mechanische Arbeit umsetzen. Man nennt die Größe 427 Kilogrammeter das mechanische Äquivalent der Wärme.

Die stündlich durch Wände, Fenster, Türen, Fußböden, Decken verlorengehende Wärme kann mit Hilfe des Wärmedurchgangskoeffizienten verrechnet werden. Dieser gibt die Wärmemenge in Kalorien an, die stündlich für 1 Quadratmeter der betreffenden Fläche und 1° Temperaturunterschied zwischen Innen- und Außenluft abgegeben werden muß.

Das kalorische Äquivalent der elektrischen Arbeit wird ausgedrückt durch die Beziehung: 860 Wärmeeinheiten = 1 Kilowattstunde.

d) Was muß der Spinnerei- und Webereifachmann von den Gesetzen der Mechanik wissen?

Zum restlosen Verständnis und zur kritischen Beurteilung unserer Maschinen muß man nicht nur die Wirkungsweise der Maschinen verstehen und den sich in ihnen abspielenden technologischen Prozeß, sondern man muß auch mit den Naturgesetzen vertraut sein, welche das Spiel der Mechanismen in gesetzmäßige Bahnen lenken, damit man sich ein richtiges Urteil über die Zweckmäßigkeit der einzelnen Maschinenelemente und deren Zusammenwirken bilden kann.

Unter Mechanik versteht man die Lehre von den Gesetzen der Bewegung von Körpern. Da nun eine mechanische Arbeit immer eine Ortsveränderung des Arbeit leistenden Körpers bedingt, so ergibt sich daraus die Wichtigkeit der Bewegungsgesetze für die Arbeitsmaschinen.

Den größten Wert wird man natürlich darauf zu legen haben, eine Einheit zu besitzen, welche als Maß der geleisteten Arbeit zu gelten hat. Das ist die Pferdestärke, abgekürzt PS. Unter 1 Pferdestärke versteht man eine in einer Sekunde geleistete Arbeit von 75 Kilogrammeter.

Hebt man z. B. in 6 Sekunden eine Last von 120 kg 9 m hoch, so ist während dieser Zeit eine Arbeit geleistet worden von:

$$\frac{120 \cdot 9}{75 \cdot 6} = 2\tfrac{4}{10} \text{ PS.}$$

Dieses Ergebnis würde die sogenannte Nutzarbeit darstellen, das heißt jene Arbeit, welche tatsächlich von uns beabsichtigt wurde. Mit der Hervorbringung der Nutzarbeit sind aber meist noch unerwünschte, in der Unvollkommenheit der Mechanismen oder in der Art des technologischen Prozesses ihre Ursache habende Nebenarbeiten verbunden, wie zum Beispiel Reibungsarbeit, Beschleunigungsarbeit, die uns auf den Begriff des Wirkungsgrades führen. Unter Wirkungsgrad versteht man einen Quotienten, in dessen Zähler die Nutzarbeit und in dessen Nenner Nutzarbeit plus Nebenarbeiten stehen, so daß der Wert des Wirkungsgrades immer kleiner als 1 ist, da es eine Maschine ohne Verlust nicht gibt.

Die Größe des Reibungswiderstandes bekommt man, wenn man den senkrecht zur Reibungsfläche wirkenden Druck mit einer gewissen Zahl, deren Wert von der Art der Reibung, der Beschaffenheit der reibenden Flächen und dem Material derselben, die man Reibungszahl oder Reibungskoeffizienten nennt, multipliziert. Somit ist es verständlich, daß man Mechanismen vorziehen wird, welche eine möglichst kleine Reibungszahl ergeben, sofern man eine Leistung ohne großen Arbeitsverlust übertragen will. Andererseits kann aber auch der Fall eintreten, daß eine große Reibungszahl erwünscht ist, zum Beispiel zwischen Scheibe und Riemen bei der Übertragung der Drehbewegung von einer Welle auf eine andere.

Hier möchte ich noch erwähnen, daß auch noch andere Naturkräfte den Nutzeffekt einer Transmissionsanlage herabzudrücken vermögen, nämlich die Zentrifugalkräfte, welche einen sich in einer Kurve bewegenden Körper in der Richtung der jeweiligen Tangente an diese Kurve von dieser gekrümmten Bahn abzuziehen suchen. In unserem besonderen Falle will sich also der Riemen von der Scheibe entfernen, wodurch die Adhäsion gelockert und ein Gleiten zwischen Riemen und Scheibe gefördert wird; außerdem wird der Riemen übermäßig stark beansprucht. Auch die Wahl des Scheibendurchmessers bzw. der Transmissionstourenzahl wird jetzt in ihrer Wichtigkeit erkannt, da die von dem Riemen zu leistende Arbeit sich aus der Zugkraft des Riemens und dem von ihm in der Sekunde zurückgelegten Weg zusammensetzt. Wählt man den Scheibendurchmesser zu klein, so wird die Zugkraft zu groß, und man braucht nicht nur sehr starke und breite Riemen, sondern wird auch mit einem großen Gleitverlust zu rechnen haben. Wählt man den Scheibendurchmesser zu groß, so treten die erwähnten schädlichen Zentrifugalkräfte und Schlingerbewegungen auf. Das Verständnis des Spindeltouren-Reguliermechanismus an Ringspinnmaschinen setzt z. B. die Kenntnis verschiedener Gesetze der Mechanik voraus, nämlich die Kenntnis der oben besprochenen Zentrifugalgesetze, der Kräfteverteilung (Parallelogramm der Kräfte) und der Trägheitsgesetze. Es soll jetzt etwas näher auf die Trägheitsgesetze eingegangen werden. Befindet sich ein Körper im Ruhezustande, und wollen wir ihm eine gewisse Geschwindigkeit erteilen, oder hat er eine solche, und wir wollen dieselbe vergrößern, so ist dazu eine bestimmte Arbeit notwendig, die der Körper wieder abgeben kann, wenn seine Geschwindigkeit auf den ursprünglichen Betrag verringert wird, bzw. wenn der Körper wieder zur Ruhe kommt. Der Körper wirkt also sozusagen als Kraftmagazin bzw. als Kraftsammler bei Geschwindigkeitszunahme und als Kraftabgeber bei der Geschwindigkeitsabnahme. Die Arbeit die ein Körper vom Gewicht G kg aufnehmen muß, um seine Geschwindigkeit von v auf v_1 zu erhöhen, berechnet sich ungefähr nach der Formel:

$$\frac{G}{20} (v_1^2 - v^2).$$

e) Textiles Rechnen und Messen.

Man findet in vielen Abhandlungen oft ein übertrieben genaues numerisches Berechnen von Resultaten. Durch die Ausrechnung mit einer übermäßig großen Anzahl von Stellen wird eine hohe Genauigkeit jedoch vielfach nur vorgetäuscht und dabei viel Mühe und Zeit verschwendet, besonders bei Tabellenberechnungen. Die Genauigkeit einer Maßangabe richtet sich nicht nach der Größenordnung, nicht nach der Anzahl der Dezimalstellen, sondern lediglich nach der Anzahl der geltenden Ziffern. Im allgemeinen soll man das Resultat in soviel Stellen angeben, daß die letzte (wegen der Ablesungsfehler) keinen Anspruch auf Genauigkeit macht, daß die vorletzte aber für ziemlich richtig gelten kann.

Wieviel Stellen man bei Messungen ablesen und mit wieviel Stellen man rechnen soll, richtet sich nach der Beschaffenheit der Ablesungsvorrichtung des Instruments, dem Zweck und nach der möglichen oder vorgeschriebenen Genauigkeit des Endergebnisses. Zu bedenken ist, daß manche Konstanten des Materials, der Festigkeit, der Drehung usw. noch gewisse Unsicherheiten enthalten und in verschiedenen Quellen verschieden angegeben sind. Zuweilen sind sie auch nicht immer konstant, sondern von äußeren Einflüssen, z. B. Temperatur, Feuchtigkeit, abhängig. Ebenso lassen sich Gewichte, Garnnummern, Festigkeit, Reißlänge, Elastizität und andere Eigenschaften von Faserstoffgebilden durchaus nicht genau bestimmen, weil diese Größen oft innerhalb des Stückes schwanken und außerdem vom hygroskopischen Verhalten oder anderen Einflüssen, wie Herkunft, Reinigungsgrad, Verarbeitung abhängen. Garn- und Gewebefestigkeiten auf Tausendstel Gramm oder Garnnummern auf vier Dezimalstellen anzugeben hat keinen Wert, sondern bedeutet nur eine Belastung in weiteren Berechnungen. Manche Objekte lassen sich gar nicht in beliebig großer Genauigkeit feststellen. Längen von Wollhaaren, Baumwollfasern, Garnfäden, Gewebelängen u. a. lassen sich z. B. auf Bruchteile von Millimetern nicht messen. Garn- und Gewebegewichte wird man wegen der Eigenschaft der Wasseraufnahme der Faserstoffe, je nach der relativen Feuchtigkeit der umgebenden Luft, nur bis zu einer bestimmten Genauigkeit feststellen. Die Genauigkeit des Resultats wird nur scheinbar erhöht, wenn man auf Milligramm genau wägt. Über diese Grenzen hinaus die Genauigkeit zu treiben, hat im allgemeinen für technische Messungen keinen Wert. Eine zu geringe Genauigkeit ist natürlich ebenso fehlerhaft. Besonders Divisionen findet man oft auf zu wenig Stellen ausgeführt. Auch das Übersehen von Nebenumständen während der Messung (Temperatur, relative Feuchtigkeit, Zeit u. a.) führt zuweilen zu Ungenauigkeiten.

Diejenigen Größen, welche bei der Berechnung ins Quadrat oder in höhere Potenzen erhoben werden, müssen besonders sorgfältig bestimmt werden, weil ein dabei begangener Fehler doppelt und mehrfach so stark ins Gewicht fallen würde, wie der Beobachtungsfehler einer Größe, die nur in der ersten Potenz verrechnet wird. Ebenso muß man sehr kleine Größen, z. B. Faserdicken, besonders sorgfältig ermitteln, weil sie sich schwierig messen lassen. Auch dort, wo die Differenz zweier nur wenig voneinander verschiedener Größen ermittelt werden soll, ist besondere Genauigkeit anzustreben.

Für Messungen von Gewichten, Nummern und Festigkeiten von Faserstoffgebilden wendet man am häufigsten Skaleninstrumente an, die den augenblicklichen Wert an einer Skala abzulesen gestatten. Bei den Garnwagen mit Hebelwirkung z. B. ist die Teilung der Skala und damit die Ablesungsgenauigkeit keine gleichmäßige. Für geringe Garngewichte, also für höhere Garnnummern ist die Ablesung ungenauer. Man versieht deshalb den Gradbogen auch mit mehreren Skalen, mit solchen für gröbere und feinere Garne, und gibt dafür entsprechende Zusatzgewichte zum Hebelgewicht bei. Auf diese Weise macht man denjenigen Meßbereich deutlich, in dem die Wage meist benutzt wird. Auch für die verschiedenen Numerierungssysteme führt man die Skalen auf demselben Gradbogen aus. Man hat jedoch auch Garnwagen, bei denen die Skala für die Nummer gleichmäßig geteilt ist. Vielfach beginnt die Skala erst mit einem höheren Wert als Null. Der Nullstrich auf der Skala ist jedoch notwendig, um zu prüfen, ob der Zeiger bei unbelasteter Wage auf Null einspielt. Auch im übrigen ist zu beachten, daß die Wage horizontal steht, um Reibungen zu vermeiden. Die Einstellung wird mit Senkel oder Libelle bewirkt. Es empfiehlt sich, daß man sich bei käuflichen Garnwagen, Festigkeitsprüfern usw. von der Richtigkeit derselben durch Anhängen entsprechender geeichter Gewichte überzeugt.

Bei Messungen hat man stets mit der Unvollkommenheit sowohl des Beobachters als auch des Instrumentes oder Apparates, mit dem die Bestimmung vorgenommen wird, zu rechnen, also mit gewissen Beobachtungsfehlern. Fehler am Instrument, welche sich durch den Gebrauch eingestellt haben, vermeidet man durch Vergleich mit einem Normalinstrument oder durch Eichung des Apparates (Wage, Festigkeitsprüfer u. a.) mit einem geeichten Gewichtssatz.

Das Ergebnis der Messung irgendwelcher Größe ist meist eine benannte Zahl, welche angibt, wie oft die zugrunde gelegte Einheit in der gemessenen Größe enthalten ist. Diese Einheit ist zugleich die Benennung. In der Textil-

Industrie wird dieselbe bei Garn, Zwirn oder beim Gewebe im allgemeinen weggelassen. Man nennt der Kürze halber nur die das Garn kennzeichnende Zahl, obwohl eigentlich die Benennung für die Art des zu messenden Garns charakteristisch ist. Man bezeichnet z. B. ein Kammgarn einfach mit Nr. 20 und will damit ausdrücken, daß 20 m des Garnes 1 gr wiegen: 20 m/gr (oder 20 km/kg). Die Benennung ist somit m/gr (oder km/kg). Ein Baumwollgarn bezeichnet man mit Nr. 50, die Benennung ist: $\frac{\text{840 yards}}{\text{Pfd. engl.}}$, ein Jute- oder Leinengarn mit Nr. 6, die Benennung ist hier: $\frac{\text{300 yards}}{\text{Pfd. engl.}}$; ein Jutegarn mit 8 Pfd., die vollständige Benennung ist: $\frac{\text{Pfd. engl.}}{\text{14 400 yards}}\left(\frac{\text{Pfd. engl}}{\text{spindle}}\right)$, ein Gewebe (metrisch mit Nr. 450, die Benennung ist gr/qm, ein Juteleinengewebe Hessian) mit: 12 Unzen, die vollständige Bezeichnung ist aber: $\frac{\text{Unzen}}{1140\ \square''\ \text{engl.}}$ usw. Dem Fachmann sind diese verschiedenen abgekürzten Bezeichnungen vollständig geläufig, trotzdem bisher fast jedes Gespinst nach einem anderen System numeriert wurde. Jeder Faserart liegt somit eine bestimmte abgeleitete Nummereinheit zugrunde. Für die Längennummern ist dies die Zahl der Längeneinheiten (m, km, Strähne zu 840 yards, zu 560 yards, Gebinde zu 300 yards u. a.) die ein bestimmtes Gewicht (gr, kg, Pfd. engl. usw.) ausmachen. Für die Gewichtsnummern ist es die Anzahl der Gewichtseinheiten (0,05 gr, gr, Pfd. engl. u. a.), die eine bestimmte Fadenlänge (500 m, km, 14 400 yards = 1 spindle usw.) wiegt. Aus der die Benennung bildenden abgeleiteten Einheit, m/gr z. B., ersicht man auch, wie die Einheit aus den Grundeinheiten abgeleitet ist, und daß man die Anzahl der Meter durch die Anzahl der Gramme zu dividieren hat, um die metrische Nummer zu erhalten. Die Benennung stellt gleichzeitig die Dimension dar, in diesem Falle die Dimension der Garnfeinheit: $\frac{\text{Länge}}{\text{Gewicht}}$.

Für die Ableitung der Umrechnung in andere Numerierungssysteme ist die Benennung jedoch wieder heranzuziehen.

Die jeder Berechnung zugrunde liegende Gleichung muß auch inbezug auf die Benennung gleichartig sein, d. h. die Dimension der beiden Seiten muß die gleiche sein. Als Beispiel diene die Gleichung, welche die Beziehung zwischen Festigkeit (Reißbelastung) P (in kg), Feinheitsnummer N (in m/gr oder km/kg) und Reißlänge R (in km) eines Garnes ausdrückt:

$$R = N \,.\, P.$$

Führt man die Dimension in die Gleichung ein, so erhält man:

$$\text{km} = \frac{\text{m}}{\text{gr}} \,.\, \text{kg}.$$

Die Feinheitsnummer kann man auch in

$$\text{km/kg}\left(=\frac{1000\ \text{m}}{1000\ \text{gr}}\right)$$

angeben und erhält dann:

$$\text{km} = \frac{\text{km}}{\text{kg}} \,.\, \text{kg} = \text{km},$$

also auf beiden Seiten km.

Es können dabei die Einheiten auch verschieden sein, wie z. B. bei den Umrechnungen der Nummern:

$$1\left(\frac{\text{m}}{\text{gr}}\right) = 1{,}65\left(\frac{300\text{ yards}}{\text{Pfd. engl.}}\right).$$

Hier ist die Dimension auf beiden Seiten $\frac{\text{Länge}}{\text{Gewicht}}$ die gleiche; auf die Einheiten kommt es nicht an. Daß auch diese Gleichung gleichartig ist, zeigt die Umrechnung der yards und Pfd. engl. auf der rechten Seiten in m und gr:

$$1\frac{\text{m}}{\text{gr}} = 1{,}65\frac{300\text{ yards}}{\text{Pfd. engl.}} = 1{,}65\frac{300\,.\,0{,}914\text{ m}}{454\text{ gr}} = 1\frac{\text{m}}{\text{gr}}.$$

Die Beachtung der Benennung auch bei sonstigen Garn- und Gewebeberechnungen bewahrt oft vor Fehlern und kann eine Rechnung wesentlich abkürzen.

Die Benutzung des Rechenschiebers ist für alle technischen Rechnungen zu empfehlen, wegen der Bequemlichkeit und Schnelligkeit, mit der man dieselben ausführen kann. Im allgemeinen kann man mit 4 geltenden Ziffern rechnen. Die Genauigkeit von Rechenschiebern mit 125 mm Teilungseinheit, durchschnittlich 0,10 Prozent, reicht dafür meist aus.

(Auszug aus einer Abhandlung von Dr. Frenzel in der Leipziger Monatsschrift für Textilindustrie, Jahrgang 1917.)

f) Die Einteilung der Textilwaren.

Die textilen Gebilde zeigen eine große Mannigfaltigkeit in der Art der Fadenverkreuzung. In der Weberei werden zur Bildung des Stoffes zwei Fadensysteme (Kette und Schuß) rechtwinklig miteinander verkreuzt (Abb. 1). Die Wirkware unterscheidet sich von allen anderen Textilien dadurch, daß ihr Faden oder ihre Fäden doppel-S-förmige gewundene Schleifen bilden. Diese Schleifen greifen ineinander und ergeben die sogenannte Masche. Die Maschenbildung ist das charakteristische Kennzeichen aller Wirkwaren, sie gibt ihnen, da die Maschen sich willig gegeneinander verschieben und verziehen lassen, dann aber immer wieder in ihre erste Lage zurückkehren, eine bedeutend größere Elastizität, als bei den Geweben vorhanden ist. Die Wirkwaren eignen sich daher besonders gut für Kleidungsstücke, die sich den Körperformen jederzeit zwar fest anschmiegen, ihnen aber auch freie Beweglichkeit gestatten sollen (Strümpfe, Handschuhe, Unterwäsche, Sportkleidung usw.). Da es den Webereitechnikern bis jetzt (von Versuchen und zahlreichen Patenten abgesehen) nicht gelungen ist, einen Rundwebstuhl zu konstruieren, der den Anforderungen der Praxis genügt, so bleibt vorläufig die Tatsache bestehen, daß es sich lohnen würde, Streichgarnwaren als Walkstoffe auf Rundwirkmaschinen herzustellen, wegen der höheren Leistungsfähigkeit und des geringen Kraftverbrauches der letzteren. Der Verwirklichung dieses Gedankens stand bisher die oben gerühmte, nach allen Richtungen sich äußernde Elastizität der Wirkwaren dann entgegen, wenn es sich nicht um die Herstellung von Waren handelt, die sich den Körperformen innig anschmiegen sollen (Reithosen, Turneranzüge), sondern um die Erzeugung von Röcken, Mänteln u. a. Für solche Waren ist die Elastizität hinderlich und schädlich, da es sich doch um Kleidungsstücke handelt, die

Abb. 1.

eine durch die Mode vorgeschriebene Form bekommen und behalten sollen. Diese Forderung kann die nachgiebige Wirkware (Abb. 2) nicht erfüllen. Mit Hilfe des sogenannten Millar loom ist es nun möglich, gewirkte Tuche her-

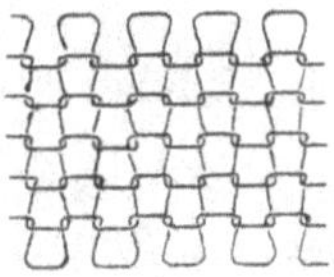
Abb. 2.

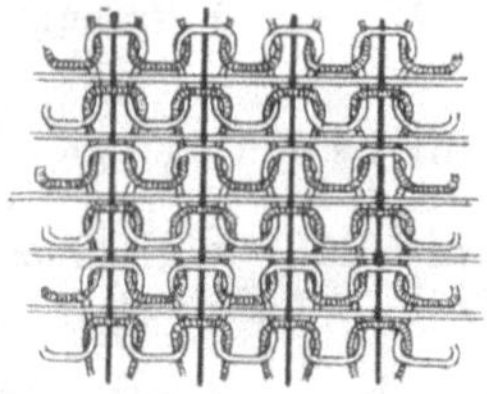
Abb. 3.

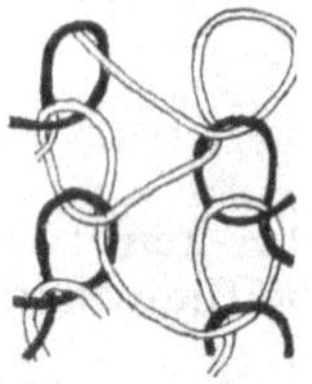
Abb. 4.

zustellen. Dieser Stuhl ist eine Vereinigung von Wirk- und Webstuhl. Kettenfäden verlaufen zwischen den Maschen, ohne einzubinden; dazu sind die Schußfäden vorhanden, welche allerdings keine der üblichen Bindungen mit den Kettenfäden eingehen, sondern unterhalb derselben verlaufen. Trotzdem entsteht aber eine Fadenverflechtung dadurch, daß die Schußfäden zwischen den Maschen und den Kettenfäden verlaufen. Infolgedessen sind Fachbildungsvorrichtungen und Schußeintragungsmechanismen entbehrlich, was ja auch für die praktische Verwendungsmöglichkeit dieses Stuhles durchaus Voraussetzung sein mußte. Abb. 3 zeigt die Fadenverschlingung eines mit dem Millar-Stuhl hergestellten Streichgarnwirkgewebes. Bei den gewöhnlichen Wirkwaren liefern die Maschinen die Waren form- und gebrauchsfertig. Je nachdem, ob die Wirkwaren mit nur einem oder mit mehreren Fäden hergestellt wurden, unterscheidet man Kulier- und Kettenware. Bei der ersteren führt man einen einzigen Faden über Nadeln, schiebt die vorher gebildete und auf der Nadel hängende Masche über den neu aufgelegten Faden, so daß dieser jetzt die letzte Masche bildet und so fort (Abb. 2). Es entsteht auf diese Weise eine Schuß- oder Kulierware. Bei dem Kettengestrick oder Kettengewirk bilden eine große Anzahl Fäden (Kette) Schleifen, die mit jenen der benachbarten Fäden verschlungen werden (Abb. 4). Die für gewöhnlich zur Herstellung der glatten Kulierware benutzte Anordnung der Hauptwerkzeuge, und zwar der Nadel a, Platine b und der Presse c zeigt Abb. 5. Die Haken- oder Spitzennadeln a sind in einer wagerechten Reihe in so großer Anzahl angeordnet, als Maschen in der größten Gewirkbreite enthalten sind. Der Nadelkörper ist vorn zu einem Haken derart umgebogen, daß beim Niederpressen des oberen federnden Teiles dieser sich mit seiner Spitze in eine Vertiefung (Rinne), die sogenannte Zschasche, einlegt und dadurch eine vollständig in sich geschlossene Oese bildet. Zwischen den Nadeln sind eigenartig geformte dünne Blechstücke, Platinen b, aufgehängt, welche abwechselnd an die Platinenbarre d angeschlossen sind und mit dieser gemeinschaftlich bewegt werden können (sog. stehende Platinen), oder welche an Hebeln aufgehängt sind, so daß jede einzelne durch den Hebel auf und ab bewegt werden kann (fallende Platinen). Die Presse c ist eine glatte Eisenschiene, welche wagerecht über sämtliche

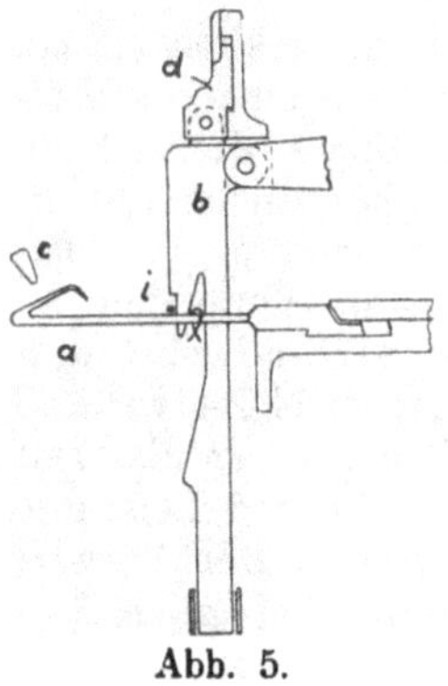

Abb. 5.

Nadeln hinwegreicht und durch Auf- und Abwärtsbewegung den Stuhlnadelhaken öffnet und schließt. (Siehe Abb. 6). Der Arbeitsvorgang ist folgender: 1. Das Einschließen. Die alte Maschenreihe ist von der neu zu bildenden Schleifenreihe zu trennen. Die Ware wird zu diesem Zweck in die Kehlen der Platinen gebracht, hierauf wird 2. das Fadenlegen vorgenommen, indem ein Fadenführer den Faden quer über sämtliche Nadeln legt. 3. Das Kulieren (von dem französischen „couler" = einschieben). Es wechselt eine Kulierplatine (fallende Platine) mit einer Verteilungsplatine (stehende Platine) ab beim Zweiplatinenstuhl. Der Faden wird durch die Nasen i der einzelnen der Reihe nach abwärts bewegten fallenden Platinen in Schleifen- oder Henkelform nach unten ausgelenkt. 4. Das Verteilen. Durch hierauf folgendes gemeinschaftliches Senken der stehenden Platinen werden die fallenden Platinen etwas gehoben und die Fadenverbiegungen verteilen sich. Der über der Nadel liegende Teil der Fadenausbiegung heißt Nadel- oder Stuhlschleife, die unten um die Platinen herumgehende heißt Platinenschleife. 5. Das Vorbringen. Durch Bewegung der Platinen nach der Nadelspitze zu, gelangen die Schleifen in die Nadelhaken. 6. Das Ausstreichen. Jetzt müssen die Nasen der Platinen die Schleifen freigeben, und es müssen die Platinen die beim Vorbringen ev. unter die Nadelspitzen gekommenen Maschen hinter die Nadelspitzen schaffen. Die Platinen gehen deshalb zurück und nach oben, ihrer Grundstellung zu. 7. Das Pressen. Hierauf werden die Nadeln durch Senken der Presse c gepreßt, so daß durch Vorwärtsbewegung der Platinen, 8. das Auftragen der alten Ware auf die Haken stattfindet. Die Presse wird entfernt, und durch entsprechende Platinenbewegung findet das Abschlagen der Ware statt; die alten Maschen fallen über die zuletzt gebildete, noch in den Nadelhaken hängende Maschenreihe und nun wiederholen sich die einzelnen Vorgänge fortgesetzt.

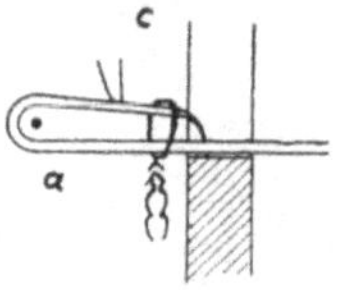

Abb. 6.

Abb. 7.

Geflechte entstehen, wenn die ursprünglich parallelen Fäden miteinander gekreuzt werden, so daß sie abwechselnd über und unter den benachbarten Fäden laufen (Abb. 7 u. 8). Die Geflechte können entweder flache Streifen, sogenannte Litzen, oder Rundgeflechte bilden. Beim Klöppeln kommt zu diesen Verkreuzungen noch ein Umzwirnen der Fäden, z. B. bei den geklöppelten Spitzen (Abb. 9). Die Klöppelspitzenmaschinen arbeiten voll-

Abb. 8.

Abb. 9.

kommen automatisch. Von einer Jacquardmaschine aus werden die Weichen gestellt, so daß die Bahn der umlaufenden Spulen musterentsprechend dirigiert wird. Die Maschine ist ausgerüstet mit einer selbsttätigen Aussetzervorrichtung bei Fadenbruch oder Leerlaufen einer Spule, auch wirkend beim geringsten Widerstand im Getriebe, z. B. beim Hineinfallen einer Nadel, Schere, so daß ein Bruch der Getriebezähne vermieden wird. Wenn die parallel verlaufenden Fäden des einen Systems von den Fäden des andern schiefwinklig gekreuzt und außerdem umschlungen werden, dann entsteht ein Tüll- oder Bobbinettgewebe. Die normalen Tüllmaschinen erzeugen ein Gewebe, welches aus vollständig gleichen Sechsecken besteht, ähnlich der Bienenwabe. Häufig werden auch langgezogene Sechsecke oder auch Rechtecke erzeugt, welche dann nach dem Appretieren durch das Spannen erst die Form der regelrechten Sechsecke erhalten. Abb. 10 ist die Fadenschlingung eines Tüllgewebes aus zwei Fadensystemen (Ketten und Spulenfäden). Abb. 11 zeigt den Tüll nach erfolgtem Spannungsausgleich außerhalb des Tüllstuhles.

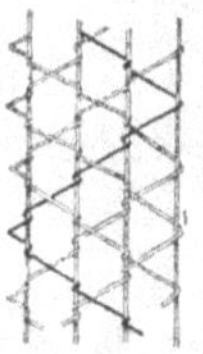

Abb. 10.

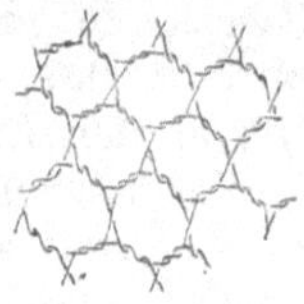

Abb. 11.

Während die Kette von unten nach oben läuft, wandert das eine Schußfadensystem nach rechts und schräg aufwärts und das andere nach links schräg aufwärts, wobei sie sich mit dem Kettfadensystem binden und durch das Zusammenwirken ihrer Spannungen das eigenartige Gewebe bilden. Die arbeitenden Teile einer Tüllmaschine haben folgende Bewegungen auszuführen: 1. Die Fachbildung durch gegenseitige Verschiebung der Kettenfäden von rechts nach links und umgekehrt; 2. das Eintragen der Schußfäden durch die Vor- und Rückwärtsbewegung der Schützen, wobei dieselben auch seitlich verschoben werden; 3. das Anschlagen der eingetragenen Schußfäden; 4. die Aufwicklung der fertigen Ware.

Die einfachste Bindung für englische Gardinen (single tie) besteht aus einem Ketten-, einem Muster- oder Schußfaden und einem Bindefadensystem. Die Kettenfäden K bilden in allen englischen Gardinen das Gerippe des Gewebes. Die Bindefäden B bewirken, daß die figur- und maschenbildenden Musterfäden M an die Kettenfäden K gezwirnt werden. Die Abstände von einer Fadengruppe zur anderen bezeichnet der Fachmann mit Punkt, Point oder Bar. Abb. 12 ist die beispielsweise Fadenverkreuzung für single tie.

Wenn man die zwei Fadensysteme derartig verbindet, daß man die Fäden an den Kreuzungsstellen durch Knoten verknüpft, so entstehen je nach der Art der Knoten verschiedene Netzbindungen (Abb. 13).

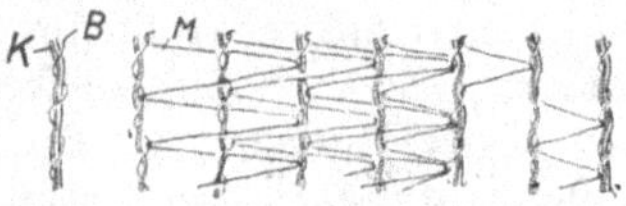

Abb. 12.

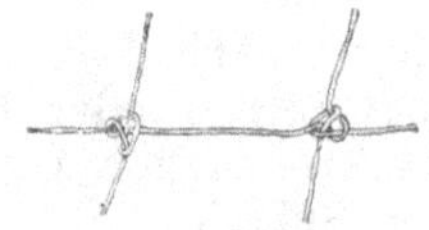

Abb. 13.

Die angeführten Gebilde können auf die verschiedenste Weise weiter verarbeitet und durch Verschlingung mit anderen Fäden verziert werden. Auf diese Art und Weise entsteht das gestickte Gewebe, die Tüllstickerei und die Netzstickerei.

Werden in das Grundgebilde einzelne dickere farbige Fäden eingebunden, deren hervorstehende Fasern dasselbe mit einem dichten Flor bedecken, dann erhalten wir die Smyrna- bzw. Perser-Teppiche.

II. Berechnung von Getriebeteilen.

a) Der Webereipraktiker und die Maschinenfabrik.

Derjenige, welcher als Techniker in einer Textilmaschinenfabrik beschäftigt ist bzw. war, weiß, welche Schwierigkeiten es mitunter bereitet, die zur Herstellung irgendwelcher bestellter Maschinenteile notwendigen Angaben in einwandfreier Weise aus der Praxis zu erhalten, sofern er sich diese Angaben nicht selbst beschaffen kann. Er weiß ferner, wieviel unnütze Zeit und Geld durch schlechte Angaben verloren gehen und welcher Ärger für beide Teile hieraus resultiert.

Ich komme zunächst auf die Bestellung zu fräsender Stirnzahnräder zu sprechen.

Ist ein gefrästes Stirnzahnrad zerbrochen und will man in einer Maschinenfabrik ein gleiches anfertigen lassen, so hat man folgendermaßen zu verfahren: 1. man mißt den Durchmesser des Rades von Mitte Zahn zu Mitte Zahn, 2. man zählt die Zähnezahl des Rades und stellt den Modul fest, indem man den gefundenen Durchmesser, in Millimetern ausgedrückt, durch die Zähnezahl dividiert.

Man hätte also z. B. folgende Angaben zu machen:

Es ist anzufertigen ein Stirnzahnrad Modul 4 (340 mm Durchm. : 85 Zähne); Zahnbreite 26 mm; 4 Arme; Bohrung 50 mm Durchm.; Nabe 120 mm lang, gleichseitig verteilt; Naben-Durchm. = 100 mm; 2 Stellschrauben.

Ist ein Zweifel über die Konstruktionsform des Zahnes möglich, so ist es gut, die Zahnform auf ein Stück Papier abzudrücken.

Da der Modul in den meisten Fällen in der Zahlenreihe 1, $1\frac{1}{4}$, $1\frac{1}{2}$, $1\frac{3}{4}$, 2, $2\frac{1}{4}$, $2\frac{1}{2}$, 3, $3\frac{1}{2}$, 4, $4\frac{1}{2}$, 5 zu finden sein wird, so ist ein kleiner Fehler beim Messen des Teilkreisdurchmessers (von Mitte Zahn zur Mitte des gegenüberliegenden Zahnes) ohne Belang; z. B. hat man gemessen: Durchm. 337 mm, folglich Modul 337 : 85 = 3,96. Dieser Modul existiert aber laut Tabelle nicht, infolgedessen kann es sich nur um Modul 4 handeln.

Ich komme nun auf die Einsendung von Maßskizzen zu sprechen; auch diese sind in vielen Fällen wenig sachgemäß ausgeführt.

Als oberster Grundsatz soll gelten: alle Maße in Millimetern einsetzen! Die Abstände zweier Punkte voneinander sind durch den Vertikal- und Horizontalabstand auszudrücken, aber niemals durch die Angabe der direkten Entfernung. Ist von Exzentern die Rede, so versteht man unter dem Hube derselben die Differenz zwischen dem größten und kleinsten vorkommenden Radius. Die Exzentrizität ist gleich dem halben Hube des Exzenters.

Soll z. B. ein Exzenter zum Antriebe des Messerkastens einer Jacquardmaschine bestellt werden, so muß zur Ermittlung des Hubes angegeben werden: Hub des Messerkastens, Hebelarmverhältnisse des Maschinenhebels.

Die Bestellung wird also beispielsweise lauten: Hub des Messerkastens = 95 mm; Entfernung des Drehbolzens am Vorgelegebock von Mitte Messerkasten = 430 mm; Entfernung des Drehbolzens am Vorgelegebock vom Angriffspunkt der Exzenterzugstange = 950 mm; Exzenterwellen-Durchm. = 40 mm; einseitige Nabe mit zwei Stellschrauben = 80 mm Durchm., 110 mm lang; Zugstangenbolzen = 25 mm Durchm.

Ersucht die Maschinenfabrik um die Angabe der Tourenzahl einer Welle, so tritt dann mitunter eine Schwierigkeit ein, wenn es sich um schnellaufende Wellen handelt und wenn kein Tourenzähler vorhanden ist. Man kann sich alsdann folgendermaßen helfen: Ist die Entfernung der beiden Wellen voneinander z. B. 4200 mm, der Durchmesser der treibenden Scheibe = 1200 mm, derjenige der getriebenen Scheibe = 1040 mm, und ist die Tourenzahl der letzteren gesucht, so nehme man einen leichten Gegenstand (Bleistift o. a.) zwanglos in die Hand und halte ihn gegen den laufenden Riemen; kommt die Verbindungsstelle, so wird dann jedesmal eine Erschütterung des Bleistiftes in der Hand zu spüren sein, deren Anzahl pro Minute man zählt.

Um die Tourenzahl der Scheibe zu erhalten, braucht man jetzt nur noch die Länge des Riemens mit dieser Zahl zu multiplizieren und durch den Umfang der Scheibe zu dividieren; also wenn man 110 Erschütterungen zählte, so wird die Tourenzahl der getriebenen Scheibe ungefähr sein:

$$\frac{600 \,.\, 3{,}14 + 520 \,.\, 3{,}14 + 8400}{1040 \,.\, 3{,}14} \,.\, 110 = 364 \text{ Touren.}$$

b) **Mechanismen zur Erzielung von Geschwindigkeitsänderungen.**

Die Geschwindigkeit des Arbeitsprozesses unserer Textilmaschinen richtet sich vor allen Dingen nach der Festigkeit und der zulässigen Beanspruchung des Fadenmaterials, so daß es sich bei den meisten Maschinen notwendig macht, ihre Geschwindigkeit dem zu verarbeitenden Material anzupassen.

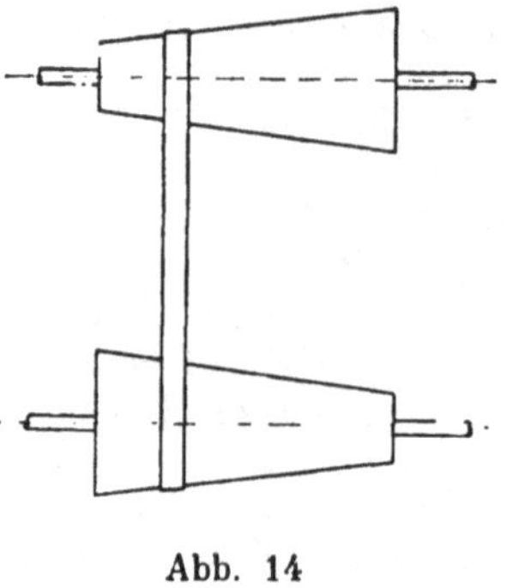

Abb. 14

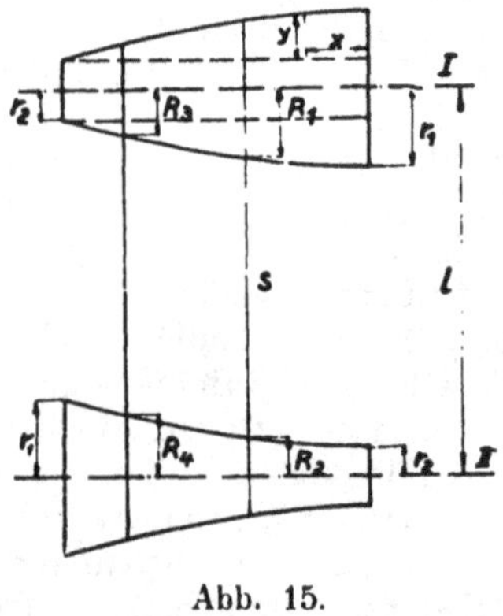

Abb. 15.

Um die verschiedenen Geschwindigkeiten erzielen zu können, benutzt man entweder die sogenannten Stufenscheiben oder auswechselbare Vorgelegeräder.

In vielen Fällen verlangt jedoch der ordnungsmäßige Verlauf des Arbeitsprozesses eine allmähliche Änderung der Arbeitsgeschwindigkeit, so zwar, daß beispielsweise bei Beginn des Arbeitsvorganges die Antriebsgeschwindigkeit groß ist, und daß sie sich bis zum Ende des Arbeitsprozesses allmählich verringert.

Dieser Fall tritt beispielsweise ein bei Zettelmaschinen oder Schlichtmaschinen, bei denen sich mit wachsendem Webkettenbaumdurchmesser eine Verringerung dessen Tourenzahl notwendig macht, damit die Geschwindigkeit des Arbeitsgutes unverändert groß bleibt. Um dies zu erreichen, benutzt man, wenn kein Umfangsantrieb vorhanden ist, konische Riemenscheiben mit geraden Mantellinien (Abb. 14). Soll die Forderung erfüllt sein, daß Proportionalität zwischen der Größe der Riemenverschiebung und der dadurch erzielten Tourenänderung herrscht, so müssen konische Riemenscheiben mit nach einer Hyperbel gekrümmten Mantellinien (Abb. 15) gewählt werden. Die allmähliche Verschiebung des Riemens geschieht selten von Hand aus, meist durch ein Schaltwerk, welches die Riemengabel allmählich mit gleichbleibender Geschwindigkeit verschiebt. Die Regulierung des Schaltwerkes kann durch eine Fühlrolle geschehen, welche gegen die äußere Bewicklungslage des Webkettenbaumes fühlt.

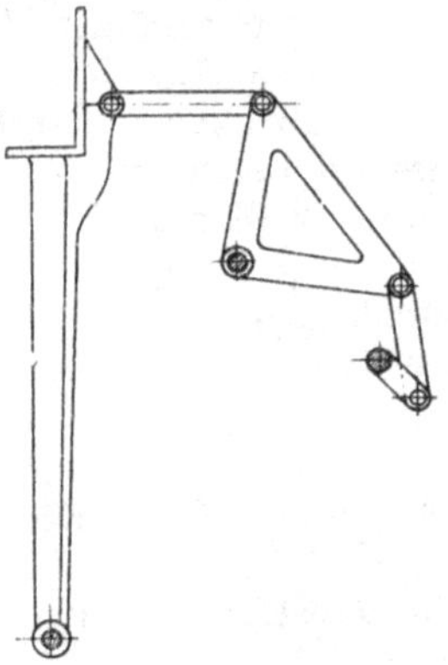

Abb. 16.

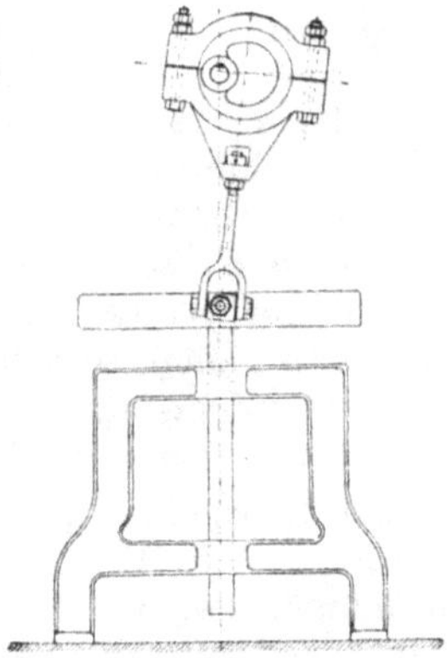

Abb. 17.

Soll eine periodische Vergrößerung und Verkleinerung der Geschwindigkeit eintreten, so hat man zu unterscheiden zwischen jenen Fällen, die eine langsam vor sich gehende Veränderung verlangen und solchen, bei denen diese Veränderung schneller erfolgen soll.

Bei Ringspinnmaschinen zum Beispiel erfolgt die Veränderung der Spindeltourenzahl verhältnismäßig langsam. Man benutzt dann entweder die bereits erwähnten konischen Riemenscheiben oder elektrische Reguliermechanismen: den Gleichstrom-Nebenschluß-Motor mit Tourenregler, den Repulsionsmotor (der Läufer dieser Motoren ist wie bei den Gleichstrommotoren mit einem Kommutator versehen, daher auch der Name Wechselstrom-Kommutator-Motor), den Einphasen-Kollektor-Motor mit seitlich angeordnetem Regulierautomaten, der von der Ringbank aus gesteuert wird, und endlich an Flügelspinnmaschinen für Flachs und ähnliche Fasern den Einzelantriebsmotor für jede Spindel, dessen Tourenzahl sich nicht periodisch ändern soll, sondern der den Zweck erfüllt, die Tourenzahl der Spindel innerhalb gewisser Grenzen beliebig, der Art des Materials und der Garnnummer entsprechend, ändern zu können.

Ähnlich liegen die Verhältnisse bei Spulmaschinen, bei denen die Spindeltourenzahl groß sein soll, wenn der Faden auf der Kötzerspitze aufgewickelt wird, und klein, wenn der Faden dem unteren Teil des konischen Ansatzes zugeführt wird. Hier benutzt man meist eine sich in der Achsenrichtung verschiebende Antriebswelle, welche das Übersetzungsverhältnis des Friktionsantriebes für die Spindel periodisch verändert.

Der bekannteste Antrieb zur periodischen Änderung der Arbeitsgeschwindigkeit ist der Kurbelantrieb. Bei dem Kurbelmechanismus erfolgt die Wiederkehr der Periode nach jeder Tour. Will man das Kurbelgetriebe verwenden, so muß man sich darüber klar sein, daß die erzielte Bewegungsart eine beschleunigte bzw. verzögerte Bewegung darstellt, deren zurückgelegte Wege in den einzelnen Zeitabschnitten sich in bezug auf die ersten und letzten Bewegungsphasen wie 1 : 3 : 5 verhalten, wenn man annimmt, daß die Schubstange im Verhältnis zur Kurbel sehr lang ist; durch Verkürzung der Schubstange wird die Kurbelbewegung unsymmetrisch, d. h. der Vorwärtsgang erfolgt anders als der Rückwärtsgang. In der Textilmaschinenbauerei ist die Kurbelbewegung manchmal sehr erwünscht. Beim Ladenantrieb des mechanischen Webstuhles erzielt man dadurch eine langsame Ladenbewegung während des Schützendurchganges. Will man bei breiten, langsam laufenden Webstühlen die Lade sehr lange in der hinteren Stellung lassen, damit der relativ langsam laufende Schützen Zeit genug hat durch das Webfach zu gehen, so schaltet man noch einen sogenannten Ladenwinkel ein, der die Verzögerung in der hinteren Ladenstellung vergrößert bzw. die Beschleunigung vergrößert (Abb. 16).

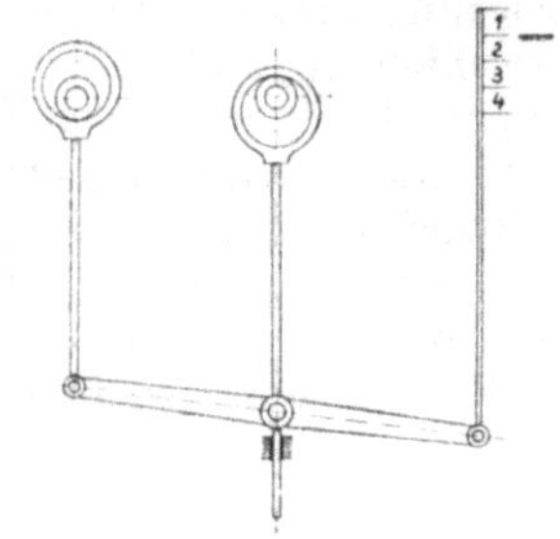

Abb. 18.

Eine der Kurbelbewegung gleichwertige ist die durch Kreisringexzenter hervorgerufene (Abb. 17).

Eine Scheibe ist exzentrisch auf einer Welle befestigt; um die Scheibe ist ein Ring gelegt, an dem die Schubstange befestigt ist.

Diese Kreisringexzenter werden an Textilmaschinen sehr häufig verwendet zur Bewegung der Messerkästen, Platinenböden, Prismen an Jacquardmaschinen, zur Bewegung der Messer an Schaftmaschinen, der Hacker

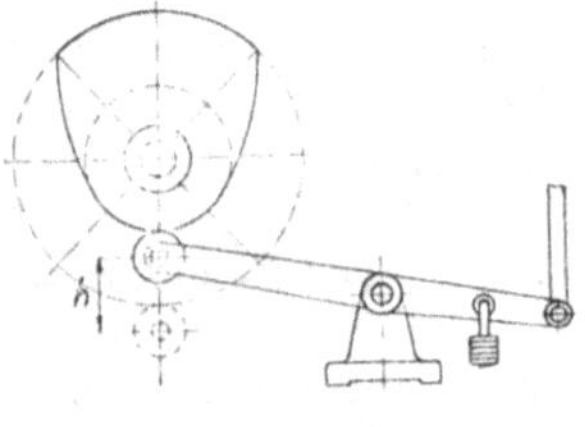

Abb. 19.

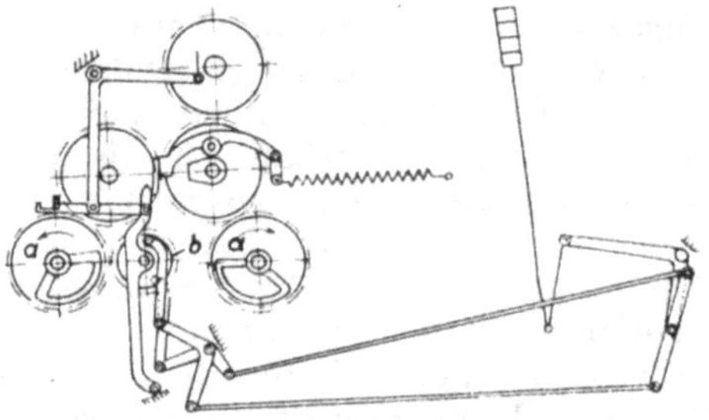

Abb. 20.

an Krempeln; ausnahmsweise auch zur Ladenbewegung; die modernen zwangläufigen Schützenwechseleinrichtungen bevorzugen die Kreisringexzenter zur Einstellung der Schützenkästen (Abb. 18).

Will man in der Hervorbringung periodisch wechselnder Geschwindigkeiten vollständig ungebunden sein, so benutzt man Kurvenscheiben (Abb. 19). Der Hub kann bei beliebiger Beschleunigung und Verzögerung vorgenommen werden. Ist jedoch die Tourenzahl des Exzenters sehr groß, folgen die Perioden sehr schnell aufeinander, so muß die Bewegungsübertragung zwangläufig sein. Man fräst alsdann in eine Scheibe eine Nut ein, welche der in ihr laufenden Rolle des Hebels die beabsichtigte Bewegungsart erteilt.

Eine Bewegungsart, die sehr oft an Textilmaschinen anzuwenden ist, bezeichnet man als „intermittierende"; bei dieser wird die Bewegung periodisch unterbrochen. Es gibt drei Maschinenelemente, die hier vorzugsweise angewendet werden:

1. Das Knowlesgetriebe. Zwischen zwei am halben Umfange gezahnten Rädern, welche sich gleichförmig im entgegengesetzten Sinne drehen, schwingt ein mit einem Kurbelzapfen versehenes Zahnrad, so daß der Kurbel-

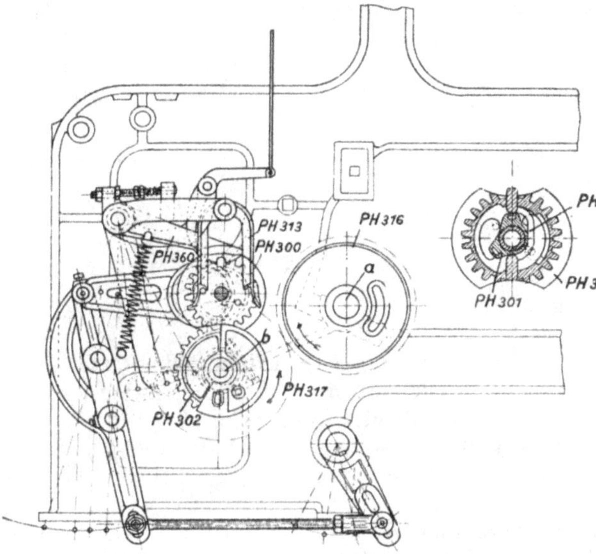

Abb. 21.

zapfen in beliebigen Zwischenräumen gehoben oder gesenkt werden kann; die mit diesem verbundene Schubstange überträgt alsdann die erhaltene Bewegung auf Schützenwechselmechanismen, Schaftmaschinenmechanismen usw. (Abb. 20).

2. Zahnräder mit verschwindendem und hervortretendem Zahn. Das Zahnrad, auf dessen Achse eine Kurbel oder ein Kreisringexzenter sitzt, kann nur dann von einem gleich großen am halben Umfange gezahnten, sich mit gleicher Umfangsgeschwindigkeit bewegenden Rad mitgenommen werden, wenn der erste, den Eingriff und die Mitnahme bewirkende Zahn aus dem Inneren des Rades hervortritt. Stehen zwei diametral gegenüberliegende Zähne miteinander in Verbindung, so daß der eine im Inneren des Rades verschwindet, wenn der andere hervortritt, so kann eine Mitnahme des Rades nur um 180° erfolgen, und das mit dem Rade verbundene Kreisringexzenter wird entweder gehoben oder gesenkt. Anwendung bei den modernen Schützenkastenwechseln von der Sächs. Maschinenfabrik vorm. Rich. Hartmann und der Sächs. Webstuhlfabrik vorm. Louis Schönherr in Chemnitz (Abb. 21).

3. Maltesergetriebe. Bei diesem erfolgt eine Mitnahme der getriebenen Welle nur dann, wenn ein Stift des treibenden Rades in den Schlitz des getriebenen Sternrades eingreift. Man unterscheidet zwei Arten: a) das Einstiftrad (Abb. 22) zum Antrieb von Kettenbaum- (Polbaum-) Regulatoren, Zählwerken (Schußzähler, Tourenzähler) usw.; b) das Zweistiftrad (Abb. 23)

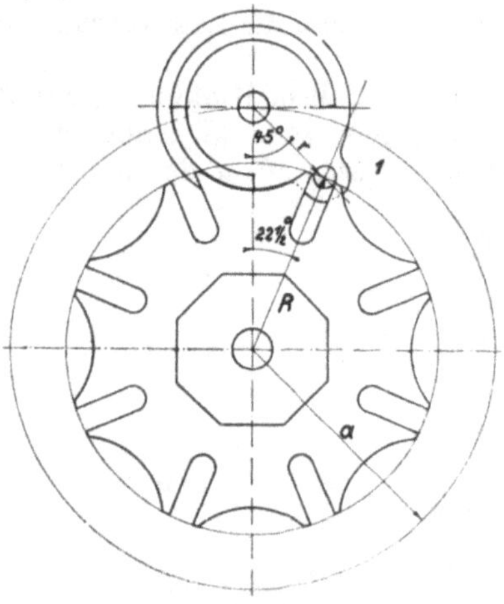

Abb. 22.

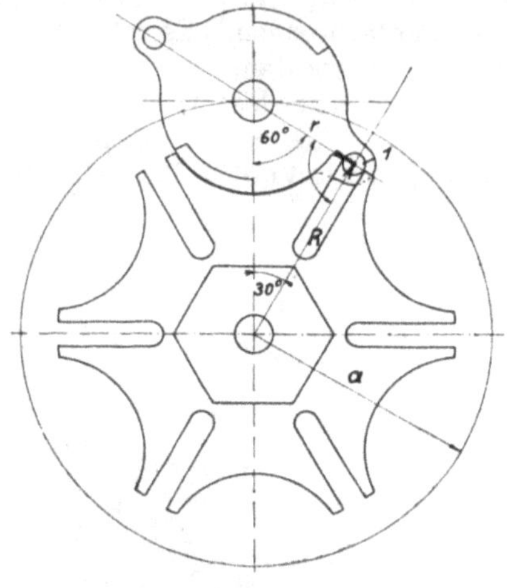

Abb. 23.

zum Antrieb von Trittexzentern. Der prinzipielle Unterschied zwischen beiden Getrieben besteht darin, daß die Verteilung zwischen Ruhe und Bewegung eine andere ist; beim Zweistiftrad kann sich die Bewegung auf eine relativ größere Strecke verteilen, so daß die Schäfte nicht ruckweise arbeiten, sondern unter Schonung der Kettfäden ruhiger in ihre Stellungen gelangen können.

Gibt die Kurbelbewegung zu geringe Beschleunigungen und Verzögerungen her, so kann zur Hervorbringung periodisch wechselnder Geschwindigkeiten auch das elliptische Zahnradgetriebe benutzt werden. Diese Getriebe kommen vor an Kämmaschinen, an Schneidwerksantrieben bei Doppelsamt- und Plüschwebstühlen, damit das Messer sehr schnell durch die Ware geht und eine gute Schneidwirkung ausüben kann, während es langsam über die Schleifsteine hinwegfährt, damit es nicht beschädigt wird. Schaftmaschinen für sehr rauhes Material (Mohair u. a.) sollen so arbeiten, daß sich das Fach sehr schnell bildet, damit mitgenommene Kettenfäden Gelegenheit haben sich zu ordnen, ehe der Schützen durchs Fach geht. Für die Messerbewegung solcher Schaftmaschinen benutzt man ebenfalls das elliptische Zahnradgetriebe. Es gibt mehrere Ausführungsformen: a) ein Getriebe, bestehend aus einem exzentrisch gebohrten Kreisstirnrad, mit einem damit zusammenarbeitenden ellipsenähnlichen Rade im Übersetzungsverhältnis 1:2 (Abb. 24); b) zwei zusammenarbeitende gleiche große elliptische

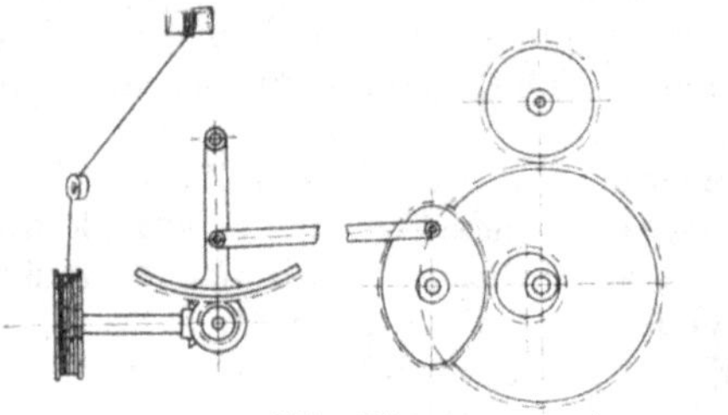

Abb. 24.

Zahnräder, deren Drehachse sich im Brennpunkte der Ellipse befindet (Abb. 25). Die durch dieses Getriebe hervorgerufenen Geschwindigkeitsänderungen sind sehr groß; c) die Ellipsen drehen sich um ihren Schwerpunkt (Abb. 26); sie haben eine um 90° zueinander versetzte Stellung. Die Geschwindigkeitsänderung hält sich in gemäßigten Grenzen.

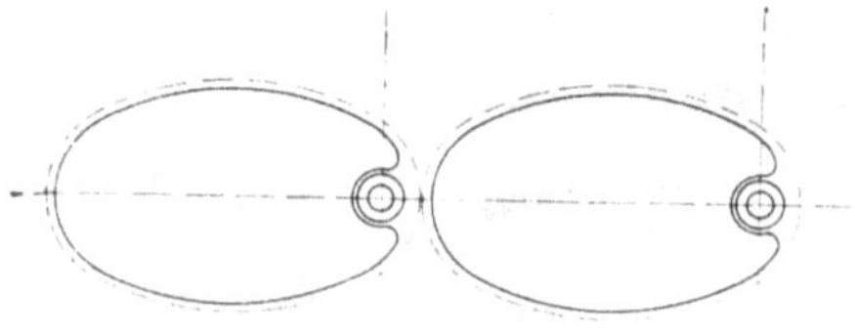

Abb. 25.

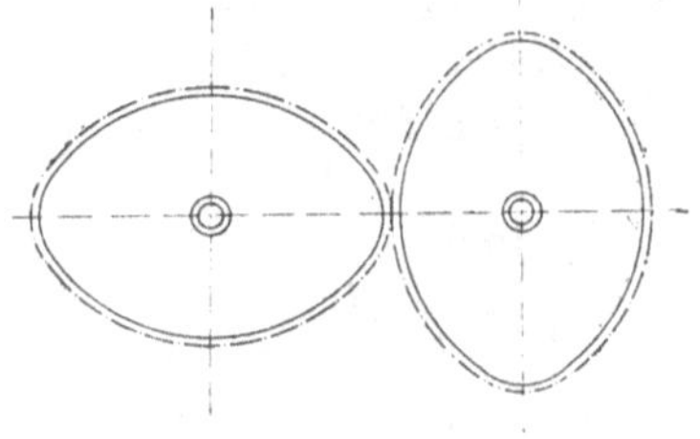

Abb. 26.

Soll eine Drehbewegung sich zusammensetzen aus einer geringeren und einer größeren Geschwindigkeit, die ohne Übergang wechselweise aufeinanderfolgen, so kann man die Einrichtung benutzen, bestehend aus zwei gleich großen Kegelrädern, deren Zahnkränze zur Hälfte größeren und zur Hälfte einen etwas kleineren Radius haben. Angewendet an Rutenwebstühlen, um die Ruten schneller einlegen und langsamer herausziehen zu können (Abb. 27).

Beispiel Nr. 1. Riemenantrieb zur Erzielung verschiedener Tourenzahlen.

Man unterscheidet zwei Arten von Riementrieben, mit Hilfe deren man die Arbeitsmaschine mit verschiedenen Umdrehungszahlen laufen lassen will.

Sollen die Tourenzahlen in größeren, nicht zu zahlreichen (2—6) Abstufungen reguliert werden können, so benutzt man die Stufenscheiben; soll die Änderung der Tourenzahlen allmählich erfolgen, so werden die Riemenkonusse angewendet, auf welchen der Riemen mittels einer Schraube und Gabel verschoben werden kann.

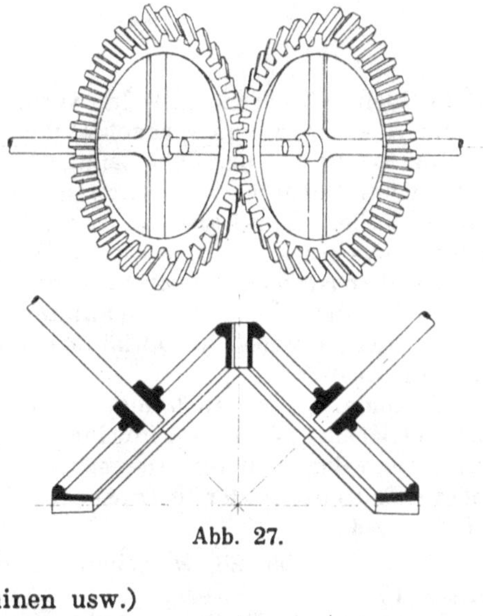

Abb. 27.

Beide Antriebsarten sind an Textilmaschinen sehr häufig zu finden. (Spul- und Treibmaschinen, Zettelmaschinen, Schlichtmaschinen usw.)

a) Die Stufenscheiben. Bei den Stufenscheiben, die meistens 3- oder 4-stufig ausgeführt werden, ist es üblich, dasselbe Modell sowohl für die treibende als auch für die getriebene Welle zu verwenden.

Es gilt bei genügender Genauigkeit der Satz, daß die Summe der jeweils zusammenarbeitenden Scheibendurchmesser konstant sein muß.

Voraussetzung ist also, daß die mittlere Tourenzahl der getriebenen

Welle, bei Anwendung einer ungeraden Zahl von Stufen, gleich der Tourenzahl der treibenden Welle ist.

Beispiel: (Abb. 28) a ist die treibende Scheibe, sie mache 120 Touren, b ist die getriebene Welle, diese soll 100, 120 und 140 Touren machen können; der kleinste vorkommende Scheibendurchmesser soll nicht geringer als 250 mm sein.

Wie groß sind I, II und III zu wählen?

III soll 250 mm ⌀ haben, es gilt also die Gleichung:

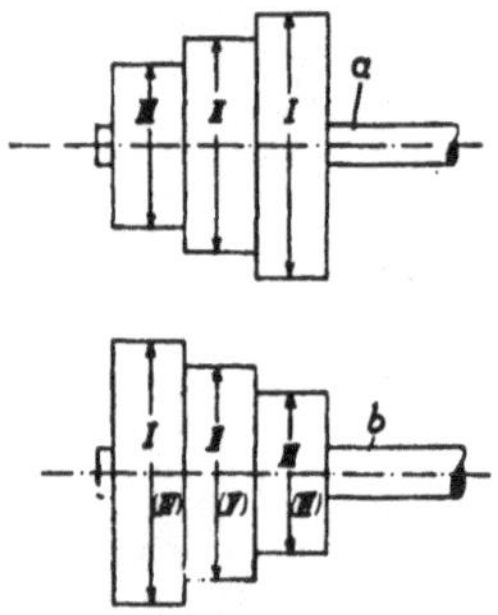

Abb. 28.

$$120 \cdot \frac{250}{\mathrm{I}} = 100$$

$$\mathrm{I} = \frac{120 \cdot 250}{100} = 300$$

$$\mathrm{I} = 300 \text{ mm.}$$

Die Summe der zugehörigen ⌀ muß also $= 300 + 250 = 550$ mm sein.

$$\mathrm{II} = \frac{550}{2} = 275$$

$$\mathrm{II} = 275 \text{ mm.}$$

Die größte Tourenzahl der Welle b wird also sein:

$$120 \cdot \frac{300}{250} = 144 \text{ Touren,}$$

welche kleine Differenz mit der verlangten Tourenzahl von 140 jedoch in den allermeisten Fällen vernachlässigt werden kann.

Die Ermittlung der Scheibendurchmesser nach obigem Verfahren genügt inbezug auf Genauigkeit vollständig für die an Webereimaschinen vorkommenden Fälle. Es sei aber an dieser Stelle die Bemerkung gestattet, daß für andere Maschinen, z. B. schwere Werkzeugmaschinen, diese Ausrechnung unbrauchbar ist, da sie theoretisch nicht einwandfrei ist und die sich, infolge der Ungleichheit der Riemenspannungen auf den einzelnen Stufen, ergebenden Nachteile wesentlich sein können, wenn es sich um Übertragung größerer Kräfte handelt.

Es kommt jedoch auch der Fall vor, daß die Stufenscheiben für treibende und getriebene Welle verschieden ausgeführt werden müssen, und zwar dann, wenn der mittleren Riemenstellung bei ungradzahliger Stufenzahl eine andere Tourenzahl der getriebenen Welle als der treibenden Welle entsprechen soll.

Beispiel: (Abb. 28, es gelten die eingeklammerten Zahlen der Stufenscheibe b).

Die treibende Welle a macht 120 Touren, die getriebene Welle b soll möglichst 70, 80, 90 Touren machen.

Der ⌀ der kleinsten Scheibe soll nicht geringer als 250 mm sein.

Welchen ⌀ erhalten I, II, III, IV, V, VI?

Auch hier gilt für die in der Praxis unseres engeren Faches vorkommenden Fälle mit genügender Genauigkeit der Satz, daß die Summe der zugehörigen ⌀ gleich groß sein soll, also:

$$I + VI = II + V = III + IV$$

$$120 \cdot \frac{250}{IV} = 70$$

$$IV = 428 \text{ mm}$$

$$III + IV = 250 + 428 = 678 \text{ mm}$$

$$120 \cdot \frac{II}{IV} = 80$$

$$120 \cdot II = 80 \cdot V$$

$$120 \cdot (678 - V) = 80 \cdot V$$

$$V = 407 \text{ mm } \varnothing$$

$$II = 678 - 407 = 271 \text{ mm } \varnothing$$

$$120 \cdot \frac{I}{VI} = 90$$

$$120 \cdot I = 90 \cdot VI$$

$$I = 678 - VI$$

$$120\,(678 - VI) = 90 \cdot VI$$

$$VI = 387 \text{ mm } \varnothing$$

$$I = 291 \text{ mm } \varnothing$$

Es ist also auszuführen:

Stufenscheibe a mit den Durchmessern: 291, 271, 250;

Stufenscheibe b mit den Durchmessern: 428, 407, 387.

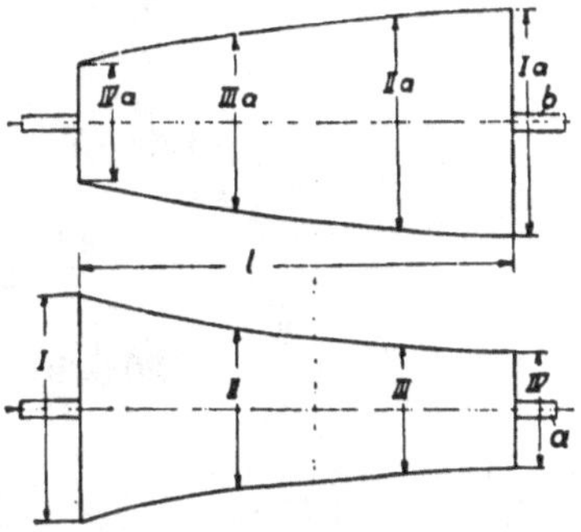

Abb. 29.

b) Die Riemenkonusse. Bei der Berechnung der Riemenkonusse ist zu unterscheiden zwischen jenen konischen Scheiben, welche lediglich den Zweck verfolgen, die Tourenzahl in kleinen Abstufungen genau regulieren zu können, und jenen, von welchen verlangt wird, daß sich die Tourenzahl proportional der Riemenverschiebung ändert.

Letztere kommen an Textilmaschinen häufig vor; sie haben z. B. bei der Draperschen Zettelmaschine den Zweck, eine gleichbleibende Fadengeschwindigkeit zu erzielen.

Den letzteren Fall wollen wir an einem Beispiel besprechen.

Beispiel: (Abb. 29).

Die Länge l der Konusse sei angenommen mit 1 m.

a ist die treibende Welle, sie mache 120 Touren, b ist die getriebene Welle, sie mache 85 ÷ 160 Touren.

Der kleinste vorkommende ⌀ sei gleich 250 mm.

Die Berechnung der Mantellinie des Konusses unterscheidet sich nicht von derjenigen der Stufenscheiben.

Man rechnet möglichst viele Durchmesser aus und verbinde die gefundenen Punkte durch eine Linie.

Im folgenden wollen wir uns mit der Bestimmung von 4 Punkten begnügen.

$$120 \cdot \frac{\mathrm{I}}{\mathrm{IVa}} = 160$$

$$120 \cdot \mathrm{I} = 160 \cdot 250$$

$$\mathrm{I} = 333 \text{ mm } \varnothing$$

Die kleinste Tourenzahl von b wird jetzt werden:

$$120 \cdot \frac{250}{333} = 90 \text{ Touren.}$$

Die sich ergebende kleine Differenz von 5 Touren wird als zulässig betrachtet. Nehmen wir an, daß der Riemen um ⅓ der Konuslänge verschoben wird, so muß auch, laut Voraussetzung, die Tourenzahl um ⅓ ihrer gesamten Veränderlichkeit variieren.

Es gelten also die Gleichungen:

$$120 \cdot \frac{\mathrm{II}}{\mathrm{IIIa}} = 137$$

$$120 \cdot \frac{\mathrm{III}}{\mathrm{IIa}} = 114$$

und mit Rücksicht auf die Riemenlänge:

$$\mathrm{II} + \mathrm{IIIa} = \mathrm{III} + \mathrm{IIa} = 583$$

$$120 \cdot \mathrm{II} = 137 \cdot \mathrm{IIIa}$$

$$\mathrm{II} = 583 - \mathrm{IIIa}$$

$$120 \cdot (583 - \mathrm{IIIa}) = 137 \cdot \mathrm{IIIa}$$

$$\mathrm{IIIa} = 272 \text{ mm } \varnothing$$

$$\mathrm{II} = 311 \text{ mm } \varnothing$$

$$120 \cdot \mathrm{III} = 114 \cdot \mathrm{IIa}$$

$$\mathrm{III} = 583 - \mathrm{IIa}$$

$$120 \cdot (583 - \mathrm{IIa}) = 114 \cdot \mathrm{IIa}$$

$$\mathrm{IIa} = 299 \text{ mm } \varnothing$$

$$\mathrm{III} = 284 \text{ mm } \varnothing.$$

Beispiel Nr. 2 zeigt eine zweite Rechenmethode.

Die erste Bedingung ist natürlich die, daß der Riemen in jeder Lage die gleiche normale Spannung aufweist.

Nimmt man also eine beliebige Riemenstellung s (Abb. 15) heraus, so muß, unter Annahme eines gekreuzten Riemens, bekanntlich die Gleichung gelten:

$$L = \infty\, \pi\, (r_1 + r_2) + 2\,l + \frac{(r_1 + r_2)^2}{l}\;;$$

worin L die Riemenlänge bedeutet. Hieraus ergibt sich die zu erfüllende Bedingung:

$$r_1 + r_2 = R_1 + R_2 = R_3 + R_4 \text{ usw.}$$

Die Voraussetzung eines gekreuzten Riemens kann gemacht werden, da man ja den Zwischentrieb immer mit gekreuzten Riemen laufen lassen kann und nur bei der Anordnung des Hauptantriebriemens auf den Drehungssinn der Transmission zu achten braucht.

Als Erstes hat man also zu beachten, daß die Summe der zugehörigen Scheibendurchmesser konstant sein muß.

Angenommen der Riemen stehe in der äußersten Stellung links und Scheibe I mache eine Umdrehung, dann führt Scheibe II $\frac{r_2}{r_1}$ Rotationen aus.

Steht der Riemen in der äußersten Lage rechts, so führt Scheibe II $\frac{r_1}{r_2}$ Rotationen aus; mithin ist die Tourenzahl der getriebenen Scheibe innerhalb der Grenzen

$$n \cdot \frac{r_1}{r_2} \quad \text{und} \quad n \cdot \frac{r_2}{r_1}$$

regulierbar, wenn n die Tourenzahl der treibenden Scheibe bedeutet.

Der Ursprung des rechtwinkligen Koordinatensystemes sei in O willkürlich angenommen.

Da nun Proportionalität zwischen der Riemenverschiebung und der dadurch erzielten Tourenänderung der getriebenen Scheibe herrschen soll, so ist folgende Betrachtung anzustellen:

Der ganzen Strecke h (Abb. 30) entspricht die Tourenänderung:

$$n\left(\frac{r_1}{r_2} - \frac{r_2}{r_1}\right),$$

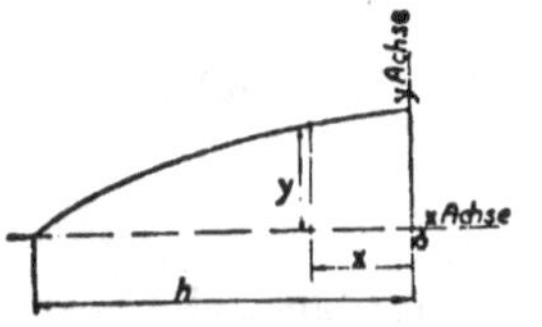

Abb. 30.

der Teilstrecke x entspricht die Tourenänderung:

$$\frac{x}{h} \cdot n\left(\frac{r_1}{r_2} - \frac{r_2}{r_1}\right).$$

Angenommen der Entfernung x entspräche der Scheibendurchmesser

$$2\,r_2 + 2\,y \text{ resp. } 2\,r_1 - 2\,y;$$

dann erhält man für diese Riemenstellung die Tourenzahl der getriebenen Scheibe zu

$$n \cdot \frac{2\,r_2 + 2\,y}{2\,r_1 - 2\,y} = n \cdot \frac{r_2 + y}{r_1 - y}$$

mithin die Tourenänderung:

$$n \cdot \frac{r_1}{r_2} - n \cdot \frac{r_2 + y}{r_1 - y}.$$

Diese beiden Ausdrücke für die Tourenänderung im Abstande x des Riemens von der äußersten Stellung rechts sind also gleichzusetzen.

Mithin

$$\frac{x}{h} \cdot \left(\frac{r_1}{r_2} - \frac{r_2}{r_1}\right) = \frac{r_1}{r_2} - \frac{r_2 + y}{r_1 - y};$$

woraus

$$y = \frac{h \cdot r_1^2 - r_1^2 \cdot x + r_2^2 \cdot x - r_2^2 \cdot h}{r_2 \cdot r_1 \cdot h + r_1^2 \cdot h - r_1^2 \cdot x + r_2^2 \cdot x} \cdot r_1$$

oder

$$x \cdot y \cdot (r_2 - r_1) + y\,(h \cdot r_1) + x\,(r_1^2 - r_1 \cdot r_2) + (r_1 \cdot r_2 \cdot h - r_1^2 \cdot h) = o.$$

Das ist aber die Gleichung einer gleichseitigen Hyperbel, deren Asymptoten den Koordinatenachsen parallel sind und deren Mittelpunkt die Koordinaten $-\frac{h \cdot r_1}{r_2 - r_1}$, r_1 hat. Die Substitution

$$x^1 = x + \frac{h \cdot r_1}{r_2 - r_1}$$

$$y^1 = y - r_1$$

gibt der Gleichung die einfachere Form:

$$x^1 . y^1 = \frac{r_1 . r_2 . h}{(r_1 - r_2)} .$$

Bezeichnet man die Tourenzahl der treibenden Scheibe mit n und nennt t den Unterschied zwischen der größten und der kleinsten Tourenzahl der getriebenen Scheibe, so ist

$$t = n \left(\frac{r_1}{r_2} - \frac{r_2}{r_1} \right)$$

und hieraus berechnet sich der Radius r_2 zu

$$r_2 = \frac{r_1}{2\,n} \left(- t + \sqrt{t^2 + 4 n^2} \right) .$$

Soll z. B. die getriebene Scheibe maximal 300 Touren und minimal 33⅓ Touren machen, so ist

$$t = 300 - 33\tfrac{1}{3} = 266\tfrac{2}{3};$$

macht nun die treibende Scheibe 100 Touren und wird deren Radius r_1 mit 300 mm angenommen, so wird $r_2 \sim 100$ mm.

Nunmehr kann die Mantellinie, welche für beide Scheiben die gleiche ist, verzeichnet werden, nachdem man den Wert für h festgelegt hat. Die Breite h der Scheibe werde mit 1000 mm angenommen, dann wird

$$\frac{r_1 . r_2 . h}{r_1 - r_2} = 150\,000,$$

also die Gleichung der gleichseitigen Hyperbel:

$$x^1 = \frac{150\,000}{y^1} .$$

Für $y^1 = r_2 = 100$ wird $x^1 = 1500$
Für $y^1 = 120$ wird $x^1 = 1250$
Für $y^1 = r_1 = 300$ wird $x^1 = 500$.

B e i s p i e l Nr. 3 veranschaulicht eine dritte Lösungsmöglichkeit. (Abb. 31.)

Es soll im folgenden gezeigt werden, auf welche Weise man bequem und mit, für die weitaus meisten Fälle, genügender Genauigkeit imstande ist, den Verlauf der Kurve zu ermitteln bzw. zu zeichnen.

Es müssen die beiden Beziehungen herrschen:

$$t_x + t_y = T + t$$

$$\frac{T}{t} - \left[\frac{T}{t} - \frac{t}{T} \right] \frac{x}{L} = \frac{t_x}{T + t - t_x} .$$

Hierbei ist Voraussetzung, daß der Riemen gekreuzt läuft. Aus diesen beiden Gleichungen ergibt sich:

$$t_x = T - t \cdot \frac{x \frac{t}{L}\left[\frac{T}{t} - \frac{t}{T}\right]}{t + T - x \frac{t}{L}\left[\frac{T}{t} - \frac{t}{T}\right]},$$

Setzt man

$$\frac{t}{L}\left[\frac{T}{t} - \frac{t}{T}\right] = C,$$

so wird

$$t_x = T - t \frac{x \,.\, C}{T + t - x \,.\, C},$$

$$\frac{T - t_x}{2} = y = \frac{t}{2} \cdot \frac{x \,.\, C}{T + t - x \,.\, C}.$$

Diese Gleichung differenziert man, um den Differentialquotienten $\frac{dy}{dx}$ zu ermitteln und durch ihn die Hyperbeltangenten an die äußeren Kurvenpunkte n und m.

$$dy = \frac{t}{2} \cdot \frac{C(T+t)}{(T+t-xC)^2} \,.\, dx$$

$$\frac{dy}{dx} = \frac{t}{2} \cdot \frac{C(T+t)}{(T+t-xC)^2}.$$

Für x = o wird

$$\frac{dy}{dx} = \frac{t}{2} \cdot \frac{C}{T+t} = \frac{t}{2} \cdot \frac{\frac{t}{L}\left[\frac{T}{t} - \frac{t}{T}\right]}{T+t}$$

daraus:

$$\frac{dy}{dx} = \frac{t}{2} \cdot \frac{T-t}{L \,.\, T} = \operatorname{tg} \alpha.$$

Für x = L wird

$$\frac{dy}{dx} = \frac{t}{2} \cdot \frac{\frac{t}{L}\left[\frac{T}{t} - \frac{t}{T}\right] . [T+t]}{\left[T + t - t\left(\frac{T}{t} - \frac{t}{T}\right)\right]^2}$$

daraus:

$$\frac{dy}{dx} = \frac{T}{2} \cdot \frac{T-t}{L \,.\, t} = \operatorname{tg} \alpha_1.$$

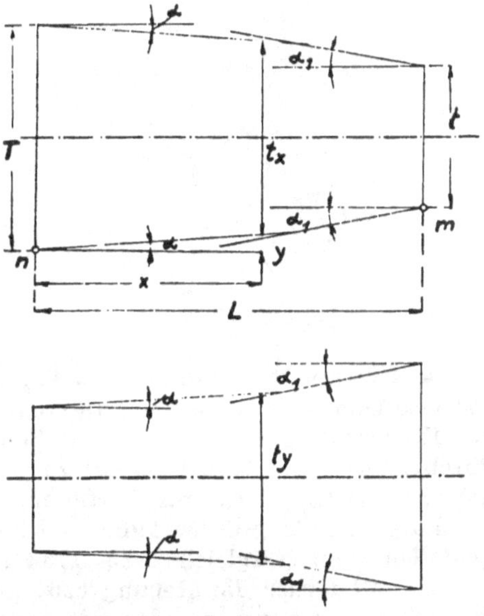

Abb. 31.

Durch diese beiden Tangenten ist der Verlauf der Kurve ziemlich genau festgelegt.

B e i s p i e l Nr. 4: Unterbrochen arbeitende Getriebe.

Diese finden Anwendung, wenn von einer mit unveränderter Winkelgeschwindigkeit angetriebenen Welle eine zweite absatzweise gedreht werden soll.

In den folgenden Ausführungen soll nur jenes Getriebe besprochen werden, welches in der Weberei am häufigsten zur Anwendung kommt: das Maltesergetriebe, auch Sternrad- und Mitnehmergetriebe genannt.

Dieses Maschinenelement ist, wie ich zu beobachten Gelegenheit hatte, nicht immer so konstruiert, wie es mit Rücksicht auf den zu erzielenden Bewegungsvorgang notwendig wäre, und ich halte es deshalb für angebracht, etwas näher auf die Konstruktion dieses Getriebes einzugehen.

Das Maltesergetriebe wird verwendet zum Antriebe von Zählwerken, zur Vermittlung von Schützenkastenbewegungen, von Schaftbewegungen, zu Waren-, Ketten-, Polbaumregulatorantrieben usw.

Handelt es sich lediglich darum, eine ruckweise Drehung der getriebenen Achse herbeizuführen, so ist über die Konstruktion nichts besonderes zu erwähnen; anders dort, wo noch besondere Bedingungen erfüllt werden sollen.

Sollen Fachbildeexzenter durch Sternrad- und Mitnehmergetriebe absatzweise angetrieben werden, so müssen selbstverständlich bei der Konstruktion alle jene Umstände berücksichtigt werden, die dazu dienen können, eine möglichst günstige Kettenfadenbewegung und einen ruhigen Gang des Stuhles herbeizuführen.

Je geringer der Steigungswinkel ist, den die Schafthebelrolle vorfindet, um so ruhiger wird die Bildung des Faches vor sich gehen.

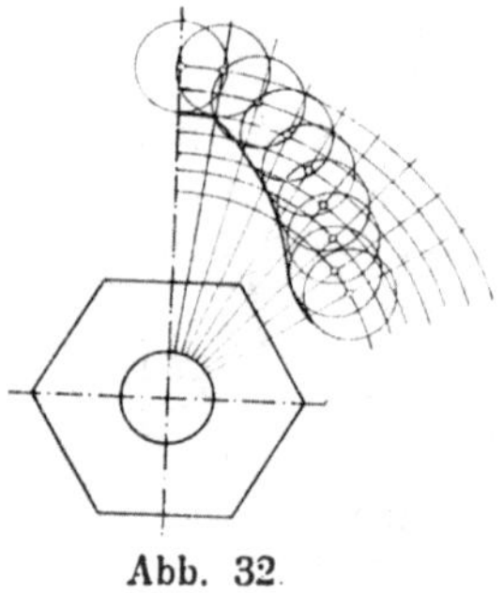

Abb. 32.

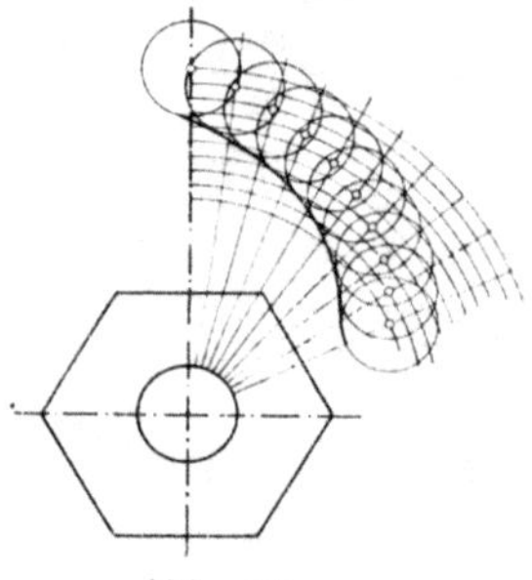

Abb. 33.

Aus dieser Betrachtung geht hervor, daß ein unterbrochen arbeitendes Getriebe zum Antrieb von Schaftexzentern sehr wohl geeignet ist, indem bei der Konstruktion der Exzenter die Schaftstillstände während des Schützendurchganges nicht berücksichtigt zu werden brauchen, also der gesamte für die exzentrische Form zur Verfügung stehende Raum zur Ausbildung der Hubkurve benutzt werden kann, welch letztere somit flacher, also günstiger ausfallen kann (vergleiche Abb. 32 und 33).

Es soll ferner die Hebung bzw. Senkung der Schäfte so langsam wie möglich vor sich gehen, oder mit anderen Worten: es soll das Fach nicht länger geöffnet bleiben, als der Schützendurchgang es erfordert. Rechnet man hierfür beispielsweise $\frac{1}{4}$ Umdrehung der Hauptwelle des Webstuhles, so soll also die Bildung des neuen Faches ungefähr $\frac{3}{4}$ einer Umdrehung der Hauptwelle, oder einer durch diese im Übersetzungsverhältnis 1:1 angetriebenen Hilfswelle in Anspruch nehmen.

Sitzen die Fachbildeexzenter auf einer endlosen Kette, deren Glieder durch ein Prisma bewegt werden, auf dessen Achse das Sternrad sitzt, so richtet sich das Übersetzungsverhältnis zwischen Stiftrad- und Sternradachse nach der Seitenzahl des Prismas.

Ist in Abb. 22 die Umdrehungszahl der Stiftradachse gleich derjenigen der Hauptwelle des Stuhles, so müßte also, nach dem oben Erwähnten, auf ungefähr ¾ Umdrehungen der Stiftradachse eine Weiter-Drehung des Sternes, also ein Eingreifen des Stiftes 1 in den Schlitz des Sternrades, stattfinden, wofern nicht ein ruckweises Bewegen der Schäfte, also eine schädliche, reißende Beanspruchung der Kettenfäden, eintreten soll. Aus Abb. 22 erhellt jedoch, daß jene Bewegung der Schaftexzenter nur $2 \cdot 45^\circ = 90^\circ$ in Anspruch nimmt, somit nicht ¾, sondern nur ¼ einer Stiftradwellenumdrehung. Die Konstruktion (Abb. 22) ist also zur Schaftbewegung nicht geeignet.

Aus Abb. 22 und 23 geht hervor, daß der Winkel, den der Stift 1 mit den Halbmessern r und R der beiden Achsen einschließt, 90° nicht unterschreiten darf. Daraus folgt, daß mit einem Einstiftrade die Bedingung: „¼ Umdrehung der Webstuhlhauptwelle Schaftstillstand" überhaupt nicht erfüllt werden kann; denn der Eingriffswinkel, gebildet vom Halbmesser r und der Achsenverbindungslinie, wird immer kleiner als 90° sein. Die praktisch nicht erreichbare Höchstdauer der Schaftbewegung ist also: $\frac{180^\circ}{360^\circ} = \frac{1}{2}$ Umdrehung der Stiftradachse.

Bezeichnet β den Winkel, den zwei benachbarte Schlitze des Sternrades miteinander bilden, und α den Winkel der zurückgelegt wird vom Eintritt des Stiftes in den Schlitz bis zum Austritt aus demselben, und r den Halbmesser des Stiftlaufkreises, so berechnet sich der Achsenabstand des Maltesergetriebes aus der Formel:

$$h = r \left[\frac{\sin \frac{\alpha}{2}}{\operatorname{tg} \frac{\beta}{2}} + \cos \frac{\alpha}{2} \right]$$

für $\alpha = 120^\circ$, $\beta = 36^\circ$ wird $h = 3{,}168 \cdot r$.

Einen sehr brauchbaren unterbrochen arbeitenden Fachbildeexzenterantrieb zeigt Abb. 23.

Man verwendet ein Zweistiftrad, dessen Stifte um 180° versetzt sind und gibt ihm eine Umdrehung, wenn die Hauptwelle des Stuhles zwei Umläufe macht.

Einem Drehwinkel von 180° der Stiftradwelle entspricht also eine Wendung des in diesem Falle sechsseitig angenommenen Prismas.

Man erhält nunmehr eine Schaftbewegung während $\frac{2 \times 60^\circ}{180^\circ} = \frac{2}{3}$ Umdrehungen der Webstuhlwelle, während der Schaft im Ober- bzw. Unterfach während ⅓ Umdrehung jener Welle stehen bleibt. Es ist also zu ersehen, daß diese Antriebsart sich den Erfordernissen der Fachbildung anpaßt und hauptsächlich für breite Stühle in Anwendung kommen wird, wo man das Fach wegen des verhältnismäßig längeren Schützendurchganges für ⅓ Umdrehung der Webstuhlhauptwelle offen läßt.

Wählt man ein Zweistiftrad und ein achtseitiges Prisma, so erhält man ¾ Umdrehungen Schaftstillstand; denn, entsprechend dem Winkel von 30° in Abb. 23 bekommt man alsdann wieder einen Winkel von 22½° (Abb. 22).

$$90^\circ - 22\frac{1}{2}^\circ = 67\frac{1}{2}^\circ$$

$\frac{2 \times 67{,}5^\circ}{180^\circ} = \frac{3}{4}$ Umdrehungen der Webstuhlhauptwelle Schaftbewegung.

Es ist ferner in Erwägung zu ziehen, daß die in Abb. 33 gezeigte Kurve nicht direkt für die Art der Schaftbewegung maßgebend ist, da sich während des Drehens der Sternradachse deren Winkelgeschwindigkeit ändert.

Abb. 34 zeigt, daß die Winkelgeschwindigkeit entsprechend den Winkelgrößen α, β, γ nach der Mitte der Bewegung hin zunimmt.

Es ist also vorteilhaft, so wie in Abb. 33, eine Rollenkurve mit gleichförmiger Bewegung zu konstruieren, dann erzielt man in Wirklichkeit eine langsam ansetzende, allmählich wachsende Schaftbewegung, welche sich wieder verzögert, wenn der Schaft durch die Mittelstellung gegangen ist.

B e i s p i e l Nr. 5: Schaltwerke.

An mechanischen Webstühlen und auch an anderen Textilmaschinen spielen die Schaltwerke eine große Rolle.

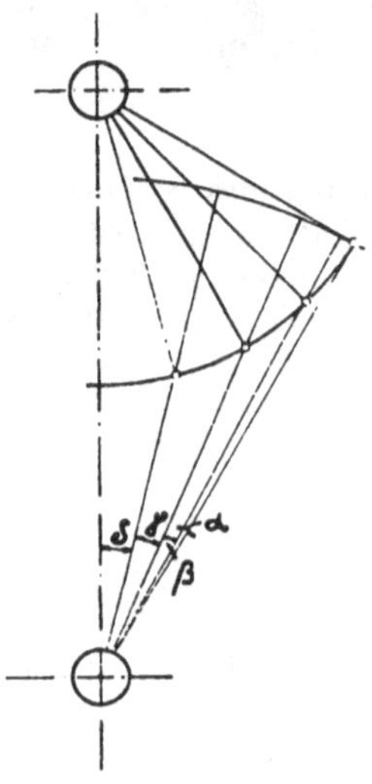

Abb. 34

Es soll deshalb dieses Maschinenelement in folgender Betrachtung etwas näher unsucht werden.

Bei der Konstruktion eines Schaltwerkes müssen zwei Bedingungen erfüllt werden: es muß das Schaltwerk eine genügend genaue Schaltung gestatten und den wirkenden Kräften entsprechend stark gebaut sein.

Hat zum Beispiel, wie in Abb. 35, das Schaltwerk die Aufgabe, die fertige Ware aufzuwickeln (positiver Regulator), so kann man aus der Größe der Warenspannung (Kettenspannung) und dem Übersetzungsverhältnis des Regulators mit Hilfe der Festigkeitsgesetze, die erforderliche Zahnteilung t (Abb. 35) des Schaltrades berechnen. Selbstverständlich muß das ungünstigste Übersetzungsverhältnis, entsprechend der Zähnezahl des Wechselrades für die geringste vorkommende Schußdichte und die größte vorkommende Kettenspannung zugrunde gelegt werden.

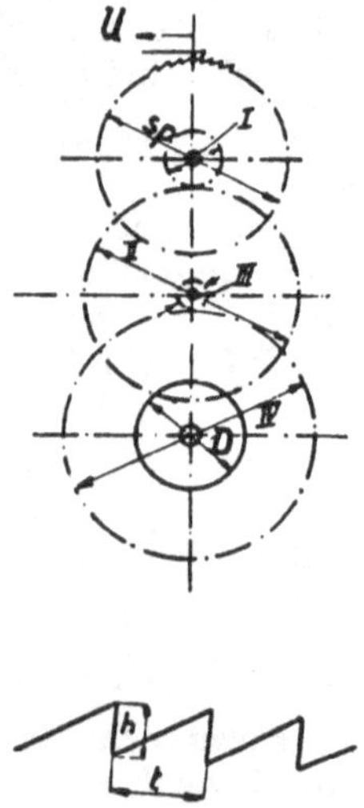

Abb. 35.

Bezeichnet man mit K die Warenspannung, welche beim Aufwickeln der Ware überwunden werden muß, und mit U die notwendige Umfangskraft zur Bewegung des Schaltrades, so berechnet sich letztere zu:

$$U \cdot \frac{sp \, . \, II \, . \, IV}{I \, . \, III \, . \, D} = K$$

$$U = K \cdot \frac{I \, . \, III \, . \, D}{sp \, . \, II \, . \, IV}.$$

Ist die Zahnhöhe h nur sehr gering, so genügt es, lediglich eine Beanspruchung der Grundfläche des Zahnes auf Schub anzunehmen; es gilt dann die Formel:

$$U = b \, . \, t \, . \, k_s \, ,$$

wenn man unter b die Zahnbreite und unter k_s die zulässige Beanspruchung des Materials auf Schub versteht,

$$t = \frac{U}{b \cdot k_s}.$$

Ist die Zahnhöhe h verhältnismäßig groß gewählt, um zu große spezifische Drücke, wegen der damit verbundenen starken Abnutzung von Zahn und Klinke zu vermeiden und möglichst sicheren Schubklinkeneingriff zu erhalten, so hat man die Berechnung der Teilung t auf Biegung vorzunehmen, den Zahn als „Körper gleicher Festigkeit" zu konstruieren und den ungünstigsten Fall anzunehmen, daß die Klinke nur an der Zahnspitze angreift. Wäre z. B. h = 0,5 t, so erhielte man:

$$U \cdot 0{,}5\, t = \frac{b \cdot t^2}{6} \cdot k_b,$$

wenn man unter k_b die zulässige Beanspruchung des Materials auf Biegung versteht,

$$t = 3 \cdot \frac{U}{b \cdot k_b}.$$

Handelt es sich um gegossene, schlecht bearbeitete Schalträder, so wird man schon deshalb, weil Klinke und Zahn nicht auf ihrer ganzen Fläche anliegen werden, die Zähne größer als es die Rechnung ergibt, ausführen müssen. Bei solchen Rädern darf also in obiger Formel für b nicht die ganze Zahnbreite, sondern nur ein Bruchteil derselben eingesetzt werden, wenn das Resultat der Ausführung zugrunde gelegt werden soll.

Nur bei sauber zu bearbeitenden Rädern und Klinken von Präzisionsregulatoren darf die wirkliche Teilung gleich der errechneten genommen werden.

Man hat zu unterscheiden zwischen Warenaufwickelvorrichtungen, welche immer gleichviel Ware aufwinden (positive Regulatoren), und solchen, welche, abhängig von der Dicke des letzteingetragenen Schusses, der Kettenresp. Warenspannung, der Blattspannung, mehr oder weniger Ware auf den Riffel- resp. Warenbaum bringen. Bei den positiven Regulatoren wird man meist mit einer Klinke auskommen können, weil bei ihnen der Klinkenhub nur in großen Abstufungen veränderlich zu sein braucht, da man durch geeignete Wahl eines Zwischenzahnrades (Wechselrades) die verlangten Schußdichten erzielen kann. Es wird also möglich sein, durch Einsetzen eines bestimmten, durch Rechnung zu bestimmenden Wechselrades und durch einen konstanten, von der Ladenstelze ausgehenden Klinkenhub, entsprechend einer Weiterschaltung des Sperrades um 1, 2, 3 oder 4 und mehr Zähne, jede gewünschte Schußdichte zu erzielen.

Anders ist es dort, wo der Klinkenhub eine veränderliche Größe darstellt, deren Wert abhängig ist von der Dicke des letzteingetragenen Schusses, der Ketten- resp. Warenspannung, oder der Blattspannung. Hier ist mit Rücksicht auf die mehr oder weniger große Feinheit des Schußmaterials dafür Sorge zu tragen, daß in mehr oder weniger vollkommenem Grade der erteilte Klinkenhub auch wirklich auf das Schaltrad übertragen wird. Hier wird nun *eine* Klinke zur wirksamen Übertragung der einzelnen, untereinander nur um geringe Beträge differierenden Hübe nicht mehr genügen.

Ist beispielsweise das Verhältnis der Umfangswege von Sperrad und Riffelbaum m, und soll der kleinste mögliche Umfangsweg an letzterem n

Millimeter sein, entsprechend der erforderlichen Genauigkeit gegenüber den vorkommenden Schußdickendifferenzen, so müßte die Ungleichung bestehen:

$$t < n \cdot m.$$

Da aber die noch wirksam zu übertragende Schußdickendifferenz unter Umständen nur einen kleinen Bruchteil eines Millimeters darstellt, so folgt daraus, daß t in den meisten Fällen bei Anwendung nur einer Klinke so

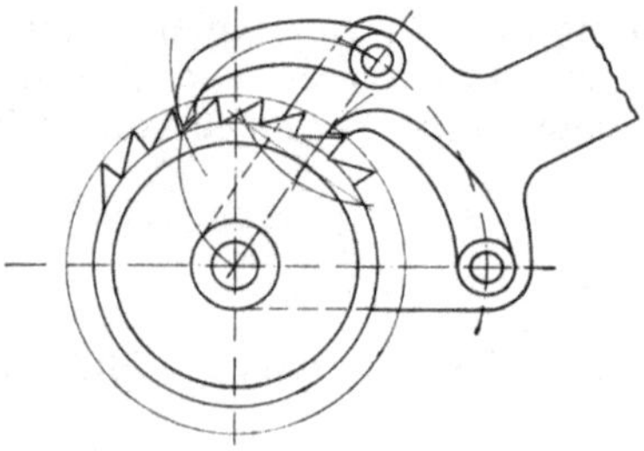

Abb. 36.

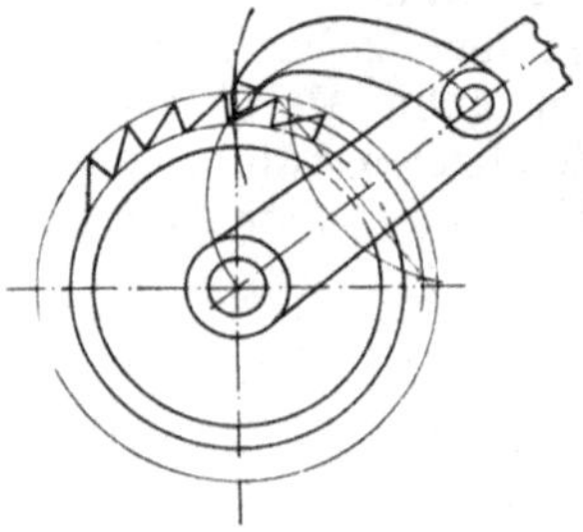

Abb. 37.

klein ausfallen würde, daß der Zahn den Ansprüchen der Festigkeit und Abnutzung nicht mehr genügen könnte. Man muß also mit mehreren Klinken arbeiten. So könnte man z. B. bei gröberen Waren die Konstruktion (Abb. 36) benutzen, welche mit zwei Klinken arbeitet, also imstande ist, noch eine kleinste Hubgröße $= \frac{t}{2}$ wirksam zu übertragen. Der Zahn ist so zu konstruieren, daß die Schubfläche der Klinke beim Einfallen sich nicht von der Flankenfläche des Zahnes entfernt, vielmehr an derselben heruntergleitet (Abb. 36 u. 37), damit die Beanspruchung des Zahnes gleichmäßig erfolgt und sich die Zahn- resp. Klinkenform nicht ungleichmäßig, zum Schaden des genauen Schaltens, abnutzt.

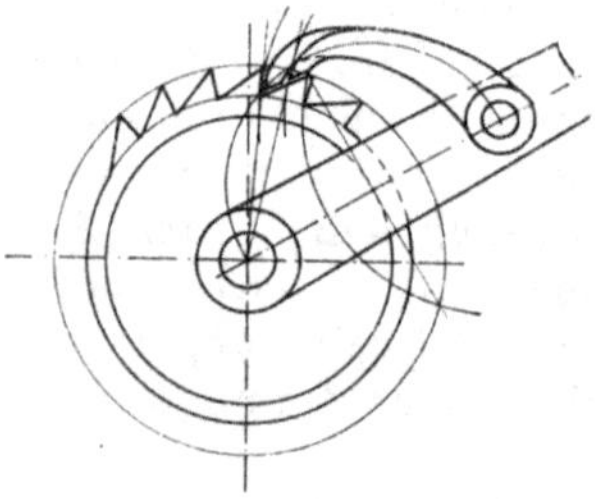

Abb. 38.

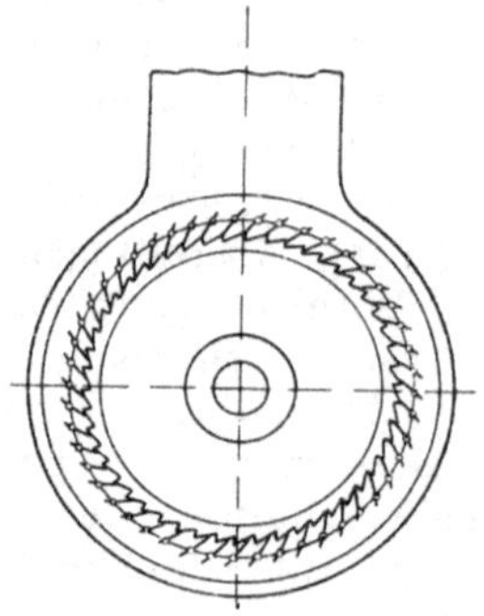

Abb. 39.

Von diesem Standpunkt aus ist also die Ausführung gemäß Abb. 38 zu verwerfen, weil die Schubflächen der beiden Klinken verschiedenen Radien angehören, welche nicht beide mit der Flanke des Zahnes zusammen arbeiten können.

Die Genauigkeit der Schaltung wächst bei gleicher Zahnteilung mit der Anzahl der verwendeten Klinken, unter der Voraussetzung, daß dieselben richtig gegeneinander versetzt sind, bei Anwendung von zwei Klinken um die Hälfte einer Zahnteilung, bei Anwendung von drei Klinken um ein Drittel einer Zahnteilung usw.

Sind x Klinken vorhanden, und ist die Zahnteilung t mm, so ist der kleinste zu übertragende Klinkenhub $= \frac{t}{x}$ mm.

Soll die Empfindlichkeit des Regulators resp. des Schaltwerkes eine große sein, so wird man möglichst viel, genau gegeneinander versetzte Klinken am Umfange anordnen müssen und die Zahnteilung so klein wie möglich zu wählen haben, soweit dies aus technischen Gründen möglich ist. Abb. 39 zeigt die beispielsweise Ausführung des Schaltwerkes an einem Seidenwebstuhl. Das Sperrad hat z. B. 100 Zähne; 99 Klinken, um $\frac{1}{99}$ t gegeneinander versetzt, sind am Umfange angeordnet, so daß noch ein Hub von $\frac{1}{9900}$ des Sperradumfanges übertragen werden kann.

Würde man bei der Berechnung eines Schaltwerkes eine Sperradteilung von 1 mm ausrechnen, und würde die hierbei erzielte Schaltgenauigkeit bei Anwendung einer Klinke genügen, so würde es natürlich in vielen Fällen aus praktischen Gründen vorteilhafter sein, die Teilung z. B. mit 10 mm anzunehmen und 10 Klinken, um je 1 mm versetzt, anzuordnen.

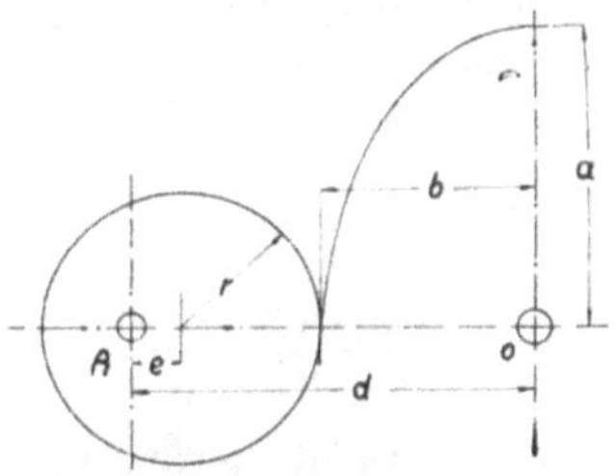

Abb. 40.

B e i s p i e l Nr. 6: Antrieb mittels elliptischer Zahnräder.

Das Hervorbringen periodisch wechselnder Winkelgeschwindigkeiten macht sich manchmal zum Antrieb gewisser Arbeitsteile an Textilmaschinen notwendig: ich erinnere hier bloß an die Kämmaschine der Elsässischen Maschinenbaugesellschaft, an gewisse Nadelstabstrecken, an die Schützenbewegungsvorrichtung gewisser Bandstühle und an den Antrieb des Schneidewerkes einiger Doppelsammetstühle. Es wird daher für den Techniker nicht unnütz sein, etwas Näheres über die Konstruktionsbedingungen dieser Getriebe zu erfahren.

Die mir bekannten Ausführungsbeispiele hatten auf der Antriebsachse A (Abb. 40) exzentrisch ein Kreisstirnrad sitzen; das Übersetzungsverhältnis von A auf O war 2 : 1. Diesen und bloß diesen Fall wollen wir zum Gegenstand der folgenden Untersuchung machen.

Der Teilkreis des auf O sitzenden getriebenen Stirnrades ist bekanntlich als Ellipse auszuführen, unter Einhaltung einer gewissen Bedingung, die wir im folgenden entwickeln wollen.

Aus der Abb. 40 sind die Bezeichnungen der einzelnen, zur Berechnung notwendigen Größen zu ersehen:

r = Radius des Teilkreises,
e = Exzentrizität des Kreisrades,
a = halbe große Achse des elliptischen Teilkreises,
b = halbe kleine Achse des elliptischen Teilkreises,
d = Achsenabstand.

Der leichteren Rechnung wegen soll e in Beziehung zu r gebracht werden; wir nehmen willkürlich an: $e = \frac{r}{2}$.

Da nach Voraussetzung zwei Umdrehungen des Kreisrades einer Umdrehung des elliptischen Rades entsprechen, so gilt die Gleichung:

$$2 \cdot 2 r \cdot \pi = \pi \cdot (a + b) \cdot y. \qquad \text{(I)}$$

Die rechte Seite dieser Gleichung ist die Formel für den Umfang einer Ellipse mit den Halbachsen a und b, worin y einen Wert bedeutet, den man unter Benutzung des Bruches $\frac{a - b}{a + b}$ aus technischen Handbüchern, z. B. der „Hütte" entnehmen kann.

Aus Abb. 40 folgt leicht, daß:

$$a = d - (r - e) \text{ und}$$
$$b = d - (r + e), \text{ und hieraus, daß}$$
$$a + b = 2\,(d - r),$$
$$a - b = 2\,e = r \text{ (nach Voraussetzung).}$$

Setzt man den eben für a + b gefundenen Wert in Gleichung I ein, so geht sie über in:

$$4\,r\,\pi = \pi\,[2\,(d - r)]\,y. \text{ also}$$
$$y = \frac{2\,r}{d - r}.$$

Da $\frac{a - b}{a + b} = \frac{r}{2\,(d - r)}$, so ist $\frac{a - b}{a + b} : y = \frac{r}{2\,(d - r)} : \frac{2\,r}{d - r} = 1 : 4$.

Man findet hieraus mit Hilfe der Tafel des Handbuches und durch Interpolation:

$$\frac{a - b}{a + b} = \frac{r}{2\,(d - r)} = 0{,}2542. \quad \text{und hieraus:}$$
$$2\,(d - r) \cdot 0{,}2542 = r\,;$$
$$d = r\,\frac{(1 + 0{,}5084)}{0{,}5084} = 2{,}98\ r.$$

Dieser Wert von d ist von der Größe der Exzentrizität unabhängig. So erhält man z. B. auch für $e = \frac{r}{3}$.

$$\frac{a - b}{a + b} = \frac{\frac{2r}{3}}{2\,(d - r)} = \frac{r}{3\,(d - r)}$$
$$\frac{a - b}{a + b} : y = \frac{r}{3\,(d - r)} : \frac{2\,r}{d - r} = 1 : 6$$
$$\frac{a - b}{a + b} = \frac{r}{3\,(d - r)} = 0{,}1679$$
$$d = \infty\ 2{,}98\ r.$$

Hieraus ergibt sich die für den Maschinenbauer wichtige Beziehung: Ist das Übersetzungsverhältnis von A auf O gleich 2, so muß der Radachsenabstand gleich dem 2,98fachen Halbmesser des Kreisrades sein. Dieser Wert ist hinreichend genau; mathematisch genau ist er nicht, weil er auf Grund der Voraussetzung gewonnen wurde, daß der Teilkreis des getriebenen Rades eine Ellipse sei, was nicht ganz zutrifft. Diesen Teilkreis erhält man auf folgende Weise: Man teile den Halbkreis mit dem Radius r in gleiche Teile (z. B. 10) ein und schlage um A (Abb. 41) als Mittelpunkt Kreisbögen, die durch jene Teilpunkte gehen und den Durchmesser 10 0 in den Punkten 10', 9', 8', 7', 6', 5', 4', 3', 2', 1' und 0 schneiden mögen. Beschreibe hierauf um B Bögen mit den Halbmessern B0, B1', B2', B3'.... B10'. Nehme dann den zehnten Teil des Halbkreises in den Zirkel und schlage mit ihm als Radius um 0 einen Bogen. Dieser schneidet den mit B1' um B beschriebenen Kreis in 1_1; 2_1 ist der Schnittpunkt des Kreises B2' und des mit $\frac{\pi r}{10}$ um 1_1 beschriebenen Kreises; 3_1 ist der Schnittpunkt des Kreises B3' und des mit $\frac{\pi r}{10}$ um 2_1 geschlagenen Bogens, usw.

Abb. 41.

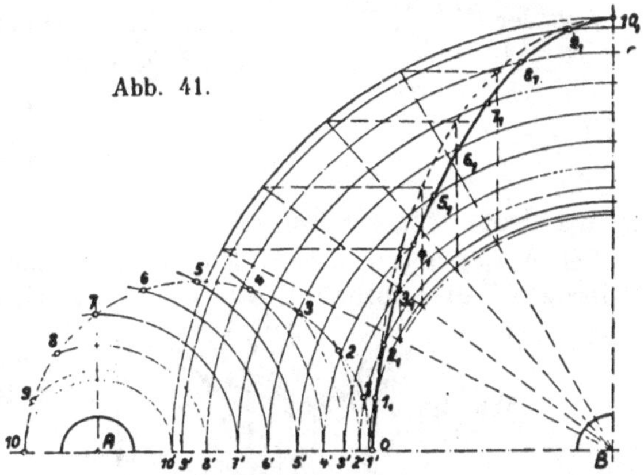

Daß die Kurve 0, 1_1, 2_1 ...... 10_1, die den genauen Eingriff der Zahnflanken herbeiführen soll, keine Ellipse ist, kann leicht wie folgt gezeigt werden. Durch B lege man Strahlen. Durch die Schnittpunkte dieser mit dem um B mit B0 beschriebenen Kreise ziehe man Lotrechte; durch ihre Schnittpunkte mit dem um B mit B10' beschriebenen Kreise ziehe man Wagerechte. Die entsprechenden Lot- und Wagerechten schneiden sich auf einer Ellipse (punktiert gezeichnete Kurve).

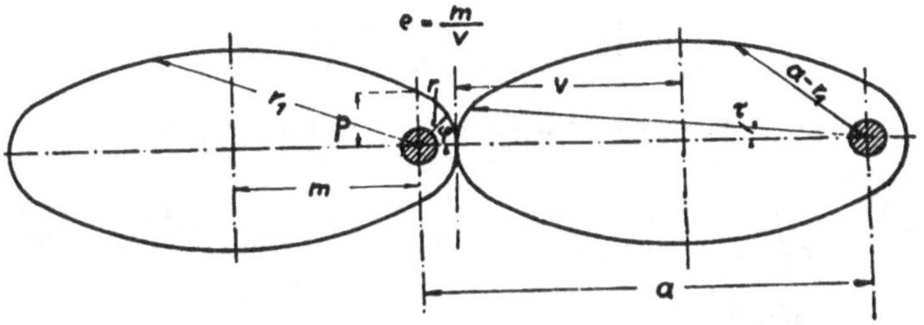

Abb. 43.

Für die Bemessung des Achsenabstandes hat jedoch der zwischen der Kurve 0, 1_1, 2_1, 3_1 ..... 10_1 und der Ellipse mit der Achse B0, $B10_1$ bestehende Unterschied wenig Bedeutung.

Eine andere, genauere Berechnungsart für Antriebe zur Hervorbringung einer wechselnden Winkelgeschwindigkeit zeigt Beispiel Nr. 7.

Diese Antriebe werden als Stirnzahnräder ausgeführt. Soweit Textilmaschinen in Frage kommen, sind die zusammenarbeitenden Teilkreise entweder Ellipsen (Abb. 43) („Elliptische Räder“), oder, wie es die Abb. 42 zeigt, das Antriebsrad ist ein exzentrisch gebohrtes Kreisstirnrad, während der Teilkreis des getriebenen Rades durch eine Kurve dargestellt wird, welche man in der aus der Abb. 41 ersichtlichen Weise konstruieren kann, unter der Voraussetzung, daß man das Verhältnis a : r kennt.

Es handelt sich also darum, dieses Verhältnis rechnerisch zu bestimmen. Aus der Abb. geht hervor, daß die Beziehungen bestehen:

$$x \,.\, d\tau = z; \quad (a - x) \,.\, d\varphi = z$$

$$x \,.\, d\tau = (a - x) \,.\, d\varphi$$

$$d\varphi = \frac{x}{a - x} \,.\, d\tau;$$

hierin bedeutet: $x = e \,.\cos\tau + \sqrt{r^2 - e^2 \sin^2\tau}$

Sollen sich die Tourenzahlen des treibenden Rades zu denjenigen des getriebenen Rades verhalten wie n zu 1, so wird man, allgemein gültig für alle möglichen Übersetzungsverhältnisse, die Gleichung aufstellen können:

Abb. 42.

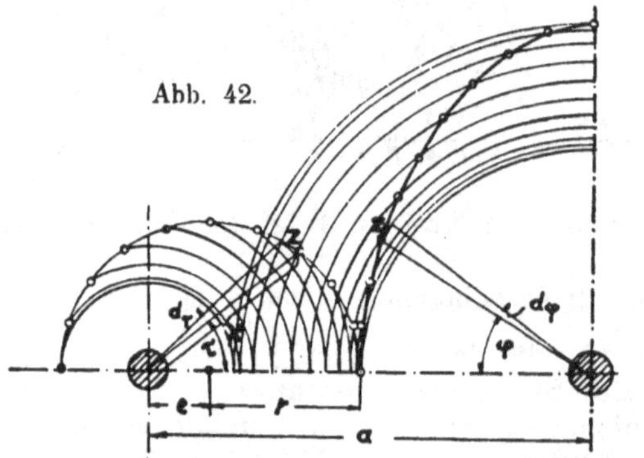

$$\int_0^{\frac{\pi}{n}} d\varphi = \int_0^{\pi} \frac{x}{a - x} \cdot d\tau$$

$$\Big[\varphi\Big]_0^{\frac{\pi}{n}} = \int_0^{\pi} \frac{x}{a - x} \cdot d\tau.$$

An den mir bekannten Maschinen (Kämmaschine der Elsäss. Maschinenbaugesellschaft, verschiedene Nadelstabstrecken, Schützenbewegungsvorrichtungen, Schneidwerk an Doppelamtwebstühlen usw.) benutzt man das Verhältnis $n : 1 = 2 : 1$, so daß die obige Gleichung in die Form übergeht:

$$\Big[\varphi\Big]_0^{\frac{\pi}{2}} = \int_0^{\pi} \frac{x}{a - x} \cdot d\tau.$$

Die Integration ist nur durch Reihenentwicklung möglich.

$$\Big[\varphi\Big]_0^{\frac{\pi}{2}} = \frac{1}{a}\int_0^{\pi} x\, d\tau + \frac{1}{a^2}\int_0^{\pi} x^2\, d\tau + \frac{1}{a^3}\int_0^{\pi} x^3\, d\tau + \cdots \frac{1}{a^{\infty}}\int_0^{\pi} x^{\infty}\, d\tau.$$

Für $e = o$ wird $x = r$.

$$\Big[\varphi\Big]_0^{\frac{\pi}{2}} = \frac{r}{a}\Big[\tau\Big]_0^{\pi} + \frac{r^2}{a^2}\Big[\tau\Big]_0^{\pi} + \frac{r^3}{a^3}\Big[\tau\Big]_0^{\pi} + \cdots \frac{r^{\infty}}{a^{\infty}}\Big[\tau\Big]_0^{\pi}$$

$$\frac{\pi}{2} = \left[\frac{1}{1 - \frac{r}{a}} - 1\right]\pi$$

$$a = 3\,r.$$

Für e = r wird $x = r \cdot \cos \tau + r \sqrt{1 - \sin^2 \tau}$, also ist $x = r \cdot \cos \tau + r \cdot \cos \tau$.

Hierbei ist zu berücksichtigen, daß das erste Glied bei Winkeln $\tau > 90^\circ$ bis 270° negativ wird, während das zweite Glied für alle möglichen Winkel τ positiv bleibt.

Will man also für x den Wert $2r \cdot \cos \tau$ einsetzen, so gilt derselbe nur für Winkel τ im I. und IV. Quadranten. Für Winkel im II. und III. Quadranten ist x = o. Für e = r spielt sich nun das Anwachsen des Winkels φ von 0° auf 90° in derselben Zeit ab, in welcher der Winkel τ von 0° bis 90° wächst, so daß die Grenzen der Integration zu ändern sind.

$$\left[\varphi\right]_0^{\frac{\pi}{2}} = \int_0^{\frac{\pi}{2}} \frac{x}{a - x} \cdot d\tau$$

$$\left[\varphi\right]_0^{\frac{\pi}{2}} = \frac{2r}{a}\int_0^{\frac{\pi}{2}} \cos \tau \, d\tau + \frac{2^2 \cdot r^2}{a^2}\int_0^{\frac{\pi}{2}} \cos^2 \tau \, d\tau + \frac{2^3 \cdot r^3}{a^3}\int_0^{\frac{\pi}{2}} \cos^3 \tau \, d\tau + \cdots \frac{2^\infty \cdot r^\infty}{a^\infty}\int_0^{\frac{\pi}{2}} \cos^\infty \tau \, d\tau$$

Um zu untersuchen, wie groß der Einfluß ist, den die Exzentrizität e auf den Achsenabstand a hat, braucht man in die Reihe nur für a den gefundenen Wert 3 r einzusetzen.

Die Reihe konvergiert stark genug, um mit genügender Genauigkeit den Wert derselben berechnen zu können. Man findet: 1,51586.

a ist also etwas zu groß gewählt. Für a = 2,98 . r ist die Gleichung erfüllt, so daß man zu dem Schluß kommt:

Für n = 2 ist der Einfluß der Exzentrizität e auf die Achsenentfernung a äußerst gering.

Nimmt e von o auf r zu, so nimmt a von 3 r auf 2,98 . r ab.

Man konstruiert den Teilkreis des treibenden Rades als Ellipse. Der Achsenabstand der beiden Räder ergibt sich alsdann aus folgenden Beziehungen:

$$r = \frac{p}{1 + e \cos \varphi}; \quad \frac{p}{1 + e \cos \varphi} \, d\varphi = \left[a - \frac{p}{1 + e \cos \varphi}\right] d\tau;$$

$$d\tau = \frac{\frac{p}{1 + e \cos \varphi} \, d\varphi}{a - \frac{p}{1 + e \cos \varphi}}; \quad \int_0^{\pi} d\tau = \int_0^{\pi} \frac{p}{a} \cdot \frac{d\varphi}{1 - \frac{p}{a} + e \cos \varphi}$$

$$\varphi = \frac{p}{a}\left[\frac{2}{\sqrt{\left(1 - \frac{p}{a}\right)^2 - e^2}} \cdot \operatorname{arc\,tg} \sqrt{\frac{1 - \frac{p}{a} - e}{1 - \frac{p}{a} + e}} \cdot \operatorname{tg} \frac{\pi}{2}\right];$$

$$1 = \frac{p}{a} \cdot \frac{1}{\sqrt{1 - \frac{2p}{a} + \frac{p^2}{a^2} - e^2}};$$

$$a = \frac{2p}{1 - e^2}.$$

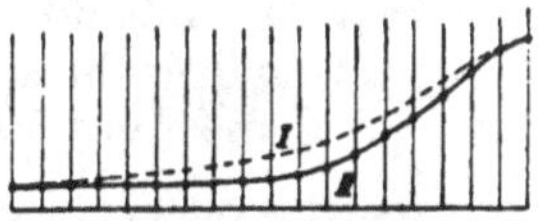

Abb. 44.

Das ist aber gleich der großen Achse der Ellipse, woraus folgt, daß das getriebene Rad eine gleiche große Ellipse sein muß.

Abb. 44 gibt Aufschluß über den Verlauf der Änderung der Winkelgeschwindigkeit bei diesen beiden Antrieben unter der Voraussetzung, daß sich die größte Winkelgeschwindigkeit des getriebenen Rades zur kleinsten verhält wie 3 zu $\frac{1}{3}$.

Kurve I gilt für den Fall (Abb. 41) und Kurve II für den Fall (Abb. 43). Beim elliptischen Antriebe finden also die Geschwindigkeitsänderungen plötzlicher statt und beim exzentrischen Kreisradantrieb allmählicher. Das gilt nicht nur für diesen speziellen Fall, sondern allgemein.

In Abb. 45*) ist ein elliptisches Rädergetriebe an einer Zwirnmühle verwendet, zum Antriebe der Fadenführerstange, damit dieselbe eine ziemlich

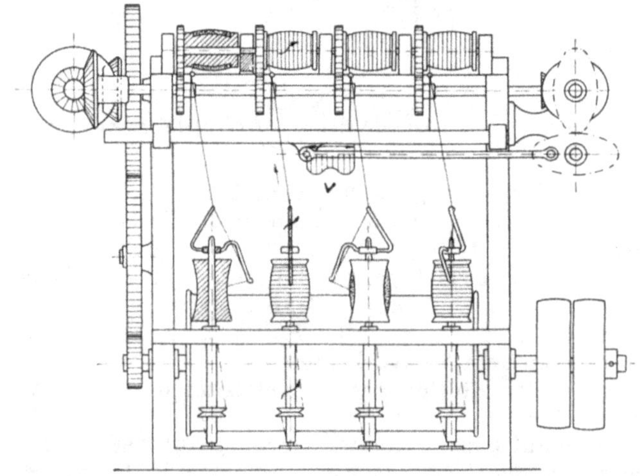

Abb. 45.

gleichmäßige Längsverschiebung erfährt, entsprechend dem eingezeichneten Geschwindigkeitsdiagramm v.

Beispiel Nr. 8. Beim „Differentialwerk mit Kegelrädern“, welches an Spinnmaschinen anzutreffen ist, Abb. 46, sitzt das Stirnzahnrad d fest auf der verlängerten Nabe eines Kegelrades, welches die linke Hälfte des Radkörpers b bildet; letzterer dreht sich lose auf einer Büchse der Antriebswelle a. Die Zapfen der Zwischenkegelräder c stecken in der rechten Hälfte des erwähnten Radkörpers b, und greifen außerdem in den Zahnkranz eines Kegelrades e ein, welches fest auf der Antriebswelle a sitzt. Der als Stirnzahnkranz ausgebildete Umfang des Radkörpers b wird angetrieben von konischen Riemenscheiben aus, die bereits früher besprochen wurden. Hat die Welle a die Umdrehungszahl n, und steht der Radkörper b still, so überträgt sich diese Tourenzahl n unverändert auf das Rad d, welches den umgekehrten Drehsinn bekommt wie die Antriebswelle. Steht die Antriebswelle still, und dreht sich der Radkörper b mit der Tourenzahl n, so erhält das Rad d die Tourenzahl 2 n in demselben Drehungssinne wie der Rad-

*) Diese Abbildung ist dem Werke: „Georg Lindner, Spinnerei und Weberei“, Verlag Friedrich Gutsch, Karlsruhe und Leipzig, entnommen, welches zum Studium bestens empfohlen werden kann.

körper b. Dreht sich die Welle a mit der Tourenzahl n_1, und der Radkörper b mit der Tourenzahl n_2 in entgegengesetztem Sinne, so erhält d von b aus die Umdrehungszahl $-2 . n_2$, und von e aus die Umdrehungszahl $-n_1$; im ganzen wird also die Tourenzahl des Rades $d = -2 n_2 + (-n_1) = -(2 n_2 + n_1)$, d. h. $(2 n_2 + n_1)$ Touren im entgegengesetzten Drehungssinn der Welle a. Dreht sich der Radkörper b in demselben Sinne wie die Welle a,

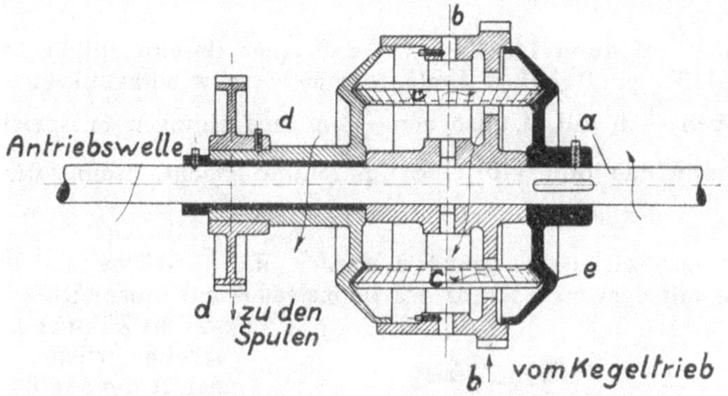

Abb. 46.

so erhält man die resultierende Umdrehungszahl $+ 2 n_2 - n_1$, d. h. $(n_1 - 2 n_2)$ Touren im entgegengesetzten Drehsinn der Welle a. Allgemein:

$$n = n_1 \pm 2 n_2$$

Diese Formel besagt, daß bei jeder Umdrehung des Planetenrades b das Differentialrad d auf die Anzahl Umdrehungen des auf der Antriebswelle a aufgekeilten Rades e zwei Umdrehungen gewinnt (+) oder zwei Umdrehungen verliert (—).

Beispiel Nr. 9: Ein Differentialwerk anderer Konstruktion zeigt schematisch Abb. 47.

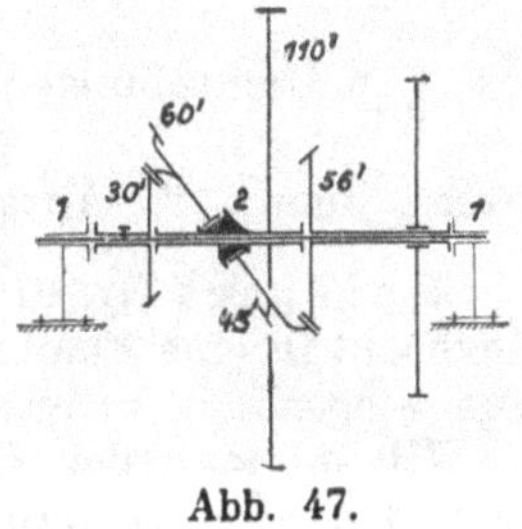

Abb. 47.

Das auf der Antriebswelle 1 aufgekeilte Rad 30' greift mit seiner Verzahnung in den Zahnkranz 45' des lose auf der schrägen Büchse 2 des Planetenrades 110' sitzenden Doppelkegelrades 45', 60' ein, dessen Zahnkranz 60' mit dem Differentialrade 56' zusammenarbeitet. Die Formel für dieses Differentialwerk wird nun auf folgende Weise ermittelt: die Welle 1 mache n Umdrehungen in der Minute. Die in der Abbildung 47 eingeschriebenen Zahlen mögen die Zähnezahlen der einzelnen Räder bedeuten; wird alsdann das Planetenrad 110' festgehalten, so ergibt sich die Anzahl Umdrehungen des Rades 56', das sich im selben Sinne wie 30' dreht, zu:

$$n \cdot \frac{30 . 60}{45 . 56} = \frac{5}{7} . n .$$

Wenn sich nun das Planetenrad 110' ebensoschnell und in derselben Richtung dreht wie das Rad 30', so werden die Räder 30', 110' und 56' alle dieselbe Winkelgeschwindigkeit besitzen, und jedes von ihnen wird n Umdrehungen in der Minute machen, die eben gefundenen Werte können wir nun wie folgt in einer Tabelle unterbringen:

	30′	110′	56′
1.	n	0	$\frac{5}{7} \cdot n$
2.	n	n	n

Ein Blick auf diese Tabelle lehrt, daß einer Geschwindigkeitszunahme des Rades 110′ von 0 auf n Umläufe eine Geschwindigkeitszunahme des Rades 56′ von $\frac{5}{7}$ n auf n, also von $\frac{2}{7}$ n Umdrehungen entspricht, d. h. jedesmal, wenn das Rad 110′ eine Umdrehung macht, nimmt die Anzahl Umläufe des Rades 56′ um $\frac{2}{7}$ Umdrehungen zu.

Würde das Getriebe so geändert werden, daß das 30er Rad 56 Zähne bekäme und mit dem 60er Kranz des Doppelrades mit einem Differentialrad von 30 Zähnen zusammen arbeiten würde, so ergäbe sich folgender Zusammenhang:

	56′	110′	30′
1.	n	0	$\frac{7}{5}$ n
2.	n	n	n

Einer Geschwindigkeitszunahme des Rades 110′ von 0 auf n Umläufe entspricht einer Geschwindigkeitsabnahme des Rades 30′ von $\frac{7}{5}$ n auf n, also von $\frac{2}{5}$ n Umdrehungen, d. h. jedesmal wenn das Rad 110′ eine Umdrehung macht, nimmt die Anzahl Umläufe des Rades 30′ um $\frac{2}{5}$ Umdrehungen ab.

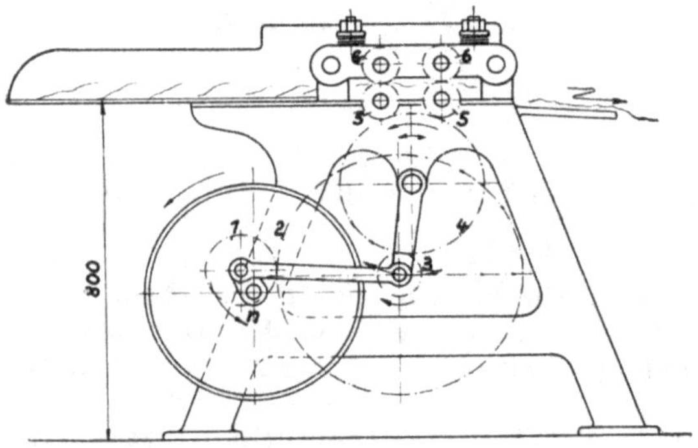

Abb. 48.

B e i s p i e l Nr. 10: Abb. 48*) zeigt einen Pilgerschritt — Mechanismus eingebaut in eine Flachsbrechmaschine. Mit Hilfe dieses Getriebes will man eine wiederholte Bearbeitung erzielen.

Nimmt man der Einfachheit halber eine unendlich lange Schubstange an und bezeichnet man mit α den Winkel, den die Kurbel nach der Schubstangenseite hin mit der Verbindungslinie Kurbelachse nach Triebradbolzen 3 einschließt, und setzt man ferner vereinfachend voraus, daß der Bolzen des Rades 3 nicht schwingt, sondern daß er sich auf einer Ebene bewegt, die durch die Kurbelachse (Antriebsachse) hindurchgeht, so errechnet sich die Schwinggeschwindigkeit der Stirnzahnräder 2 und 3 zu $\frac{2 r \pi . n}{60} \sin \alpha$. Berücksichtigt man das Übersetzungsverhältnis von 3 nach 5 durch Einsetzung

*) Entnommen dem Werke: „Lindner, Spinnerei und Weberei“.

eines Faktors $f = \frac{R_4}{R_4 + R_3} \cdot \frac{d}{D_5}$, wobei d der wirksame Durchmesser der Skelettwalzen bedeutet, während D_5 der Teilkreis Ⓛ der Skelettwalzen-Zahnrädchen ist, so wird die Umfangsgeschwindigkeit v der Skelettwalzen, soweit sie vom Kurbelmechanismus herrührt

$$v = \frac{2\, r\, \pi \, . \, n}{60} . f . \sin \alpha = \sim 0{,}105 . r . n . f . \sin \alpha .$$

Hierzu kommt noch die Umfangsgeschwindigkeit u infolge der gesamten Zahnradübersetzung von der Antriebswelle her,

$$u = \frac{\pi . d . n}{60} . \frac{D_1}{D_2} . \frac{D_3}{D_5} .$$

so daß die resultierende Umfangsgeschwindigkeit u + v ist.

Das periodische Schwanken derselben, herrührend von dem exzentrisch gebohrten Triebrad 1, kommt in dieser Formel nicht zum Ausdruck.

Nehmen wir f mit 1,11 an, und u mit 0,1 m/sec, n mit 100, r mit 0,06 m, so wird $v = 0{,}105 . 0{,}06 . 100 . 1{,}11 . \sin \alpha$

$$v = 0{,}7 . \sin \alpha \text{ m/sec.}$$

die resultierende Umfangsgeschwindigkeit u + v ergibt sich dann für

$\alpha = 0°$	90°	180°	270°	360°
zu + 0,1	+ 0,8	+ 0,1	— 0,6	+ 0,1 m/sec.

Bezeichnet ω die Winkelgeschwindigkeit der Kurbel, so ist der in der Zeit t durchlaufene Weg s zu ermitteln aus der Beziehung: $s = \int (u + v)\, d\, t$; t kann man ausdrücken durch den Quotienten $\frac{\alpha}{\omega}$, also

$$s = \int_0^{\alpha} \left(\frac{n}{1000} + 7 \frac{n}{1000} \sin \alpha \right) \frac{d\alpha}{\omega} = \frac{n}{1000} \left(\frac{\alpha}{\omega} + 7 \frac{1 - \cos \alpha}{\omega} \right).$$

Setzt man $\alpha = \frac{\pi}{180} . \alpha°$ und $\omega = \frac{2 \pi n}{60}$, so wird $s = \frac{1}{1000} \left[\frac{\alpha^0}{6} + 66{,}8 (1 - \cos \alpha) \right]$

$\alpha = 0°$	90°	180°	270°	360°
s = 0	0,082	0,164	0,112	0,060 m.

Das Arbeitsgut geht also bei jedem Spiel um 164 mm vorwärts, und um 164 — 60 = 104 mm wieder zurück.

Beispiel Nr. 11: Zwei Achsen, die den genauen unveränderlichen Abstand 450 mm haben, sollen im Übersetzungsverhältnis 1:3 zwangläufig durch gußeiserne Stirnzahnräder angetrieben werden. Welcher Modul ist zu wählen, wenn die zu übertragende Umfangskraft 36 kg beträgt?

Lösung: $\frac{450}{1 + 3} = 112{,}5$ mm. Der Teilkreis-Ⓛ des kleinen Rades müßte also 2 . 112,5 = 225 mm betragen. Die notwendige Zahnteilung kann man nach der Formel berechnen:

$$t = \sqrt{\frac{16{,}8 . P}{\psi . k_b}},$$

hierin bedeutet ψ das Verhältnis der Zahnbreite zur Zahnteilung; wir nehmen dasselbe mit 2 an, und die zulässige Beanspruchung des Gußeisens für Krafträder mit auftretenden Stößen $= 250 \frac{\text{kg}}{\text{qcm}}$. Dann wird

$$t = \sqrt{\frac{16{,}8 \,.\, 36}{2 \,.\, 250}} = 1{,}1 \text{ cm}; \quad \frac{11}{\pi} = 3{,}5, \text{ also Modul } 3{,}5.$$

Das eine Rad bekommt dann $\frac{225}{3{,}5} = 64$ Zähne, das andere Rad $64 \,.\, 3 = 192$ Zähne, und der zugehörige Achsenabstand ist $\frac{192 + 64}{2} \,.\, 3{,}5 = 448$ mm. Das ist unbrauchbar. Kleiner dürfen wir den Modul mit Rücksicht auf die Beanspruchung der Zähne nicht wählen, wohl aber größer. Wir nehmen also versuchsweise den nächstgrößeren Modul 4. $\frac{225}{4} = 56$ Zähne bzw. 168 Zähne; $\frac{168 + 56}{2} \,.\, 4 = 448$ mm. Bei Modul 4,5 ergibt sich: $\frac{225}{4{,}5} = 50$ bzw. 150 Zähne. $\frac{150 + 50}{2} \,.\, 4{,}5 = 450$ mm.

Wir wählen also 2 Stirnzahnräder von 150 bzw. 50 Zähnen, Modul 4,5, Zahnteilung $t = 14{,}137$ mm, Zahnbreite $= 28$ mm.

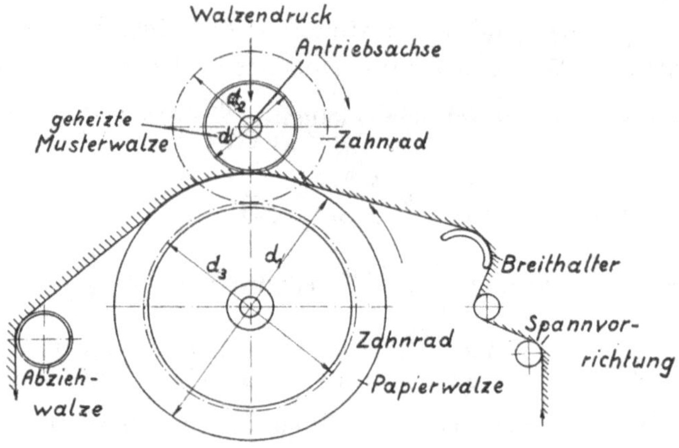

Abb. 49.

B e i s p i e l Nr. 12: Räderberechnung an einer Preßmaschine. Abb. 49.

Ich wohnte Versuchen bei, die den Zweck hatten, mittels ein und derselben Dessinwalze Muster verschiedener Länge in die Veloursware einpressen zu können. Soll das eingepreßte Muster dieselbe Länge besitzen wie das eingravierte Muster der Dessinwalze, so muß die Umfangsgeschwindigkeit der Musterwalze mit jener der Papierwalze übereinstimmen. Ist der Walzendruck groß genug, so kommt man unter Umständen ohne Zahnräder aus, weil die Dessinwalze die Papierwalze mitnimmt. Will man Zahnräder verwenden, so berechnet sich deren Teilkreis-⌀ nach der Formel:

$\frac{d_2 \cdot d_1}{d_3 \cdot d} = v'$. Hierin bezeichnet v' das Verhältnis der Umfangsgeschwindigkeiten von Papierwalze und Musterwalze. Im vorliegenden Falle soll dasselbe $\frac{1}{1}$ sein, also $\frac{d_2 \cdot d_1}{d_3 \cdot d} = 1$. Die Bedeutung der anderen Buchstaben ist aus der Abbildung zu entnehmen. In dieser Gleichung sind die beiden unbekannten Größen d_2 und d_3 durch eine einzige Unbekannte auszudrücken, so daß die Gleichung in die Form übergeht:

$$\frac{d_2 \cdot d_1}{(d + d_1 - d_2) \cdot d} = 1.$$

Diese Gleichung ist erfüllt für $d_2 = d$. Das heißt: die Teilkreis-⌀ der Zahnräder müssen mit den Durchmessern der Walzen übereinstimmen.

Voraussetzung für die nächstfolgenden Betrachtungen ist es, daß die Abziehwalze einen derartig regulierfähigen Antrieb besitzt, daß die von der Papierwalze gelieferte Ware unter entsprechender Spannung von jener Walze abgezogen wird. Man wird beispielsweise eine Kratzenwalze benutzen, der man durch Riemenantrieb eine etwas größere Umfangsgeschwindigkeit gibt wie jene der Papierwalze; der Riemen wird alsdann bei zu großer Warenspannung rutschen.

Soll das Dessin kürzer werden als dasjenige der Musterwalze, so wird v' kleiner als 1 sein müssen, weil die Warengeschwindigkeit hinter der Umfangsgeschwindigkeit der Musterwalze entsprechend zurückbleiben muß. Soll zum Beispiel das aufgepreßte Muster nur $\frac{4}{5}$ der Länge des Musterwalzendessins besitzen, so muß die Beziehung bestehen:

$$\frac{d_2 \cdot d_1}{(d + d_1 - d_2) \cdot d} = \frac{4}{5}.$$

d_2 berechnet sich dann zu:

$$d \frac{4(d_1 + d)}{5 d_1 + 4 d}.$$

Angenommen es sei $d = 120$ mm und $d_1 = 480$ mm; der Modul der Zahnräder soll 6 sein:

$$d_2 = 120 \frac{4(480 + 120)}{5 \cdot 480 + 4 \cdot 120} = 100 \text{ mm}$$

$$d_3 = 600 - 100 = 500 \text{ mm}$$

$\frac{100}{6} = 16{,}67$; man wählt 17 Zähne

$\frac{500}{6} = 83{,}33$; man wählt 83 Zähne.

Es werden dann die Teilkreis-⌀ 17 . 6 = 102 mm
83 . 6 = 498 mm
600 mm.

Soll das Muster z. B. die doppelte Länge bekommen, so muß sein:

$$\frac{d_2 \,.\, d_1}{(d + d_1 - d_2) \,.\, d} = 2$$

$$d_2 = d \cdot \frac{2\,(d + d_1)}{2\,d + d_1}$$

$$d_2 = 120 \; \frac{2\,(120 + 480)}{2 \,.\, 120 + 480} = 200 \text{ mm}$$

$$d_3 = 600 - 200 = 400 \text{ mm}$$

$\frac{200}{6} = 33{,}33$; man wählt 33 Zähne

$\frac{400}{6} = 66{,}66$; man wählt 67 Zähne.

Es werden dann die Teilkreis-⌀ $33 \,.\, 6 = 198$ mm

$67 \,.\, 6 = 402$ mm

600 mm.

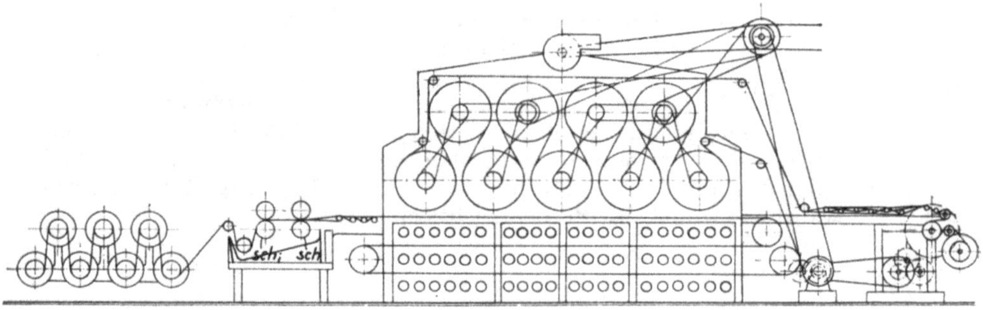

Abb. 50.

Ist der Walzendruck nicht sehr groß, so kann es vorkommen, daß die voreilende Abziehwalze der Ware eine größere Geschwindigkeit gibt als die Umfangsgeschwindigkeit der Papierwalze; in diesem Falle arbeitet man am besten ohne Abziehwalze.

B e i s p i e l Nr. 13: Folgendes Berechnungsbeispiel entstammt einer Anfrage aus der Praxis.

Eine Lufttrockenschlichtmaschine hat zwei Schlichtwalzenpaare; jede der Tauchschlichtwalzen erhält ihren Antrieb durch Kegelräder und Welle von derjenigen Walze aus, welche bei der Aufbäumseite der Maschine die Kette auf den Kettbaum aufbäumt. Eine der beiden unteren Schlichtwalzen wurde unbrauchbar, und es soll an deren Stelle eine andere eingesetzt werden von einer älteren Maschine herrührend, die aber etwas kleineren Umfang hat als die ursprüngliche (Abb. 50 und 51). Angegeben wurde a = 110 mm ⌀; b = c = 27 Zähne, d = f = 24 Zähne, e = 48 Zähne. Der Umfang der unteren Schlichtwalze sch = 720 mm, derjenige der unteren Schlichtwalze sch_1 = 625 mm.

L ö s u n g: $\frac{24}{48} \cdot 720 = \frac{24}{g} \cdot 625; \; g = \frac{625 \,.\, 48}{720} = 41{,}667$ Zähne.

Wir müssen entweder 41 oder 42 Zähne wählen. Bei 41 Zähnen müßte der Umfang der Walze $720 \cdot \frac{41}{48} = 615$ mm betragen, bei 42 Zähnen $720 \cdot \frac{42}{48} = 630$ mm. Beide Werte sind unbrauchbar. Am besten würde es sein das Kegelrad f statt mit 24 nur mit 23 Zähnen auszurüsten, und dem Rade g alsdann 40 Zähne zu geben, denn dann besteht die Beziehung:

$$\frac{24}{48} \cdot 720 = \frac{23}{g} \cdot 625; \quad g = \frac{23 . 625 . 48}{24 . 720} = 39{,}93;$$

der vorhandene Fehler von 1,5 pro Tausend ist zulässig. Die Garndicke verringert den Fehler. Bei welcher Garndicke (Fadendurchmesser) würde der Fehler vollständig ausgeglichen sein?

$$\frac{23 . (625 + d . \pi)\, 48}{24 . (720 + d . \pi)} = 40$$

$d = 2{,}65$ mm Fadendurchmesser.

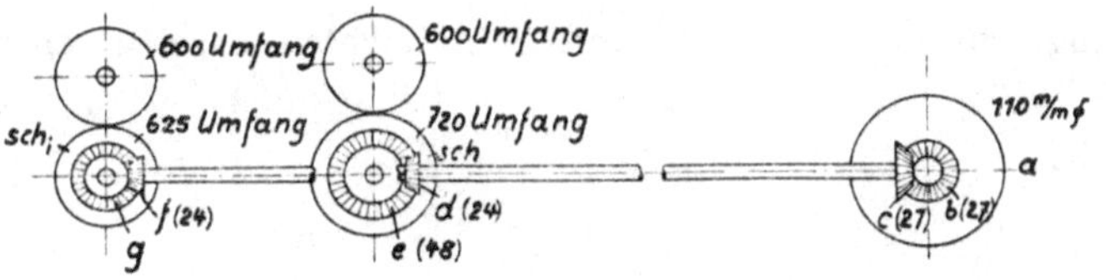

Abb. 51.

Würde diese Differenz zu Unzuträglichkeiten führen, so bliebe noch ein anderer Ausweg übrig: man wählt 22 und 38 Zähne, und bekommt einen notwendigen Trommelumfang von $\frac{720 . 24 . 38}{48 . 22} = 621{,}42$ mm, $\frac{625 - 621{,}42}{2 . \pi} = 0{,}57$ mm. Man müßte also 0,57 mm von der eingesetzten Walze abdrehen.

Beispiel Nr. 14: Periodisch wechselnde Schußdichten.

Es gibt eine Einrichtung, welche die Hervorbringung periodisch wechselnder Schußdichten mittels eines positiven Regulators gestattet, der mit geeigneten Bewegungsmechanismen versehen ist.

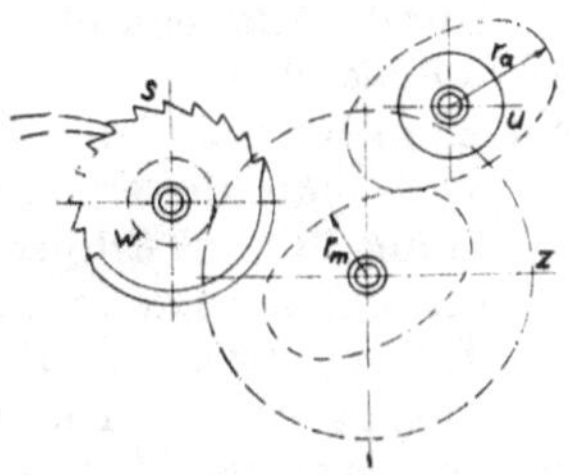

Abb. 52.

Hier ist die Möglichkeit, eine ganze Reihe neuer, eigenartiger Effekte hervorbringen zu können. Wenn in der Kettenfadendichte dieselbe Dichtenänderung wie beim Schuß herbeigeführt wird, so müssen meiner Ansicht nach Musterungen erzeugt werden können, die bei Sommerkleider- oder Blusenstoffen, Vorhangstoffen gut wirken können. Durch Anordnung eines dickeren Fadens derselben oder anderer Farbe an der Stelle der größten Dichte in Kette und Schuß könnte man noch eine größere Abwechslung in die Musterung hineinbringen.

Abb. 52 zeigt die Möglichkeit der Ausführung eines solchen Regulators. Es sind zwei gleich große elliptische Zahnräder angeordnet, welche sich um ihren Mittelpunkt drehen.

Bezeichnet man die von der Schaltklinke bei einem Ladengange weitergeschaltete Zähnezahl mit a, die Zähnezahl des Sperrades mit s, jene des Wechselrades mit w, des großen Vorlegerades mit z, die Größe des kleinsten Halbmessers der elliptischen Räder mit r_m, die Größe des größten Halbmessers der elliptischen Räder mit r_a, den Umfang des Riffelbaumes mit u cm, und die kleinste Schußdichte mit S_m, die größte Schußdichte mit S_a, so ergeben sich folgende Beziehungen:

$$\frac{a \,.\, w \,.\, r_m}{s \,.\, z \,.\, r_a} \,.\, u = \text{Umfangsweg am Riffelbaum bei 1 Tour;}$$

folglich die größte Schußdichte $S_a = \frac{s \,.\, z \,.\, r_a}{a \,.\, w \,.\, r_m \,.\, u}$

entsprechend die kleinste Schußdichte $S_m = \frac{s \,.\, z \,.\, r_m}{a \,.\, w \,.\, r_a \,.\, u}$.

Es ergibt sich daraus die Proportion: $S_a : S_m = \frac{r_a}{r_m} : \frac{r_m}{r_a}$.

Die Übergänge zu den verschiedenen Schußdichten ergeben sich aus der Form der Ellipse.

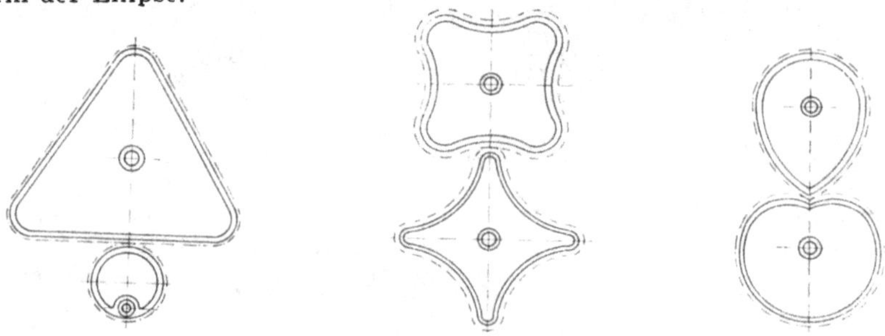

Abb. 53. Abb. 54. Abb. 55.

Durch Auswechselung des Wechselrades w kann man wie gewöhnlich die Schußdichten verändern, jedoch bleibt das Verhältnis zwischen größter und kleinster Schußdichte unverändert.

Will man diesen Unterschied krasser gestalten, so kann man gemäß Abbildung 43 zwei Ellipsen aufstecken, welche sich nicht um den Mittelpunkt, sondern um den Brennpunkt drehen. Während in Abb. 52 einer Umdrehung der Ellipse zwei Schußdichtenänderungsperioden entsprechen, ergibt die Ausführung Abb. 43 bei einer Umdrehung der Ellipse nur eine Schußdichtenänderungsperiode, d. h. es würde im letzteren Falle bei Benutzung desselben Wechselrades der Schußdichtenrapport doppelt so breit werden.

Bei Anwendung des mit einem ellipsenähnlichen Stirnzahnrade zusammenarbeitenden exzentrisch gebohrten Kreisstirnzahnrades Abb. 41 wird 1. angenommen, daß das Kreisstirnzahnrad auf dem Vorgelegebolzen sitzt; dann wird bei Benutzung desselben Wechselrades die Schußdichte doppelt so groß wie bei den Ausführungen (Abb. 43 und 52), außerdem vollzieht sich der Übergang von der größten zur kleinsten Schußdichte und umgekehrt in etwas anderer Weise. Es wird der Schußdichtenrapport halb so breit, wie bei Benützung des Getriebes (Abb. 43) und gerade so breit wie bei Benützung des Getriebes (Abb. 52).

Wird 2. angenommen, daß das ellipsenähnliche Zahnrad auf dem Vorgelegebolzen sitzt, dann wird bei Benützung desselben Wechselrades die Schußdichte halb so groß wie bei den Ausführungen Abb. 43 und 52, der Schußdichtenrapport wird doppelt so breit wie bei Abb. 52 und gerade so breit wie bei Ausführung Abb. 43.

Bei Anwendung des Getriebes Abb. 54 (viereckige unrunde Räder) ändert sich die Schußdichte nicht, jedoch ist der Schußdichtenrapport nur halb so breit wie bei Ausführung Abb. 52.

Die Form des Herzräderpaares (Abb. 55) gewährleistet eine andere Art des Überganges von der größten zur kleinsten Schußdichte bzw. umgekehrt. Sonst herrschen dieselben Verhältnisse wie beim Antrieb Abb. 43. Abb. 53 zeigt einen Antrieb im Übersetzungsverhältnis 1 : 3; der Übergang von der kleinsten zur größten Schußdichte und umgekehrt ist identisch mit der Ausführung Abb. 41. Sitzt das exzentrische Kreisstirnzahnrad auf der Vorlegewelle, so werden die Schußdichtenrapporte ⅔ so breit wie bei Ausführung Abb. 52 und ⅓ so breit wie bei Ausführung gemäß Abb. 43. Verbindet man das viereckig unrunde Stirnzahnrad Abb. 54 mit einem exzentrisch gebohrten Kreisstirnzahnrad, so erhält man das Übersetzungsverhältnis 1:4, der Schußdichtenrapport wird dann nur ¼ so breit wie bei Anwendung des Rädergetriebes Abb. 43 und nur ½ so breit wie bei Ausführung Abb. 52.

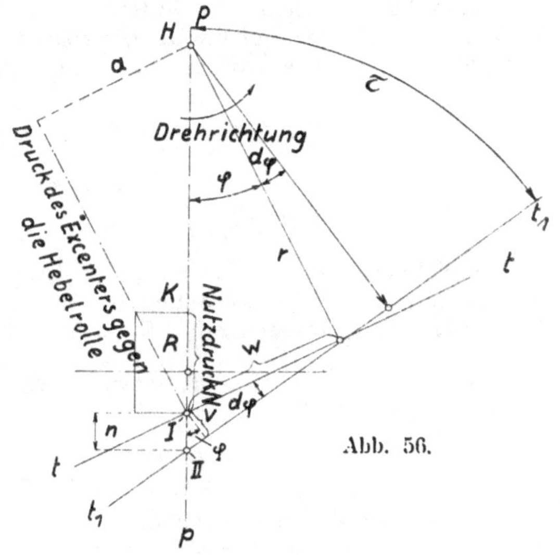

Abb. 56.

B e i s p i e l Nr. 15: Über die Konstruktion von Hublinien.

Es soll hier nicht davon die Rede sein, welche Form die Hublinien erhalten müssen, damit eine beabsichtigte Bewegung erzielt wird, sondern von dem Einflusse, den die Steigung der Hublinie auf die Kraft- und Arbeitsverhältnisse des Exzentergetriebes hat.

Abb. 19 zeigt die Ansicht eines solchen Getriebes.

Wir wollen uns zunächst die Frage vorlegen: welche Abhängigkeit besteht zwischen dem Winkel, den die jeweilige Tangente an die Hublinie mit der Vertikalen einschließt, und der mechanischen Arbeit, die erforderlich ist, um der Hebelrolle einen gewissen Hub zu erteilen.

Aus Abb. 56 sind die zur Berechnung notwendigen Größen und deren Bezeichnungen zu ersehen.

Es sei t—t eine Wand, welche bei ihrer Drehung um die Achse H die Rolle I eines in der Abb. 56 nicht eingezeichneten Hebels (er ist in Abb. 19 zu sehen) in der Vertikalrichtung p—p verschiebt.

Nimmt man an, daß die Rolle von der Stellung I in die Stellung II bewegt wird, also den Weg n zurücklegt, und daß diese Verschiebung durch eine Drehung der Wand aus der Stellung t—t in die Stellung t_1—t_1 veranlaßt werde, so entspricht diese Verschiebung einer Zunahme des Winkels φ, der von dem auf der Wand senkrecht stehenden Drehhalbmesser r und der Vertikalen p—p eingeschlossen wird, um den unendlich kleinen Winkel $d\,\varphi$, wenn man voraussetzt, daß eine unendlich geringe Verschiebung der Wand stattfindet. Der Druck der Wand gegen die Hebelrolle findet senkrecht zur Wand statt; in dieser Richtung kann jedoch der Druck nicht wirken. Er zerlegt sich vielmehr nach dem Gesetz vom „Parallelogramm der Kräfte" in einen Nutzdruck N, der in der Richtung der Rollenverschiebung, also vertikal wirkt, und in einen senkrecht dazu stehenden Druck, welcher der beabsichtigten Arbeitsleistung nicht zugute kommt und sich in eine Druckbeanspruchung des Rollenhebels umsetzt.

Vernachlässigt man den Unterschied zwischen Bogen und Sehne der Schwingungslinie des Rollenmittelpunktes, d. h. nimmt man die Länge des Rollenhebels unendlich groß an, so erhält man folgende Beziehungen:

$$\operatorname{tg}\varphi = \frac{\omega}{r}; \quad \omega = r \,.\, \operatorname{tg}\varphi; \quad v = \omega \,.\, d\,\varphi = r \,.\, \operatorname{tg}\varphi \,.\, d\,\varphi$$

$$\cos\varphi = \frac{v}{n}; \; n = \frac{v}{\cos\varphi} = \frac{r \,.\, \operatorname{tg}\varphi}{\cos\varphi} \,.\, d\,\varphi = r \,.\, \frac{\sin\varphi}{\cos^2\varphi} \,.\, d\,\varphi.$$

Bezeichnet man die Pressung der Rolle an die schiefe Ebene mit $\mathfrak{R}$, und die Arbeit, welche notwendig ist, um die Rolle aus der Stellung I in die Stellung II zu bringen mit d A, so ist ferner:

$$\cos\varphi = \frac{N}{R}; \qquad N = \mathfrak{R} \,.\, \cos\varphi; \qquad d\,A = N \,.\, n = \mathfrak{R} \,.\, n \,.\, \cos\varphi;$$

$$d\,A = N \,.\, r \,.\, \frac{\sin\varphi}{\cos^2\varphi} \,.\, d\,\varphi.$$

Bewegt sich nun die Wand um einen endlichen Betrag aus der Stellung $\varphi = \varphi_0$ in die Stellung $\varphi = \varphi_1$, so gilt die Integration:

$$A = N \,.\, r \int_{\varphi_0}^{\varphi_1} \frac{\sin\varphi}{\cos^2\varphi} \,.\, d\,\varphi$$

oder nach ausgeführter Integration:

$$A = \frac{N \,.\, r}{2} \left[\frac{1}{\cos\varphi_1} - \frac{1}{\cos\varphi_0} \right].$$

Mit Hilfe dieses Ausdruckes für die vom Exzenter zu leistende Arbeit, kann man die beabsichtigte eingangs erwähnte Untersuchung ausführen. Die außerdem noch zu überwindende Reibungsarbeit, herrührend von der rollenden Reibung zwischen Hebelrolle und Exzenter soll vernachlässigt werden, was ohne weiteres zulässig erscheint.

Nimmt man an, daß der Neigungswinkel τ, eingeschlossen von der Wand und der Vertikalen, 60° beträgt, so ist $\varphi = 30°$. Der Zuwachs von φ sei 2°, dann errechnet sich die notwendige Arbeit zu:

$$\frac{N \,.\, r}{2} \left[\frac{1}{\cos 32°} - \frac{1}{\cos 30°} \right] = \sim 0{,}01 \,.\, N \,.\, r.$$

Der zugehörige Weg n der Rolle läßt sich für diese verhältnismäßig kleine Zunahme berechnen aus der Formel:

$$n = r \cdot \frac{\operatorname{tg} 30^\circ}{\cos 30^\circ} \cdot \operatorname{arc} 2^\circ = 0{,}0218 \cdot r.$$

Unter der Annahme $\tau = 40^\circ$ wird $\varphi = 50^\circ$.

Nun ist zu untersuchen, welche Zunahme von φ notwendig ist, um denselben Weg $n = 0{,}0218 \cdot r$ zurückzulegen. Die Berechnung ergibt:

$$0{,}0218 \cdot r = r \cdot \frac{\operatorname{tg} 50^\circ}{\cos 50^\circ} \operatorname{arc} (\varphi_1 - \varphi_0); \qquad \operatorname{arc} (\varphi_1 - \varphi_0) = 0^\circ\ 39'\ 44''.$$

Die zu dieser Tangentenneigung und errechneten Verschiebung gehörige Arbeit ergibt sich zu:

$$\frac{N \cdot r}{2} \left[\frac{1}{\cos 50^\circ} - \frac{1}{\cos 50^\circ\ 39'\ 44''} \right] = \sim 0{,}01 \cdot N \cdot r$$

für eine Tangentenneigung $\tau = 20^\circ$ und $\varphi = 70^\circ$ erhält man entsprechend:

$$0{,}0218 \cdot r = r \cdot \frac{\operatorname{tg} 70^\circ}{\cos 70^\circ} \operatorname{arc} (\varphi_1 - \varphi_0); \qquad \operatorname{arc} (\varphi_1 - \varphi_0) = 0^\circ\ 9'\ 19''$$

$$\frac{N \cdot r}{2} \left[\frac{1}{\cos 70^\circ} - \frac{1}{\cos 70^\circ\ 9'\ 19''} \right] = \sim 0{,}01 \cdot N \cdot r,$$

Hiermit ist also an Hand konkreter Beispiele bewiesen, daß der notwendige Arbeitsbedarf zum Fortbewegen der Rolle unter allen Umständen N . n cmkg beträgt, unabhängig von der Neigung der schiefen Ebene. Wohl aber wird die notwendige Kraft K, d. h. derjenige Druck, mit dem die Ebene oder der Keil nach links zu verschieben ist, ganz verschieden groß sein.

Zwischen dem Rollendruck R, der Druckkraft K zur Verschiebung der schiefen Ebene, und dem Nutzdruck N bestehen nach dem Parallelogramm der Kräfte folgende einfachen Beziehungen:

$$\frac{K}{N} = \operatorname{tg} \varphi \text{ oder } K = N \cdot \operatorname{tg} \varphi; \qquad \frac{N}{R} = \cos \varphi \text{ oder } R = \frac{N}{\cos \varphi}$$

$$R = \sqrt{N^2 + K^2}$$

Die Drehung des Exzenters erfolge durch eine Tangential- oder Umfangskraft P, am Teilkreise eines Zahnrades mit dem Halbmesser l angreifend; dann muß sein:

$$P \cdot l = R \cdot a$$

$$\frac{a}{r} = \operatorname{tg} \varphi; \quad a = r \operatorname{tg} \varphi; \quad R = \frac{N}{\cos \varphi}; \quad \text{mithin}$$

$$d A = R \cdot a \cdot d \varphi = \frac{N}{\cos \varphi} \cdot a \cdot d \varphi = \frac{N}{\cos \varphi} \cdot r \operatorname{tg} \varphi \cdot d \varphi = N \cdot r \frac{\sin \varphi}{\cos^2 \varphi} d \varphi$$

$$P \cdot l = N \cdot r \cdot \frac{\sin \varphi}{\cos^2 \varphi}; \qquad P = N \cdot \frac{r}{l} \cdot \frac{\operatorname{tg} \varphi}{\cos \varphi} \text{ kg} .$$

Angenommen $N = 10$ kg, $l = 50$ cm.

Aus Abb. 57 entnehmen wir die Winkel φ_1 und φ_2 für ein kleines und ein großes Exzenter für gleichgroßen Hub und gleichgroßem Kurvenwinkel (35°) und die Radien r_1 und r_2. Diese beiden Exzenter sollen gedreht werden um 5°, 15°, 22,5° und 30° bzw. 35° aus ihrer Anfangsstellung, dann errechnen sich die notwendigen Umfangskräfte P_1 und P_2 wie folgt:

$$P_{1_0} = \frac{10 . 18}{50} . \frac{\mathrm{tg}\, 28^0}{\cos 28^0} = 2{,}167 \text{ kg}; \quad P_{2_0} = \frac{10 . 60}{50} . \frac{\mathrm{tg}\, 6^0}{\cos 6^0} = 1{,}267 \text{ kg}$$

$$P_{1_5} = \frac{180}{50} . \frac{\mathrm{tg}\, 33}{\cos 33^0} = 2{,}785 \text{ „ }; \quad P_{2_5} = \frac{600}{50} . \frac{\mathrm{tg}\, 11^0}{\cos 11} = 2{,}370 \text{ „}$$

$$P_{1_{15}} = 3{,}6 : \frac{\mathrm{tg}\, 43^0}{\cos 43^0} = 4{,}600 \text{ „ }; \quad P_{2_{15}} = 12 . \frac{\mathrm{tg}\, 21}{\cos 21} = 4{,}930 \text{ „}$$

$$P_{1_{22,5}} = 3{,}6 . \frac{\mathrm{tg}\, 50{,}5}{\cos 50{,}5} = 6{,}860 \text{ „ }; \quad P_{2_{22,5}} = 12 . \frac{\mathrm{tg}\, 28{,}5}{\cos 28{,}5} = 7{,}420 \text{ „}$$

$$P_{1_{30}} = 3{,}6 . \frac{\mathrm{tg}\, 58}{\cos 58} = 10{,}870 \text{ „ }; \quad P_{2_{30}} = 12 . \frac{\mathrm{tg}\, 36}{\cos 36} = 10{,}800 \text{ „}$$

$$P_{1_{35}} = 3{,}6 . \frac{\mathrm{tg}\, 63}{\cos 63} = 15{,}570 \text{ „ }; \quad P_{2_{35}} = 12 . \frac{\mathrm{tg}\, 41}{\cos 41} = 13{,}810 \text{ „}$$

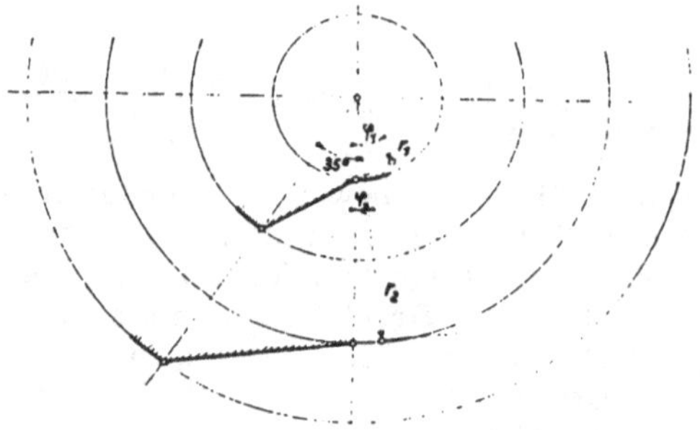

Abb. 57.

Für K und R ergeben sich folgende Werte:

$$\left(K = N . \mathrm{tg}\, \varphi; \quad R = \frac{N}{\cos \varphi}\right)$$

$K_1 = 10 . 0{,}532 = 5{,}32$ kg;
$K_2 = 10 . 1{,}963 = 19{,}63$ kg;
$K_3 = 10 . 0{,}105 = 1{,}05$ kg;
$K_4 = 10 . 0{,}869 = 8{,}69$ kg;
$R_1 = 10 : 0{,}883 = 11{,}3$ kg
$R_2 = 10 : 0{,}454 = 22{,}0$ kg
$R_3 = 10 : 0{,}995 = 10{,}0$ kg
$R_4 = 10 : 0{,}755 = 13{,}2$ kg

In der folgenden Tabelle sind diese Werte zusammengestellt.

Kleines Exzenter ($r_1 = 20$, $r_2 = 40$, $\varphi = 28°$)

	Drehwinkel					
	0°	5°	15°	22,5°	30°	35°
K	5,32	6,49	9,33	12.13	16,00	19,63
R	11,32	11,92	13,68	15,72	18,87	22,02
P	2,17	2,79	4.60	6,86	10.87	15,57

Großes Exzenter ($r_1 = 40$, $r_2 = 60$, $\varphi = 6°$)

	Drehwinkel					
	0°	5°	15°	22,5°	30°	35°
K	1,05	1,94	3,84	5,43	7,27	8,69
R	10,05	10,18	10,71	11.37	12,36	13,25
P	1,27	2,37	4,93	7,42	10,80	13,81

Abb. 59 ist die graphische Darstellung der Kräfteänderung und der Arbeitsleistungen bei wachsenden Drehwinkeln der Hubkurven.

Abb. 58 ist die Darstellung der Kräfte R und K für kleine und große Exzenter bei wachsenden Drehwinkeln der Hubkurven.

Die eingeschlossenen Flächen des Arbeitsdiagramms Abb. 59 stellen die geleistete Arbeit dar; man kann sich leicht überzeugen, daß die starkpunktierte Fläche = der schraffierten ist; die nutzbare Hubarbeit ist also unabhängig von der Größe des Exzenters.

B e i s p i e l Nr. 16: Bekanntlich spielt die richtige Wahl der Tourenzahl bei unseren Textilmaschinen eine große Rolle. Von dem Gedanken ausgehend, daß man die Produktion einer Weberei erhöhen kann, wenn man die Tourenzahl des Webstuhles der Art des herzustellenden Gewebes und den

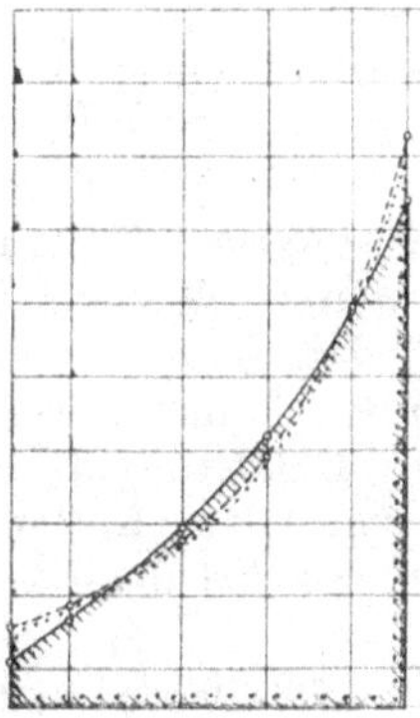

Abb. 59.

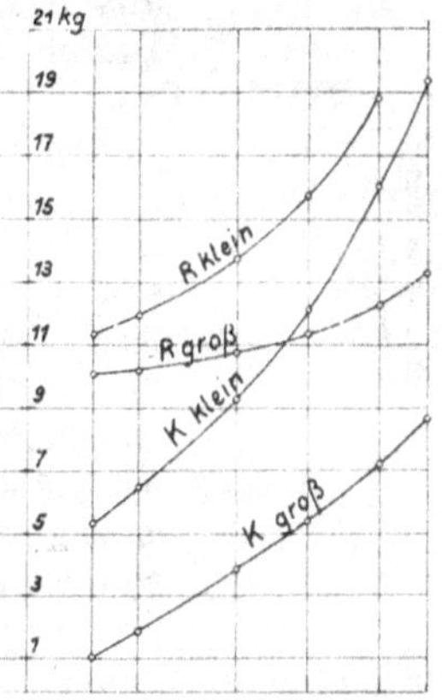

Abb. 58.

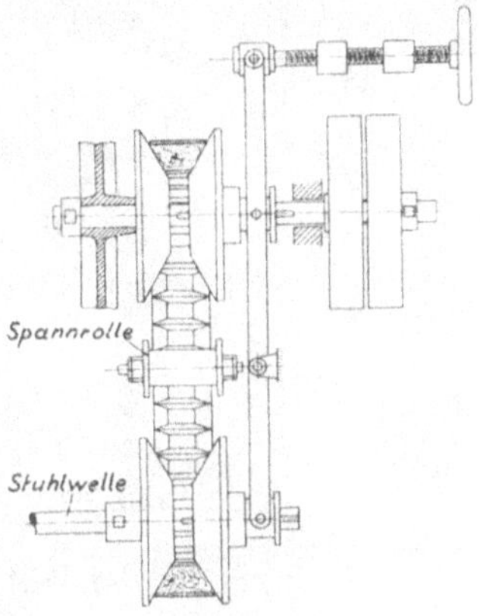

Abb. 60.

Festigkeitseigenschaften der zu verarbeitenden Garne anpaßt, hat man die Tourenregelungsvorrichtung Abb. 60 geschaffen. Die Arbeitsübertragung geschieht durch ein Keilband zwischen konischen Scheiben, von denen je eine auf ihrer Achse durch Nut und Feder verschiebbar ist. Mittels eines Hebels und eines Schraubengetriebes kann der Meister eine Verstellung vornehmen. Selbstverständlich muß dafür gesorgt werden, daß von unberufener Seite keine Verschiebung möglich ist. Nicht unerwähnt darf bleiben, daß die Änderung der Tourenzahl des Webstuhles auch mit einer Änderung der Schlagstärke des Schützentreibermechanismus verbunden ist, daß also diese Einrichtung neben den unleugbaren Vorteilen auch den Nachteil eines Zeitverlustes, hervorgerufen durch Neueinstellen des Schlagmechanismus und ev. auftretender Störungen, besitzt*). Bezeichnet man den Neigungswinkel der konischen Reibflächen zueinander mit 2 α, so muß sein: $f < \operatorname{tg} \alpha$, wenn f den Reibungskoëffizienten zwischen den Bandgliedern und den konischen Reibscheiben bedeutet.

Andererseits soll man aber den Neigungswinkel α nicht zu groß wählen, weil sonst zur Hervorbringung der notwendigen Umfangskraft ein zu großer Anpressungsdruck erforderlich ist, der die Schraubenspindel unnötig belastet und starke Abnutzungen herbeiführt.

*) Dieser Nachteil wird vermieden bei dem Bergmann-Nu-Antrieb (siehe meine Abhandlung in Melliand Textilberichte, Jahrgang 1926, Seite 826).

Beispiel Nr. 17: Sehr interessant ist das Getriebe Abb. 61, welches den Anforderungen, die der Schärprozeß an dieselben stellt, in weitgehendster Weise entgegenkommt. Bekanntlich werden bei der Blockschärmethode einzelne Blocks geschärt, die später auf eine gemeinsame Welle geschoben, die gesamte Webkette ergeben. Soll die Ware keine Längsstreifen aufweisen, so ist es unbedingt notwendig, daß die einzelnen Blocks genaue Beziehungen einhalten zwischen der jeweilig geschärten Kettenlänge und dem zugehörigen Außendurchmesser. Ein vorzügliches Mittel dies zu erreichen, bildet die Konstanterhaltung der Kettenspannung während des gesamten Aufwickelprozesses. War die Kettenspannung während des gesamten Schärvorganges unverändert groß, so herrschte andauernd eine aus Abb. 61 hervorgehende Beziehung:

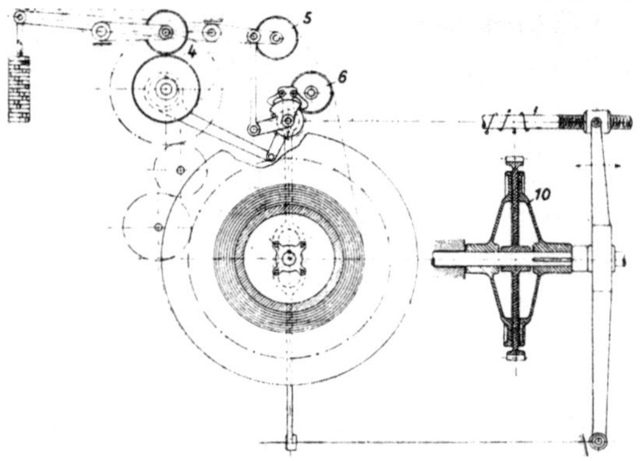

Abb. 61.

$$L = \frac{d + D}{2} \cdot \pi \cdot \frac{D - d}{2 \cdot \delta \cdot \eta};$$

hierin bedeutet L die gesamte geschärte Kettenlänge, d den ⌀ des leeren Blocks, D den ⌀ des vollen Blocks, δ den Faden-⌀ und η eine Erfahrungszahl, welche von der Kettenspannung, der Art des Garnes und von der Fadendichte abhängig ist. η läßt sich aus Versuchsergebnissen leicht berechnen:

$$1 : \eta = 1{,}274 \, \frac{L \cdot \delta}{D^2 - d^2}$$

$$\eta = 0{,}787 \cdot \frac{D^2 - d^2}{L \cdot \delta}$$

derjenige Baumdurchmesser, der alsdann zu einer beliebigen Webkettenlänge L gehört, berechnet sich zu:

$$D = \sqrt{1{,}274 \cdot \delta \cdot \eta \cdot L + d^2}.$$

Bei der Einrichtung Abb. 61 erreicht man die Einhaltung dieser Gleichung durch nachstehend beschriebene Anordnung: die von den Spulen kommenden Fäden laufen durch den bekannten Fadenwächter Abb. 62, der eine Klingel betätigt, wenn ein Faden gerissen ist, und der die Bildung des Fadenkreuzes gestattet, zum Schärblatt, und von dort zu einer Walze, die sie in eine Ebene bringt. Hinter dieser findet der Fadenabzug durch die mit Filz bekleidete Walze 4 statt. Diese Walze hat ½ m Umfang und dient gleichzeitig als Zählwalze. Von hier aus werden die Kettenfäden über eine Spannwalze 5 hinweg und dann über Walze 6 zum Block geführt.

Die Spannwalze 5 wird heb- und senkbar von Hebeln getragen, von deren Belastung die Fadenspannung abhängt. Wird eine größere Kettenlänge vom Blocke aufgenommen, als die Abzugswalze 4 liefert, so senkt sich die Spannwalze und veranlaßt durch geeignete Hebelübertragung eine geringe Öffnung der Reibungskupplung 10, und die Drehung des Blockes verringert sich. Erreicht wird dies durch ein Klinkenschaltwerk, dessen in entgegengesetzter Drehrichtung schaltende Klinken durch einen mit der Spannwalze 5 in Verbindung stehenden, die Zähne des Schaltrades verdeckenden Rand, so ausgehoben werden, daß eine Vorwärts-, Rückwärts- oder gar keine Schaltung eintritt, daß also die Reibungskupplung mit verringertem, vergrößertem oder unverändertem Gleitverlust arbeitet. Diese Einrichtung bedeutet einen

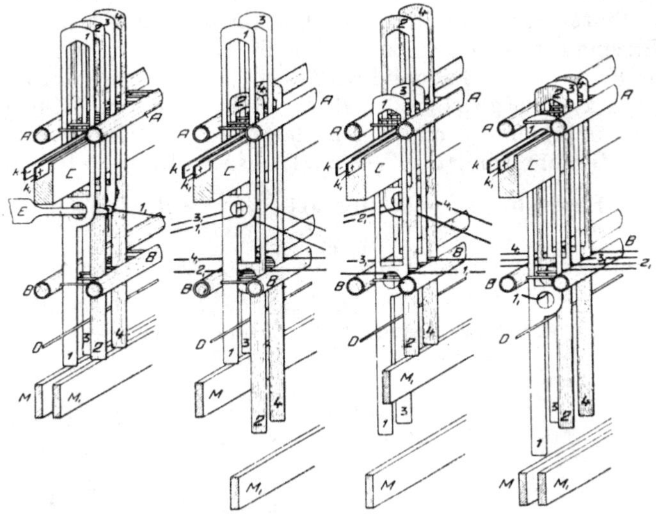

Abb. 62.

großen Fortschritt gegenüber den älteren Anordnungen, die eine Preßwalze benutzen, deren Abstand vom Drehpunkt des Blockes nach der angeführten Gleichung geregelt wird, so daß man die Kette zwangsweise auf den der Kettenlänge entsprechenden Durchmesser bringt. Um den Faktor η bestimmen zu können, mußte der erste Block mit anliegender Fühlrolle (Preßrolle) geschärt werden, und der Arbeiter hatte dafür zu sorgen, daß der Mechanismus so eingestellt wird, daß die Rolle dauernd anliegt.

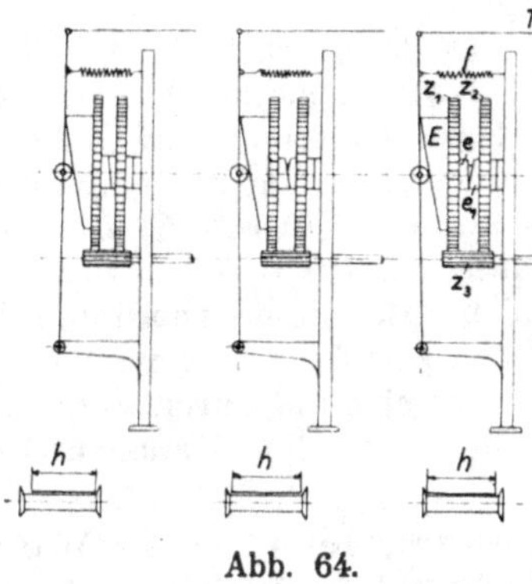

Abb. 64.

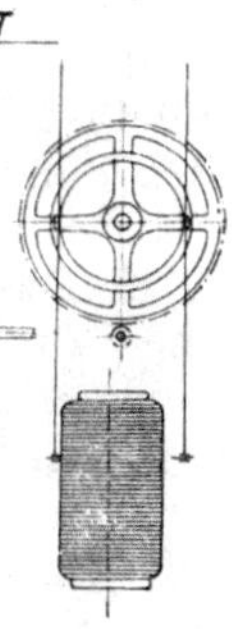

Abb. 63.

Während bei der ersten Regulierart irgendwelche Übelstände nicht auftreten können, hat die zweite Methode den Nachteil, daß die äußersten Fadenlagen, wenn sie das Bestreben haben einen größeren Φ anzunehmen, als die Preßwalze zuläßt und als der entwickelten Formel entspricht, gedrückt werden, und daß Glanzstellen entstehen.

B e i s p i e l Nr. 18: Bekanntlich haben die in der Seidenindustrie verwendeten Kettspulen (Bobinen) eine Gestalt, gemäß Abb. 63. Um diese Bewicklungsform erzielen zu können, benutzt man besondere Getriebe. Abb. 64 zeigt einen zu diesem Zwecke angebrachten Fadenführermechanismus an einer sogenannten „amerikanischen Windemaschine“.

Man setzt den gesamten Fadenführerhub aus zwei Einzelhüben zusammen, die sich addieren oder subtrahieren, so daß den Rändern der Bobine weniger Fadenmaterial zugeführt wird. Das Hauptexzenter E erteilt der Fadenführerstange T einen Hub, der kleiner ist als die Wickellänge der Bobine. Dieses Hauptexzenter, ein entsprechend geformter Kreisring, ist an einem Stirnzahnrade befestigt, welches lose auf einem am Maschinengestelle befestigten Bolzen sitzt und z_1 Zähne hat. Ein zweites kleines, ebenso gestaltetes Exzenter e, welches gleichzeitig die Nabe des Rades bildet, wird durch die Feder f der Fadenführerstange gegen eine gleichausgebildete Nabe e_1 eines zweiten gleichgroßen Stirnzahnrades mit z_2 Zähnen gedrückt. Beide Räder arbeiten zusammen mit demselben Antriebszahnrädchen von z_3 Zähnen. Gewöhnlich ist $z_2 - z_1 = 1$, also z. B. $z_2 = 100$ und $z_1 = 99$ Zähne. Der Bewicklungsrapport umfaßt $\frac{z_1 \cdot z_2}{z_3}$ Umdrehungen der Antriebswelle; in unserem speziellen Falle $\frac{99 \cdot 100}{12} = 825$ Umdrehungen der Antriebswelle, wenn deren Zahnrädchen 12 Zähne besitzt.

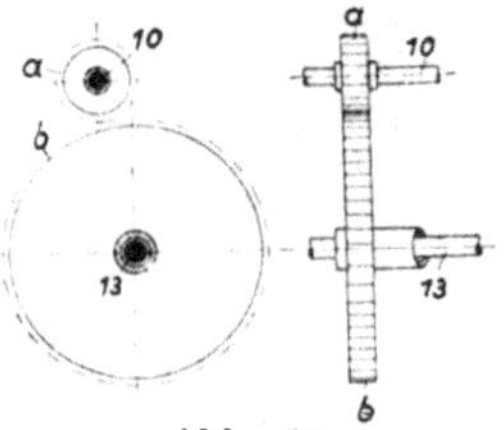

Abb. 65.

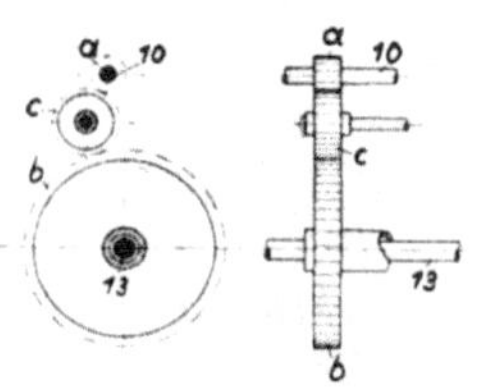

Abb. 66.

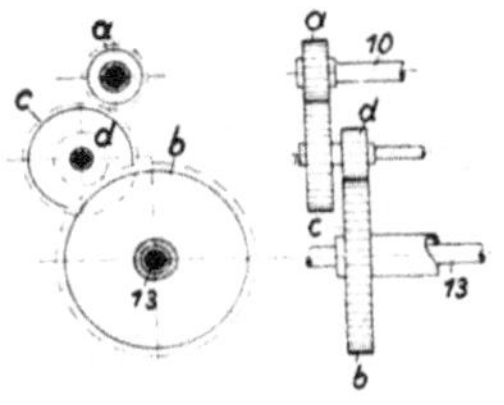

Abb. 67.

B e i s p i e l Nr. 19: Bekanntlich kann die Drehung der Kurbelwelle des Webstuhles auf dreifache Weise auf das Trittexzenterrad (Kanonenrad) übertragen werden:

1. Das auf der Kurbelwelle 10 sitzende Zahnrad a, Abb. 65, greift unmittelbar in das Kanonenrad b, welches lose auf der Schlagexzenterwelle 13 sitzt, ein. Eine Änderung der Übersetzung ist nur durch Auswechselung beider Räder möglich, die Einrichtung ist also beschränkt.

2. Das auf der Kurbelwelle 10 sitzende Zahnrad a, Abb. 66, überträgt seine Drehung mittels eines Zwischenrades (Transporteurs c) auf das Kanonenrad b. Bei dieser Anordnung braucht für eine andere Übersetzung, also auch Gewebebindung, nur das Kurbelwellenrad ausgewechselt zu werden, worauf das Zwischenrad durch Verstellung seines Zapfens wieder zum Eingriff gebracht wird. Das Kanonenrad hat gewöhnlich 120 Zähne, es hat daher z. B.

das Kurbelrad bei 4 bindiger Ware 30 Zähne; Übersetzung 1 : 4,
das Kurbelrad bei 5 bindiger Ware 24 Zähne; Übersetzung 1 : 5,
das Kurbelrad bei 8 bindiger Ware 15 Zähne; Übersetzung 1 : 8.

3. Geht der Bindungsrapport nicht in der Zähnezahl des Kanonenrades auf, so lassen sich diese Bindungen nur mit Hilfe eines Vorgeleges c, d herstellen (Abb. 67). Um hier die Zähnezahlen der Vorgelegeräder zu erhalten, multipliziert man die Zähnezahl des Kurbelwellenrades mit der Bindungszahl und dividiert durch die Zähnezahl des Kanonenrades. Das als Bruch er-

haltene Resultat gibt durch den Zähler die Zähnezahl des großen Vorgelegerades und durch den Nenner die des kleinen Vorgelegerades an.

Ist z. B. 7 bindige Ware herzustellen, und hat das Kurbelwellenrad 40 Zähne und das Kanonenrad 120, so ist

$$\frac{40 \cdot 7}{120} = \frac{7}{3}.$$

Hiernach erhält das große Vorgelegerad $\frac{7}{3}$ mal soviel Zähne wie das kleine Vorgelegerad. Gibt man also dem kleinen Rad 18 Zähne, so muß das große Rad $\frac{7}{3} \cdot 18 = 42$ Zähne bekommen.

Beispiel Nr. 20: Abb. 69 veranschaulicht das Warenabzugs- und Aufwickelgetriebe, den positiven Sandbaumregulator, an einem mechanischen Webstuhl (System Hodgson).

Um die einer bestimmten Schußdichte entsprechende Zähnezahl des Wechselrades zu erhalten, wird gewöhnlich von den Maschinenfabriken dem Webstuhle eine Tabelle beigegeben, aus der man das Erforderliche ablesen kann.

Die Berechnung der Schußdichte gestaltet sich (Abb. 68) wie folgt, wenn U den Umfang des Sandbaumes bedeutet, S die Schußdichte = Schußfadenzahl pro 1 cm Ware im Stuhl gemessen, $z_1 \div z_5$ die Zähnezahlen der Räder, a die pro Schuß von der Schaltklinke weitergeschaltete Sperrzähnezahl: es kommen auf:

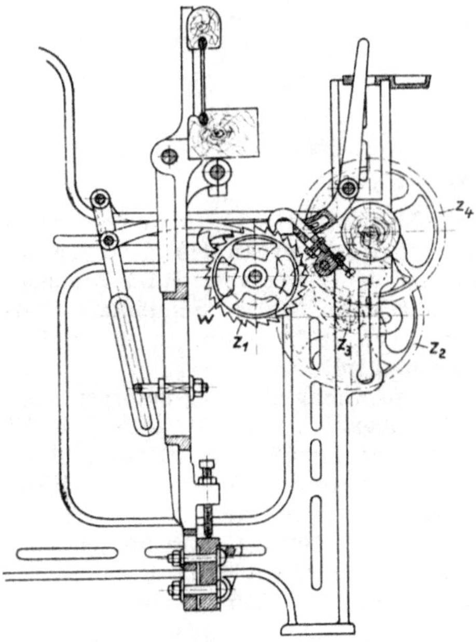

Abb. 69.

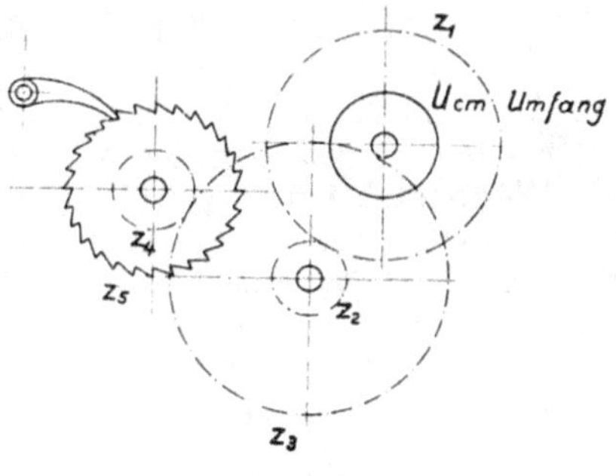

Abb. 68.

U cm Ware = 1 Umdrehung des Sandbaumrades

U cm Ware = z_1 Zähne „ „

$$\text{U cm Ware} = \frac{z_1 \cdot z_2 \cdot z_5}{z_3 \cdot z_4} \text{ Sperrzähne}$$

$$\text{U cm Ware} = \frac{z_1 \cdot z_2 \cdot z_5}{z_3 \cdot z_4 \, a} \text{ Schuß}$$

$$1 \text{ cm Ware} = \frac{z_1 \cdot z_2 \cdot z_5}{z_3 \cdot z_4 \cdot a \cdot U} \text{ Schuß} = \text{S Schuß}.$$

Die Zähnezahl des Wechselrades wird

$$z_4 = \frac{z_1 . z_2 . z_5}{S . U . a . z_3}$$

der Wert $\frac{z_1 . z_2 . z_5}{z_3 . U}$ bleibt für einen bestimmten Webstuhl unverändert. Diesen Wert, die sog. „Normal- oder Grundzahl" wollen wir mit N bezeichnen. Setzt man diesen Wert in die gefundenen Gleichungen ein, so ergibt sich:

$$S = \frac{N}{z_4 . a}; \quad z_4 = \frac{N}{S . a}.$$

Ändert man bei demselben Regulator nur das Wechselrad z_4, nicht aber die genommene Sperrzahnzahl a, so ergeben sich folgende Beziehungen zwischen zwei Wechselrädern und den zugehörigen Schußdichten:

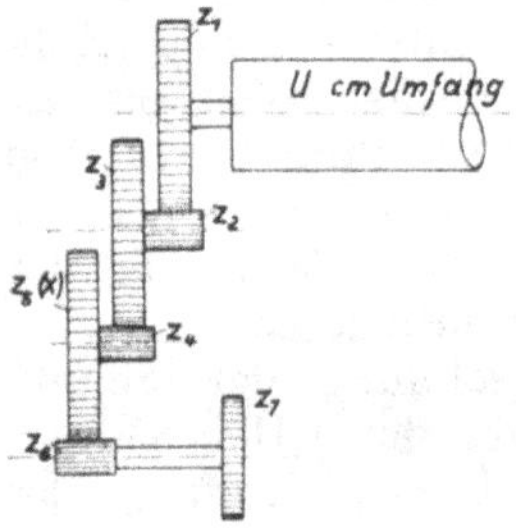

Abb. 70.

$$z_4 = \frac{N}{S . a} \quad \text{und} \quad z_4' = \frac{N}{S' . a}$$

$$z_4 : z_4' = \frac{N}{S . a} : \frac{N}{S' . a} = \frac{1}{S} : \frac{1}{S'}$$

$$z_4 : z_4' = S' : S .$$

Bei der Schußdichte hat man zu unterscheiden zwischen einer solchen im gespannten Zustande der Ware im Stuhl, und jener der vom Stuhl kommenden Rohware. Will man letztere Schußdichte aus den Formeln errechnen, so hat man mit einem Korrektionsfaktor zu multiplizieren.

B e i s p i e l Nr. 21: Eine besondere Anordnung des Regulatorgetriebes, welches die Berechnung des Wechselrades überflüssig macht, zeigt Abb. 70.

Während bei dem gewöhnlichen Regulator gemäß Abb. 69 zwei Räderpaare benutzt werden, kommen hier 3 Räderpaare zur Verwendung. Wenn man dem Rade z_6 eine bestimmte Zähnezahl gibt, so kann das Rad z_5 (x) immer soviel Zähne erhalten als die Schußdichte beträgt. Um die passende Zähnezahl z_6 zu finden, stellt sich die Rechnung wie folgt:

Es wird angenommen, daß $z_5 = S$ ist, und $a = 1$, dann ist

$$S = \frac{z_1 . z_3 . z_5 . z_7}{z_2 . z_4 . z_6 . U}$$

oder da z_5 (x) $= S$ sein soll, so ist

$$S = \frac{z_1 . z_3 . S . z_7}{z_2 . z_4 . z_6 . U} \text{; daraus}$$

$$z_2 . z_4 . z_6 . U = z_1 . z_3 . z_7 \text{, folglich}$$

$$z_6 = \frac{z_1 . z_3 . z_7}{z_2 . z_4 . U}.$$

Angenommen $z_1 = 90$, $z_2 = 15$, $z_3 = 84$, $z_4 = 24$, $z_7 = 48$ Zähne, $U = 36$ cm Umfang.

$$z_6 = \frac{90 . 84 . 48}{15 . 24 . 36} = 28 \text{ Zähne.}$$

Bei dieser Zähnezahl muß das Rad x (Wechselrad) eine Zähnezahl = der Schußdichte bekommen. Soll die Schußdichte 20 Schuß pro cm betragen, so muß $x = z_5 = 20$ Zähne besitzen.

$$\text{Probe: } \frac{90 \cdot 84 \cdot 20 \cdot 48}{15 \cdot 24 \cdot 28 \cdot 36} = S = 20 \text{ Schuß pro 1 cm Ware im Stuhl.}$$

Beispiel Nr. 22: Die Getriebe an Doppelsamt- und Plüschwebstühlen. Bekanntlich werden diese Waren dadurch erzeugt, daß 2 Waren übereinander in einem bestimmten Abstande voneinander gewebt und durch eine gemeinsame Polkette miteinander verbunden werden.

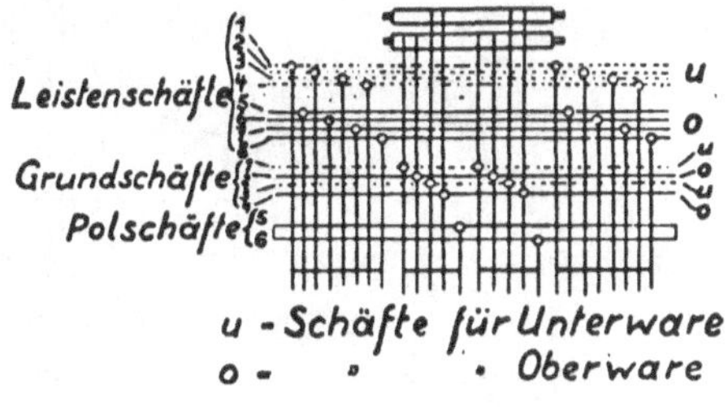

Abb. 71.

Wird die Ware einschützig hergestellt (Abb. 71), d. h. arbeitet nur ein Schützen für beide Gewebe, so kommen abwechselnd je ein oder mehrere Schüsse in die Oberware und in die Unterware. Ist für jede Ware ein besonderer Schützen vorhanden, und werden diese gleichzeitig durchs Fach geworfen, so spricht man von einer zweispuligen oder zweischützigen Ware (Abb. 72). Die Abbildungen 71 bis 72 zeigen einen Längsschnitt durch einen Doppelstuhl. Es sind in Abb. 71 2 Polschäfte vorhanden, welche beide dieselbe Bindung (Dreischuß-Poldurch) ausführen, so daß sie beide von ein und demselben Tritt betätigt werden können. (Abb. 72a).

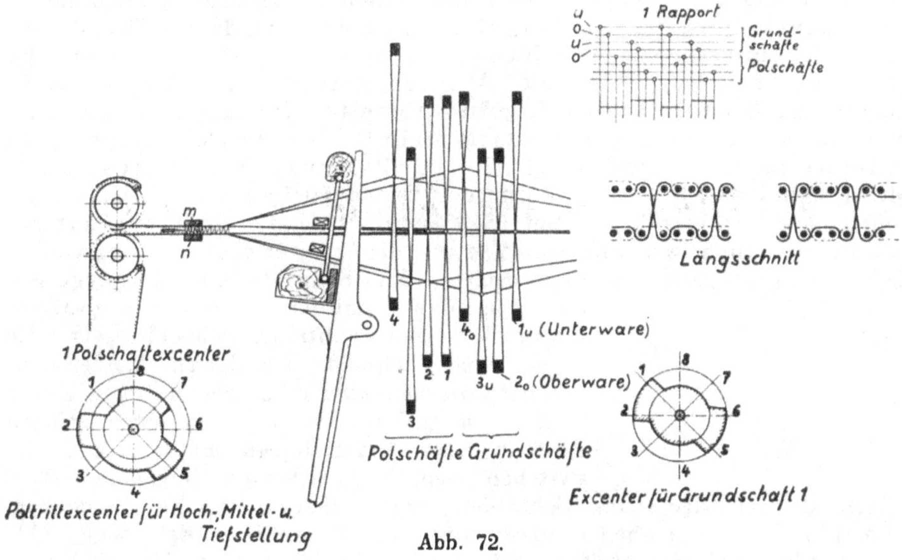

Abb. 72.

Von den 4 Grundschäften ist abwechselnd einer für die Unterware und einer für die Oberware bestimmt. Es werden abwechselnd 3 Schüsse in die Oberware und 3 Schüsse in die Unterware eingetragen, aber nur ein Schützen benutzt; mithin wird wie beim gewöhnlichen Webstuhl nur ein Fach gebildet. Hieraus folgt, daß die Schäfte der Unterware im Unterfach liegen bleiben müssen, wenn die Fäden der Oberware eingebunden werden sollen, während die Schäfte der Oberware in der gehobenen Stellung verharren müssen, wenn die Unterware gewebt wird. Der Polschaft geht abwechselnd hoch und tief (leinwandbindig), und bindet demzufolge gemäß Abb. 71 u. 72a in beiden Geweben ein; da diese auseinanderstreben, so daß die lockere Polkette gespannt wird, bildet sich der Flor, welcher durch ein hin- und hergehendes

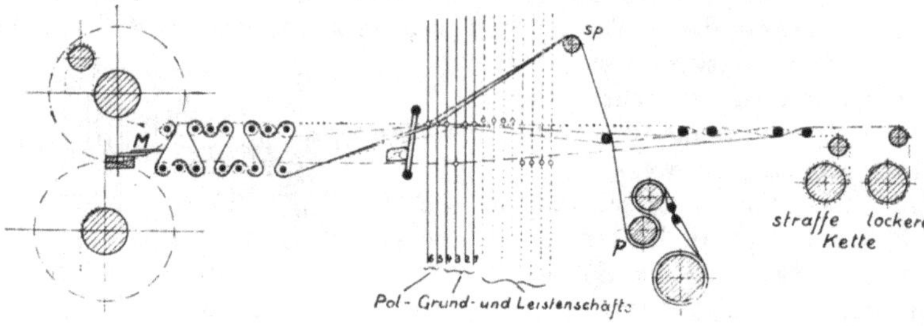

Abb. 72a.

Messer M zerschnitten wird. Wie dieselbe Abbildung zeigt, ist eine lockere und eine gespannte Grundkette vorhanden; dies hat den Zweck, die Einarbeitung des teueren Polmaterials (Seide, Kunstseide, Schappe, Tussah) auf ein Minimum zu beschränken dadurch, daß die straffe Kette den mittleren Schuß der dreischüssigen Gruppe nach außen treibt, wodurch die Polkette eine geringere Einarbeitungsumschlingung bekommt. Von großer Bedeutung ist der Spannungsausgleicher sp (Abb. 72a). Dieser ist eine Glas- oder Eisenstange, über welche die Polfäden geführt werden, die gleichzeitige und gleichgroße Einarbeitung haben. Diese Stange ist notwendig, da die Einarbeitung des Poles unregelmäßig, der Bindung entsprechend, erfolgt, während der Transporteur P für die Polkette (Abb. 72a) entweder eine ständige gleichmäßige, durch einen positiven Regulator veranlaßte Drehung oder eine intermittierende, ruckweise Fortschaltung erfährt. Die Ausgleichstange sp ist entweder an Federn angehängt oder erhält gesetzmäßige Hubbewegungen durch den Polschaft. Zum Abzug der beiden fertigen Gewebe ist ein gewöhnlicher positiver Riffelbaum (Sandbaum)-Regulator in Anwendung der selbstverständlich zwei Riffelbäume besitzt, die sich mit gleicher Geschwindigkeit in entgegengesetztem Sinne drehen. Das Schneidmesser M bewegt sich mit dem Messerschlitten in einem schwalbenschwanzförmigen Schlitz des Schneidriegels. Die bogenförmige Schneide des flachen Messerchens arbeitet zwischen zwei ganz genau einstellbaren Schienen m und n (Abb. 72), die einen solchen Abstand voneinander haben müssen, daß die zwischen den beiden Waren bindenden Florfäden die richtige zum Schneiden notwendige Spannung bekommen. Die hin- und hergehende Bewegung des Messers erfolgt nach Abb. 73 durch Exzenter, welche auf Tritte einwirken, also kraftschlüssig, oder zwangläufig (Abb. 24) durch ein exzentrisches und ellipsenförmiges Stirnzahnradgetriebe; das Ellipsenrad besitzt einen Kurbelbolzen der durch eine Schubstange einen Zahnsektor hin- und herbewegt, und der mittels Zahnrad und Kegelräder diese schwingende Bewegung in eine

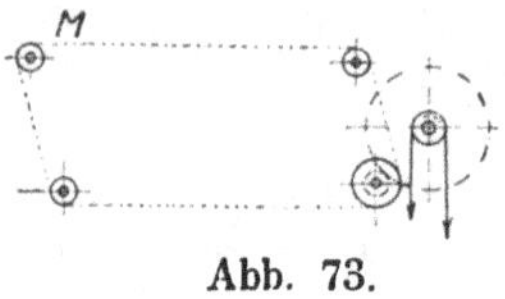

Abb. 73.

wechselnde Drehbewegung einer Holz- und Aluminiumscheibe umwandelt. Diese ist von einer endlosen Darmsaite umschlungen, die den Schneidmesserschlitten bewegt. An jeder Seite des Webstuhles ist ein kleiner Schmirgelstein angeordnet; während der eine das Messer von oben schleift, wirkt der andere auf die untere Seite des Messers ein. Die elliptische bzw. exzentrische Form der Zahnräder bewirkt, wie früher bewiesen, eine beschleunigte Schnittbewegung und eine langsame Bewegung des Messers über die Schleifsteine.

Um die genaue Einarbeitung der Polkette zu gewährleisten, muß eine positive Zuführung derselben durch einen geeigneten Regulator stattfinden. Die Abb. 74 und 76 stellen zwei Typen dar. Abb. 76 ist ein Regulator mit gleichmäßigem Polabzug durch Schneckengetriebe, die von der Kurbelwelle des Stuhles betätigt werden. Abb. 74 bzw. 75 ist ein intermittierend arbeitender Regulator mit Maltesergetriebe (Sternrad und Mitnehmergetriebe, wie es bereits früher besprochen wurde). Mit Hilfe der Abb. 75 soll die

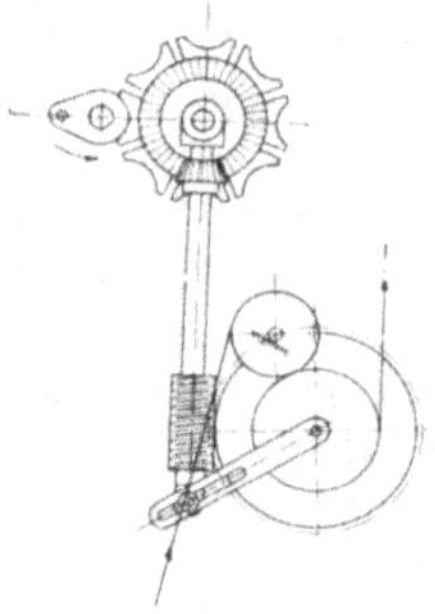

Abb. 74.

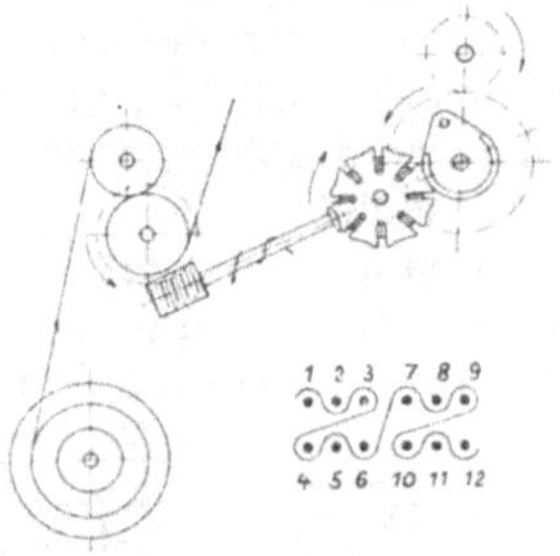

Abb. 75.

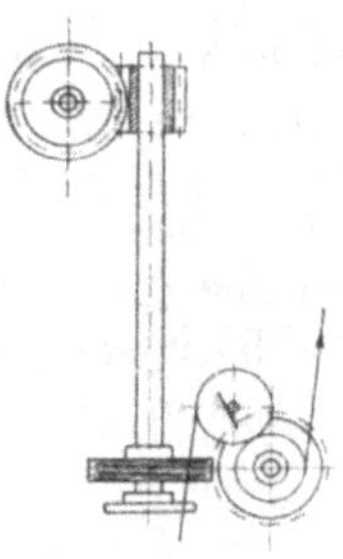

Abb. 76.

Wechselradberechnung eines Polregulators für die eingezeichnete Polbindung ausgeführt werden. Von der Kurbelwelle aus werde im Übersetzungsverhältnis 1:2 das Einstiftrad angetrieben, welches in einen 8teiligen Stern eingreift. Im Übersetzungsverhältnis 2:1 werde durch Kegelräder die Schneckenwelle angetrieben, die Schnecke sei 2gängig und der Umfang des Transportbaumes sei 425 mm. Wieviel Zähne muß das als Wechselrad benutzte Schraubenrad erhalten? Die ausgezupfte Noppe einer Ware habe eine Länge von 5 mm.

$$\frac{1 \cdot 1 \cdot 2 \cdot 2 \cdot 425}{2 \cdot 8 \cdot 1 \cdot w} = \frac{5}{3}\,; \qquad w = \frac{1 \cdot 1 \cdot 2 \cdot 2 \cdot 425 \cdot 3}{2 \cdot 8 \cdot 1 \cdot 5} = 64 \text{ Zähne.}$$

Diese Rechnung ist allerdings nicht genau, weil man die Länge einer Noppe nicht genau messen kann, und weil man den Verlust durch Abscheren nicht zuverlässig berücksichtigen kann. Zuverlässiger wird die Rechnung, wenn man von dem verbrauchten Polmaterial und von der Schußdichte ausgeht. Für 100 m Ware sollen 720 m Pol bei 32 Schuß der einfachen Ware auf 1 cm verbraucht werden. Wieviel Zähne muß das Wechselrad bekommen?

Auf 1 cm Ware 7,2 cm Pol $= 2 \cdot 32$ Schuß, also auf 1 Schuß $\frac{72}{2 \cdot 32} =$ 1,125 mm Pol. Faßt man die oben erwähnten unveränderlichen Zahlen zu einer Kopf- oder Grundzahl zusammen, so erhält man $w = \frac{106{,}25}{1{,}125} = 94$ Zähne des Wechselrades.

Beispiel Nr. 23: Die Warenabzieh- und Aufwickelvorrichtungen an mechanischen Webstühlen lassen sich in 2 große Gruppen einteilen, je nach der Art und Weise wie die Schüsse im Gewebe angeordnet sind. Bei der gleichstufigen Schußfolge, gemäß Abb. 77, haben alle Schüsse im Gewebe einen gleich großen Platz zur Verfügung, welcher der konstanten Länge a entspricht; die Schußdichte ist unverändert gleich groß, und entspricht dem

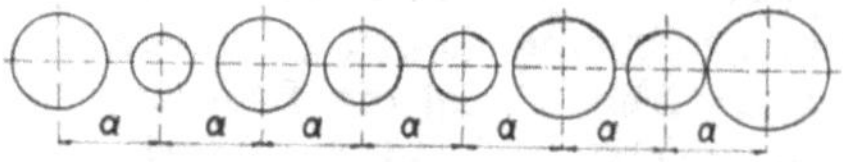

Abb. 77.

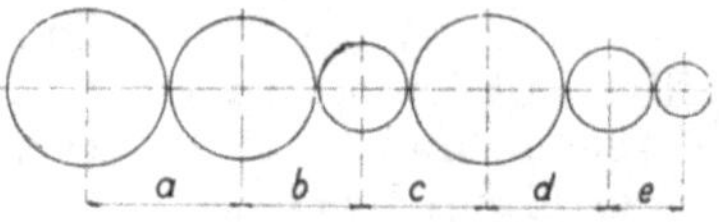

Abb. 78.

reziproken Wert dieser Länge a. Die Regulatoren, welche nach diesem Prinzip arbeiten, wurden bereits besprochen; man nennt sie positive Regulatoren. Im Gegensatz hierzu weisen die negativen Regulatoren jedem Schuß einen Platz a, b, c, d (Abb. 78) zu, der von der Dicke des angetragenen Schusses abhängig ist. Von einer unveränderlichen Schußdichte, die vom Räderübersetzungsverhältnis des Regulators abhängig wäre, kann hier nicht die Rede sein, vielmehr wird die Schußdichte hier dargestellt durch die Anzahl der Glieder der algebraischen Summe $a + b + c + d + \ldots$, deren Summenwert die Bezugslänge 1 cm ergibt. Die gewünschte Schußdichte kann bei diesen negativen Regulatoren nur dann erzielt werden, wenn die Differenz aus der Webkettenspannung und der Zugkraft des Regulators eine ganz bestimmte Größe darstellt. Beim Ladenanschlag (Blattanschlag) wird die Zugkraft des Regulators um einen solchen Betrag vergrößert, daß die entgegengesetzt wirkende Webkettenspannung überwunden werden kann. Je größer der Betrag ist, den man dazu braucht, um so größer wird die Schußdichte.

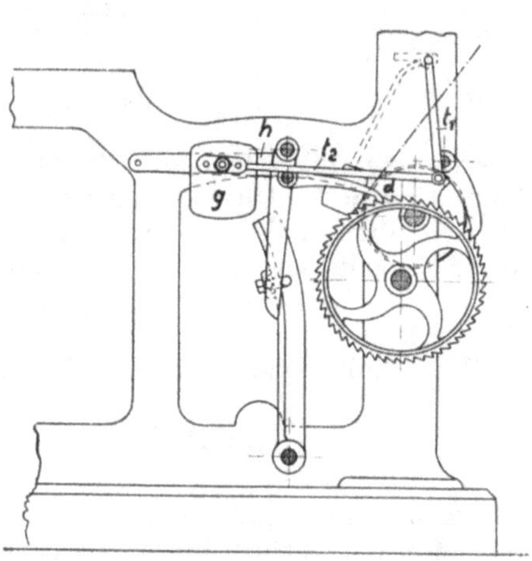

Abb. 79.

Wickelt man die Ware nach Abb. 79 direkt auf den vom Regulator betätigten Baum auf, so wird das Moment der Kettenspannung immer größer, weil der Hebelarm der Kraft andauernd zunimmt. Das würde bedeuten, daß das Webblatt beim Anschlag eine allmählich wachsende Kraft entfalten muß; der Schußfaden wird immer energischer in die Ware hineingedrückt, die Schußdichte nimmt mehr und mehr zu. Um diesem Übelstand abzuhelfen, muß man bei derartigen negativen Regulatoren (Warenbaumregulatoren) Abb. 79, eine Fühlrolle anordnen, die das Klinkenschaltgewicht g proportional der Zunahme des Warenbaumdurchmessers nach außen schiebt, damit die Zugkraft des Regulators sich der wachsenden Gegenkraft der Ware anpassen kann. Bezeichnet man die Anfangs- und Endhebelarme des Gewichtes g mit h_1 und h_2, die zugehörigen Warenbaumdurchmesser mit d_1

und d_2, das Übersetzungsverhältnis des Triebwerkes mit i, so muß die Beziehung bestehen:

$$i \,.\, g \,.\, \frac{h_1}{d_1} = i \,.\, g \,.\, \frac{h_2}{d_2}$$

$$\frac{h_1}{d_1} = \frac{h_2}{d_2}\,; \quad \frac{h_2}{h_1} = \frac{d_2}{d_1}\,; \quad \frac{h_2 - h_1}{h_1} = \frac{d_2 - d_1}{d_1}\,: \quad \frac{h_2 - h_1}{d_2 - d_1} = \frac{h_1}{d_1} = m\,;$$

da nun $d_2 - d_1$ den doppelten Betrag des Anwachsens des Baumhalbmessers vorstellt, und $h_2 - h_1$ den zugehörigen Verschub des Belastungsgewichtes, so muß das Gestänge $t_1\ t_2$ eine Übersetzung n zwischen dem Wege der Fühlrolle und dem Verschube des Belastungsgewichtes ergeben, derart, daß

$$n = \frac{d_2 - d_1}{2\,(h_2 - h_1)} = \frac{1}{2\,m}\,.$$

Wird $h_1 = \frac{d_1}{2}$ ausgeführt, so ergibt sich $n = \frac{1}{2\,m} = \frac{d_1}{2\,h_1} = \frac{2}{2} = 1.$

Beispiel Nr. 24: Der Kompensationsregulator (Abb. 80*) wirkt derart, daß er erst nach Herstellung einer gewissen Gewebelänge eingeschaltet wird und die Aufwicklung bewirkt.

Dies wird eingeleitet durch die Verstellung des Blattes, welches deshalb federnd in der Lade angeordnet ist. Infolge dieser Anordnung wird der Anschlag des Schusses durch die Federspannung bewirkt, also der Schuß stets gleichmäßig angedrückt, und dadurch die Ungleichheiten des Schusses in der Ware ausgeglichen. Die Schußlage ist somit anschließend, was die Gleichmäßigkeit des Gewebes erhöht, worauf bei den Seidengeweben besonders gesehen werden muß. Die Wirkungsweise eines solchen Regulators kann man aus der Abb. 80 leicht ersehen. Die mittlere Größe der Schaltung wird durch entsprechende Einstellung des Steines M in den beiden Schlitzhebeln $L_1\ L_2$ erzielt.

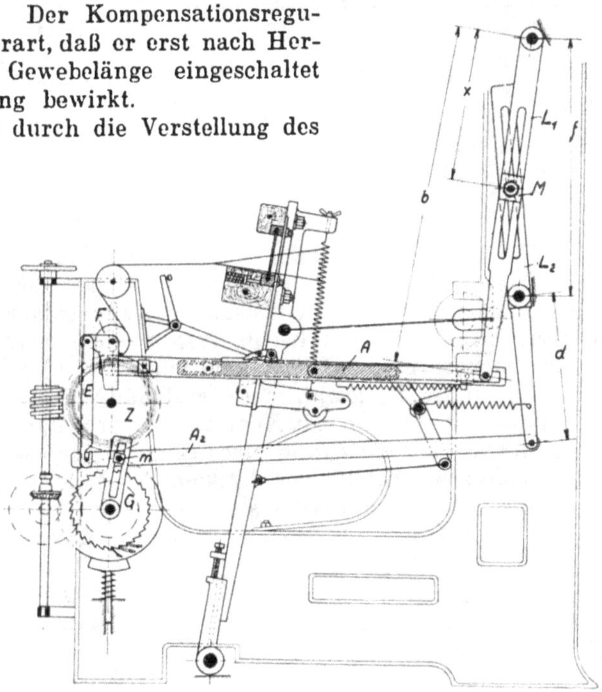

Abb. 80.

Nehmen wir den Abstand f der Drehpunkte der beiden Kulissenhebel L_1 und L_2 mit 70 cm an, und die anderen Maße mit b = 91 cm, d = 39 cm, berücksichtigen wir ferner den Einfluß des gesamten Übertragungsgetriebes

*) Entnommen: „Mikolaschek, Einrichtungen zur Bewegung der Kette"

durch Einführung einer Konstanten C = 140, und nennen wir den jeweiligen Abstand des Steines M vom Drehpunkt des Kulissenhebels $L_1 = x$, die Schußdichte S, so besteht die Beziehung, wenn h = 8 cm den Hub der Stange A bedeutet:

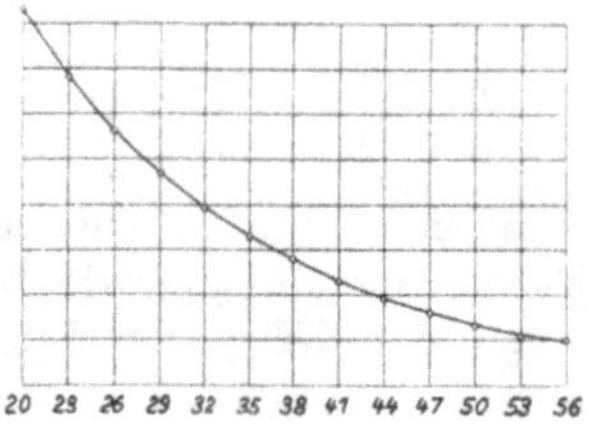

Abb. 81.

$$h \cdot \frac{x}{b} \cdot \frac{d}{f - x} = \frac{C}{S};$$

$$8 \cdot \frac{x}{91} \cdot \frac{39}{70 - x} = \frac{140}{S}$$

$$S = 40{,}9 \cdot \frac{70 - x}{x}.$$

Aus dieser Gleichung berechnet sich folgende Skala für die Schußdichten:

Abstand x	Schußdichte S	Abstand x	Schußdichte S
20 cm	102	41 cm	29
23 „	83,5	44 „	24
26 „	69	47 „	20
29 „	58	50 „	16
32 „	49	53 „	13
35 „	41	56 „	10
38 „	34		

Man hat allerdings zu berücksichtigen, daß durch die Änderung der Lage des Hebelwerks Fehler auftreten, die bei der Aufstellung der obigen Gleichungen und bei der Zusammenstellung der Tabelle unberücksichtigt blieben. Käme die praktische Ausführung der Skala in Frage, so müßten entsprechende Korrekturen vorgenommen werden.

Abb. 81 ist die graphische Darstellung dieser Abhängigkeit.

Da die Webstühle mit Kompensationsregulator nur für Seide verwendet werden, ist die Anbringung eines Sandbaumes, wegen Schonung der Ware, ausgeschlossen. Infolge der direkten Warenbaumbewegung würde durch die Zunahme des Durchmessers stets eine immer größere Aufwicklung sich ergeben. Um dies zu vermeiden, liegt am Warenbaum Z eine Fühlwalze F an, welche durch die Stange E mit der Stange A_2 in Verbindung ist. Mit zunehmender Bewicklung hebt sich die Fühlwalze F, Stange E und Stange A_2 und der mit letzterer in Verbindung stehende Stein m in dem Schlitz des 3. Kulissenhebels G. Der Hub der Stange A_2 wird auf einer größeren Hebellänge von G wirksam, wodurch eine kleinere Winkelschwingung, also kleinere Schaltung erreicht wird. Durch die entsprechend gewählten Längenverhältnisse erfolgt die Abnahme der Zunahme des Durchmessers entsprechend.

Abb. 82.

B e i s p i e l Nr. 25: Um Reklamationen und Streitigkeiten zu vermeiden, ist es von großer Wichtigkeit für den Fabrikanten Präzisionsmeßmaschinen zu besitzen, welche ein absolut genaues Meßresultat ergeben. Mißt man die

Webware über einer Meßtrommel (Abb. 82), so ist die Warendicke s bei der Einstellung der Maschine zu berücksichtigen, sofern ein genaues Meßresultat erzielt werden soll. Der Umfang der Meßtrommel multipliziert mit der Tourenzahl derselben ergibt bekanntlich die gemessene Warenlänge nur dann genau, wenn die Warendicke unendlich klein ist; der für die Rechnung in Frage kommende Umfang ist vielmehr = (Trommeldurchmesser + Warendicke) $\pi = d_1 \pi = (d + s) . \pi$. Aus dieser Betrachtung geht hervor, daß die nach dem Meßtrommelprinzip arbeitenden Präzisionsmeßmaschinen mit Reguliervorrichtungen versehen sein müssen, die es gestatten, dünne und dicke Waren mit derselben Genauigkeit zu messen. Bei der Konstruktion, Abb. 83, 84, ist der Gedanke verwirklicht worden, daß eine genaue Längenbestimmung dann am zuverlässigsten sein wird, wenn man die Ware unter natürlicher Spannung auf einer Ebene mißt, weil bei dieser Methode die Warendicke auf die Genauigkeit der Messung keinen Einfluß hat. In den Abb. 83 ,84 ist die Arbeitsweise der Maschine schematisch veranschaulicht. Sie besitzt zwei Greifschienenpaare a und b, c und d, die zusammen mit einem endlosen Förderbande f zwangläufig geführt werden. Die unterhalb des Förderbandes liegenden Schienen a und c gleiten in horizontaler Richtung aufeinander zu oder voneinander weg, während die oberhalb der zu messenden Ware liegenden Schienen b und d, die an dieser Bewegung teilnehmen, auch

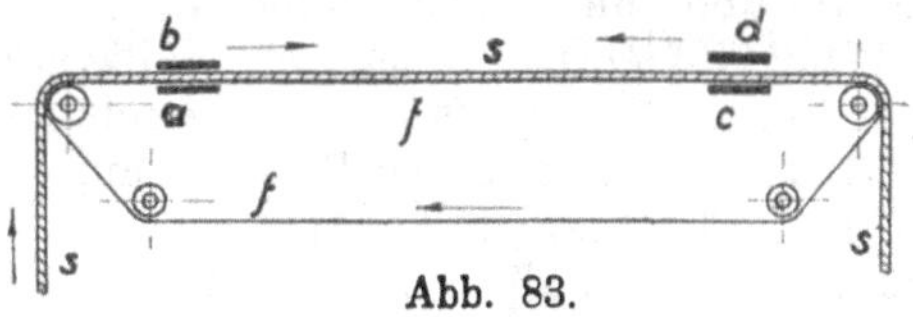

Abb. 83.

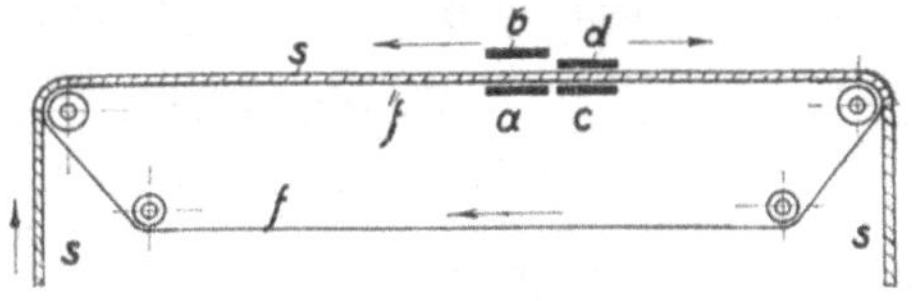

Abb. 84.

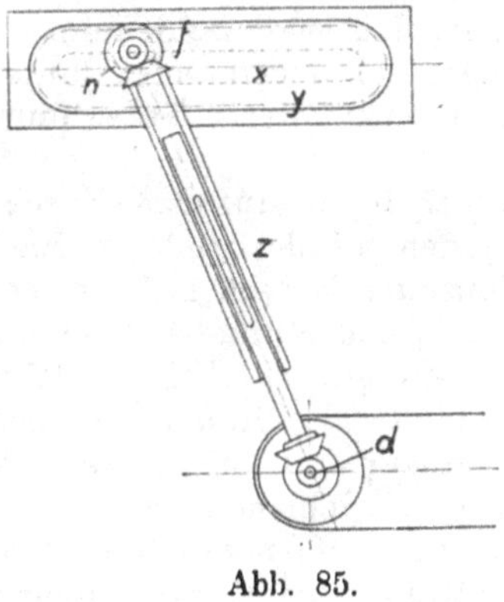

Abb. 85.

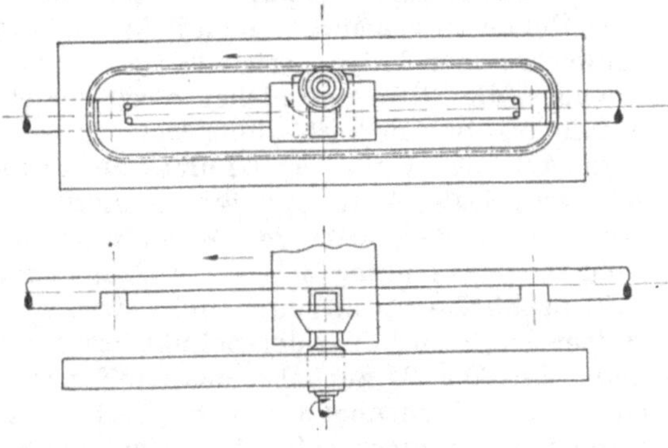
Abb. 86.

noch lotrecht abgehoben werden können. Das Greiferschienenpaar a, b empfängt seinen Antrieb durch die Zahnkränze y (Abb. 85, 86), die mit den Ständern der Maschine verbunden sind. Es bedeutet d eine durch Riemen angetriebene Hilfswelle, die durch Kegelräderpaare und einen Teleskopantrieb z, das Zahnrädchen n des Bolzens f der oberen Greifschiene b, welcher in einer mit x bezeichneten Nut geführt wird, sich in der Verzahnung der Zahnkränze y abwickeln läßt. Die Präzision in der Bewegung der Schienenpaare, und damit die des Warentransportes, wird durch diese zwangläufige Führung in den Zahnkränzen y verbürgt.

Bezeichnet man den Teilkreis-Ⓓ des Zahnrädchens n mit D, dessen senkrechten Hub mit H, den horizontalen Weg des Bolzens f dieses Rädchens mit L, und die Zahnteilung mit t, so ist der Weg des Zahnkranzes $= 2(L + H) + D \cdot \pi$ und der Teilkreisumfang des Rädchens $n = D \cdot \pi$; diese beiden Werte müssen mit ausreichender Genauigkeit durch t teilbar sein.

Nehmen wir z. B. an D = 90 mm, Meßlänge L = 1000 mm, Hub H = 90 mm, Teilung $t = 3 \cdot \pi$, so ist $2(L + H) + D\pi = 2462{,}744$ mm $= 2462{,}744 : 3 \cdot \pi = 261{,}3$ Zähne; diese Ausführung könnten wir also nicht wählen.

Noch schlechter paßt Modul 4 und D = 88 mm.

$$\frac{2180 + 276{,}46}{4\pi} = 195{,}47 \text{ Zähne.}$$

Da wir aber wegen des guten Zahneingriffes einen größeren Modul nicht wählen wollen, und der Wert H eine Größe darstellt, die ohne Bedenklichkeit geändert werden darf, so wollen wir in der obigen Gleichung H als Unbekannte annehmen und die Zähnezahl des Führungszahnkranzes mit 195, dann muß sein:

$$\frac{2000 + 276{,}46 + 2H}{4\pi} = 195$$

$$H = \frac{1}{2}\left[195 \cdot 4\pi - 2276{,}46\right] = 111{,}5 \text{ mm.}$$

ausgeführt: Zahnkranz 195 Zähne, Zahnrädchen 22 Zähne, senkrechter Hub desselben = 111,5 mm, horizontaler Hub = Meßlänge = 1000 mm.

Das Greiferschienenpaar c, d steht mit den Schienen a, b vermittels zweier Kettenstränge in geeigneter Verbindung, so, daß beide Schienenpaare in abwechselnder Folge horizontal gegeneinander und auseinander laufen, je nachdem die Stirnzahnrädchen n mit der oberen oder unteren Verzahnung der Zahnkränze y in Verbindung stehen.

In Abb. 83 erfaßt das Greiferschienenpaar a, b die auf das Förderband f aufgelegte Ware, und bewegt diese samt dem Förderbande in Pfeilrichtung nach der Mitte der Maschine. Gleichzeitig bewegt sich in entgegengesetzter Richtung das offene Schienenpaar c, d dorthin. Sobald nun die Stirnzahnräder n in den Zahnkränzen y die Bewegungsumkehr einleiten und über den toten Punkt der Zahnkränze hinwegeilen, wird in der Schienenstellung der Abb. 84 zunächst das Greiferschienenpaar c, d geschlossen und sodann das Schienenpaar a, b geöffnet, wonach die Schienenpaare in die Anfangsstellung zurückgeführt werden und jetzt das Schienenpaar c, d die Ware weiter befördert. Die obere Greifschiene b trägt einen Markierapparat, der die zu messende und markierende Stoffbahn in Abständen von je einer Maßeinheit (1 m, 1 Yard, 1 Arschin usw.) mit Längenmarken ausrüstet. Die Marken werden aus einem gummierten Papierbande ausgestanzt, nachdem sie einige Zeit zuvor angefeuchtet worden sind; sie werden auf die äußerste Kante der linken Stoffseite aufgelegt. Solange die Greifschienen a, b mit der Ware in Berührung stehen, liegt die Längenmarke unter einem sanften Druck, so daß die Marke infolge dieser langen Belastung sicher haftet.

Die Sohlen der Greiferschienen sind zum Schutze der zwischenliegenden Ware mit geeignetem Material, wie Gummi, Plüsch usw. belegt.

Wollte man eine Ware nach russischem Maß markieren und messen, so müßte man einen anderen Führungszahnkranz y anschrauben, dessen Zähnezahl sich wie folgt berechnet:

$$1 \text{ Arschin} = 0{,}71119 \text{ m}; \quad \frac{1645{,}38 + 276{,}46}{4\,\pi} = 152{,}93$$

ausgeführt 153 Zähne.

Zähnezahl des Führungsstückes = 153; Zahnrädchen 22 Zähne; Längshub = 711,19 mm; Querhub = 111,5 mm.

Beispiel Nr. 26: Benutzung von Planetengetrieben an Schützenwechselvorrichtungen.

In Abb. 87 bezeichnet 1 den bekannten Kartenzylinder, 2 die über diesen laufende gelochte Karte, 3 die Nadeln, welche entweder von einer vollen Stelle der Karte getroffen werden oder in eine Lochung derselben eintreten. Wenn das eine mit dem andern abwechselt, so führen die Nadeln eine Längsbewegung aus, und diese wird auf die Wechselstangen oder Platinen 4 übertragen. 5 sind Handgriffe an den Platinen oder Wechselstangen zur Erleichterung des Suchens eines gewünschten Schützenkastens. Mit 6 und 7 sind die Messer bezeichnet, welche durch Bewegungen in der Pfeilrichtung die Platinen 4 entweder nach oben oder nach unten drücken.

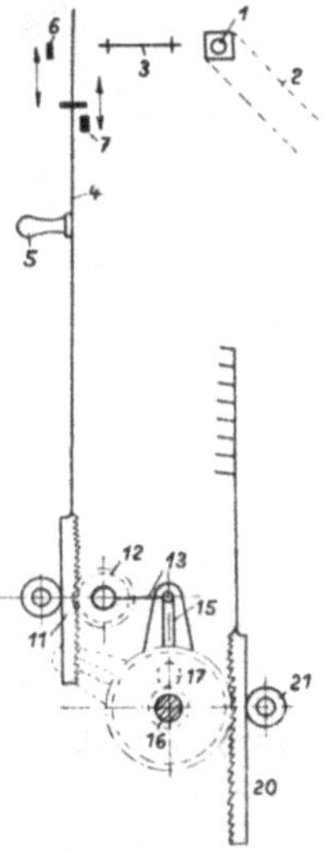

Abb. 87.

Die Wechselvorrichtung selbst ist in folgender Weise eingerichtet: Ein Zahnrad 12 steht mit einer Kurbel 13 in Verbindung, deren Zapfen in einen Schlitz einer Kurbelschleife 15 eingreift. Letztere ist lose drehbar auf einer Welle 16 angeordnet und trägt (vgl. Abb. 88) Planetenräder 17, welche einerseits in Zentralräder 18 und andererseits in eine Innenverzahnung 19 eingreifen, auf welch beiden sie sich abwälzen. In Abb. 88 sind z. B. 3 der beschriebenen Planetengetriebe dargestellt, deren jedes von einer Nadel 3 gesteuert wird. Sämtliche Getriebe sind hintereinandergeschaltet. Das erste Zentralrad 18 ist fest auf der Welle 16 und der letzte Radkörper mit der Innenverzahnung 19 gibt seine Bewegung direkt an den zu einer bestimmten Zeit und um eine bestimmte Größe zu verschiebenden Maschinenteil (Schützenkastenstange) ab. Wie Abb. 87 zeigt, endet die Kastenstange unten in einer Zahnstange 20, die durch Rolle 21 geführt wird, und dauernd, trotz der hin und hergehenden Bewegung der Lade, in die Außenverzahnung des letzten Elementes eingreift.

Eine Anordnung mit 3 Nadeln, wie in den Abb. 88 dargestellt, ermöglicht einen 8fachen Wechsel; eine solche mit 2 Nadeln würde einen 4fachen, mit 4 Nadeln einen 16fachen, mit 5 Nadeln einen 32fachen Wechsel ergeben. Durch ein entsprechend gewähltes Verhältnis der Zentralräder 18 und der Planetenräder 17 zu den Innenverzahnungen 19, wie 2:1:4 erreicht man den Vorteil, daß die einzelnen Elemente gleichartig werden können, und daß die erzielbaren Endbewegungen sich verhalten wie die Glieder der arithmetischen Reihe 1, 2, 3, 4, 5 usw., was für den vorliegenden Fall, in welchem die Schützen sämtlich von einer und derselben Größe angenommen sind, Bedingung ist. Die folgende Tabelle gibt die zur Erzielung der einzelnen Stellungen 0 bis 7 der Schützenlade erforderlichen Bewegungen der Arme 15 aus der Nullstellung Abb. 88/0 an. Die Bewegungsgrößen der Schützenlade können nicht nur durch Summieren der Drehwerte der Arme 15, sondern auch durch Abziehen der Drehwerte gewonnen werden. Der Wert 5 kann z. B. auch nach dem Schema von Wert 7, jedoch unter Rechtsdrehung des

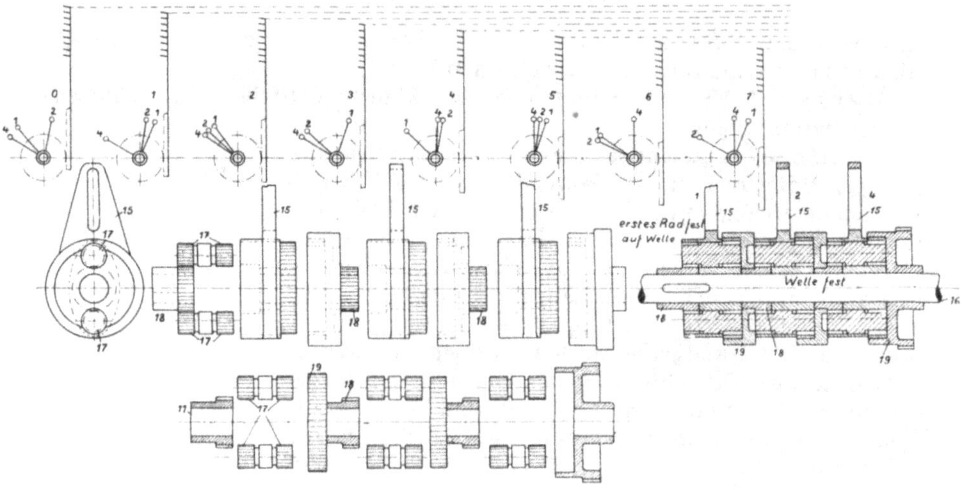

Abb. 88.

Armes 15/2, der Wert 4 nach dem Schema von Wert 5 jedoch unter Linksdrehung von Arm 15/1 gewonnen werden. Es bedarf hierzu nur einer entsprechenden Anordnung der Musterkarte der Abb. 87.

Stellung der Schützenlade	Bewegung von Arm 15/1	15/2	15/4
0	—	—	—
1	rechts	—	—
2	—	links	—
3	rechts	links	—
4	—	—	rechts
5	rechts	—	rechts
6	—	links	rechts
7	rechts	links	rechts

Um also z. B. die Schützenlade aus der Stellung 0 in die Stellung 7 zu bringen, sind sämtliche Arme 15 aus der Grundstellung der Abb. 88/0 zu drehen, und zwar die Arme 15/1 und 15/4 nach rechts und der Arm 15/2 nach links, womit sich die Bewegungsgröße 7 als Summe der Bewegungsgrößen 1 plus 4 plus 2 ergibt.

Beispiel Nr. 27: Abb. 89 betrifft eine Anordnung zur Ableitung einer beschleunigten oder verzögerten Bewegung von einer gleichförmig gedrehten Welle. Bei einer vielgebrauchten Art Spinnmaschinen, den Selbstspinnern, Selfaktoren, wird der sogenannte Wagen mit den Spulen, von einem Seil gezogen, fortwährend hin und hergefahren. Das geschieht von einer Welle aus die in bestimmten Zeitzwischenräumen auf Rechts- oder Linkslauf umgekuppelt wird. Nun ist es für die Güte des Erzeugnisses der Spinnmaschine von großer Wichtigkeit, daß das Ausfahren des Wagens nicht mit einem Ruck anfängt, sondern gleichmäßig beschleunigt geschieht, damit ungleichmäßige Streckung oder gar Lassen der Fäden vermieden wird. Zur Erzielung dieser beschleunigten Bewegung benutzt man auf die Auszugswelle aufgekeilte Schneckenscheiben auf die sich das Seil aufwickelt, und so entsprechend dem wachsenden wirksamen Radius der Schneckenwindungen den Wagen mit beschleunigter Bewegung ausfährt.

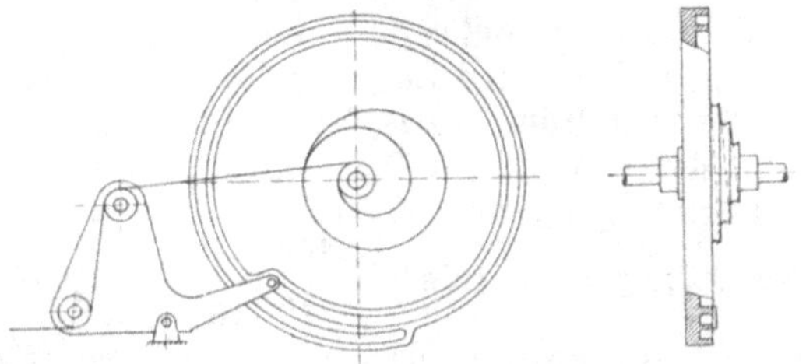

Abb. 89.

Auch am Rutenführungsapparat der mechanischen Rutenwebstühle benutzt man derartige mit Spiralrillen versehene Scheiben, um die Ruten mit beschleunigter Bewegung in das Fach einführen zu können. Man benutzt eine Holzschnecke (archimedische Spirale), welche durch eine Konusfriktionskupplung betätigt wird.

Durch Anwendung einer wieder zurückkehrenden archimedischen Spirale, erzielt man eine anfangs beschleunigte, dann verzögerte Einführgeschwindigkeit, wodurch bei hoher Tourenzahl große Betriebssicherheit des Webstuhles ermöglicht wird.

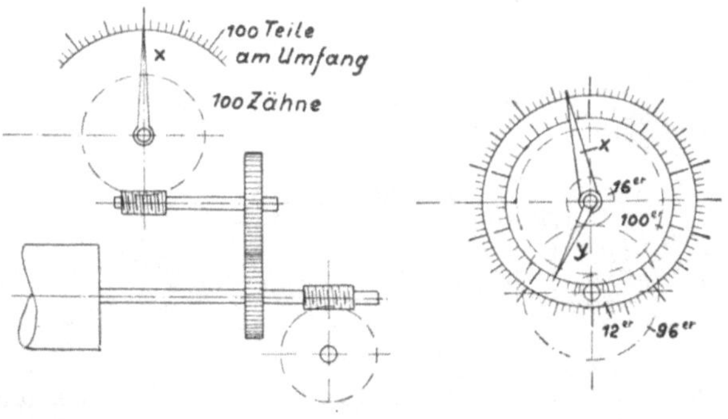

Abb. 90.

Der Auszug der Ruten erfolgt durch einen Kettentrieb für gleichförmige Auszugs-(Schnitt-)Geschwindigkeit.

Bei schmaleren Webstühlen erfolgt die Rutenbewegung durch Hebel, Kurbel und ein eigenartiges Stufenzahnradgetriebe (Abb. 27), welches die Einführung der Ruten schnell, ihren Ausgang hingegen langsamer erfolgen läßt. Für größere Webbreiten tritt dann anstelle des Hebels für die Rutenbewegung eine Seilscheibe, die durch obengenanntes Stufenrädergetriebe, Kurbel, Zahnsektor und Zahnrad vor- und rückwärts getrieben, mittels Darmseil das Rutenschloß hin- und herbewegt.

Beispiel Nr. 28: Getriebe zur Bestimmung von Zettelkettenlängen. (Abb. 90). Die Einrichtung benutzt 2 feststehende Skalen, die mit je einem rotierenden Zeiger zusammenarbeiten. Die äußere Skala hat 100 Teile auf 360° und ihr Zeiger x ist fest verbunden mit einem Schraubenrad von 100 Zähnen, welches von einer Schnecke angetrieben wird, die eingängig ist, und die bei einer geschärten Kettenlänge von 1 m sich einmal gedreht hat, so daß man an der äußeren Skala die geschärte Meterlänge bis 100 m ablesen kann. Auf der Achse des Zeigerrades x sitzt lose ein Zahnrad mit 100 Zähnen, welches den Zeiger y für die innere Skala trägt, und welches unter Zwischenschaltung eines Vorgeleges 12/96 vom 16er Rad aus angetrieben wird, das mit dem 100er Schraubenrad in fester Verbindung steht. Da die innere Skala nur 50 Teile am Umfang hat und der kleine Zeiger y im Übersetzungsverhältnis $1 : \frac{100 . 96}{12 . 16}$ d. i. 1:50 vom großen Zeiger x aus angetrieben wird, so liest man auf der inneren Skala die Anzahl der geschärten 100 m-Kette ab.

Eine sehr einfache Meßvorrichtung zeigt Abb. 91. Die Meßwalze von 0,5 m Umfang treibt unter Vermittlung eines Stirnzahnradübersetzungsverhältnisses 1:2 die Schnecke s an, welche eingängig ist, und eine Um-

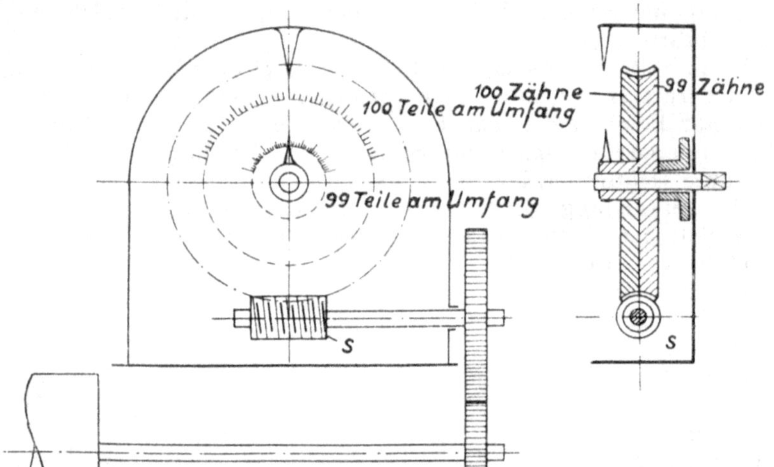

Abb. 91.

drehung macht, wenn 1 m Kette aufgewickelt worden ist. Die Schnecke treibt 2 Schraubenräder, von denen das eine 99 und das andere 100 Zähne besitzt. An der Vorderseite des 100er Rades sind zwei Kreisskalen angebracht, von denen die innere 99 Teile auf 360° verteilt hat, und die äußere 100 Teile auf 360°. Fest auf der Nabe des 99er Rades sitzt ein kleiner Zeiger, der mit der inneren Skala zusammenarbeitet, während für die äußere Skala ein Zeiger vorhanden ist, der fest am Meßuhrgestell befestigt ist. Hat nun z. B. die Schnecke s eine beliebige Anzahl Umdrehungen gemacht, z. B. x, so sind x m Kette geschärt worden und der kleine Zeiger hat $\frac{x}{99}$ Touren gemacht vor einer Skala von 99 Teilen am Umfang, die jedoch ebenfalls in derselben Richtung wie der kleine Zeiger weitergedreht wurde und $\frac{x}{100}$ Touren ausführte; folglich zeigt der kleine Zeiger die Differenz beider Drehbewegungen an, das sind $\left(\frac{x}{99}-\frac{x}{100}\right)$ Touren, oder $\left(\frac{x}{99}-\frac{x}{100}\right).99$ Teilstriche der inneren Skala. Ausgerechnet ergibt dies $\frac{x}{100}$ Teilstriche, d. h. der kleine Zeiger zeigt auf der inneren Skala die Anzahl der geschärten 100 m-Kette an. Der feststehende Zeiger zeigt an der äußeren Skala die Anzahl der Meter an. Sind 640 m Kette geschärt worden, so liest man am kleinen Zeiger 6 ab, und am großen Zifferblatt 40, das bedeutet $6.100+40=640$ m.

In Abb. 92 bedeutet A die Schnecke auf deren Achse die Meßwalze sitzt, welche von den Kettenfäden mitgenommen wird, und welche einen Umfang von 0,5 m hat. Es werde angenommen, daß die beiden Schnecken A und B 2gängig sind, und daß das mit A zusammenarbeitende Schraubenrad z Zähne besitze, das mit B zusammenarbeitende z_1 Zähne. Es handelt sich nun um die Lösung folgenden Problems: um welchen Winkel α (Abb. 92) müssen die Räder mit ihren vorstehenden Teilen F und E gegeneinander verstellt werden, damit die Schärmaschine bei einer ganz bestimmten geschärten Kettenlänge von x Metern selbsttätig abgestellt wird.

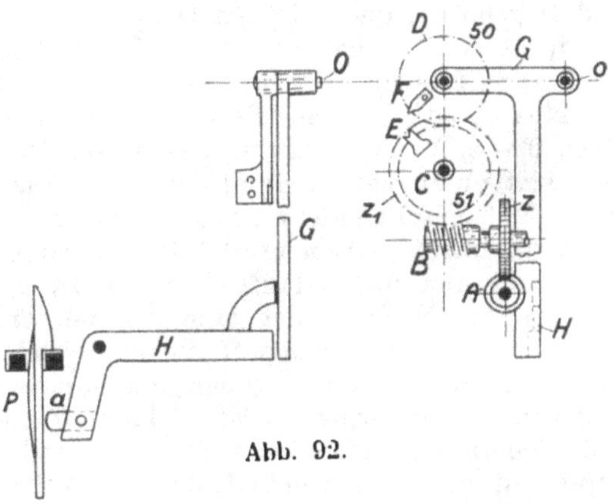

Abb. 92.

Ich nehme einmal willkürlich an, daß dies nach n Touren geschehe, welche das Rad C ausgeführt hat. Dann hat der Teil E einen Winkel beschrieben von $(n.360)^\circ$, und der Teil F, der dem Teil E mit einer etwas größeren Umfangsgeschwindigkeit (beide Räder D und C mit gleichem Durchmesser angenommen) nachläuft, einen Winkel von $\left(n.\frac{51}{50}.360\right)^0$. Subtrahiert man den kleineren Winkel vom größeren, so muß die Differenz mit dem einzustellenden Winkel α identisch sein.

$$\left(n\cdot\frac{51}{50}\cdot 360\right)^0-(n.360)^0=\alpha^0,$$

und daraus $\alpha=7{,}2.n.$

Ferner ergeben sich folgende Zusammenhänge:

$$x \text{ Meter Kette} = 2\,x \text{ Touren von A} = 2\,x.\frac{2.2}{z.z_1} \text{ Touren von C.}$$

$$n=x\frac{8}{z.z_1}$$

$$\alpha=7{,}2\cdot x\cdot\frac{8}{z\;z_1};\qquad \alpha=57{,}6\cdot\frac{x}{z.z_1}.$$

Angenommen $z = z_1 = 24$ Zähne, dann ist $\alpha = 0{,}1 \,.\, x$ und ergibt sich aus folgender Tabelle:

Winkel α°*)	Kettenlänge in Metern	Winkel α°*)	Kettenlänge in Metern
5°	50	40°	400
10°	100	50°	500
15°	150	60°	600
20°	200	80°	800
25°	250	100°	1000
30°	300	360°	3600
35°	350		

In dem Augenblick wo F in die Vertiefung von E eingreift, wird das Rad D gehoben, und sein um O drehbarer Hebel G wird um einen kleinen Betrag gedreht, so daß der Winkelhebel H frei wird, dessen Ansatz a gegen die Platine P stößt, die beim Herunterfallen die Maschine abstellt.

Beispiel Nr. 29: Beschreibung eines Zähl- und Schmitzapparates. (Abb. 93—96.) Die Abzugswalze 1 der Bäummaschine mit ⅔ m Umfang veranlaßt unter Vermittelung der Zahnräder 2 und 3, daß die Welle 4 bei jedem Meter Kettenlauf eine Umdrehung macht. Welle 4 trägt das Zahnrad 5, das durch Zwischenrad 6 das auf Schneckenwelle 7 lose sitzende Zahnrad 8 antreibt; dieses läuft demnach in entgegengesetztem Sinne um wie Zahnrad 5. Beide Räder sind an den einander zugekehrten Seiten mit Kupplungszähnen versehen, in die abwechselnd die Zähne des Kuppelmuffes 9 eingreifen können, der zwischen den Rädern 5 und 8 auf Welle 7 auf einem Keil verschiebbar befestigt ist. Klaue 10 greift in eine Nute von Rad 8 ein und sichert dessen seitliche Stellung, und Schraube 11 reicht mit einem Zapfen in eine eingedrehte Nute von Welle 7, damit auch diese sich nicht seitlich verschieben kann. Schnecke 7^1 greift in die Zähne des 120er Skalarades 12 ein, das auf der Nabe des verstellbaren Anschlaghebels 13 mit dem Anschlag 13^1 lose steckt. Vor dem Skalarad 12 sitzt — auf der gleichen Nabe mittels Klemmschraube verstellbar — der Zeiger 14, der durch Schraube 14^1 und unter Benutzung der Löcher 12^1 beliebig auf dem Skalarad verstellt werden kann. An der Hinterseite dieses Rades sitzt ferner unverstellbar die Knagge 15. Weiter ist auf der Schmitzwelle 16 hinter 12 der Knaggenmuff 17 befestigt, mit den beiden Knaggen 17^1 und 17^2 und mit dem Exzenter 18 zusammengegossen. Letzteres wirkt auf den Arm 23 des Umschalthebels, der den Kuppelmuff 9 beeinflußt. Feder 23^1 drückt den Arm 23 stets an Exzenter 18 an. Mit den Knaggen 17^1 und 17^2 stehen die Klinken 19^1 und 19^2, die sich um die Bolzen 20 des Stelleisens 21 drehen und durch Feder 22 stets nach unten gedrückt werden, wechselweise in Eingriff. Die Schmitzwelle 16 trägt ferner hinter dem eben beschriebenen Apparat das Schmitzexzenter 24 (Abb. 94 und 95) das auf den wagrechten Arm des um Bolzen 24^1 schwingenden Schmitzhebels 25 einwirkt. Dieser wiederum trägt an Bolzen 26 den Hebel 26^1 mit dem Schmitzhammer 27. Feder 25^1 drückt Hebel 25 gegen Exzenter 24, Feder 26^2 den Hebel 26^1 gegen den Anschlag 25^2 des Hebels 25. Schmitzhammer 27 ist über der Farbwalze 28

*) Die Einstellung könnte beispielsweise durch Verschiebung von F (Abb. 92) in einem mit Gradeinteilung versehenen Schlitz erfolgen.

angeordnet, die auf Schmitzwelle 16 im Farbtrog 28¹ sich drehen kann und in die im Trog enthaltene Schmitzfarbe eintaucht. Schließlich trägt Welle 16 noch die Riemenscheibe 29, über die ein durch Spannrolle 30 entsprechend anzustraffender Riemen 29¹ gleitet, der sie stets im Sinne des eingezeichneten

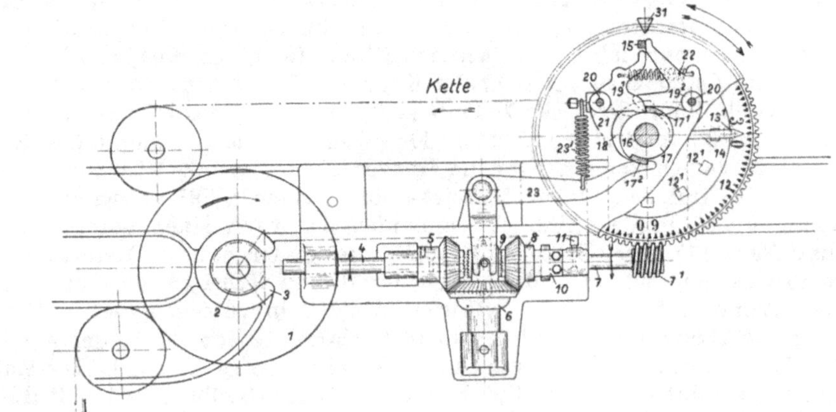

Abb. 93.

Abb 95.

Abb 94

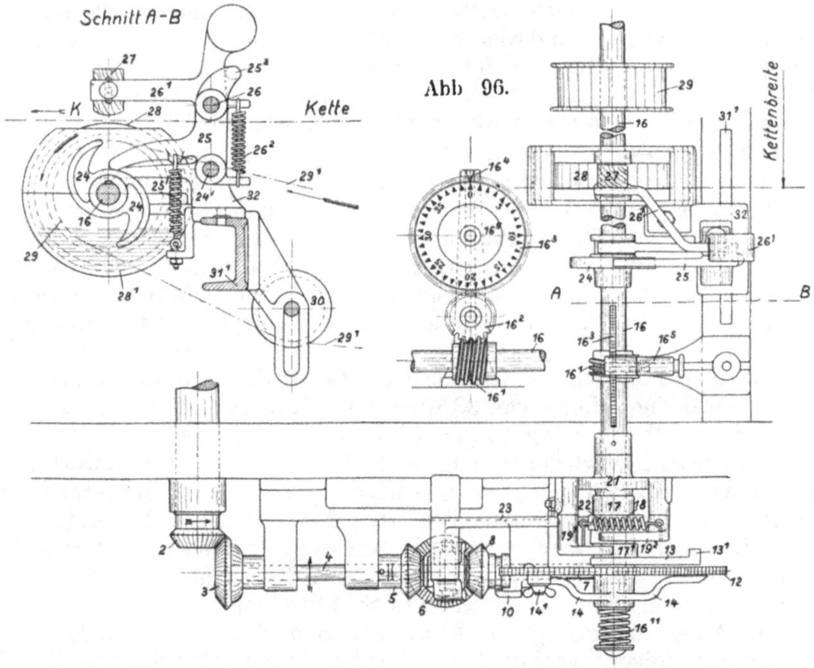

Abb 96.

Pfeiles zu drehen sucht. Der Antrieb des Riemens 29¹ erfolgt von einer kleinen Riemenscheibe aus, die auf der unteren Hauptantriebwelle der Maschine befestigt ist. Der vorstehend beschriebene Apparat arbeitet in folgender Weise:

Wenn z. B. alle 30 Meter ein Schmitzzeichen in die geschlichtete Kette

gemacht werden soll, so stellt man den Zeiger 14 auf die Marke 30 der Skala. Hierauf zieht man, indem man mit beiden Händen den Zeiger faßt, die Skalascheibe 12 auf Welle 16 nach vorn, wobei Feder 16^{11} zusammengepreßt wird. Der Zahnkranz von 12 gelangt dabei außer Eingriff mit Schnecke 7^1, und man kann die Skala so einstellen, daß die Marke 0 (Null) genau unter den auf dem Schutzverdeck angeordneten Zeiger 31 zu stehen kommt. Die Schmitzwelle 16 muß dabei so stehen, daß Klinke 19^1 gegen Knagge 17^1 sich stemmt. Bei dieser Stellung steht die Kupplung 9 mit dem Zahnrad 8 in Eingriff; Welle 7 mit Schnecke 7^1 läuft in der Richtung des Pfeiles um und die Skalascheibe in der von 0 nach 30. Wenn die Marke 30 unter den Zeiger 31 zu stehen kommt, wird die Knagge 13^1 die Klinke 19^1 ausheben, Nase 17^1 wird frei und Welle 16 kann — durch Riemen 29^1 angetrieben — in Richtung des Pfeiles (Abb. 95) umlaufen, bis nach einer halben Umdrehung Nase 17^2 gegen Klinke 19^2 stößt. Bei dieser halben Drehung der Welle 16 wird nun zunächst durch Exzenter 18 und Hebel 23 die Kupplung 9 gegen Zahnrad 5 geschoben, wodurch Welle 7 in entgegengesetzte Umdrehung wie bisher versetzt wird, so daß Skalarad 12 von 30 wieder auf 0 zurück läuft. Ferner dreht sich auch das Schmitzexzenter 24 ein halbes Mal herum, es hebt dabei den Hebel 25 bis in die höchste Stellung und läßt ihn, von Feder 25^1 beeinflußt, wieder auf seine niedrigste Stellung zurückschlagen. Diese Bewegung überträgt sich auf den Schmitzhebel 26^1, der mit kurzem Schlag auf Rolle 28 niederfallen wird, um auf die unter ihm durchgeführte Kette K ein Farbzeichen zu machen. Da sich Farbrolle 28 mit Welle 16 ebenfalls ½mal gedreht hat, ist der untere, mit Farbe benetzte Teil derselben nach oben geführt, so daß Hammer 27 ein deutliches Farbzeichen in die Kette schlagen kann. Feder 26^2 führt den Hebel 26^1 nach dem Markieren der Kette sofort in die gehobene Stellung zurück.

Abb. 96 stellt den Stückzähler dar, der auch in Abb. 94 von oben gesehen gezeichnet jst. Bei jedem Schmitzzeichen, also bei jeder halben Drehung von Welle 16 bewegt Schnecke 16^1 unter Vermittlung des Zahnrades 16^2 die Skalascheibe 16^3 um einen Zahn vorwärts; Zeiger 16^4 gestattet, die Anzahl der geschmitzten Stücke abzulesen. Die Einstellung dieses Zählers auf Null erfolgt durch Zurückziehen der auf dem verschiebbaren Bolzen 16^5 befestigten Zählscheibe 16^3; sie tritt dabei aus dem Eingriff mit 16^2 und kann beliebig gedreht werden.

Nachdem bei Marke 30 der Skalascheibe 12 das Schmitzen der Kette erfolgt ist, läuft die Scheibe von 30 wieder auf Null zu; bei der Nullstellung aber hebt der feste Anschlag 15 die Klinke 19^2 aus, so daß unter dem Einfluß des Riemens 29^1 wiederum eine halbe Umdrehung der Schmitzwelle 16 erfolgen kann. Kupplung 9 gelangt wieder mit Zahnrad 8 in Eingriff, und das Schmitzexzenter 24 veranlaßt wiederum das Markieren der Kette; auch der Schmitzzähler 16^3 wird um einen Zahn weitergeschaltet. Dieses Spiel wiederholt sich, bis die gewünschte Meter- bzw. Stückzahl der Kette auf den Kettenbaum aufgelaufen ist. Wenn das Schmitzen nicht genau bei der gewünschten Meterzahl erfolgt, so kann man den Fehler korrigieren durch Verstellen des Zeigers 14 auf der Nabe des Anschlaghebels 13. Soll bei einer anderen Meterzahl wie 30 geschmitzt werden, so hat man nur nötig, den Zeiger 14 auf diese Zahl einzustellen.

Der Apparat gestattet also, von 5 bis 115 Meter bei jeder beliebigen Meterzahl zu schmitzen; er kann auch bis auf ½ Meter genau eingestellt werden. Um Ketten von verschiedenen Breiten schmitzen zu können, ist der in Abb. 95 und 96 dargestellte Apparat mittels Stelleisens 32 auf dem Querriegel 31[1] der Maschine verschiebbar angeordnet.

B e i s p i e l Nr. 30: Bei schwereren Stühlen kann dem Weber nicht zugemutet werden den Stuhl von Hand aus rückwärts zu drehen, wenn Bindungsfehler o. a. entstanden sind und Schüsse entfernt werden müssen.

Man hat deshalb Vorrichtungen getroffen, die es gestatten, den Webstuhl mit halber Tourenzahl mechanisch rückwärts laufen zu lassen, damit der Arbeiter genügend Zeit hat die Schüsse herausnehmen zu können, nachdem er vorher die Leiste aufgetrennt hat. Abb. 97 zeigt ein solches Getriebe. Wird bei b eine Verschiebung der losen Riemenscheibe c nach rechts gegen die andere Kupplungshälfte, die fest auf der Kurbelwelle ω des Webstuhles sitzt, vorgenommen, so dreht sich der Stuhl mit normaler Geschwindigkeit vorwärts. Ist c in der ausgeschalteten Stellung, und wird durch einen Gabelhebel von der Weberstellung aus der Kupplungsteil a an den Kupplungsteil d angedrückt, so bewegt sich die Kurbelwelle ω mit halber Geschwindigkeit rückwärts.

Angenommen die Kurbelwelle habe 55 mm ⌀. Eine solche Welle vermag mit einem normalen $k_d = 120$ kg/qcm, d. i. die zulässige Beanspruchung auf Verdrehen unter Berücksichtigung der Biegungsbeanspruchungen, ein Drehmoment zu übertragen: $Md = \frac{1}{5} \cdot 5{,}5^3 \cdot 120 = 4000$ cmkg.

Nehmen wir den mittleren ⌀, der als Riemenscheibe ausgebildeten Kupplung mit 490 mm an, so ergibt sich eine

$$\text{Umfangskraft von } \frac{4000}{245} = 163 \text{ kg.}$$

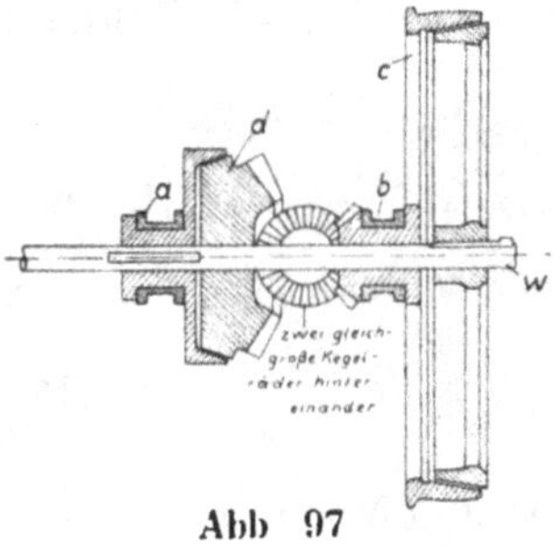

Abb 97

Diese Umfangskraft entspräche bei 120 Webstuhltouren einer Leistung von

$$\frac{163 \cdot 0{,}49 \cdot \pi \cdot 120}{60 \cdot 75} = 6{,}7 \text{ PS,}$$

da man tatsächlich mit einem 3pferdigen Motor auskommt, so berechnet sich die mittlere Umfangskraft P zu

$$163 \frac{3}{6{,}7} = 73 \text{ kg}$$

daraus die Verschiebkraft der Muffe b zu:

$$\frac{P}{\mu} \cdot (\sin \alpha + \mu \cdot \cos \alpha)$$

hierin bedeutet μ den Reibungskoeffizienten der Kupplungspreßflächen. Winkel α ist der Neigungswinkel dieser Flächen gegen die Horizontale.

Wir nehmen den Reibungskoeffizienten $\mu = 0{,}1$ an, und den Winkel $\alpha = 10°$; es besteht bei flacherem Winkel die Gefahr, daß die Kupplung sich beim Einrücken so festschraubt, daß sie nicht gelöst werden kann. Alsdann wird die notwendige Verschiebkraft:

$$\frac{73}{0{,}1} \cdot (\sin 10° + 0{,}1 \cdot \cos 10°) = 164 \text{ kg.}$$

Durch entsprechende Wahl des Hebelübersetzungsverhältnisses kann man es erreichen, daß der Weber leicht und sicher imstande ist den Stuhl ein- und auszurücken. Beim Rückwärtslauf mit halber Tourenzahl ist der Arbeitsbedarf kleiner als die Hälfte, weil ja auch der Schlag ausbleibt. Schätzen wir diesen Arbeitsbedarf mit 0,95 PS, so wird bei einem Reibungskegeldurchmesser von 230 mm die mittlere Umfangskraft

$$P' = 2 . 163 \frac{490}{230} \cdot \frac{0,95}{6,7} = 98 \text{ kg},$$

für diese Rückwärtskupplung können wir den Winkel α größer annehmen, weil die Rückwärtsbewegung wegen Wegfall des Schlages stoßfreier erfolgt, und weil der vom Weber bediente Rückwärtshebel mit großem Übersetzungsverhältnis auf die Kupplung wirkt, so daß dauernd ein genügend großer Druck auf die Kupplungsflächen ausgeübt wird. Wir wählen $\alpha = 20°$. Dann wird die Verschiebkraft an der Muffe a

$$\frac{98}{0,1} . (\sin 20° + 0,1 . \cos 20°) = 428 \text{ kg}.$$

Nehmen wir vorläufig einen mittleren Teilkreis-Ø des mit dem Kupplungsteil d zusammengegossenen Kegelzahnrades mit 200 mm an, so berechnet sich sein Zahndruck zu $98 . \frac{230}{200} = \sim 112$ kg. Das Verhältnis Zahnbreite zu Teilung $= \psi$ wählen wir $= 2$, und die zulässige Beanspruchung des Gußeisens auf Biegung $k_b = 300 \frac{\text{kg}}{\text{qcm}}$. Dann errechnet sich die mittlere Zahnteilung zu

$$t = \sqrt{\frac{16,8 . P}{\psi . k_b}} = \sqrt{\frac{16,8 . 112}{2 . 300}} = 1,77 \text{ cm}$$

gewählt Modul 5,5; Teilung (Mitte Zahn) = 17,279 mm. Mittlerer Teilkreis-Ø = 198 mm, 36 Zähne am Umfang. Die 3 gleichgroßen kleinen Kegelräder bekommen dann je 18 Zähne und 99 mm mittleren Teilkreis-Ø. Zahnbreite $= 17,3 . 2 = \sim 35$ mm bei den kleinen Rädern und auch beim großen Rad.

Die Berechnung des Riemens gestaltet sich wie folgt: Riemenscheiben-Ø = 530 mm, Tourenzahl 120, 3 PS. Riemengeschwindigkeit $v = \frac{0,53 . \pi . 120}{60}$ = 3,33 m/sec. Die zugehörige Gehrkens'sche Erfahrungszahl k beträgt 6,3. Die notwendige Riemenbreite ist dann $\frac{P}{k}$. Die Umfangskraft

$$P = \frac{3 . 75 . 60}{120 . 0,53 . \pi} = 67,6 \text{ kg}$$

$$\frac{67,6}{6,3} = 10 \text{ cm} = 100 \text{ mm Riemenbreite.}$$

Beispiel Nr. 31: Berechnung eines Friktionsantriebes an einer Sektions-Schärmaschine. Abb. 98 bis 99.

Die von der englischen Schärmaschine kommende Antriebswelle macht

86 Touren und hat 30 mm Ⲫ. Daraus schließen wir unter Benutzung der Formänderungsformel $d = 12\sqrt[4]{\frac{N}{n}}$ auf eine zu übertragende Leistung von

$$N = \left(\frac{d}{12}\right)^4 \cdot n.$$

$$N = \frac{86}{4^4} = \frac{1}{3}\,PS.$$

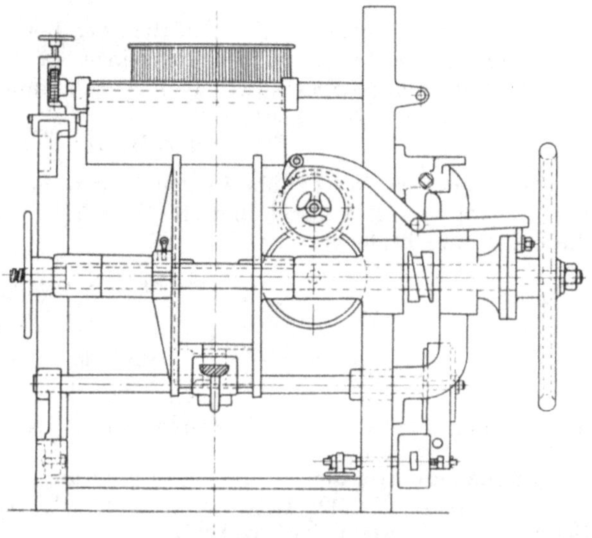

Abb. 98.

Bei einem Durchmesser der aus Leder bestehenden Reibscheibe von 210 mm ergibt sich eine Umfangskraft P von $\frac{60 \cdot 75}{3 \cdot 0{,}21 \cdot \pi \cdot 86} = 27$ kg.

Nehmen wir die Reibungszahl zwischen Gußeisen (Blockscheibe) und Leder (Reibrad) mit 0,2 an, so wird der notwendige Anpressungsdruck $\frac{27}{0{,}2} = 135$ kg.

Um diesen Druck hervorbringen zu können, sitzen die Blockscheiben und der Block selbst mittels Nut und Feder auf ihrer Welle, die an ihrem äußeren Ende Gewinde und Handrad mit Muttergewinde in der Nabe besitzt. Durch Drehen des letzteren kann man den nötigen Anpressungsdruck hervorbringen.

Nehmen wir ein eingängiges Trapez-Gewinde mit 30 mm Ⲫ und 6 mm Steigung an, ein Handrad von 250 m Ⲫ und einen Wirkungsgrad des Schraubengetriebes = 0,24, so wird die vom Arbeiter am Umfange des Handrades aufzuwendende Kraft $\frac{135 \cdot 6}{0{,}24 \cdot 250 \cdot \pi} = 5$ kg sein müssen.

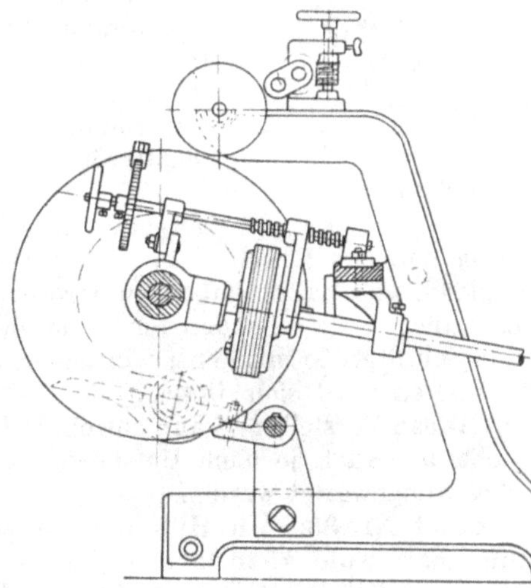

Abb. 99.

Damit die Aufwickelgeschwindigkeit konstant bleibt, muß das Reibrad während des Schärprozesses verschoben werden.

Nehmen wir eine eingängige Schraube mit flachem Gewinde und 6 mm Steigung an, und ein Schaltrad (Sperrad) von 140 mm Durchmesser, so muß die am Umfange dieses Schaltrades auftretende Klinkenkraft mindestens

$$\frac{135 \cdot 0{,}56 \cdot 6}{0{,}24 \cdot 140 \cdot \pi} = 5 \text{ kg betragen.}$$

In die obige Formel mußte natürlich der Reibungskoeffizient der gleitenden Reibung von Leder auf Gußeisen eingesetzt werden (0,56).

Die notwendige Sperradteilung läßt sich nunmehr aus der allgemeinen Biegungsgleichung berechnen.

$$M = W \cdot k_b,$$

Nehmen wir eine Zahnbreite von 10 mm, eine zulässige Beanspruchung auf Biegung von 90 kg/qcm, und eine Zahnhöhe von 0,5 der Teilung, so muß die Beziehung bestehen:

$$\frac{1}{6} \cdot 1 \cdot t^2 \cdot 90 = 5 \cdot 0{,}5 \cdot t$$

$$t = \frac{5 \cdot 0{,}5 \cdot 6}{90} = 0{,}17 \text{ cm} = \sim 2 \text{ mm}$$

die wirklich vorhandenen 90 Zähne haben aber eine Teilung von $\frac{140 \cdot \pi}{90}$ $= 4{,}88$ mm, die also den Festigkeitsanforderungen vollständig genügt.

B e i s p i e l Nr. 32: Getriebe zur Kontrolle und zum selbsttätigen Regulieren der Schußdichte auf Webstühlen.

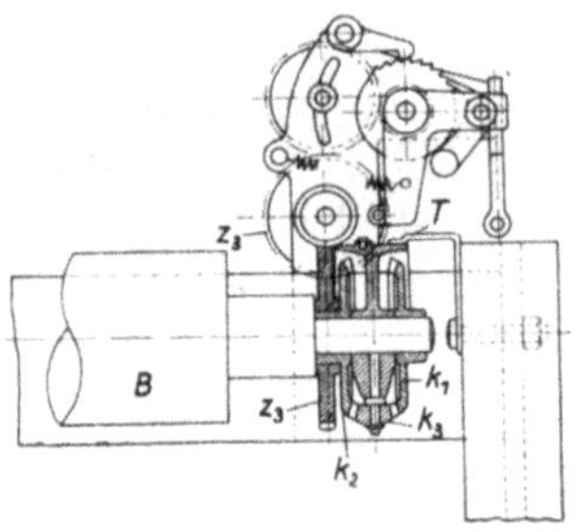

Abb. 100.

Abb. 100*) benutzt ein Differentialgetriebe zur Kontrolle der Schußdichte, und unter Umständen auch zum selbsttätigen Regulieren der Schußdichte.

Das vom Warenabzugsregulator kommende Gewebe wird über eine Meßwalze B geführt, und nimmt diese mit. Fest auf der Achse dieser Meßwalze sitzt das Kegelrad k_1. Eine positiv regulierende Vorrichtung, deren Schaltung von der Ladenstelze aus erfolgt, und deren Schaltgröße durch Einsetzen eines entsprechenden Wechselrades z_3 geändert werden kann, bewegt ein zweites Kegelrad k_2 in umgekehrter Drehrichtung wie das Kegelrad k_1. Da beide Kegelräder gleich groß sind, und beide gleich viel Zähne haben, so wird das Differentialrad k_3 dann keine Bewegung, außer der drehenden um seine eigene Achse erhalten, wenn die tatsächliche Schaltgröße mit der gewünschten übereinstimmt. Besteht jedoch eine Differenz, so wird sich diese in einer Verstellung des Differentialrades k_3 äußern. Diese Verstellung kann sowohl auf einer Skalenscheibe T ersichtlich gemacht, als auch je nach Umständen zur Einregulierung des Kettenschaltwerkes ausgewertet werden.

B e i s p i e l Nr. 33: Mit Hilfe der früher besprochenen Klinkenschaltwerke kann man wohl kleinste Abstufungen erzielen, wenn Teilungsgröße, Klinkenzahl und Klinkenstellung richtig gewählt sind, jedoch ist eine vollkommene Übertragung des gesamten Klinkenhubes auf das Schaltrad nicht möglich.

*) Entnommen: „Edelstein, Die Kettenschaltgetriebe".

Durch Anordnung eines sog. Klemmgetriebes, Abb. 101, kann dies erreicht werden. Es ist klar, daß auch bei diesen Getrieben der tote Gang nicht mathematisch genau Null werden kann, denn bis die Verklemmung in dem genügenden Grade eingetreten ist, wird ein gewisser Weg des Schalthebels zurückgelegt worden sein. Immerhin liegt aber dieser Fehler bei entsprechender Ausführung unterhalb praktisch in Betracht kommender Grenzen.

Die an ihrem Umfange glatte oder zur Erhöhung der Wirkung mit Keilrillen versehene Schaltscheibe S ist nur in der Pfeilrichtung drehbar angeordnet. Auf ihrer Achse sitzt lose der Schalthebel H der die unrunde Klemmbacke B trägt. Erfolgt eine Bewegung von H in der Uhrzeigerrichtung, so setzt sich die Backe, indem sie das Bestreben hat nach der Seite der größeren Radien hin abzurollen, fest und nimmt das Schaltrad mit. Im

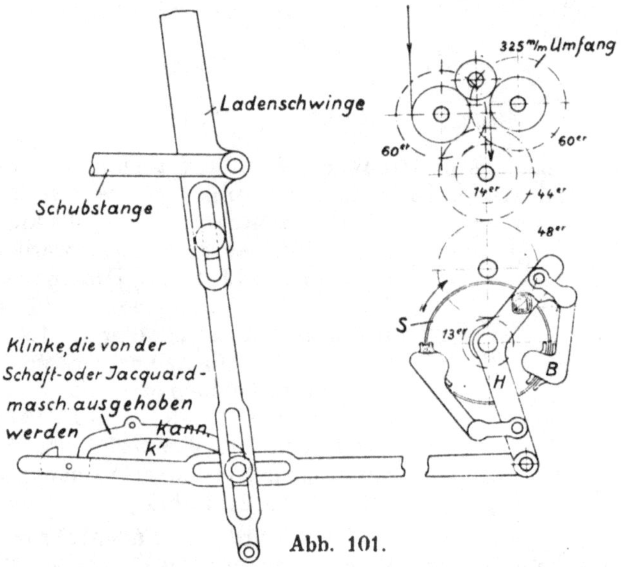

Abb. 101.

umgekehrten Drehsinne lockert sich die Backe. Abb. 101 ist die beispielsweise Ausführung eines mit Klemmgetriebe ausgerüsteten positiven Warenabzugsregulators an einem Bandwebstuhl.

Von der Ladenschwinge aus wird die Schaltung des Klemmgetriebes eingeleitet. Dasselbe ist hier etwas anders ausgeführt; es besteht aus exzentrisch gelagerten Klemmstreifen, die sich an den Rand des Schaltrades straff anlegen, wenn in der einen Richtung (Uhrzeiger) geschaltet wird, während sich diese Klemmstreifen bei der entgegengesetzten Bewegungsrichtung lockern und leer zurückgehen. Eine besondere Klinke K, die von der Schaft- oder Jacquardmaschine aus betätigt wird, ermöglicht es, den Schaltprozeß beliebig zu unterbrechen.

Bringt man an der Schaltscheibe einen Kreidestrich an, und findet, daß beispielsweise nach 67 Schalthüben die Scheibe einmal rund ist, so beträgt die Anzahl der Schüsse pro cm, wenn bei jedem Ladenhub geschaltet wurde:

$$10 : \frac{1 \cdot 13 \cdot 48 \cdot 14 \cdot 325}{x \cdot 48 \cdot 44 \cdot 60}\,; \qquad x = 67;$$

$$\frac{10 \cdot 67 \cdot 48 \cdot 44 \cdot 60}{13 \cdot 48 \cdot 14 \cdot 325} = 29{,}9 \text{ Schüsse pro cm.}$$

Beispiel Nr. 34: Die Abbildungen 102 und 103 zeigen Herzscheiben für gleichförmige und für ungleichförmige Fadenführerbewegung an Spul-

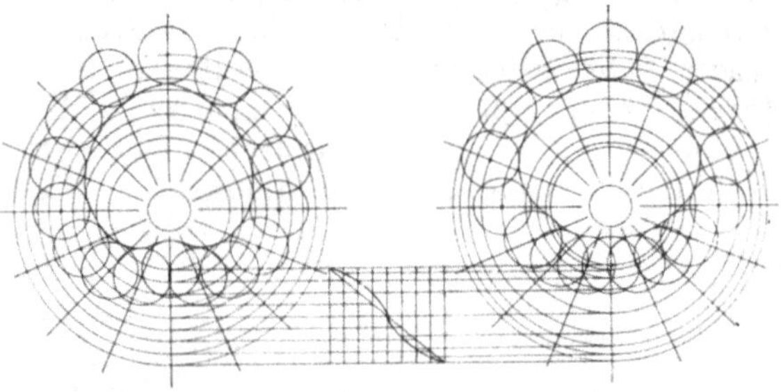

Abb. 102. Abb. 103.

und Windemaschinen. Abb. 104 ist die Anwendung eines Herzexzenters für gleichförmige Fadenführerbewegung an einer Parallelkettspulmaschine (Treibmaschine). Es soll an Hand der Abb. 104 ausgerechnet werden, welchen Kreuzungswinkel die Fadenlagen miteinander einschließen werden. Auf der Welle ω sitzen die Antriebsräder T für die Spulen (Pfeifen). Den Durchmesser dieser Antriebsräder nehmen wir mit 130 mm an. Das Übersetzungsverhältnis $R\,R_1$ zur Schnecke sei 1 : 0,9, die Schnecke sei 1gängig und das Schraubenrad auf der Herzexzenterachse habe 21 Zähne.

Dann wird der Fadenführer F bei einer Umdrehung des Antriebsrades T einen Weg zurückgelegt haben von $120 \cdot \frac{0{,}9 \cdot 2}{1 \cdot 21} =$ 10,29 mm, wenn der gesamte Hub des Fadenführers = Breite der Antriebsräder 120 mm beträgt. Folglich ist der Neigungswinkel des Fadens $\operatorname{arc\,tg} \frac{10{,}29}{130 \cdot \pi} = 1^\circ\,27'$.

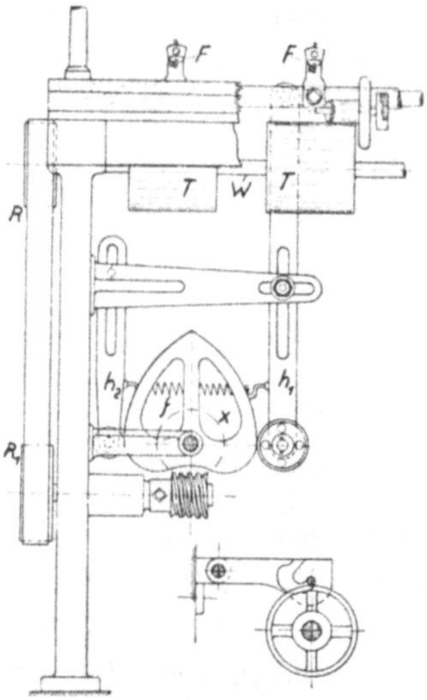

Abb. 104.

Der Kreuzungswinkel, d. i. die Neigung der einzelnen Fadenlagen zueinander, ist dann doppelt so groß, also $2^\circ\,54'$.

Wieviel Fadenlagen kommen auf die Länge der Scheibenspule?

$$\frac{120}{10{,}29} = 11{,}67.$$

das ist viel zu wenig, denn es würden unnütze Hohlräume zwischen den einzelnen Fäden vorhanden sein. Um das zu vermeiden, wird man die Fäden möglichst eng aneinanderlegen, z. B. in einem Abstand von 2 mm. Alsdann müßte man dem Schraubenrad eine Zähnezahl x geben, die sich berechnet zu:

$$120 \cdot \frac{0{,}9 \cdot 2}{1 \cdot x} = 2;$$

$$x = \frac{120 \cdot 0{,}9 \cdot 2}{1 \cdot 2} = 108 \text{ Zähne.}$$

Der Neigungswinkel wäre alsdann:

$$\text{arc tg} \frac{2}{130 \cdot \pi} = 0^0\,17'$$

der Kreuzungswinkel 0° 34'.

Bemerkenswert ist die Erzielung der Kraftschlüssigkeit des Fadenführerantriebes durch Verbindung der beiden Hebel h_1 und h_2 mittels einer Feder f. Dadurch, daß diese beiden Hebel mit ihren Rollen am Exzenterkörper anliegen, erzielen wir einen genügenden Kraftschluß ohne zu starke Beanspruchung der Feder.

Beispiel Nr. 35: Um von einer Welle v, welche sich mit unveränderter Winkelgeschwindigkeit entsprechend einer minutlichen Umdrehungszahl n dreht, eine zweite Welle ω mit periodisch wechselnder Winkelgeschwindigkeit antreiben zu können, kann man die Einrichtung Abb. 106 benutzen. Abb. 105 ist die zugehörige Buchstabenbezeichnung für die folgende Berechnung.

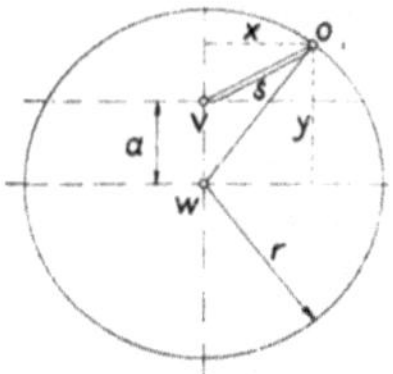

Abb. 105.

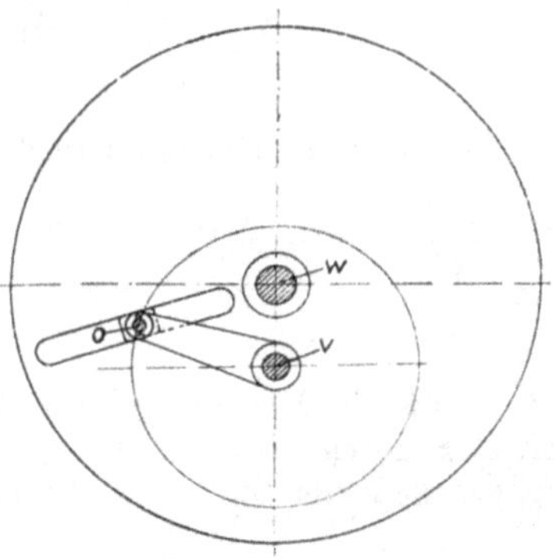

Abb. 106.

Die Geschwindigkeit eines beliebigen Punktes 0 läßt sich zweimal ausdrücken; betrachtet man ihn als Punkt im Abstande s von der Welle v, der an der Drehung derselben teilnimmt, so ist seine Geschwindigkeit $\frac{2 \cdot s \cdot \pi \cdot n}{60}$, betrachtet man ihn als Punkt im Abstande r von der getriebenen Welle ω, der an der Drehung derselben teilnimmt, so ist seine Geschwindigkeit $\frac{2 \cdot r \cdot \pi\, n_1}{60}$. Da der beliebige Punkt 0 nun nur eine einzige Geschwindigkeit besitzen kann, so muß die Beziehung bestehen:

$$\frac{2 \cdot s \cdot \pi \cdot n}{60} = \frac{2 \cdot r \cdot \pi \cdot n_1}{60}; \quad s \cdot n = r \cdot n_1.$$

Aus der Abb. 105 gehen folgende Beziehungen hervor:

$$y = \pm\sqrt{r^2 - x^2}\,; \quad x^2 + (\pm\sqrt{r^2 - x^2} - a)^2 = s^2$$

$$n_1 = n\frac{s}{r} = n\frac{\sqrt{x^2 + (\pm\sqrt{r^2 - x^2} - a)^2}}{r}$$

Die kleinste Umdrehungsgeschwindigkeit erhalten wir, wenn $x = 0$ und y positiv. Dann wird

$$n_1 = n \,.\, \frac{r - a}{r}\,.$$

Die größte Umdrehungsgeschwindigkeit, wenn $x = 0$ und y negativ. Dann wird

$$n_1 = n \,.\, \frac{r + a}{r}\,.$$

Für $x = r$ erhalten wir die Umdrehungsgeschwindigkeit

$$n_1 = n \cdot \frac{\sqrt{r^2 + a^2}}{r}\,.$$

Wird die Forderung gestellt, daß die größte Umdrehungsgeschwindigkeit der getriebenen Welle z mal so groß sein soll wie deren kleinste, so ergeben sich die Zusammenhänge:

$$n \,.\, z\frac{r - a}{r} = n \,.\, \frac{r + a}{r}$$

$$z \,.\, (r - a) = r + a$$

$$r(z - 1) = a(z + 1)$$

$$a = r\frac{z - 1}{z + 1}\,.$$

Die praktische Verwendungsmöglichkeit dieser letzten Gleichung ist jedoch begrenzt, weil der Kurbelkreis mit dem Radius r und dem Drehpunkt ω nicht in den Bereich der Nabe der Welle v kommen darf; es darf $r - a$ einen gewissen Betrag nicht unterschreiten. Wir formen mit Rücksicht hierauf die obige Gleichung um, und schreiben:

$$r - a = r - r\frac{z - 1}{z + 1}\,; \quad r - a = r\left(1 - \frac{z - 1}{z + 1}\right)$$

$$r - a = r\frac{2}{z + 1}\,; \quad z = \frac{r + a}{r - a}\,.$$

Wir wollen annehmen: $r = 40$; $a = 25$, dann ergibt sich folgende Tabelle:

$x = 0$	$y = +$	$n_1 = \frac{3}{8} \cdot n$
$x = 20$	$y = +$	$n_1 = \frac{4{,}44}{8} \cdot n$
$x = 30$	$y = +$	$n_1 = \frac{6}{8} \cdot n$
$x = 40$	$y = \pm$	$n_1 = \frac{9{,}44}{8} \cdot n$
$x = 30$	$y = -$	$n_1 = \frac{11{,}91}{8} \cdot n$
$x = 20$	$y = -$	$n_1 = \frac{12{,}60}{8} \cdot n$
$x = 0$	$y = -$	$n_1 = \frac{13}{8} \cdot n$

Abb. 107 ist die graphische Darstellung.

B e i s p i e l Nr. 36: Bei der Berechnung der Produktion eines Webstuhles ist es notwendig, dessen Tourenzahl genau bestimmen zu können.

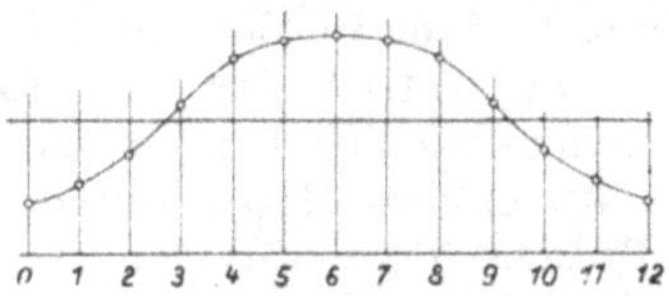

Abb. 107.

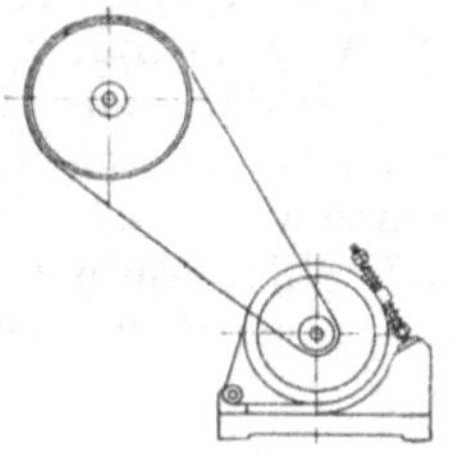

Abb. 108.

Mit Hilfe eines Tourenzählers ist man hierzu leicht imstande. Oft kommt man auch in die Lage die Riemenscheibe berechnen zu müssen, damit der Stuhl eine bestimmt vorgeschriebene Tourenzahl macht. Handelt es sich um elektrischen Einzelantrieb mittels Riemen, so dürfen die Riemendicke und der Gleitverlust nicht vernachlässigt werden.

Angenommen Kurzschlußanker — Drehstrommotor 950 Touren, Scheiben-Ф = 85 mm, Webstuhl 165 Touren, Riemendicke 6 mm, Gleitverlust 4%. Abb. 108.

$$(85 + 6) \,.\, 950 = (D + 6) \,.\, 165 \,.\, \frac{100}{96}$$

$$D = \frac{91 \,.\, 950 \,.\, 96}{165 \,.\, 100} - 6 = 497 \text{ mm.}$$

Hätte man die Riemendicke nicht berücksichtigt, so hätte sich falsch ein Durchmesser ergeben von

$$\frac{85 \,.\, 950 \,.\, 96}{165 \,.\, 100} = 470 \text{ mm}$$

und man hätte statt der gewünschten 165, eine Tourenzahl bekommen von

$$\frac{(85 + 6) . 950 . 96}{100 . 476} = 174$$

Die Riemengeschwindigkeit beträgt $\frac{0,503 . \pi . 165}{60} = 4,35 \frac{m}{sec}$. Die Gehrkenssche Zahl, bezogen auf den kleinsten vorkommenden Scheiben-⌀ ist zirka 2. Bei ⅓ PS wird die Umfangskraft $= \frac{75}{3 . 4,35} = 6$ kg, Riemenbreite $= \frac{6}{2} =$ 3 cm. Man wird aber 45 mm Breite wählen, darunter soll man nicht gehen bei Webstuhlantrieben. Zu erwähnen sind noch die Spannrollen, welche man anordnet, wenn die ordnungsgemäße Kraftübertragung Schwierigkeiten macht. Abb. 109.

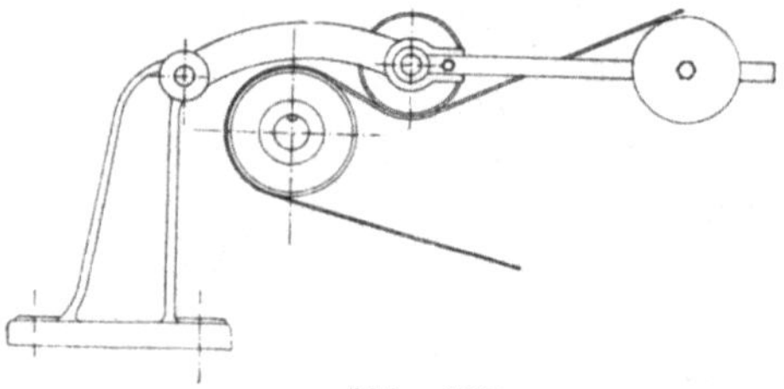

Abb. 109.

Beispiel Nr. 37: An Spinn- und Spulmaschinen, Mangeln usw. findet man zuweilen das sogenannte Mangelradgetriebe. Abb. 110 zeigt ein solches an einer Parallelspulmaschine zum Antrieb der Fadenführer f_1 und f_2. Das 144er und 8er Doppelrad ist gelagert an dem Hebel h, dieser, an der Antriebswelle a aufgehängt, macht eine pendelnde Bewegung. Das Wendestück u an dem Mangelrad m erfaßt den Bolzen des 8er Rades; dadurch wird dieses abwechselnd außen und innen mit dem Mangelrad m in Eingriff gebracht, und letzteres vor- und rückwärts getrieben zum Antrieb der Fadenführer. Selbstverständlich kann dieser Mangelradantrieb nur für langsam laufende Getriebe verwendet werden, weil doch im Augenblick des Eintretens des Bolzens des 8er Rädchens in die Weiche eine Bewegungsumkehr in einer verhältnismäßig kurzen Zeitspanne erfolgen muß. Mit jeder Bewegungsumkehr ist aber eine Massenverzögerung und Massenbeschleunigung verbunden, welche Druckkräfte hervorruft und erforderlich macht, deren Größe proportional mit der Verzögerung bzw. Beschleunigung zunimmt. Große Umdrehungszahlen würden also nicht nur bei jeder Umkehr starke Stöße auslösen, sondern es würden auch die spezifischen Flächendrücke im Augenblick der Umkehr so groß werden, daß unstatthafte Abnutzungen auftreten würden. Für Kreuzspulmaschinen z. B. wäre der Mangelradantrieb undenkbar.

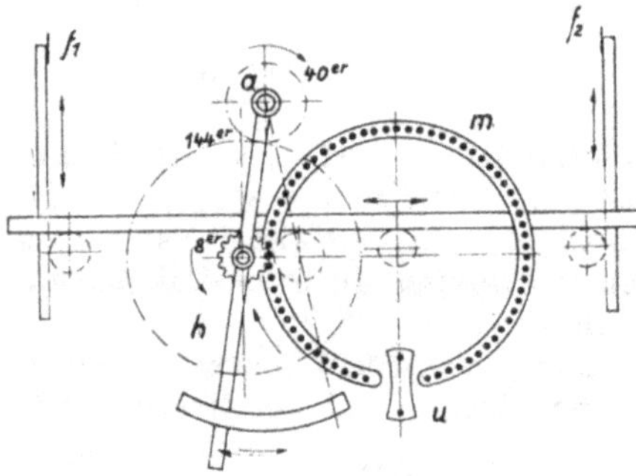

Abb. 110.

Beispiel Nr. 38: Zur Bewegungs- und Kraftübertragung benutzt man an Textilmaschinen häufig die Kettengetriebe. Zum Antrieb der Jacquardmaschine vom Webstuhl aus zieht man in vielen Fällen den Kettenantrieb dem Kurbelstangenantrieb vor, weil die erforderliche Stangenlänge in den meisten Fällen bei der Bestellung nicht genau bekannt ist, während man bei Benutzung von Ketten leicht jede Länge erzielen kann. Man benutzt vielfach die Stotzsche Kette, deren Glieder aus schmiedbarem Guß bestehen und sich leicht auswechseln lassen. Abb. 112. Es soll eine Rollenkette (Abb. 111) berechnet werden zur Übertragung von 4,5 PS. Die Tourenzahlen sind $n_1 = 100$; $n_2 = 400$.

Angenommen $v = 2{,}5 \frac{m}{sec}$. $P = \frac{4{,}5 \cdot 75}{2{,}5} = 135$ kg.

Bei einer 20fachen Sicherheit ist die Bruchlast 2700 kg. Laut Tabelle über die Hauptabmessungen und die Bruchlasten der Stolzenbergschen Rollenketten kommt in Frage eine normale Kette von $1\frac{1}{4}''$ Teilung.

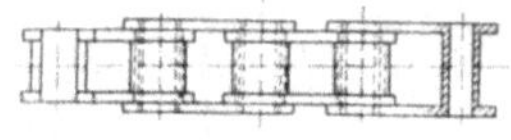

Abb. 111.

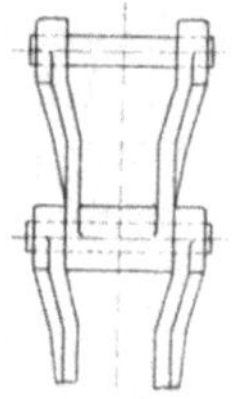

Abb. 112.

Der ⌀ des kleinen Rades beträgt $\frac{2500 \cdot 60}{\pi \cdot 400} = \sim 120$ mm. Damit ergibt sich für die normale Kette eine Zähnezahl von $\frac{120 \cdot \pi}{31{,}75} = \sim 12$ Zähne. Da die Zähnezahl von 12 genügt, wird man die gewählte Kette mit $1\frac{1}{4}'' \doteq 31{,}75$ mm Teilung beibehalten. Die Räder erhalten die Durchmesser

$$\frac{31{,}75 \cdot 12}{\pi} \text{ und } \frac{31{,}75 \cdot 48}{\pi} \text{ mm.}$$

Immer mehr bürgert sich ein die Renoldsche Zahnkette, Abb. 113. Diese Zahnkette arbeitet dauernd mit einem Anliegen aller im Bereiche der Räder liegenden Zähne und das Ablösen von Zahn durch Zahn erfolgt ohne Stoß.

B e i s p i e l Nr. 39: An mechanischen Webstühlen und Schaftmaschinen, sowie Schützenwechselvorrichtungen allbekannt ist das sogenannte Knowles-Getriebe, Abb. 20. Dasselbe besteht aus 2 gleich großen nur auf einem Teil ihres Umfanges verzahnten Antriebsrädern a, welche sich in umgekehrtem Drehsinne mit derselben Geschwindigkeit drehen. Zwischen ihnen liegt das Knowlesrädchen b, das durch eine von der Schaft- oder Jacquardmaschine, oder von einer besonderen Wechselkarte aus betätigten Platine eingestellt und durch eine Arretiervorrichtung so festgehalten wird, daß es sich entweder an das linke oder an das rechte Antriebsrad a anlegt. Nun besitzt dieses Knowlesrädchen eine gleichgroße Zahnteilung wie die Antriebsräder a, jedoch ist dieselbe an einer Stelle unterbrochen, während sich um 180° versetzt ein besonders kräftig ausgebildeter Zahn befindet. In der in Abb. 20 gezeichneten Stellung würde im nächsten Augenblick die Verzahnung des linken Rades a den kräftigen Zahn des Knowlesrädchens treffen, und dieses in Uhrzeigerrichtung drehen, solange, bis sich der Kurbelbolzen dieses Rades in seiner tiefsten Stellung befindet; in diesem Augenblick hört der Zahnkranz des Knowlesrades auf: es bleibt stehen.

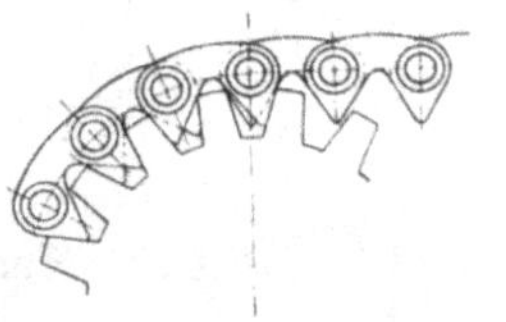

Abb. 113.

Der Kurbelbolzen bleibt so lange in seiner tiefsten Stellung stehen, bis die Schaft- oder Jacquardmaschine den Knowlesrädchenhebel nach rechts verstellt; dann trifft der rotierende Zahnkranz des rechten Antriebsrades a den verstärkten Zahn des Knowlesrädchens und der Kurbelbolzen gelangt wieder nach oben.

Nun steht dieser Kurbelbolzen durch Hebelwerk mit der Schützenkastenstange in Verbindung.

In der Abb. 20 sind 2 Knowlesrädchen vorhanden, von denen das eine die Bewegung um einen Kasten vor- oder rückwärts besorgt und das andere um 2 Kästen vor- oder rückwärts. Durch Addition und Subtraktion der Bewegungen ist man dann imstande 4 Kästen in beliebiger Reihenfolge in die Ladenbahn zu dirigieren.

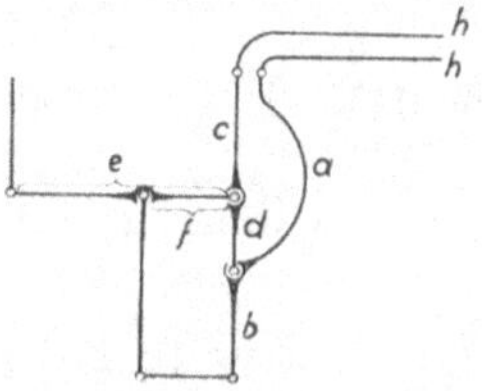

Abb. 114.

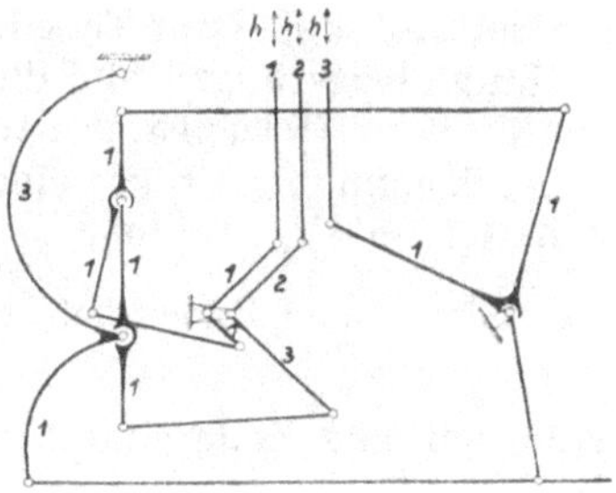

Abb. 115a.

Auch die Einrichtung Abb. 114 gestattet es, 4 Kästen in beliebiger Reihenfolge in die Schützenbahn zu bringen.

Es muß alsdann die Beziehung bestehen:

$$h \cdot \frac{d}{c} \cdot \frac{a+b}{a} \cdot \frac{e}{f} = 2h \cdot \frac{b}{a} \cdot \frac{e}{f} \qquad a+b = 2\frac{c\,b}{d}$$

für a = 260 mm; b = 130 mm; c = 165 mm; d = 110 mm ist diese Bedingung erfüllt.

Die Hebelkombination, Abb. 115a, verlangt 3 Knowlesrädchen.

Es zieht Hebel 1: $h \cdot \frac{1}{1} \cdot \frac{1}{2} \cdot \frac{1}{2} \cdot \frac{4}{3} = \frac{1}{3} \cdot h = 1$ Kasten

Es zieht Hebel 3: $h \cdot \frac{1}{1} \cdot \frac{1}{2} \cdot \frac{1}{2} \cdot \frac{4}{3} = \frac{1}{3} \cdot h = 1$ Kasten

Es zieht Hebel 2: $h \cdot \frac{3}{2} \cdot \frac{1}{2} \cdot \frac{4}{3} = \frac{3}{3} \cdot h = 3$ Kästen

Hebel 1 und 3 zusammen bringen 2 Kästen.

Es können also 6 Kästen in beliebiger Reihenfolge in die Ladenbahn gebracht werden. Aber auch ein 5 kästiger Wechsel kann von dieser Vorrichtung bedient werden.

B e i s p i e l Nr. 40: Gegenüber dem Knowlesgetriebe mit seinen hin- und herschwingenden Teilen und den daraus hervorgehenden Übelständen, bedeutet das Getriebe Abb. 21 einen wesentlichen Fortschritt. Auf der Kurbelwelle a sitzt das Rad PH 316, welches mit Rad PH 317 kämmt. Auf der gleichen Welle mit letzterem ist ein Mitnehmerring befestigt, während die beiden Halbmondräder PH 302 lose aufgeschoben sind. In den letzteren sind Kupplungshebel PH 306 gelagert, welche mit entsprechend geformten Knaggen in eine Rast des Mitnehmerringes federnd gedrückt werden. Die Halbmondräder werden infolgedessen mitgenommen, sobald die Welle b in

Drehung versetzt wird; sie kuppeln jedoch aus, sobald sie auf übermäßigen Widerstand stoßen. Die Halbmondräder sind auf zirka ⅓ ihres Umfanges gezahnt, während der übrige Teil als glatte Scheibe ausgebildet ist. Die Hubräder PH 300, welche die Kastenhubexzenter tragen, besitzen entsprechend geformte Gleitkurven, an welche das Halbmondrad während des Schützenschlages anläuft. Der Eingriff des Hubrades mit dem Halbmondrad wird auf folgende Weise hergestellt: Auf der Welle des Hubrades PH 300 ist eine Daumenscheibe PH 301, sowie in den Führungen des ersteren ein Zahnriegel PH 303 angeordnet. Wird die Daumenscheibe durch den Wendehaken PH 313 gedreht, so wird der Zahnriegel PH 303 vorgeschoben und gelangt somit in den Bereich des Halbmondrades PH 302. Letzteres dreht das Wechselrad um die Hälfte seines Umfanges und verstellt damit den Kastenhebel. Durch den federnd angedrückten Hebel PH 360 wird das Hubrad PH 300 in seiner Stellung gehalten, wenn es nicht arbeitet. Um einen 4kästigen Wechsel zu bedienen, bedarf es z. B. zweier Hubräder, bei beidseitigem 4kästigen, unabhängigem Wechsel sind 4 Hubräder nötig.

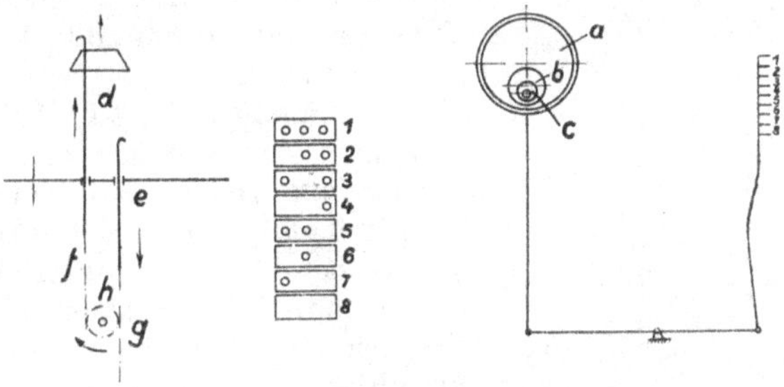

Abb. 115.

Beispiel Nr. 41: Das Getriebe (Abb. 115) arbeitet mit ineinandergeschobenen Exzentern. Z. B. stellen 3 ineinanderliegende Exzenter die 8kästige Lade beliebig wechselnd dadurch ein, daß das Exzenter b den doppelten Hub von c hat, und a den 4fachen Hub von c. Jedes Exzenter arbeitet mit einem Platinenpaar d und e, indem es mit einem Zahnrad h fest verbunden ist und durch Zahnstangen f mit Platine d hochgestellt wird, wenn die Karte gelocht ist; die ungelochte Karte ergibt Steigen von e und g, Linksdrehung von h und Tiefstellung des zugehörigen Exzenters.

Karte:	Exzenter:			Es webt	Kasten:
	a	b	c		
1	oben	oben	oben	8 — 4 — 2 — 1	1
2	„	„	unten	8 — 4 — 2 — 0	2
3	„	unten	oben	8 — 4 — 0 — 1	3
4	„	„	unten	8 — 4 — 0 — 0	4
5	unten	oben	oben	8 — 0 — 2 — 1	5
6	„	„	unten	8 — 0 — 2 — 0	6
7	„	unten	oben	8 — 0 — 0 — 1	7
8	„	„	unten	8 — 0 — 0 — 0	8

Beispiel Nr. 42: Zwei Kreisringexzenter, Abb. 18, von gleichgroßem Hub arbeiten auf einen Hebel, der sowohl als einarmiger Hebel mit dem Übersetzungsverhältnis 2:1, wie auch als zweiarmiger Hebel mit dem Übersetzungsverhältnis 1:1 auf die Kastenstange einwirkt. Auf diese Art und Weise können 4 Schützenkästen in beliebiger Reihenfolge in die Ladenbahn gebracht werden. Abb. 116 zeigt eine Möglichkeit diese Exzenter in die verschiedenen Stellungen bringen zu können. Jede Platine p trägt 2 Ketten k, die lose oder gespannt an die verlängerten Exzenternaben n_1 und n_2 angehängt sind.

Das Wesentliche dieser Einrichtung ist es, daß eine bestimmte Platine einen bestimmten Kasten bringt. Würde man z. B. in Abb. 116 die Platine 1 ziehen, so blieben die Exzenter in ihren Stellungen stehen, und der Kasten 1 bliebe in der Ladenbahn; würde man Platine 4 ziehen, so würden sich beide Exzenter c und d um 180° drehen und es käme Kasten 4 in die Ladenbahn.

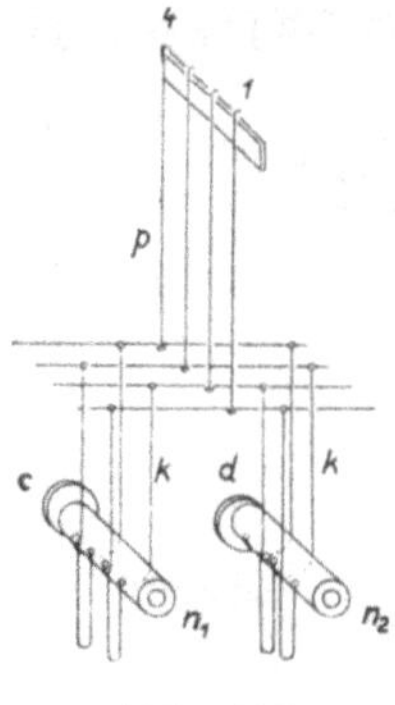

Abb. 116.

Beispiel Nr. 43: Man hat die Absicht, die Messerkästen der Jacquardmaschinen von der Decke aus anzutreiben, indem man unterhalb derselben eine Welle anordnet, die durch Kettenbetrieb von der Kurbelwelle des Webstuhles aus angetrieben wird; auf dieser Welle ordnet man 2 Kreisexzenter an, welche durch Ring und Schubstange mit dem Messerkasten der Jacquardmaschine in Verbindung stehen. Abb. 17.

Daß die Kraft, welche das Exzenter auszuüben hat, in vielen Fällen nur angenähert bestimmt werden kann, gibt der Berechnung von Exzentern vielfach etwas Fragwürdiges. In unserem vorliegenden Falle setzt sich diese Kraft zusammen aus dem Gewicht des Harnisches, dem Gewicht der zu hebenden Jacquardmaschinenteile, und aus dem Einfluß der Webkettenspannung beim Ausheben des Webfaches.

Die Maschine sei eine Einhubmaschine mit 130 minutlichen Umdrehungen und einem Hub des Messerkastens = 125 mm. Die Gesamtlast betrage 70 kg.

Zunächst nehmen wir der Sicherheit halber an, daß ein Exzenter die ganze Arbeit zu leisten habe, daß sich also dieselbe nicht auf die beiden Exzenter verteile. Alsdann müssen wir bedenken, daß während des Betriebes Beschleunigungsdrücke auftreten, die sich berechnen lassen aus der Formel:

Kraft = Masse mal Beschleunigung.

Wir können das Kreisringexzenter als eine Kurbel auffassen mit dem Kurbelradius gleich der Exzentrizität. Die Schubstange nehmen wir der Einfachheit halber unendlich lang an. Dann wird die maximale Beschleunigung $p_{max} = \frac{v^2}{r} \frac{m}{sec^2}$. Hierin ist r der Kurbelradius (Exzentrizität) und v die Umfangsgeschwindigkeit des gedachten Kurbelkreises $= \frac{2 \cdot r \cdot \pi \cdot n}{60}$

$$p_{max} = \frac{4 \cdot r^2 \cdot \pi^2 \cdot n^2}{60^2 \cdot r} = 0{,}011 \cdot r \cdot n^2.$$

In unserem speziellen Falle $p_{max} = 0{,}011 \cdot \frac{0{,}125}{2} \cdot 130^2 = 11{,}6 \frac{m}{sec^2}$;
der größte Beschleunigungsdruck wird dann

$$\frac{70}{9{,}81} \cdot 11{,}6 = 83 \text{ kg}.$$

Die notwendige Wellenstärke ergibt sich aus der Formel:

$$d = 12\sqrt[4]{\frac{N}{n}}$$

$$N = \frac{70 \,.\, 0{,}125 \,.\, 130}{60 \,.\, 75} = \sim 0{,}3 \text{ PS}.$$

$$d = 12\sqrt[4]{\frac{0{,}3}{130}} = \sim 3 \text{ cm}.$$

Mit Rücksicht auf die Schwächung durch die Keilnuten wählen wir Wellen-Φ d = 35 mm. Die Breite der exzentrischen Scheibe soll größer sein als $\frac{P \,.\, n}{\omega}$. Hierin bedeutet P die Maximalkraft, welche das Exzenter auszuüben hat, und w einen Erfahrungswert, welcher um so kleiner gewählt werden muß, je größer der Reibungskoeffizient zwischen Bügel und Exzenterscheibe ist, und um so größer, je besser die Wärmeabführung ist.

Wir wählen $\omega = 8000$ für Gußeisenring auf Gußeisenexzenter, und bekommen $\frac{83 \,.\, 130}{8000} = 1{,}4$ cm; wir wählen 25 mm Breite der doppelt kegelförmigen Lauffläche. Die Stärke der Lauffläche angenommen mit 18 mm, ergibt einen Durchmesser der Exzenterscheibe von

$$3{,}5 + 2 \,.\, 1{,}8 + 12{,}5 = 19{,}6 \text{ cm}.$$

Die Exzenternaben macht man möglichst breit, um ein Schiefstellen der Scheibe auszuschließen.

Die Wandstärken der Ringe (Bügel) würden wir mit 20 mm annehmen.

III.

Kritische Untersuchungen von Mechanismen.

Beispiel Nr. 44: Über Webladenantriebe.

Wenn wir die Webladenantriebe einer kritischen Betrachtung unterziehen, so finden wir, daß sich nach einer längeren Entwicklungszeit bestimmte Kennformen für die einzelnen Webstuhlarten ausgebildet haben. Für schmale, leichte Webstühle ist die Anordnung nach Abb. 117 gebräuchlich, bei welcher die Kurbel K der Antriebswelle durch eine Schubstange S unmittelbar auf den Ladenbolzen b einwirkt und dadurch die schwingende Bewegung der Lade hervorruft. Für breitere und schwerere Stühle, aber auch für solche, die wenig elastisches Kettenmaterial verarbeiten, finden wir Ausführungen gemäß Abb. 16 und 118. Nach Abb. 118 wirkt die Kurbel K auf eine kurze Schubstange S, die vermittelst eines schwingend angeordneten „starren Dreiecks“ d, die Bewegung auf die Ladenstelze L überträgt. Ähnlich ist die Bauart nach Abb. 16. Nach Abb. 119 wird eine Kurbelscheibe benutzt, welche unter Verwendung einer kurzen Schubstange auf eine zweite Kurbel einwirkt, welch letztere unter Vermittlung eines langen Stoßarmes die Ladenstelze bewegt. Diese Ausführungsform kommt an sehr breiten, schweren Stühlen (z. B. Filzwebstühlen) zur Anwendung. Abb. 119,

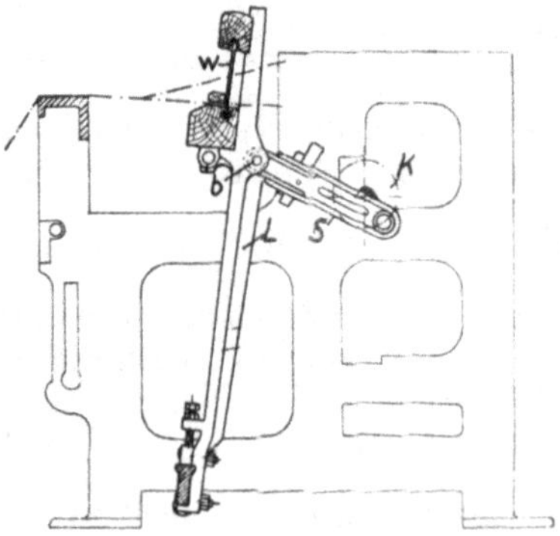

Abb. 117.

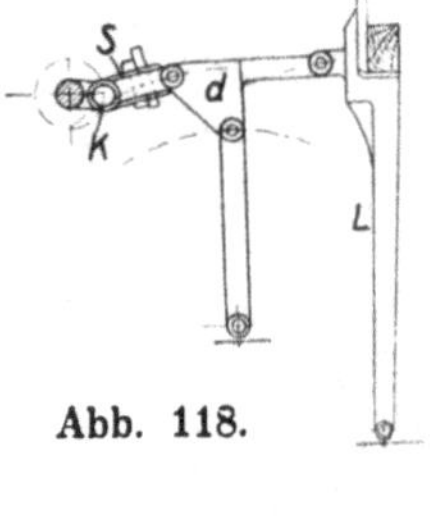

Abb. 118.

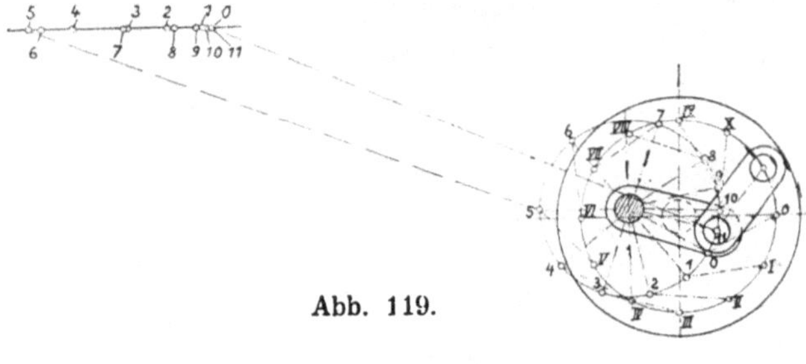

Abb. 119.

sowie die graphische Abb. 120, zeigen, daß durch die gewählte Anordnung die Geschwindigkeit des Kurbelzapfens (0, 1, 2 bzw. 8, 9, 10, 11, 0, Abb. 119), also auch des Ladenbalkens in den hinteren Ladenstellungen sich ermäßigt, was im Bewegungsdiagramm, Abb. 120, dadurch zum Ausdruck kommt, daß die Zeitweglinie für die hinteren Ladenstellungen 8, 9, 10, 11, 0, 1, 2 verhältnismäßig flach verläuft.

Wenn die Bewegung, welche die kurze Schubstange S (Abb. 117 und 121) auf das „starre Dreieck“ überträgt, unverändert dem Ladenbolzen übermittelt wird, so rühren die besonderen Eigenschaften der dadurch hervorgebrachten Ladenbewegung von der geringen Länge der an der Kurbel angreifenden Schubstange her, womit das Wesentliche dieser Getriebe gekennzeichnet erscheint. Daß dies tatsächlich der Fall ist zeigen die Abb. 122, 123, 124. Die strichpunktierte Linie (Abb. 124), welche die Bewegung der Lade bei Benutzung einer kurzen Schubstange (Abb. 123) darstellt, verläuft während der hinteren Ladenstellungen viel flacher und kehrt in der Anschlagstellung viel schneller um als die vollausgezogene Linie, die bei der Benutzung einer langen Schubstange (Abb. 122) entsteht.

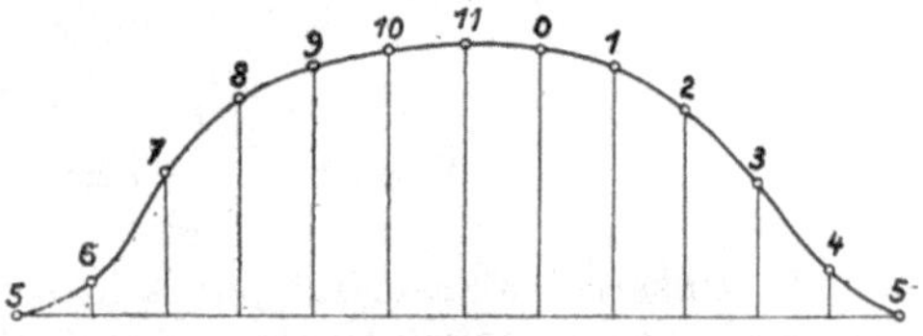

Abb. 120.

Da das Verhalten des Ladenantriebes während des Schützendurchganges

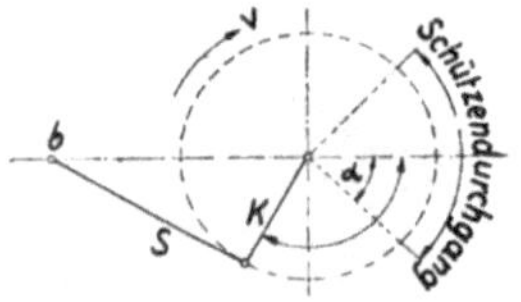

Abb. 121.

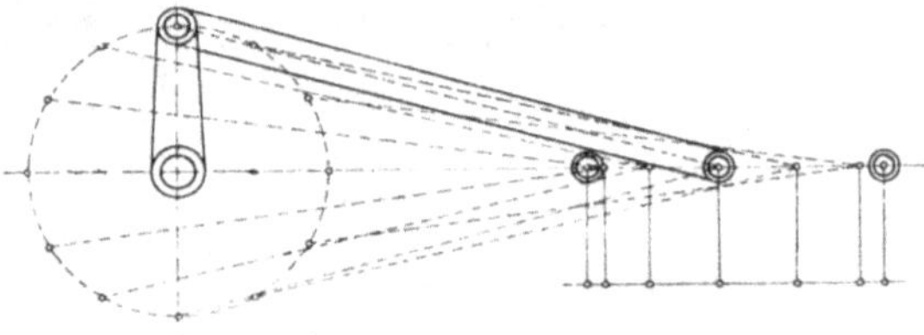
Abb. 122.

von besonderer Bedeutung ist, soll in den folgenden Untersuchungen der hierfür in Frage kommende Teil der Ladenbewegung und sein Einfluß auf den Kraftverbrauch, sowie die Abnutzung der seiner Einwirkung unterliegenden Maschinenteile erforscht werden.

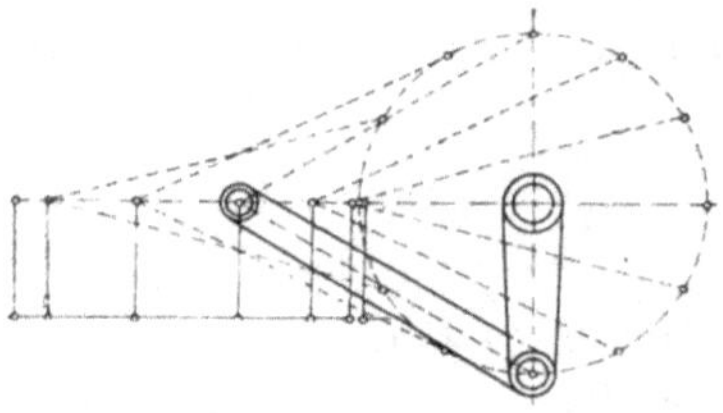
Abb. 123.

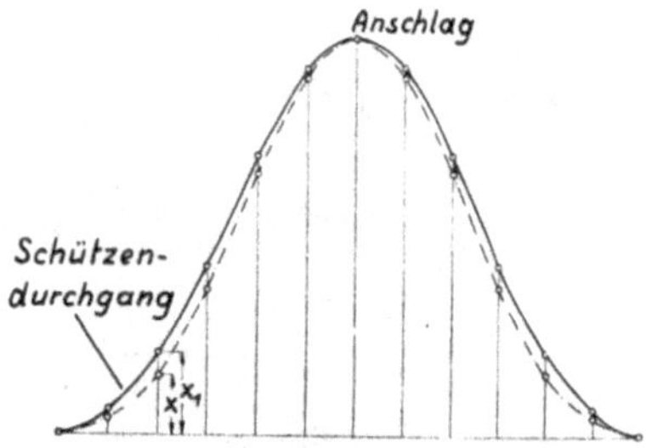

Abb. 124.

Es soll zunächst mit Hilfe der Abb. 125 festgestellt werden, welchen Weg der Ladenbolzen zurücklegt, wenn sich die Kurbel von einer beliebigen Stellung aus um einen beliebig großen Winkel gedreht hat.

$$\sin\delta : \sin(180^\circ - \alpha) = r : l;$$

$$\sin\delta : \sin\alpha = r : l; \qquad \sin\delta = \frac{r}{l}\sin\alpha \; . \; . \; . \; . \qquad (1)$$

$$\sin\delta' : \sin(\alpha + d\alpha) = r : l; \quad \sin\delta' = \frac{r}{l}\sin(\alpha + d\alpha);$$

$$\sin \delta' = \frac{r}{l} (\sin \alpha . \cos d\alpha + \cos \alpha . \sin d\alpha)$$

$$\sin \delta' = \sin \delta + \frac{r}{l} \cos \alpha \, d\alpha$$

$$l (\sin \delta' - \sin \delta) = r . \cos \alpha . d\alpha ;$$

$$n = r . \cos \alpha . d\alpha \; . \; . \; . \; . \qquad (2)$$

$$\operatorname{tg} \delta = \frac{t}{n} ; \quad t = r . \cos \alpha . \operatorname{tg} \delta . d\alpha;$$

da sich unsere Untersuchungen, wie bereits früher erwähnt, nur auf jenen Teil der Ladenbewegung erstrecken sollen, während welchem der Webschützen

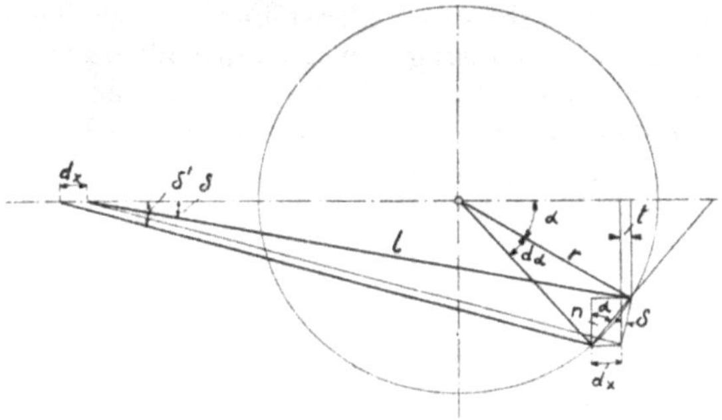

Abb 125.

durch das Fach geht, so bleibt ∢ δ verhältnismäßig klein, so daß man setzen kann:

$$\operatorname{tg} \delta = \sin \delta; \quad t = r . \cos \alpha \sin \delta . d\alpha$$

$$t = \frac{r^2}{l} \sin \alpha \cos \alpha \, d\alpha \; . \; . \; . \; . \qquad (3)$$

Aus dem ganz kleinen rechtwinkligen Dreieck in Abb. 125 geht hervor, daß $\sin \alpha = \frac{dx + t}{r . d\alpha}$ ist;

$$dx = r . \sin \alpha . d\alpha - t;$$

$$dx = r . \sin \alpha . d\alpha - \frac{r^2}{l} \sin \alpha . \cos \alpha \, d\alpha \; . \; . \; . \; . \qquad (4)$$

Es ist also der gesuchte Weg x des Ladenbolzens, wenn der von der Kurbel und der Horizontalen gebildete Winkel von 0° auf $\alpha°$ zunimmt:

$$x = \int_{0^0}^{\alpha^0} (r . \sin \alpha . d\alpha - \frac{r^2}{l} \sin \alpha . \cos \alpha \, d\alpha) \; . \; . \; . \; . \qquad (5)$$

$$x = r \Big|_{0^0}^{\alpha^0} (- \cos \alpha - \frac{r}{l} \frac{1}{2} \sin^2 \alpha) \; . \; . \; . \; . \qquad (6)$$

Nehmen wir einen Webstuhl an, bei dem der Schützen ¼ Umdrehung der Kurbelwelle braucht, um durch das Fach zu eilen, so wird man für α

ungefähr 45° einsetzen müssen (dieser Winkel hängt natürlich in seiner Größe von der Einstellung des Schlages ab). Abb. 121.

Die Länge der Schubstange S soll angenommen werden:

$$1.)\ l = 2\,r; \qquad 2.)\ l = 5\,r.$$

Dann wird für $l = 5\,r$:

$$x = r\left[-\cos 45^\circ - \frac{1}{10}\sin^2 45^\circ + \cos 0^\circ + \frac{1}{10}\sin^2 0^\circ\right] = 0{,}24\,r$$

für $l = 2\,r$:

$$x = r\left[-\cos 45^\circ - \frac{1}{4}\sin^2 45^\circ + \cos 0^\circ + \frac{1}{4}\sin^2 0^\circ\right] = 0{,}17\,r$$

d. h. je kürzer die Schubstange, um so geringer der Weg, den die Lade, also auch das Webblatt, während des Schützendurchganges zurücklegt. Der Vorteil, den wir dadurch erreichen, geht deutlich aus den Abb. 127 und 126 hervor.

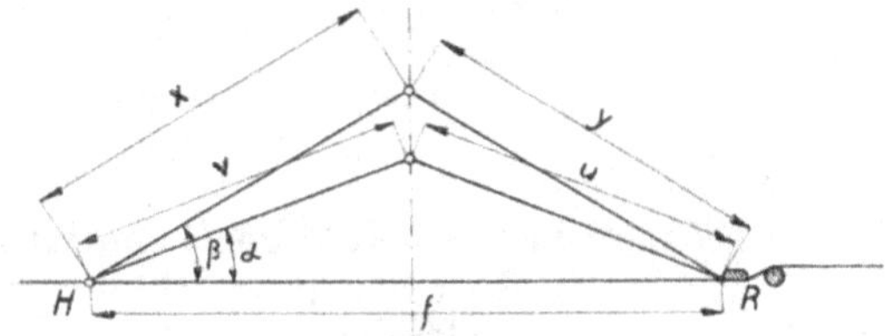

Abb. 126.

Nimmt man den ungünstigsten Fall an, daß das Fadenstück f vom letzteingetragenen Schuß H bis zu den Kreuzschienen R die Dehnung bei Öffnung des Webfaches aushalten muß, so ergibt sich die Dehnungsgröße zu: $\frac{100}{f}(x + y - f)\%$ bei dem Fachwinkel β, und zu $\frac{100}{f}(v + u - f)\%$ bei dem Fachwinkel α.

Da jede Stelle des Fadens unter Umständen diese Dehnung f . s mal aushalten muß, wenn man mit s die Schußdichte bezeichnet, so leuchtet ein, daß ein kleiner Fachwinkel vorteilhaft ist, weil er eine geringe Beanspruchung der Kettenfäden auf Dehnung zur Folge hat. Kommt das Webblatt w (Abb. 127) durch Benutzung einer kurzen Schubstange während des

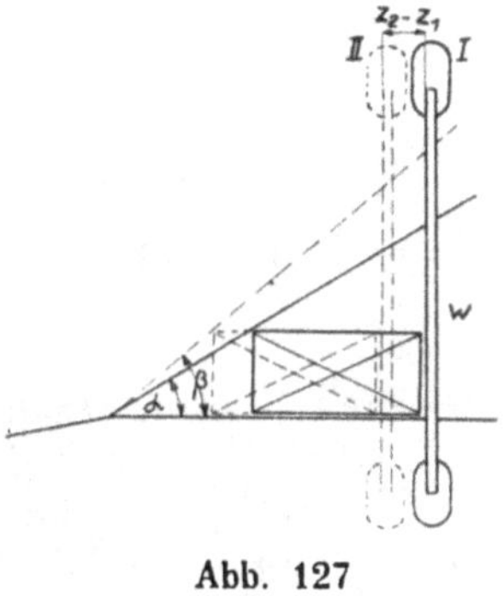

Abb. 127

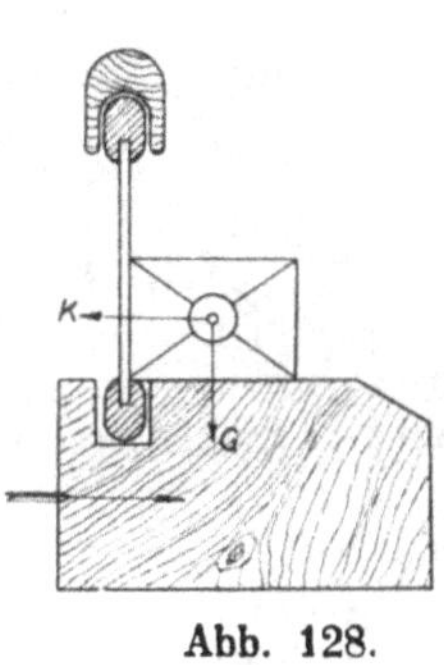

Abb. 128.

Schützendurchganges statt in die Stellung II nur in die Stellung I, so ergibt sich aus der dadurch hervorgerufenen Differenz $z_2 - z_1$ eine Verkleinerung des Fachwinkels von β auf α.

Da der Schützen während seines Laufes vom vorgehenden Webblatt mitgenommen werden muß, während er auf den untenliegenden Kettenfäden hingleitet, so muß das Webblatt nicht nur den von der Ladenbeschleunigung und der Masse des Schützens abhängigen Gegendruck K (Abb. 128), sondern auch den vom Schützengewicht G und vom Reibungskoeffizienten μ zwischen Schützenkörper und Garn abhängigen Reibungswiderstand zwischen Schützen und Kettenfäden überwinden. Genau genommen kommt nicht das ganze Schützengewicht für die Ermittlung des Reibungswiderstandes in Rechnung, sondern nur der durch die Fliehkraft verminderte Druck auf die Unterlage, weil die Lade infolge ihrer Pendelbewegung den Schützen von der Unterlage abzuheben sucht.

Wir werden also die Gleichung für die Arbeit für unsere Zwecke genügend genau aufstellen können:

$$A = \int_{0^0}^{\alpha^0} (m \,.\, p \,.\, dx + G \,.\, \mu \,.\, dx) \quad . \; . \; . \; . \qquad (7)$$

hierin bedeutet m die Masse des Schützens und p die jeweilige Beschleunigung der Lade, dx (Gleichung 4) den unendlich kleinen Weg, während welchem diese Beschleunigung vorhanden ist.

Wie früher, so wurde auch hier wieder angenommen, daß sich Ladenbolzen und Schützen in ein und derselben Horizontalebene bewegen (Ladendrehpunkt unendlich weit entfernt).

Nach der bekannten Radingerschen Gleichung ist die Beschleunigung $p = \frac{v^2}{r} (\cos\alpha \pm \frac{r}{l} \cos 2\alpha)$, worin v die unveränderliche Geschwindigkeit des Kurbelzapfens bedeutet. Das positive Vorzeichen gilt für den Rückwärtsgang des Webblattes, d. h. für dessen Bewegung nach der Kurbelwelle hin, und das negative Vorzeichen für den Vorgang. Da für unsere Untersuchung nur der Vorgang in Frage kommt, ist:

$$p = \frac{v^2}{r} (\cos\alpha - \frac{r}{l} \cos 2\alpha) \quad . \; . \; . \; . \qquad (8)$$

Die Gleichung (7) lautet sodann:

$$A = \frac{G}{g} \cdot \frac{v^2}{r} \int_{0^0}^{\alpha^0} (\cos\alpha - \frac{r}{l} \cos 2\alpha)\, dx + G \,.\, \mu \cdot \int_{0^0}^{\alpha^0} dx.$$

Setzen wir hierin den Wert von dx aus Gleichung (4) ein, so erhalten wir:

$$A = \frac{G}{g} \cdot v^2 \int_{0^0}^{\alpha^0} (\cos\alpha - \frac{r}{l} \cos 2\alpha) \,.\, (\sin\alpha - \frac{r}{l} \sin\alpha \,.\, \cos\alpha)\, d\alpha$$

$$+ G \,.\, \mu \,.\, r \int_{0^0}^{\alpha^0} (\sin\alpha - \frac{r}{l} \sin\alpha \cos\alpha)\, d\alpha \; .$$

Die Multplikation und Integration ergibt:

$$A = \frac{G}{g} \cdot v^2 \Big[\Big[+ \frac{1}{2}\left(1 - \frac{r^2}{l^2}\right) - \frac{r}{l}\cos\alpha - \frac{1}{2}\left(1 - \frac{r^2}{l^2}\right)\cos^2\alpha + \frac{r}{l}\cos^3\alpha$$

$$- \frac{1}{2}\frac{r^2}{l^2}\cos^4\alpha \Big] \Big]_{0^\circ}^{\alpha^\circ} + G \,.\, \mu \,.\, r \Big[\left(- \frac{1}{2} \cdot \frac{r}{l} - \cos\alpha + \frac{1}{2} \cdot \frac{r}{l}\cos^2\alpha \right) \Big]_{0^\circ}^{\alpha^\circ} .$$

Da die von der Veränderlichen befreiten Glieder bei der Subtraktion der Grenzwerte wegfallen, kann man auch schreiben:

$$A = \frac{m}{2} v^2 \Big[\Big[-2\frac{r}{l}\cos\alpha - \left(1 - \frac{r^2}{l^2}\right)\cos^2\alpha + 2\frac{r}{l}\cos^3\alpha - \frac{r^2}{l^2}\cos^4\alpha \Big] \Big]_{0^\circ}^{\alpha^\circ}$$

$$+ G \,.\, \mu \,.\, r \Big[\left(- \cos\alpha + \frac{1}{\cdot 2} \cdot \frac{r}{l}\cos^2\alpha \right) \Big]_{0^\circ}^{\alpha^\circ} \;\ldots\ldots \qquad (9)$$

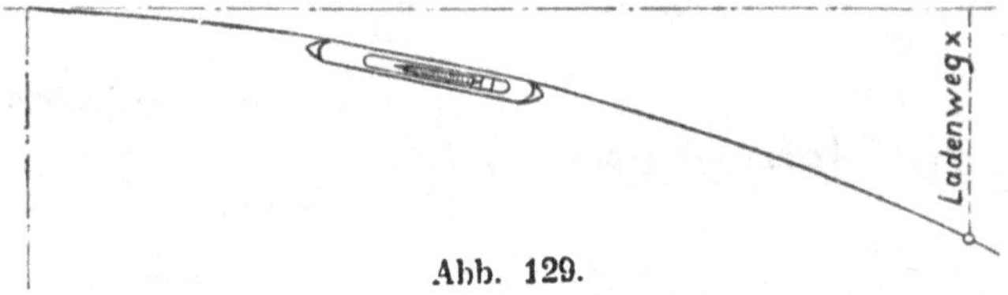

Abb. 129.

Nimmt man an: $l = 2r$ bzw. $5r$; $\alpha = 45°$, so wird die beim Vorgang der Lade, während des Schützendurchganges vom Webblatt zu leistende Arbeit:

$$\text{für } l = 2r: \qquad A = 0{,}2089\,\frac{m}{2}\,v^2 + 0{,}168 \,.\, G \,.\, \mu \,.\, r$$

$$\text{für } l = 5r: \qquad A = 0{,}3686\,\frac{m}{2}\,v^2 + 0{,}243 \,.\, G \,.\, \mu \,.\, r \,.$$

Wodurch wird nun diese Arbeit hervorgerufen? Dadurch, daß das Blatt den Schützen vor sich her schiebt. Daraus folgt weiter, daß auch die „lebendige Kraft", welche der Schützen zum Durcheilen des Webfaches benötigt, in Beziehung zur Art der Ladenbewegung während des Schützendurchganges steht. (Abb. 129).

Aus Abb. 130 geht hervor, daß $\operatorname{tg} \tau = \frac{dx}{dz}$ ist und $dz = w \,.\, dt$.

Bezeichnet man die Schützengeschwindigkeit mit w, so kann man auch sagen:

$$\operatorname{tg} \tau = \frac{r \,.\, \sin\alpha \, d\alpha - \frac{r^2}{l}\sin\alpha \,.\, \cos\alpha \, d\alpha}{w \,.\, dt}$$

(siehe Gleichung 4)

$$\operatorname{tg} \tau = \frac{r}{w}\sin\alpha \frac{d\alpha}{dt} - \frac{r^2}{w \,.\, l} \cdot \sin\alpha \,.\, \cos\alpha \frac{d\alpha}{dt} ,$$

nun ist aber: $r \,.\, d\alpha = v \,.\, dt$, also ist: $\frac{d\alpha}{dt} = \frac{v}{r}$ . . . . (10)

$$\operatorname{tg} \tau = \frac{v}{w} \sin \alpha - \frac{r \,.\, v}{w \,.\, l} \sin \alpha \,.\, \cos \alpha \quad \ldots . \tag{11}$$

Die Reibungsarbeit, verursacht durch die Reibung des Schützens am Blatt, wird unter Bezugnahme auf Abb. 128 und 130 ausgedrückt:

$$A_r = \int_{0^0}^{\alpha^0} K \,.\, \mu_1 \,.\, dz = \int_{0^0}^{\alpha^0} m \,.\, p \,.\, \mu_1 \,.\, dz \quad \ldots . \tag{12}$$

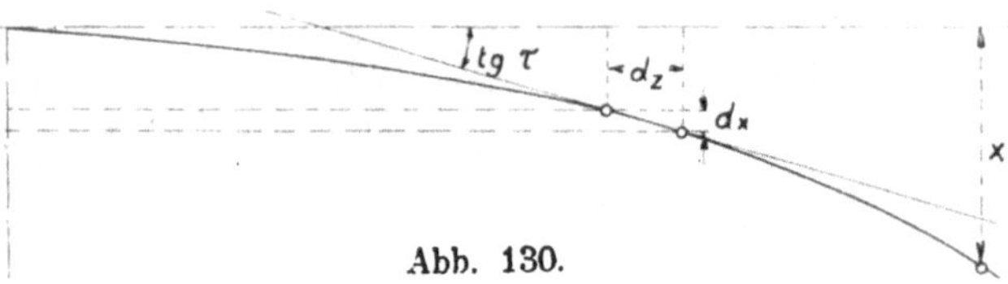

Abb. 130.

Da $d_z = \frac{dx}{\operatorname{tg} \tau}$ ist und mit Rücksicht auf Gleichung 8 und 11 erhält man:

$$A_r = \int_{0^0}^{\alpha^0} m \,.\, \frac{v^2}{r} \left(\cos \alpha - \frac{r}{l} \cos 2\alpha\right) \,.\, \mu_1 \,.\, \frac{r \,.\, \sin \alpha \, d\alpha - \frac{r^2}{l} \sin \alpha \,.\, \cos \alpha \, d}{\frac{v}{w} \sin \alpha - \frac{r \,.\, v}{w \,.\, l} \sin \alpha \,.\, \cos}$$

$$A_r = m \,.\, v \,.\, w \,.\, \mu_1 \int_{0^0}^{\alpha^0} \left(\cos \alpha - \frac{r}{l} \cos 2\alpha\right) d\alpha \quad \ldots . \tag{13}$$

$$A_r = m \,.\, v \,.\, w \,.\, \mu_1 \Big]_{0^0}^{\alpha^0} \left(\sin \alpha - \frac{r}{2l} \,.\, \sin 2\alpha\right)$$

$$Ar = m \,.\, v \,.\, w \,.\, \mu_1 \left(\sin \alpha - \frac{r}{2l} \,.\, \sin 2\alpha\right) \quad \ldots .. \tag{14}$$

Hierin bedeutet μ_1 den Reibungskoeffizienten zwischen Blatt und Schützen.

Gleichung (14) gibt die Arbeit an, die durch die Reibung des Schützens am Blatt verloren geht, bzw. sich in Arbeit zur Abnutzung des Webblattes umsetzt.

Für $l = 2r$ wird dieser Arbeitsverlust bei $\alpha = 45°$:

$$A_r = 0{,}457 \; m \,.\, v \,.\, w \,.\, \mu_1$$

für $l = 5r$ wird er:

$$A_r = 0{,}607 \; m \,.\, v \,.\, w \,.\, \mu_1$$

wodurch bewiesen ist:

Die Beanspruchung des Blattes durch den Schützen wird geringer, wenn die Schubstange eine geringere Länge besitzt.

Das Blatt wird sich weniger abnutzen, die Blattzähne werden nicht so schnell scharf und als Folge davon werden weniger Kettenfadenbrüche auftreten, wenn man eine kurze Schubstange verwendet.

Es sei noch erwähnt, daß in der vorstehenden Berechnung angenommen wurde, daß die Schützengeschwindigkeit während des Durchganges durchs Fach unverändert bleibt, was natürlich nicht der Fall ist, aber den Vergleichswert der Ergebnisse nicht wesentlich beeinträchtigt.

Beispiel Nr. 45: Die Stechereinrichtung am mechanischen Webstuhl.

Der Konkurrenzkampf zwingt viele Baumwollrohwebereien, ihre Festblattwebstühle, die bisher mit 150—160 Touren liefen bei einer Blattbreite von 90 cm, nunmehr mit 180 Touren arbeiten zu lassen. Meist stößt man alsdann auf Schwierigkeiten deshalb, weil die Stecherstange ihre Stecherlappen nicht schnell genug mehr nach abwärts auf die Puffer bringt. Die Folge davon ist ein Überlaufen des Stuhles, und wenn der Schützen im Fache stecken blieb, ein Schützenschlag.

Zunächst müssen wir uns die Frage vorlegen: welche Neigung sollen die Stecher an Festblattstühlen besitzen, damit sie sicher und zuverlässig von den Puffern erfaßt werden können? Nehmen wir gemäß Abb. 131 an, daß der Stecher mit der Kraft P gegen den Puffer stößt, so müssen wir zunächst diese Kraft in zwei Seitenkräfte zerlegen. Die eine dieser Seitenkräfte, P_2, fällt in die Bewegungsrichtung des Puffers, und die andere, P_1, hat das Bestreben, den Stecher an der schrägen Fläche des Puffers (Puffernase) heruntergleiten zu lassen, also die Sicherheit des Stecherschützenwächters zu erhöhen. Würde die Puffernase senkrecht zur Stecherrichtung stehen ($\sphericalangle\ \alpha = 0°$), so wäre die Kraft P_1 gleich Null, d. h. der Stecher hätte überhaupt keine Neigung, sich in die Puffernase hineinzulegen. Soll die auftretende Seitenkraft P_1 gerade groß genug sein, den Reibungswiderstand zwischen Stecher und Puffernase zu überwinden, so müßte bei einer Reibungszahl f = 0,18 (Schweißeisen auf Gußeisen), der kleinste zulässige Neigungswinkel α des Stechers zu berechnen sein aus der Beziehung:

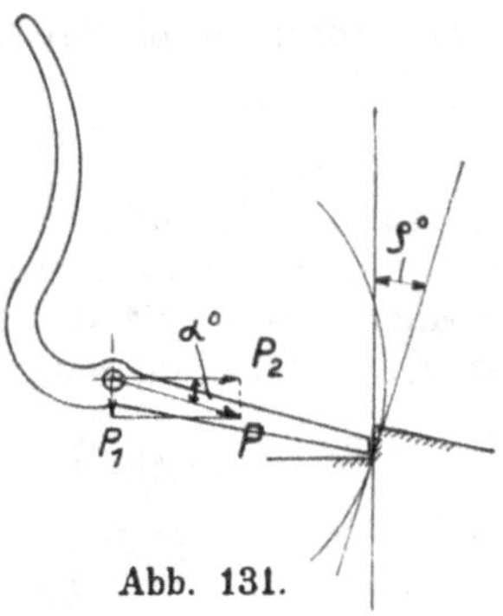

Abb. 131.

$$\operatorname{tg} \alpha = \operatorname{tg} \varrho = f = 0{,}18; \qquad \alpha = \varrho = 10° .$$

Hieraus folgt: Steht die Puffernase senkrecht, und hat der Stecher den Neigungswinkel 10° gegen die Horizontale, so besteht gerade noch die Möglichkeit, daß der eben erfaßte Stecher an der Puffernase herabgleitet. Stellen wir die Stecher zu steil, so ergibt sich der Übelstand, daß in dem Augenblick, wo der Stecher in der Puffernase festsitzt, auf Kosten der Bremskraft ein großer Druck in der Richtung der Stecherwellenlager entsteht, so daß diese schädlich nach oben gedrückt werden.

Nun läßt sich die Neigung des Stechers auch noch von einem anderen Gesichtspunkt aus berechnen. Die Neigung des Stechers soll nämlich so bemessen sein, daß die zur Bremswirkung herangezogene Seitenkraft imstande ist, den Stuhl zum Stillstand zu bringen. Unter der Annahme, es sei: die schwingenden Masse eines Stecherstuhles = 100 kg, der Kurbelkreisdurchmesser der Antriebswelle des Stuhles = 140 mm, die Tourenzahl des Webstuhles 180, der Durchmesser des Schwung- und Bremsrades = 450 mm, die Reibungszahl zwischen Bremsrad und Bremsbacke = 0,5, die Reibungszahl zwischen Puffer und Stuhlgestell = 0,2, die Motorleistung = ⅓ PS, erhält man die Umfangskraft am Schwungrad, hervorgerufen durch die Vernichtung der „lebendigen Kraft“ der schwingenden Masse beim Abbremsen des Stuhles innerhalb einer halben Umdrehung:

$$\frac{\frac{100}{2 \cdot 9{,}81}\left(\frac{0{,}14 \cdot \pi \cdot 180}{60}\right)^2}{\frac{0{,}45 \cdot \pi}{2}} = 12{,}55 \text{ kg};$$

die Umfangskraft, hervorgerufen durch die Leistung des Motors:

$$\frac{60 \cdot 75}{0{,}45 \cdot \pi \cdot 180 \cdot 3} = 5{,}9 \text{ kg};$$

die gesamte Umfangskraft, die abzubremsen ist:

$$12{,}55 + 5{,}9 = 18{,}45 \text{ kg};$$

der notwendige Druck der Bremsbacke gegen das Bremsrad:

$$\frac{18{,}45}{0{,}5} = 36{,}9 \text{ kg}.$$

P kann, mit kleinen Ungenauigkeiten, aus der Erwägung heraus berechnet werden, daß der Drehstrommotor im Momente größerer Widerstände auch eine größere Leistung hervorbringen kann, die hier (dreifaches Anzugsmoment) mit 1 PS angenommen werde.

$$P = \frac{60 \cdot 75}{0{,}14 \cdot \pi \cdot 180} = 56{,}8 \text{ kg}.$$

Aus Abb. 131 folgt dann:

$$56{,}8 \cos \alpha - 56{,}8 \sin \alpha \cdot 0{,}2 = 36{,}9 \text{ *)}$$

$$\cos \alpha - 0{,}2 \sin \alpha = 0{,}649$$

$$\alpha = 39^\circ$$

Nimmt man nur ein zweifaches Anzugsmoment an, so wird:

$$P = \frac{60 \cdot 75 \cdot 2}{0{,}14 \cdot \pi \cdot 180 \cdot 3} = 37{,}9 \text{ kg},$$

$$37{,}9 \cos \alpha - 37{,}9 \sin \alpha \cdot 0{,}2 = 36{,}9 \text{ *)}$$

$$\cos \alpha - 0{,}2 \sin \alpha = \frac{36{,}9}{37{,}9} = 0{,}974$$

$$\alpha = 6^\circ.$$

Wenn auch die hier errechneten Werte keinen Anspruch auf praktische Verwertungsmöglichkeit erheben, da ihre Unterlagen jeder genauen Bestimmungsmöglichkeit entbehren, so zeigen sie doch, daß die Neigung des Stechers streng genommen nicht einen allgemein gültigen Wert darstellt, sondern daß die notwendige Neigung des Stechers gegen die Horizontale abhängig ist von der Tourenzahl des Stuhles, von der Größe der schwingenden Masse, vom Kurbelkreishalbmesser, von der Leistung (Kraftverbrauch) und von dem Schwung- und Bremsraddurchmesser.

Soll also der Stechermechanismus richtig arbeiten, so müssen alle diese Werte in richtigem Verhältnis zueinander stehen, und Aufgabe der Webstuhl-

*) Die Rechnung bezieht sich hier auf die Abbremsung einer normalen Leistung, also nicht mehr auf die Zeit einer halben Umdrehung.

fabrik ist es, die günstigsten Verhältnisse durch Versuche auf dem Prüffeld herauszufinden. Ist das Schwungrad zu schwer, so fallen die Stöße an den Puffern gefährlich stark aus. Die Folge sind zerbrochene Webstuhlgestelle, wenn die Pufferfedern nicht ausreichen, außerdem würden flach stehende Stecher ausspringen, wenn die Stecher- und Pufferspitzen ein wenig abgenützt sind.

Um den Stecherschützenwächter sicherer in seiner Wirkung zu machen, kann man die Puffernase als Stecherplatte ausbilden, die horizontal im Pufferkörper liegt (Abb. 132). Trifft der Stecher die Nase, so stellt sie sich schräg und verhindert ein Überspringen des Stechers. In derselben Weise wirkt die Ausführung (Abb. 133) mit gelenkigem Zahn. Ein solcher Stecherzahn läßt sich leicht herausnehmen und nachschleifen.

Abb. 132.

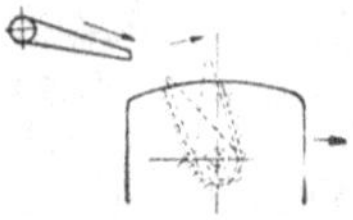

Abb. 133.

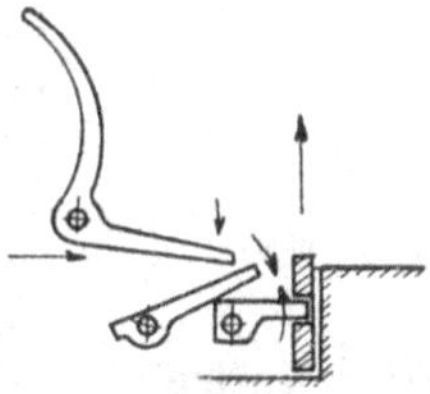

Abb. 134.

Noch sicherer wird die Wirkung des Stechers bei Benutzung der Einrichtung nach Abb. 134. Die Stahlplatte wird unter Vermittlung von Zwischenhebelchen schräg nach oben verschoben und stellt sich dem ankommenden Stecher entgegen.

Hat der Stecher wegen Vergrößerung der Tourenzahl des Webstuhles nicht mehr genügend Zeit, um die notwendige Tieflage zu erreichen, so genügen die angegebenen Mittel nicht mehr. Dem Übelstand kann man nur dadurch begegnen, daß man recht starke Stecherniederzugfedern anwendet. Das hat aber zur Folge, daß der Schützen nur mit großer Mühe in den Kasten geht und dort eine große Pressung hat, was auch einen ruckweisen Gang des Stuhles, namentlich im Augenblick der Auswärtsbewegung des Schützens durch den Treiber infolge der großen Pressung nach sich zieht.

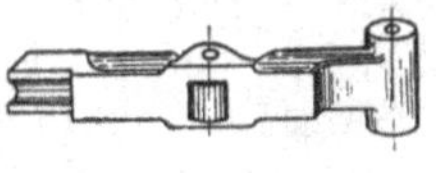

Abb. 135.

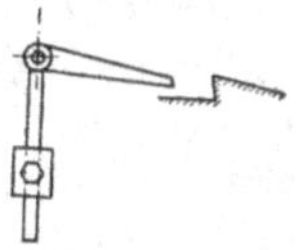

Abb. 136.

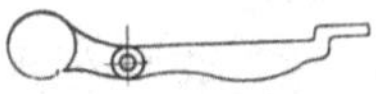

Abb. 137.

Man kann aber diesen Nachteil der stärkeren Feder ausschalten, wenn man in die Kastenklappe (Kastenzunge) eine leicht drehbare Rolle, z. B. aus Vulkanfiber einbaut. Dadurch wird der gleitende Reibungswiderstand zwischen Schützen und Kastenklappe in den bedeutend geringeren rollenden Reibungswiderstand zwischen Schützen und Rollen verwandelt (Abb. 135). Anders wirkt der Mechanismus Abb. 136. Hier hat man an einem Arm der Stecherwelle ein pendelndes verstellbares Gewicht angebracht. Schwingt die Lade nach vorn, so bleibt das Gewicht, dem Gesetze des Beharrungsvermögens folgend, zurück, und die Stecher haben das Bestreben, sich zu senken (Abb. 136).

Eine andere Möglichkeit ist die, an einer Verlängerung der Kastenklappe ein Gewicht anzubringen (Abb. 137).

Man kann auch, wenn der Schützen abzuschlagen ist, den Druck der Zunge gegen denselben dadurch aufheben, daß man den Zungenhebel etwas nach hinten zu bewegt, indem man durch Rollenkurbeln auf der Schlagexzenterwelle einen zweiarmigen Hebel betätigt, der mit der Stecherwelle in Verbindung steht. Ebenso kann man eine Entlastung in dem Augenblick hervorrufen, wenn der Schützen in den Kasten tritt (Abb. 138).

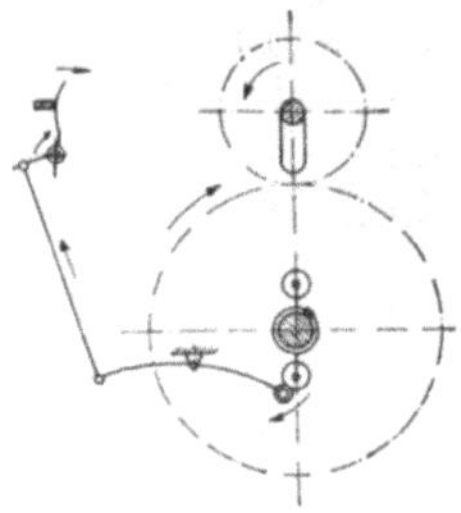

Abb. 138.

B e i s p i e l Nr. 46: Kritische Betrachtungen von Schlagmechanismen.

Der Fabrikant oder Fabrikleiter, der die Aufgabe hat, neue Maschinen anzuschaffen und infolgedessen vor die Wahl gestellt ist, sich für die eine oder andere Maschinenkonstruktion zu entscheiden, wird nur dann in der Lage sein, den richtigen Entschluß zu fassen, wenn er imstande ist, die Wirkungsweise der Maschine restlos zu erfassen, ihre Vorteile und Mängel zu erkennen, also mit anderen Worten, wenn er fähig ist, Vergleiche anzustellen, welche sich nicht in Äußerlichkeiten erschöpfen, sondern den Kern, die Seele der Maschine treffen.

Bei Betrachtung der Neuerungen auf dem Textilmaschinenmarkt finden wir, daß diese Aufgabe keine leichte ist, und daß der Maschinenfabrikant viele Neuerungen bringt, die keine Vervollkommnung darstellen, sondern nur eine „neue Sache", die der Kundschaft zeigen soll, daß die Maschinenfabrik „noch da ist" und der Konkurrenz nichts nachgibt. Aussprüche wie: „die Konkurrenz hat was Neues herausgebracht; wir müssen unbedingt auch was schaffen" sind so natürlich und verständlich, daß man es begreift, daß viele Neuerungen nur deshalb angeboten werden, um der Kundschaft die geistige Regsamkeit und den erfolgreichen Wettlauf mit der Konkurrenz zeigen zu können. Es ist an der Zeit, auch diesen, die Entwickelung des Textilmaschinenbaues hemmenden Erscheinungen gemäß den Grundsätzen einer wissenschaftlichen Betriebsführung nachzuforschen. Das zu erstrebende Ziel ist die Schaffung von sogenannten „standard types", über die bei dem anerkennenswert hohen Stande des Textilmaschinenbaues eine Einigung wohl unschwer zu erreichen sein wird.

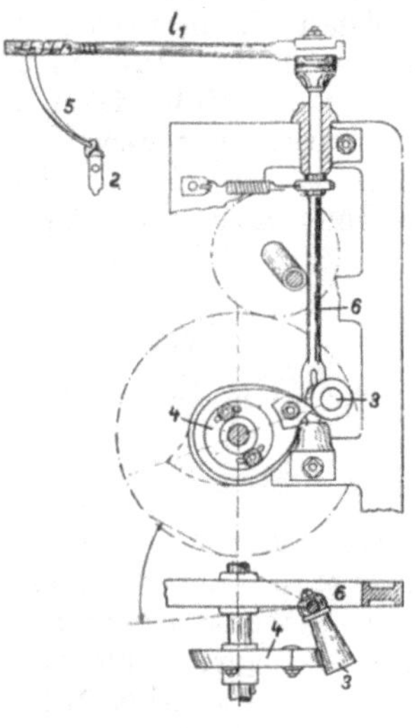

Abb. 139.

Wir haben auch oft gefunden, daß die Besitzer und Betriebsleiter von Textilfabriken an die Maschinenfabrik mit eigenen Entwürfen herantreten, die sie ausgeführt zu sehen wünschen, und die wegen der Erhaltung der Kundschaft „wohl oder übel" angefertigt werden müssen.

Aus den vorstehenden Ausführungen geht hervor, daß der Käufer von Maschinen ein kritisches Urteilsvermögen besitzen muß, wenn er seinen Vorteil wahren will. Dieses Kritikvermögen zu wecken und zu entwickeln ist Aufgabe der Textilfachschulen und der Fachliteratur.

Im folgenden soll die bekannte Exzenterschlagvorrichtung des schmalen Webstuhles mit dem Schönherrschen Federschlag verglichen werden.

Abb. 139 zeigt eine Oberschlagvorrichtung in Seiten- und Oberansicht. Die Schlagwirkung wird bekanntlich dadurch hervorgebracht, daß die auf der unteren Stuhlwelle (Schlagexzenterwelle) sitzende unrunde Scheibe (Exzenter) 4 auf die Schlagrolle (Schlagkonus) 3 einwirkt, und daß letztere die erhaltene Bewegung durch Schlagwelle 6, Schlagarm l^1 und Schlagriemen 5 auf den Picker (Treiber) 2 und den Schützen überträgt.

Um die Untersuchung recht einfach zu gestalten, müssen verschiedene Voraussetzungen gemacht werden, die, wenn sie auch nicht zutreffen, die Richtigkeit des Ergebnisses doch nicht beeinträchtigen.

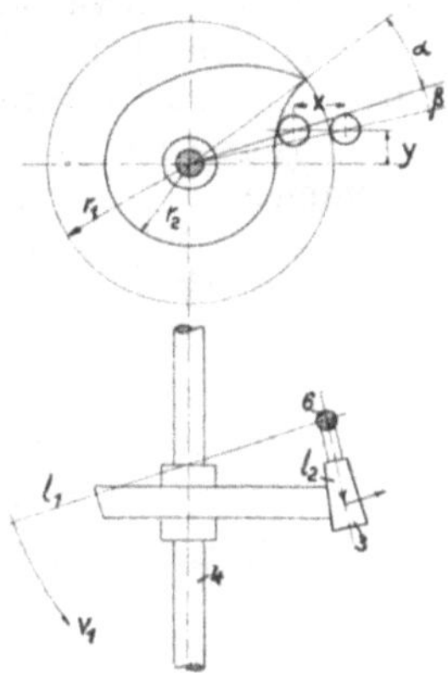

Abb. 140.

Zunächst nehmen wir an, daß das Schlagexzenter der Schlagrolle eine gleichmäßig beschleunigte Bewegung erteilt und der zwischen Schlagarm l^1 und Picker 2 eingeschaltete Schlagriemen 5 die Art der Bewegung nicht verändert.

Wir nehmen ferner an, daß die Schlagrolle 3 sich in einer Horizontalebene bewegt, welche durch die horizontale Mittellinie der Schlagwelle geht, so daß y und der Winkel β gleich Null werden (siehe Abb. 140).

Die folgende Entwicklung geht nun ohne weiteres aus den Abbildungen 139 und 140 hervor.

Macht der Webstuhl n Schuß in der Minute, so ist die Zeit t, welche notwendig ist, um den Schlag auszuführen:

$$t = \frac{60 \cdot 2 \cdot \alpha}{n \cdot 360} = \frac{\alpha}{3 \cdot n} \text{ sek} \quad \dots \quad (1)$$

Nach den Gesetzen der Mechanik für gleichmäßig beschleunigte Bewegung ist:

$$v = \frac{2 \cdot x}{t} \quad \dots \quad (2)$$

$$v = \frac{2 (r_1 - r_2) \cdot 3 \cdot n}{\alpha} = \frac{6 (r_1 - r_2) n}{\alpha} \quad \dots \quad (3)$$

Die Geschwindigkeit v der Schlagrolle 3 überträgt sich im Verhältnis der Schlagarmlänge auf den Treiber 2:

$$v_1 = v \cdot \frac{l_1}{l_2} = \frac{6 (r_1 - r_2) l_1 \cdot n}{\alpha \cdot l_2} \quad \dots \quad (4)$$

Aus der Gleichung (4) ersieht man, daß bei diesem Schlagmechanismus die Schützengeschwindigkeit proportional der Webstuhltourenzahl wächst, und daß man die Schlagstärke durch Veränderung der in der Formel vorkommenden Abmessungen der Maschinenteile leicht ändern kann.

Läßt man den Stuhl schneller laufen, so wird n und damit auch v_1 größer. Wenn hierdurch die im Schützen steckende „lebendige Kraft“ $\frac{m}{2} v_1^2$ durch die Widerstände beim Durcheilen des Webfaches nicht so weit aufgebraucht wird, daß sie beim Anlangen des Schützens in den gegenüberliegenden Kasten durch die Kastenbremsung ganz vernichtet würde, macht sich der Rest als Stoß auf den Treiber bemerkbar, was zur Folge hat, daß der Schützen zurückprallt. Die daraus sich ergebenden Folgen sind dem Fachmann bekannt.

Läuft der Stuhl zu langsam, so tritt dasselbe Endergebnis ein: der Schützen gelangt nicht vollständig in den Kasten. Soll also ein mit solchem Schlag ausgerüsteter Webstuhl richtig arbeiten, wenn die Tourenzahlen geändert werden, so muß dafür gesorgt werden, daß die Schützenbremsung im gegenüberliegenden Kasten nicht größer oder kleiner ist, als zur Vernichtung des Restes der lebendigen Kraft, die noch im Schützen steckt, notwendig ist.

Beim Federschlag (Abb. 141) ist die Schützengeschwindigkeit von der Tourenzahl des Webstuhles unabhängig, so daß hier die obere Grenze dadurch gegeben ist, daß der Schützen zu lange Zeit braucht, um durchs Fach zu kommen.

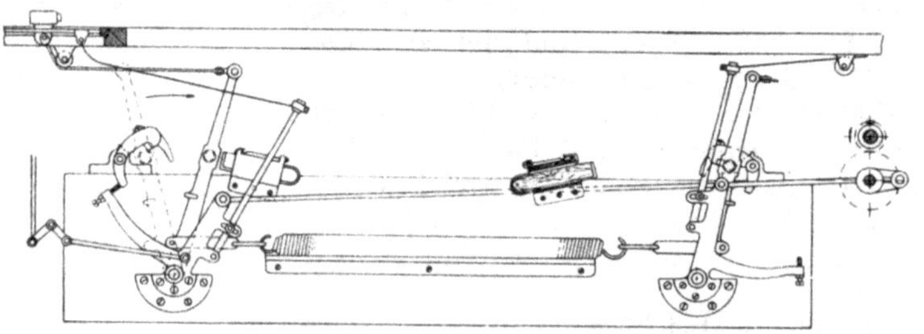

Abb. 141.

Die Arbeit, welche von einer Feder bei ihrem Zusammenziehen abgegeben werden kann, sei mit A bezeichnet und berechnet sich nach der Gleichung:

$$A = \frac{1}{4} \frac{k_d^2}{G} \cdot V \; . \; . \; . \; . \qquad (5)$$

In dieser Gleichung ist: k_d die zulässige Beanspruchung für Drehung in kg/cm², G der Gleitmodul und V der Rauminhalt der Feder in cm³.

$\frac{1}{4} \cdot \frac{k_d^2}{G}$ stellt also einen unveränderlichen Wert dar; wenn man daraufhin die Abb. 141 betrachtet, so erkennt man, daß in erster Linie die Länge der Feder für die Arbeit, welche die Feder abzugeben vermag, maßgebend ist. Diese Arbeit soll umgesetzt werden in die „lebendige Kraft", die den Webschützen befähigen soll, das Webfach in der vorgeschriebenen Zeit und unter Überwindung der auftretenden Widerstände zu durcheilen.

Die Gleichung für die „lebendige Kraft" lautet bekanntlich:

$$E = \frac{m}{2} v^2 \; . \; . \; . \; . \qquad (6)$$

Hierin bedeutet m die Masse des Webschützens, d. i. sein Gewicht in kg dividiert durch die Erdbeschleunigung in m/sek² und v die Schützengeschwindigkeit im Augenblick des Verlassens des Treibers, der, wie die Abb. 141 erkennen läßt, unter Vermittlung eines Schlagriemens und einer Schlagpeitsche von der Feder aus seine Bewegung erhält.

Bezeichnet man den unveränderlichen Wert $\frac{1}{4} \cdot \frac{k_d^2}{G}$ mit C, so muß die Ungleichung bestehen:

$$C \cdot V > \frac{m}{2} v^2$$

$$V > \frac{1}{C} \cdot \frac{m}{2} v^2 \quad \ldots . \qquad (7)$$

Man kommt mithin zu folgendem Ergebnis:

Aus Abb. 141 erkennt man, daß der Schlag dadurch verstärkt werden kann, daß man die Haken, welche die Feder mit den Schlagarmen verbinden, verkürzt; dadurch bekommt die Feder eine zusätzliche Spannung. Soll der Schlag beträchtlich verstärkt werden, muß man eine Feder von größeren Abmessungen wählen, deren Rauminhalt V der Gleichung (7) genügt.

Beispiel Nr. 47: Die Erdbeschleunigung und ihr Einfluß auf die Höchstgeschwindigkeit kraftschlüssiger Mechanismen.

Ein Vergleich der älteren mit den neueren Maschinen lehrt, daß die Erbauer in vielen Fällen kraftschlüssige Mechanismen durch zwangläufige ersetzt haben, insbesondere wenn hohe Geschwindigkeiten erreicht werden sollen.

Kraftschlüssig nennen wir jene hin- und hergehende Bewegung, bei welcher die eine Bewegungsrichtung — der Vorgang oder Vorlauf — durch die Antriebskraft der Maschine, die andere Bewegungsrichtung — der Rückgang oder Rücklauf — nur unter dem Einfluß einer äußeren Kraft, z. B. Gewichte oder Federzug, vermittelt wird. Beim zwangläufigen Antrieb veranlaßt die Antriebskraft der Maschine beide Bewegungsrichtungen, die sonach unter allen Umständen stattfinden müssen, solange die Maschinenbestandteile unterhalb ihrer Bruchgrenze beansprucht sind. Auch die Antriebe, also Drehbewegungen können kraftschlüssig oder zwangläufig sein.

Kraftschlüssige Antriebe sind z. B.:

a) der Riemenantrieb; die treibende äußere Kraft wird hervorgerufen durch die Riemenspannung,

b) die Reibungskupplung; die treibende äußere Kraft ist der Druck der beiden Kupplungshälften, welcher groß genug sein muß, damit die dadurch hervorgerufene Reibung eine Kraftübertragung ermöglicht. Reicht der Reibungsdruck nicht aus, so findet ein Gleiten, also eine Verminderung der Bewegung statt, die unter Umständen eine Betriebsunterbrechung herbeiführen kann.

Zwangläufig arbeitet beispielsweise ein Zahnradgetriebe, denn nur ein Bruch der Zähne kann eine Bewegungsübertragung verhindern.

Wir wollen im folgenden von den kraftschlüssigen Getrieben sprechen. Betrachten wir zunächst die Jacquardmaschine, so leuchtet ohne weiteres ein, daß deren Höchstgeschwindigkeit von der Fallbeschleunigung abhängig ist. Vermag die freifallende Platine dem sich senkenden Messerkasten nicht mehr zu folgen, so ist die höchst zulässige Tourenzahl überschritten.

Nehmen wir z. B. für einen breiten Webstuhl die zum Schützendurchgang notwendige Zeit mit ⅓ Tour der Kurbelwelle an, so bleiben für das Öffnen und Schließen des Faches ⅔ Umdrehungen übrig, also für das Schließen ⅓ Umdrehungen, wenn man den Zeitverlust beim Fachwechsel unberücksichtigt läßt.

Nach den mechanisch-technischen Grundsätzen sollen bewegte Maschinenteile mit Rücksicht auf die Massenträgheit möglichst stoßfrei arbeiten (aus der Ruhe beschleunigt — in die Ruhe verzögert). Die Harnischmaschinenmesser müßten also in der Mitte ihres Weges die größte Geschwindigkeit erhalten. Hiernach lautet die Berechnung der höchstmöglichen Maschinengeschwindigkeit

$$t = \frac{60}{n} \cdot \frac{1}{3}, \text{ davon die halbe Zeit für Freifall}$$

$$\frac{1}{2}\, t = \sqrt{\frac{2 \cdot \frac{1}{2} \cdot h}{1000\, g}} = \frac{1}{2} \cdot \frac{60}{n} \cdot \frac{1}{3};$$

$$n = \frac{990}{\sqrt{h}}.$$

Hierin bedeutet h den Messerhub in Millimeter.

Handelt es sich um eine Hoch- und Tieffachmaschine, so lautet die Beziehung:

$$\sqrt{\frac{2 \cdot \frac{1}{2} \cdot \frac{1}{2}\, h}{1000\, g}} = \frac{60}{n} \cdot \frac{1}{3} \cdot \frac{1}{2};$$

$$n = \frac{1395}{\sqrt{h}}$$

$$n = \frac{1395}{\sqrt{140}} = 117 \text{ Touren.}$$

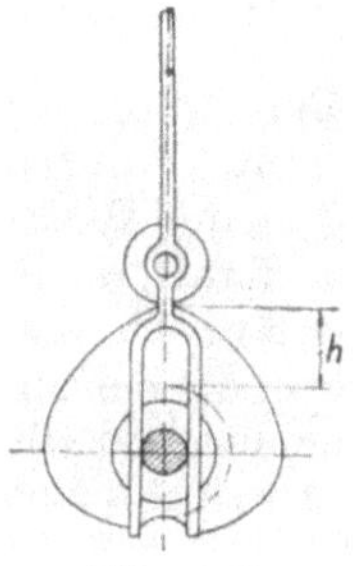

Abb. 142.

Diese Rechnungen setzen voraus, daß die Fallbewegung der Platinen durch den Gang des Messerkorbes bzw. Platinenbodens keine Hemmung erfährt.

Ähnlich verhält es sich bei kraftschlüssigen Fadenführerantrieben. Hier wird allerdings in den weitaus meisten Fällen die Fallbewegung durch die Form des exzentrischen Huborganes Hemmungen erleiden, so daß die Erdbeschleunigung nicht zur vollen Wirkung kommt; auch sind vielfach Federn vorhanden, welche die Hebelrolle gegen das Exzenter drücken (Abb. 142). Sehen wir hiervon ab, so gilt auch für diesen Fall die entwickelte Gleichung in sinngemäßer Anwendung:

$$\frac{60}{n \,.\, 2} = \sqrt{\frac{2\,h}{g}}; \qquad n = \frac{30\sqrt{g}}{\sqrt{2\,h}} = \frac{66{,}5}{\sqrt{h}}$$

$$h = \frac{4422}{n^2}.$$

Für eine Kreuzspulmaschine, deren Fadenführerexzenter mit 500 U/min läuft, dürfte das Exzenter höchstens einen Hub von $\frac{4422}{500^2} = 0{,}018 \text{ m} = 18 \text{ mm}$ haben. Wollte man den Hub aus baulichen Gründen (leichtere Ausführbarkeit der Hublinie) auf 90 mm vergrößern, so dürfte die Höchstgeschwindigkeit nur $\frac{66{,}5}{\sqrt{0{,}09}} = 222$ U/min betragen.

Wir wissen nun, daß diese errechneten Werte aus den früher angegebenen Gründen (Hemmungen, Zusammenziehgeschwindigkeit der Feder) viel zu hoch sind, so daß wir zu dem Ergebnis gelangen: Bei schnellaufenden Spulmaschinen ist eine kraftschlüssige Fadenführerbewegung nicht angebracht.

Auch der alte Honeggerschützenwechsel (Abb. 143) ist kraftschlüssig, und sonach in bezug auf die Höchstgeschwindigkeit von der Erdbeschleunigung abhängig.

Bezeichnet nämlich h die Höhe einer Stufe, x die Zahl der Hubkästen und y das Zeitverhältnis zur Einstellung des Wechsels, ausgedrückt in minutlichen Umdrehungen, so muß die Beziehung herrschen:

$$h\,(x-1) = \frac{g}{2} \cdot \left(\frac{60}{n} \cdot y\right)^2$$

$$n_{max} = \sqrt{\frac{3600 \,.\, y^2 \,.\, g}{2 \,.\, h \,.\, (x-1)}}$$

$$n_{max} = \frac{133 \,.\, y}{\sqrt{h \,.\, (x-1)}},$$

Angenommen: $y = \frac{1}{3}$
$h = 40$ mm
$x = 4$

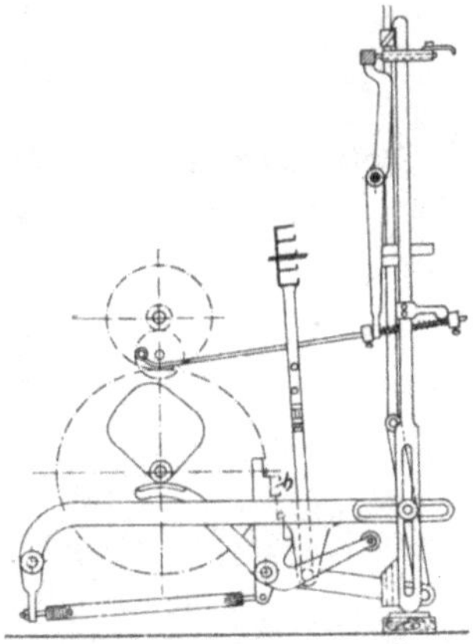

Abb. 143.

$$n_{max} = \frac{133 \,.\, \frac{1}{3}}{\sqrt{0{,}04\,(4-1)}} = 126 \text{ U/min.}$$

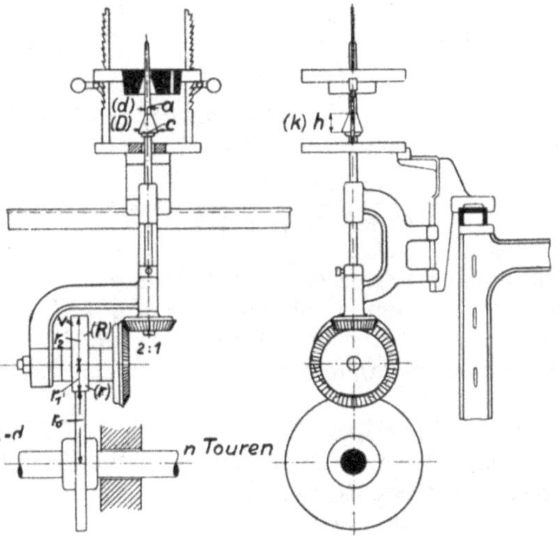

Abb. 144.

Der neue Honeggerwechsel (Abb. 116) vermeidet diese Abhängigkeit durch zwangläufige Bewegungsübertragung.

Auch die Schußspulmaschine (Abb. 144) ist über eine gewisse Höchstgeschwindigkeit hinaus nicht mehr arbeitsfähig, weil die äußere Kraft, nämlich die Schwerkraft, nicht mehr imstande ist, eine Kraftübertragung vom treibenden Maschinenteil auf den getriebenen herbeizuführen.

Es bestehen folgende Beziehungen:

$$r_2 - r_1 = h;$$

$$r_2 : r_1 = c : a; \quad r_1 = a \cdot \frac{r_2}{c}$$

$$r_2 \left(1 - \frac{a}{c}\right) = h; \quad r_2 = \frac{h}{1 - \frac{a}{c}}.$$

Zeitdauer zur Herbeiführung des Hubes h:

$$t = \frac{60}{n} : \frac{2 r_o}{(r_2 + r_1)^{1/2}} = 15 \cdot \frac{r_2 + r_1}{n \,.\, r_o}$$

$$t = \sqrt{\frac{2h}{g}} = 0{,}453 \sqrt{h} = 0{,}453 \sqrt{r_2 - r_1}$$

$$0{,}453 \sqrt{r_2 - r_1} = 15 \,.\, \frac{r_2 + r_1}{n \,.\, r_o}$$

$$\sqrt{r_2 - r_1} = 33{,}13 \cdot \frac{r_2 + r_1}{n \,.\, r_o}$$

$$r_2 - r_1 = 1100 \cdot \frac{(r_2 + r_1)^2}{n^2 \,.\, r^2_o}$$

$$n = \sqrt{1100 \cdot \frac{(r_2 + r_1)^2}{r^2_o \, (r_2 - r_1)}}$$

$$n_{max} = \frac{33{,}13}{r_o} \cdot \frac{r_2 + r_1}{\sqrt{r_2 - r_1}}.$$

Beispiel: Für $r_0 = 70$ mm, $h = 30$ mm, $a = 12$ mm, $c = 24$ mm ist $r_2 = 60$ mm und $r_1 = 30$ mm. Daraus ergibt sich:

$$n_{max} = \frac{33{,}13}{0{,}07} \cdot \frac{0{,}06 + 0.03}{\sqrt{0{,}06 - 0{,}03}} = 246 \text{ U/min.}$$

Auch hier muß man praktisch hinter dem errechneten n_{max} zurückbleiben, weil Hemmungen der Erdbeschleunigung auftreten und der Beschleunigungsdruck in der Nähe der Grenzwerte so klein ausfällt, daß das Antriebsrad nicht mehr imstande ist, die getriebene Reibungsrolle mitzunehmen.

Beispiel Nr. 48: Über Ladenbewegungen.

Der Zweck der folgenden Ausführungen ist es, an Hand von Diagrammen die Eigentümlichkeiten der wichtigsten in der Praxis vorkommenden Ladenbewegungsarten näher zu untersuchen.

Der Antrieb der Lade durch einen Kurbelmechanismus, die gekröpfte Hauptwelle des Webstuhles, ist so alt wie die Erfindung des mechanischen Webstuhles selbst.

Nur gering sind jene Beispiele, wo man den Kurbelmechanismus durch einen anderen, z. B. ein Kreisexzenter oder ein Nutzexzenter auf der ungekröpften Hauptwelle des Stuhles, ersetzte.

Auch Northrop und Seaton haben diese bewährte Antriebsart beibehalten.

Wir fordern von einer guten Ladenbewegung, daß die Lade während des Schützenlaufes möglichst wenig Hub erhält, daß die Bewegung stoßfrei

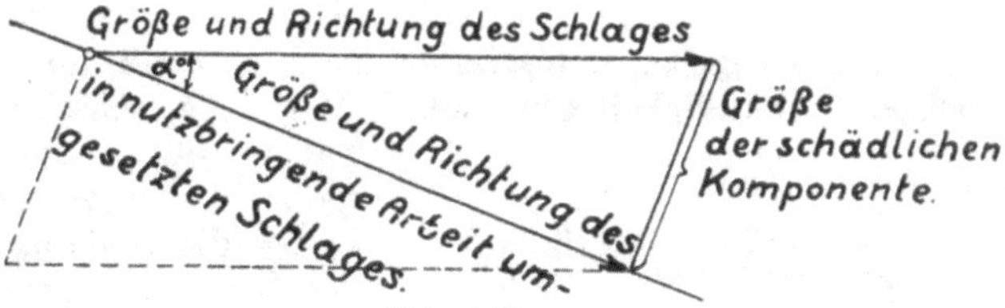

Abb. 145a

erfolgt, und daß Ladenvorgang und Rückgang so symmetrisch wie möglich vor sich geht.

Die erste Forderung stellen wir nicht nur im Interesse eines kleinen Faches, also einer Kettenfadenschonung, sondern u. a. auch deshalb, damit

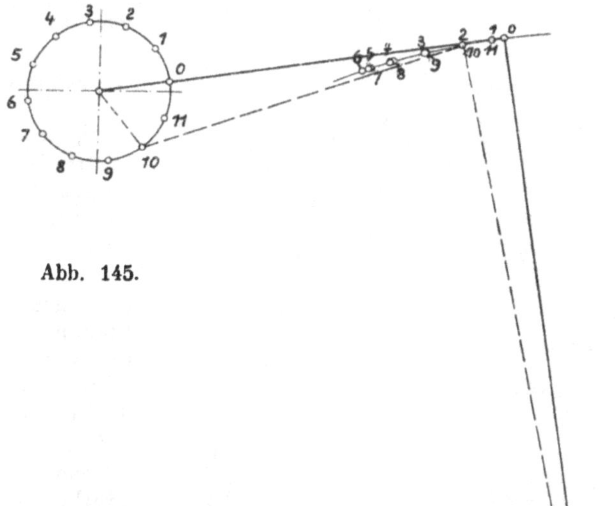
Abb. 145.

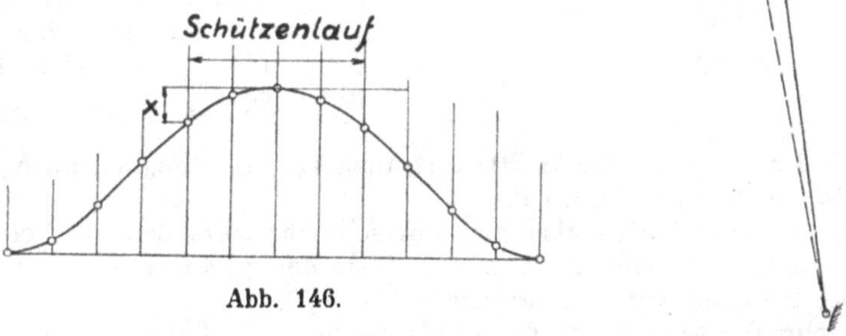

Abb. 146.

die sich in schädliche Reibung umsetzende Komponente der lebendigen Kraft des Schützens möglichst klein bleibt; also im Interesse einer Schonung des Blattes (indirekt der Kettenfäden), des Kraftverbrauches und des Schützens.

Man erhält die Beziehung: Arbeitsverbrauch durch Reibung des Schützens am Blatt = der lebendigen Kraft des Schützens multipliziert mit dem sinus des Winkels a; ungefähr ist (Abb. 145a)

$$\text{sinus } a = \frac{\text{Hub der Lade während des Schützenlaufes}}{\text{Schützenweg}} \cdot 2$$

Diese Beziehungen geben selbstverständlich nur ein ungefähres Bild von der gesuchten Abhängigkeit zwischen Schlaggröße, schädlichem Verlust und Ladenbewegungsart, da sie voraussetzen, daß die Reibungswiderstände (Normaldruck mal Reibungskoeffizient) an Blatt und Ladenbahn gleich groß sind, was natürlich in Wirklichkeit nicht zutreffen wird.

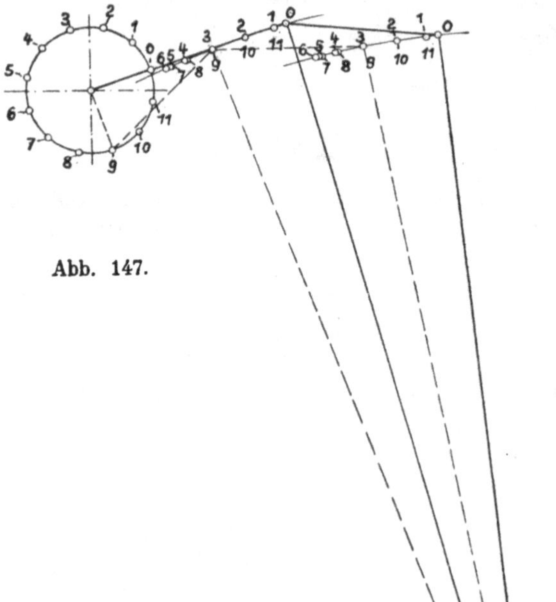

Abb. 147.

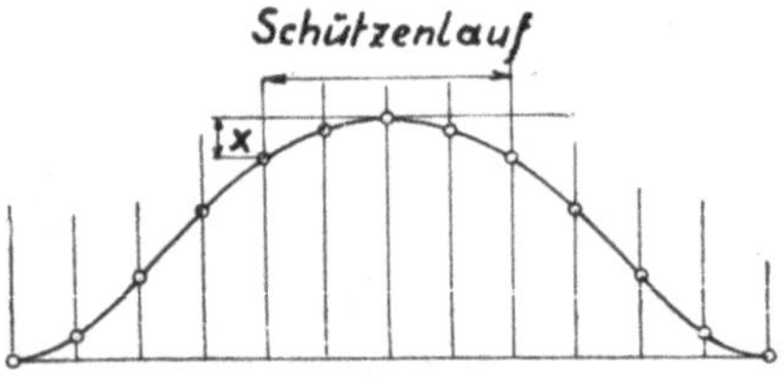

Abb. 148.

Während also bei schmalen, leichten Stühlen wegen des relativ geringen Kraftbedarfes für den Schlag, die Größe dieser Komponente in bezug auf den Gesamtkraftbedarf ziemlich belanglos sein wird, spielt sie dann eine größere Rolle, wenn der Konstrukteur vor die Aufgabe gestellt wird einen breiten, schweren Stuhl mit entsprechend hoher Tourenzahl zu schaffen, da wegen des meist hohen Schützengewichtes und des quadratischen Einflusses der Geschwindigkeit, der Wert für die lebendige Kraft $\frac{m}{2} v^2$ einen wesentlichen Einfluß auf den Gesamtkraftbedarf ausüben wird, folglich auch seine Komponente bei großem Winkel a.

Sein Bestreben wird es also hier um so mehr sein, den Winkel a so klein wie möglich zu machen, d. h. der Lade den geringstmöglichen Hub während des Schützenlaufes zu erteilen.

Auch schmale, schnellaufende Stühle (sogenannte Schnelläufer), z. B. Seidenstühle, rüstet man des sicheren Schützendurchganges wegen mit verbesserten Ladenantrieben aus, da es sich zeigte, daß bei Erreichung einer gewissen Tourenzahl der Schützen aus seiner Bahn flog und unter Beibehaltung dieser Tourenzahl erst dann wieder regelrecht arbeitete, wenn der Ladenhub während des Schützenweges verringert wurde.

Die zweite und dritte Forderung stellen wir wegen der Schonung der in Frage kommenden Stuhlteile, resp. des Kraftverbrauches.

Sehen wir uns daraufhin die einzelnen Ladenantriebsarten an, so finden wir, daß die ursprüngliche Anordnung (Abb. 145, Längenverhältnis zwischen Kurbel und Schubstange ca. 1 : 5) wohl eine symmetrische und stoßfreie

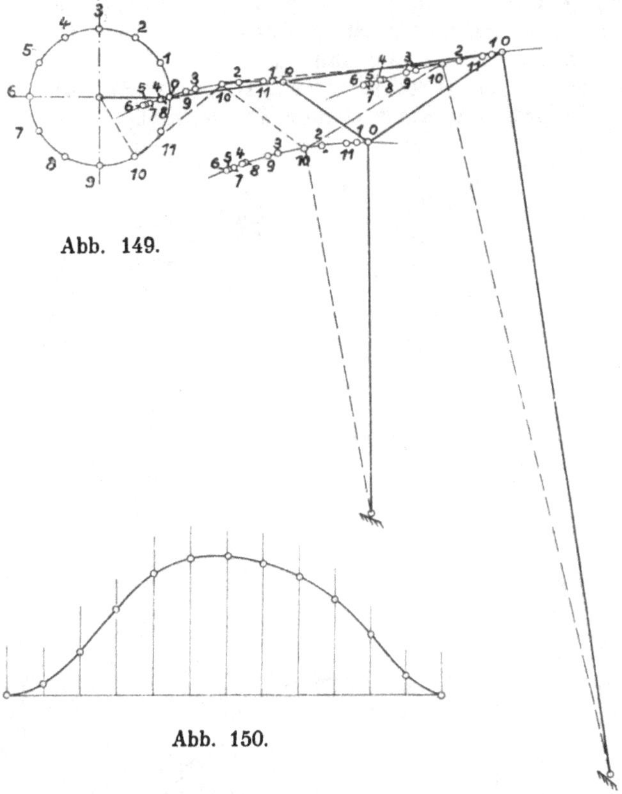

Abb. 149.

Abb. 150.

Bewegung ergibt (siehe Diagramm, Abb. 146), daß aber der Hub x während des Schützenlaufes (während $\frac{1}{3}$ Tour der Kurbelwelle angenommen) ziemlich groß (ca. 40 mm) ist. Wäre die Lauflänge des Schützens = 1,8 m, so würde ungefähr

$$\sin\alpha = \frac{40 \,.\, 2}{1800} = 0{,}044,$$

$$\alpha = 2^\circ\, 30'.$$

Ausführung Abb. 147 zeigt die Anwendung einer kurzen Schubstange und Ausbildung der Ladenstelze als „starres Dreieck". Das Ladenbewegungsdiagramm (Abb. 148) zeigt uns, daß hier die Größe x auf ca. 22 mm herabgesunken ist;

$$\sin\alpha = \frac{22 \,.\, 2}{1800} = 0{,}0244,$$

$$\alpha = 1^\circ\, 25'.$$

Auch die anderen Bedingungen sind erfüllt: das Diagramm ist symmetrisch, es weist keine scharfen Krümmungen auf, der Anschlag erfolgt ohne Stoß.

Die Abb. 118 und 149 zeigen die praktische Ausführung einer Ladenbewegung und die zugehörige schematische Darstellung.

Hier sehen wir, daß die Kurve (Abb. 150) während des Schützenlaufes äußerst flach gehalten wird, daß hingegen die Bewegung an Symmetrie verloren hat, was aber bei diesem Stuhlsystem nicht stört, da es sich um einen langsam laufenden Damaststuhl handelt.

Der Anschlag erfolgt energischer. Hier war für die Ladenbewegung vorwiegend die Erzielung eines kleinen Faches maßgebend.

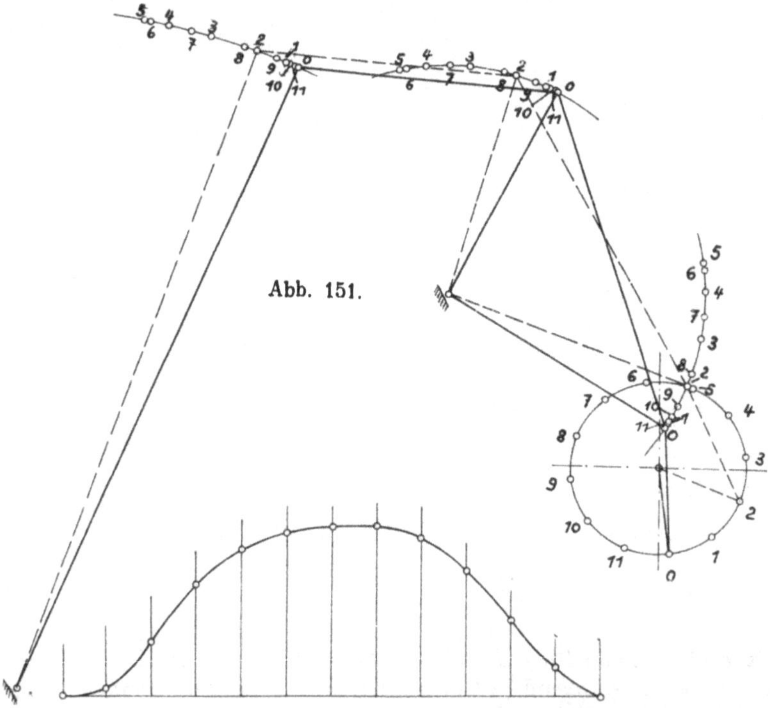

Abb. 151.

Abb. 152.

Abbildung 151 stellt schematisch den Ladenantrieb eines Kurbelstuhles dar, Abb. 152 das zugehörige Diagramm. Die fragliche Stelle des Diagrammes verläuft, mit Rücksicht auf die relativ lange Dauer des Durchganges, noch bedeutend flacher. Der Anschlag ist, wie dies ja auch für die auf solchen Stühlen herzustellenden Gewebe erwünscht ist, energisch, ohne Stoß.

B e i s p i e l Nr. 49: Die Konus-Kettenschärmaschine.

Die Vorteile, welche die Konus-Kettenschärmaschine bietet, führten zur wachsenden Verbreitung derselben und veranlaßten die Maschinenfabriken, dieses System immer mehr und mehr auszubauen und zu vervollkommnen.

Diese Vorteile sind bekanntlich: die Kontrolle über das Schärmuster ist nicht wie bei der englischen Schärmethode erschwert; das Schären in Bandform erleichtert die Übersicht über die Fäden und die Manipulation an denselben; die einzelnen Bänder brauchen keine seitliche Stütze, da sie schraubenförmig auf die Schärtrommel aufgewunden werden und dadurch ein Umschlagen der Grenzfäden unmöglich ist.

Das erste zu schärende Band erhält eine seitliche Stütze durch einen konischen Ansatz a, den die einzelnen Schärlatten der Schärtrommel besitzen (Abb. 153).

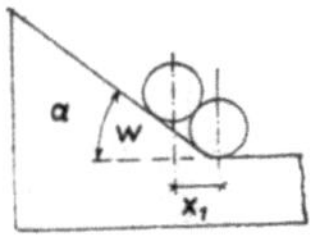

Abb. 153.

Die erste Anwendung fand die Konusschärmethode in der Seidenindustrie. Die Maschine arbeitet dort mit verstellbarem Konusstab K (Abb. 154). Dieser besitzt einen Ansatz n, der durch einen radialen Schlitz des Schärtrommelrahmens sch und durch einen schrägen Schlitz eines Ringes r führt, der bei der Einstellung der Maschine verschoben werden kann.

Daß eine solche Regulierung notwendig ist, geht aus der schematischen Skizze (Abb. 155) hervor.

Nimmt man nämlich die seitliche Verschiebung s des Schärblattsupportes bei einer Umdrehung der Schärtrommel als unveränderliche Größe an, so muß man der Garnstärke dadurch Rechnung tragen, daß man die Schräge (w, bzw. w_2) des Konusses ändert. Der Einfluß, den die Kettendichte auf die erforderliche Größe des Winkels w hat, möge hier außer Betracht bleiben.

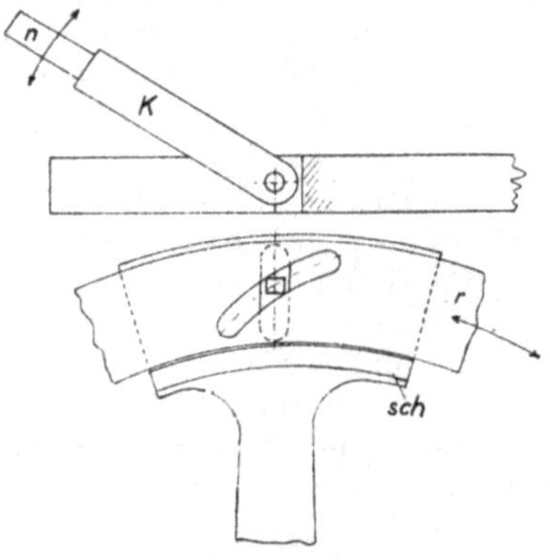

Abb. 154.

Eine andere Regulierungsart ist die, daß man gemäß den Abb. 153 und 156 den Konuswinkel unverändert läßt, und den Weg (x_1 x_2) des Schärblattsupportes der Garnstärke anpaßt.

Die genaue Einstellung des Schärblattsupportes bei Beginn eines neuen Bandes erfordert Aufmerksamkeit des Schärers.

Das Band von der Breite a b (Abb. 156) wird beim Schären derartig seitlich verschoben, daß die Querschnittsfläche a, b, c, d ein Parallelogramm wird. Bei jedem neuen Bande ist das Schärblatt um die Projektion a f der Strecke a d plus der Bandbreite a b nach rechts zu verschieben.

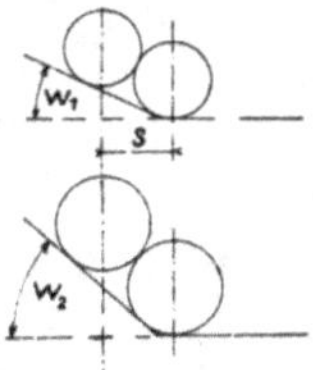

Abb. 155.

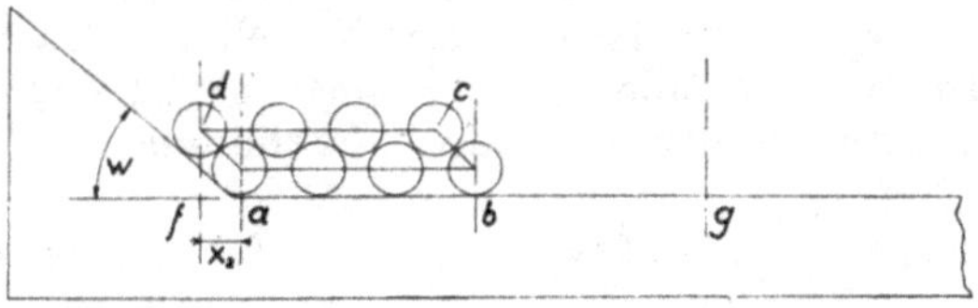

Abb. 156.

Ist z. B. das erste Band geschärt und das Schärblatt verschoben worden, so steht es bei b g.

Diese notwendige Manipulation, von deren Genauigkeit der gute Anschluß der einzelnen Bänder und damit eine konstante Dichte der Kette abhängt, hat man insofern unabhängig von der Aufmerksamkeit des Schärers gemacht, als letzterer nur noch einmal, zu Beginn des Schärens, diese Einstellung unter Zuhilfenahme seines Auges zu bewerkstelligen braucht, während bei jedem folgenden zu schärenden Bande die Verstellung des Supportes durch einige einfache Handgriffe, ohne Kontrolle durch das Auge, vorgenommen werden kann mit Hilfe geeigneter Vorrichtungen.

Eine weitere Vervollkommnung besteht darin, daß man die Maschine mit einem elektrischen Kettenfadenwächter ausrüstet, der gleichzeitig das Rispelblatt ersetzt, also zur Bildung des Fadenkreuzes dient (Abb. 62).

Man hat zwei feststehende Blätter A und B angeordnet, welche den Lamellen 1—4 als Führung in senkrechter und wagerechter Richtung dienen. Eine Schiene C geht durch das Gelesegestell hindurch, und trägt die stromführenden Schienen k und k_1.

Unterhalb der Lamellen befinden sich die durch Exzenter verstellbaren Schienen M und M_1, welche die verschiedenen erforderlichen Stellungen zum Zwecke des Fadeneinziehens, der Kreuzbildung und der Arbeitsstellung als Fadenwächter herbeiführen.

In Abb. 62 sind die vier verschiedenen Stellungen herausgezeichnet; von links nach rechts betrachtet:

a) Stellung beim Einziehen der Fäden,
b) Fachbildung zur Einlegung der ersten Kreuzschnur,
c) Fachbildung zur Einlegung der zweiten Kreuzschnur,
d) Stellung der Vorrichtung beim Schären.

B e i s p i e l Nr. 50: Verfahren und Vorrichtung zum Schären von Kettenfäden auf Konus-Schärmaschinen (Sektionalschärmaschinen).*)

Das Schären geschieht nach den bisher bekannten Verfahren dadurch, daß die Bandverschiebung (Support- oder Schärblattschaltung) oder der Konuswinkel (Neigung der Konusstäbe) der Fadendicke (Garnnummer) angepaßt wurde. Im ersten Falle ist daß Maß v der Bandverschiebung (Support- oder Schärblattschaltung) abhängig von der Fadendicke (Garnnummer) und zwar:

$$\left.\begin{aligned} v_2 &= \sqrt{\frac{N_1}{N_2}}\,.\,v_1 \;.\;.\;.\;.\;.\;.\;.\; \text{für gesponnene Garne} \\ v_2 &= \sqrt{\frac{N_2}{N_1}}\,.\,v_1 \;.\;.\;.\;.\;.\;.\;.\; \text{für gehaspelte Garne (Seide)} \end{aligned}\right\} \;.\;.\;.\;.\; (1)$$

In den obigen Formeln (1) bedeuten:

v_1 die zur Garnnummer N_1 gehörige Bandverschiebung und
v_2 die zur Garnnummer N_2 gehörige Bandverschiebung.

Im zweiten Falle ist der Konuswinkel (Neigungswinkel der Konusstäbe) α abhängig von der Fadendicke (Garnnummer N) und zwar:

$$\left.\begin{aligned} \operatorname{tg} \alpha_2 &= \sqrt{\frac{N_1}{N_2}}\,.\,\operatorname{tg} \alpha_1 \;.\;.\;.\;.\;.\;.\;.\; \text{für gesponnene Garne} \\ \operatorname{tg} \alpha_2 &= \sqrt{\frac{N_2}{N_1}}\,.\,\operatorname{tg} \alpha_1 \;.\;.\;.\;.\;.\;.\;.\; \text{für gehaspelte Seide} \end{aligned}\right\} \;.\;.\;.\;.\; (2)$$

In den vorstehenden Formeln (2) bedeuten tg α_1 und tg α_2 die trigonometrischen Tangenten der Neigungswinkel der Konusstäbe gegen die Hori-

*) Anmerkung: Patent Marschik-Beckers.

zontale, und zwar tg α_1 den trigonometrischen Ausdruck für den Neigungswinkel, der zur Garnnummer N_1 gehört, und tg α_2 den trigonometrischen Ausdruck für den Neigungswinkel, der zur Garnnummer N_2 gehört. Die richtige Einstellung der Schärmaschinen setzt also bereits höhere mathematische Kenntnisse voraus, welche dem Arbeitspersonal, den Meistern und selbst den Betriebsleitern fehlen. Sie geschieht daher empirisch, indem man den sogenannten Auftrag mißt und danach die Bandverschiebung oder den Konuswinkel an einer beliebig geteilten Skala einstellt. Eine unrichtige Einstellung hat eine ungleichmäßige Aufwicklung und verschiedene Fadenspannungen zur Folge, welche fehlerhafte Ware verursachen.

Dieses Verfahren hat ferner den Nachteil, daß die Einstellung nur nach der Fadendicke (Auftrag) aber nicht nach der Fadendichte (Fadenabstand oder Ketteneinstellung) erfolgt. Der Gegenstand der vorliegenden Neuerung besteht darin, daß die Einstellung der Schärmaschine einerseits sowohl nach der Fadendicke als auch nach der Fadendichte geschieht, anderseits sowohl auf die Bandverschiebung als auf den Konuswinkel sich erstreckt.

Der neue Gedanke geht aus den beigegebenen Abbildungen 157 und 158 beispielsweise hervor. Nach Abb. 157 ist die Anordnung derart, daß der zweite Faden der zweiten Lage sich genau über den ersten Faden der ersten Lage legt; in diesem Falle ist die Bandverschiebung (Support- oder Schärblattschaltung) v ebenso groß wie der Fadenabstand a. Aus dieser Bedingung folgt, daß man die Bandverschiebung nicht beliebig wählen darf — wie dies bei den Schärmaschinen mit nur veränderlichem Konuswinkel der Fall ist — sondern, daß sie durch die Fadendichte der zu schärenden Kette gegeben ist, wie die nachstehende Gleichung (3) lehrt, in welcher b die Bandbreite, s die Fadenzahl des Bandes (Spulenzahl) und f die Fadendichte (Anzahl Fäden auf die Längeneinheit) bedeutet:

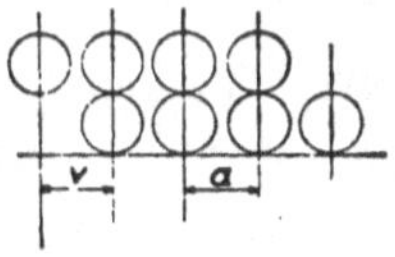

Abb. 157.

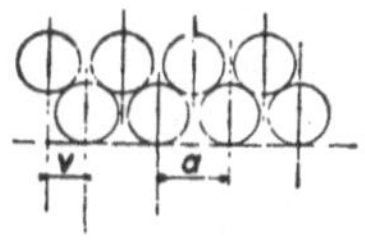

Abb. 158.

$$v = a = \frac{b}{s} = \frac{1}{f} \quad \ldots. \qquad (3)$$

Unter dieser Voraussetzung läßt sich der Konuswinkel nach den Gleichungen (4) berechnen, in welchen K und K_1 für jede Garnsorte bestimmte und gleichbleibende Werte sind:

$$\left.\begin{array}{ll} \operatorname{tg}\alpha = K \dfrac{f}{\sqrt{N}} \ \ldots\ldots. & \text{für gesponnene Garne} \\ \operatorname{tg}\alpha = K_1 \cdot f \cdot \sqrt{N} \ \ldots\ldots & \text{für gehaspelte Seide} \end{array}\right\} \ldots. \qquad (4)$$

Nach Abb. 158 ist die Anordnung derart, daß der zweite Faden der zweiten Lage genau zwischen den ersten und zweiten Faden der ersten Lage zu liegen kommt. In diesem Falle ist die Bandverschiebung (Support- oder Schärblattschaltung) v gleich dem halben Fadenabstand a, wie aus nachstehender Gleichung (5) hervorgeht:

$$v = \frac{a}{2} = \frac{b}{2s} = \frac{1}{2f} \quad \ldots. \qquad (5)$$

Unter dieser Voraussetzung läßt sich der Konuswinkel nach den folgenden Gleichungen berechnen, in welchen C und C_1 für jede Garnsorte bestimmte und gleichbleibende Werte sind:

$$\left.\begin{aligned} \cos\alpha &= C\,\frac{\sqrt{N}}{f} \;\ldots\ldots\ldots\; \text{für gesponnene Garne} \\ \cos\alpha &= \frac{C_1}{f.\sqrt{N}} \;\ldots\ldots\ldots\; \text{für gehaspelte Seide} \end{aligned}\right\} \;\ldots\ldots \quad (6)$$

Die Anordnung nach Abb. 157 ist streng genommen richtiger, da sodann der Auftrag gleich der Fadendicke ist. Sie hat aber den Nachteil, daß der erste Faden an den Konusstäben der Schärtrommel abgleiten kann, wenn diese oder die Fäden zu glatt sind. Die Anordnung nach Abb. 158 hat den Nachteil, daß bei feinerem Garn und geringeren Fadendichten die Fäden sich zu sehr in die unteren Fadenlagen einschneiden. Daraus ergibt

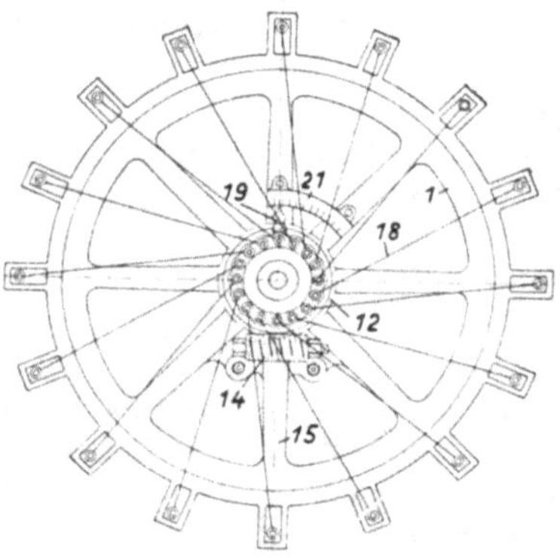

Abb. 159.

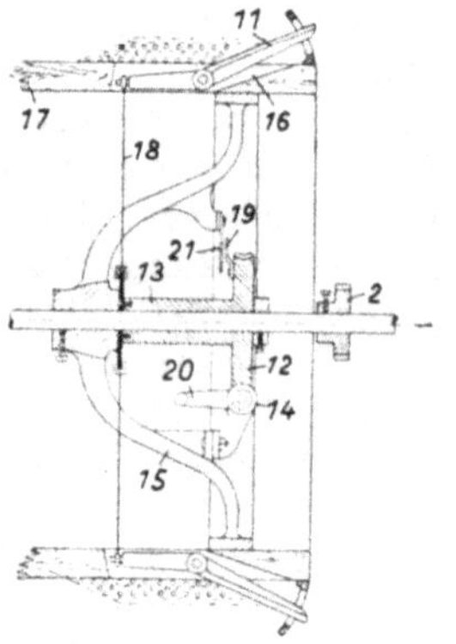

Abb. 160.

sich das Anwendungsgebiet der beiden Anordnungen: Die Anordnung nach Abb. 157 eignet sich für gröbere und rauhere Garne und geringere Fadendichten, die Anordnung nach Abb. 158 eignet sich für feinere und glättere Garne und größere Fadendichten.

Das Verfahren, welches dem vorliegenden neuen Gedanken zugrunde liegt, besteht also darin, daß man zuerst die Bandverschiebung (Support- oder Schärblattschaltung) der Fadendichte (Fadenabstand) anpaßt und danach den Konuswinkel (Neigungswinkel der Konusstäbe) der Fadendicke (Garnnummer) entsprechend ermittelt.

Um diesen Gedanken auszuführen, muß die Schärmaschine mit zwei Stellvorrichtungen versehen sein, und zwar mit einer Stellvorrichtung für die Veränderung der Bandverschiebung (Support- und Schärblattschaltung) und mit einer zweiten Stellvorrichtung für die Veränderung des Konuswinkels (Neigungswinkels der Konusstäbe).

Die gleichbleibenden Werte K und K_1 bzw. C und C_1 sind entweder empirisch zu ermitteln oder können aus den allgemein bekannten Abmessungen für die einzelnen Garnsorten errechnet werden. Die Stellvorrichtungen für die Bandverschiebung und den Konuswinkel können in bekannter Weise eingerichtet und mit Zifferteilungen versehen sein, welche zweckmäßigerweise entsprechend den Garnsorten, Garnfeinheiten (Garnnummern) und Fadendichten angelegt und mit Hilfe von Tabellen bedient werden.

Die beispielsweise Ausführung solcher Stellvorrichtungen für die Bandverschiebung und für den Konuswinkel zeigen die Abb. 159, 160 und 161. Abb. 161 stellt die Vorrichtung für die seitliche Verschiebung des Schärblattsupportes (Support- oder Schärblattschaltung) und dessen Geschwindigkeitsreglung dar. Von der Schärtrommel 1 aus wird unter Vermittlung der Zahnräder 2 und 3 ein Kurbelbolzen 4 angetrieben, der sich innerhalb eines mit Zifferteilung 0 versehenen Kurbelschlitzes 5, dem Rechnungsergebnis (Formeln 3 bzw. 5) oder dem Tabellenwert entsprechend, verstellen läßt. Durch ein Schaltklinkengetriebe 6, ein Kegelräderpaar 7, zwei Schneckengetriebe 8 und 9 wird absatzweise eine Drehbewegung des Kettenrades 10 hervorgerufen, auf welchem eine endlose Transportkette sitzt, welche die Verschiebung des festgeklemmten Schärblattsupportes in bekannter Weise besorgt.

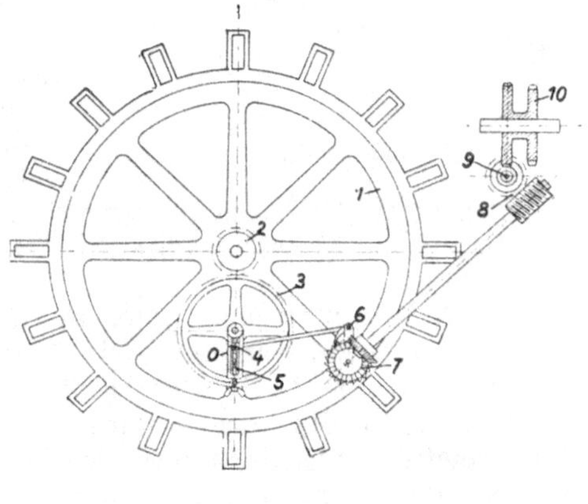

Abb. 161.

Abb. 159 und 160 veranschaulicht die Reglung der Schräge der Konusstäbe 11 dem Rechnungsergebnis (Formeln 4 bzw. 6) oder dem Tabellenwert entsprechend. Auf der Achse der Schärtrommel sitzt lose das Schraubenrad 12 mit seiner langen Nabe 13. Da 12 mit einer Schnecke 14 in Eingriff steht, welche an einem Arme 15 der Schärtrommel 1 gelagert ist, so nimmt 12 und 13 an der Trommeldrehung teil. Die Konusstäbe 11 sind in Schlitzen 16 der Rahmenlatten 17 drehbar gelagert und stehen durch Stäbe 18 mit der Nabe 13 in Verbindung. Soll zum Zwecke des Schärens einer Webkette eine Verstellung der Konusstäbe stattfinden, so stellt man den Zeiger 19 der Nabe 13 durch Drehen einer auf die Achse der Schnecke 14 geschobenen Kurbel 20 auf den durch Rechnung (Formeln 4 oder 6) oder aus Tabelle entnommenen Wert (Teilstrich), der an zwei Armen der Schärtrommel 1 befestigten Skala 21 ein, und bekommt dadurch die beabsichtigte Schräge der Konusstäbe.

B e i s p i e l Nr. 51: Die Untersuchung von Kettbaumbremsen.

Bei der Menge der von den Maschinenfabriken angebotenen Mechanismen, welche demselben Zwecke dienen sollen, ist es für den Webereileiter nicht immer leicht, aus vielem das für ihn Vorteilhafteste herauszufinden. Es wird notwendig sein, einen kritischen Vergleich anzustellen, der manchmal nicht einfach ist, da es nicht immer auf den ersten Blick gelingt, das ganze Wesen eines Mechanismus zu ergründen.

Aber auch für den Webermeister kann ein Eindringen in die Seele eines Mechanismus nur von Vorteil sein. Es würden alsdann alle jene Fehler vermieden, die eintreten, wenn Aufgaben mechanisch-technischer Art an ihn herantreten, die den Rahmen seiner täglich auszuübenden Obliegenheiten überschreiten.

Es muß also derjenige, welcher für den Maschineneinkauf verantwortlich ist, einen Mechanismus kritisch untersuchen können. Jener, welcher einen solchen ordnungsgemäß behandeln will, kann dies ohne Kenntnis derjenigen Bedingungen, unter welchen die einzelnen Teile desselben richtig arbeiten, nicht tun.

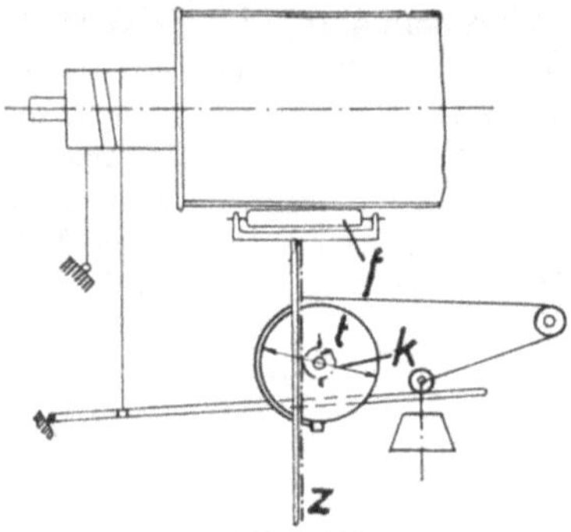

Abb. 162.

Viele Geld- und Zeitverluste würden erspart werden, wenn die mit genannten Obliegenheiten betrauten Persönlichkeiten immer die nötige Befähigung im obigen Sinne hätten.

Deshalb hält es der Verfasser auch für äußerst wichtig, daß an den Schulen, welchen die Heranbildung von Webereifachleuten obliegt, der Unterricht in der mechanischen Technologie der Weberei nicht nur dazu dient, den Schülern eine Beschreibung der Webereimaschinen zu geben, sondern auch dazu, jene zu befähigen, einen Mechanismus kritisch zu untersuchen.

In welcher Weise dies geschehen kann, soll an einem Beispiel erläutert werden:

In Abb. 162 ist eine automatisch regulierende Seilbremse dargestellt. Es soll untersucht werden, welche Vorteile dieselbe gegenüber der gewöhnlichen Seilbremse (Abb. 163) bietet, und unter welchen Bedingungen diese Vorrichtung richtig arbeiten wird.

Bietet die Maschinenfabrik den Webstuhl einmal mit gewöhnlicher Seilbremse und einmal mit der teueren automatisch regulierenden Seilbremse

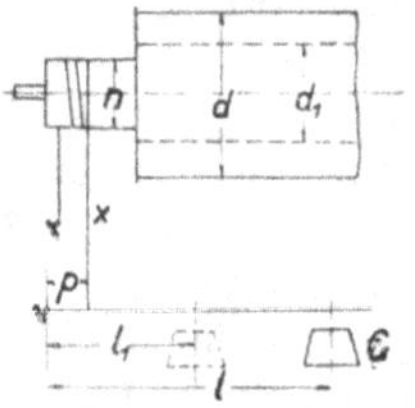

Abb. 163.

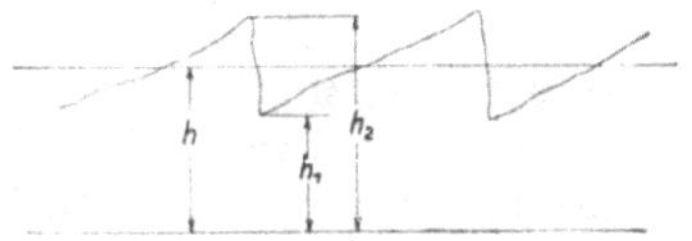

Abb. 164.

an, so muß der Besteller imstande sein, folgende Überlegung anstellen zu können:

Die gewöhnliche Seilbremse ergibt nur dann immer konstante Kettenspannung, wenn das Bremsgewicht entsprechend dem abnehmenden Kettenbaumdurchmesser nach innen geschoben wird. Bei der Ausführung (Abb. 163) kann dieses Verschieben natürlich nicht kontinuierlich, sondern nur absatzweise geschehen und ist abhängig von dem Willen des Webers.

Es wird also bei der gewöhnlichen Seilbremse (Abb. 163) die Kettenspannung keinen konstanten Wert h (Abb. 164) darstellen, sondern einen mehr oder weniger vom Willen des Webers abhängigen, schwankenden Wert h_2 h_1 (Abb. 164).

Soll nun der Webstuhl zur Herstellung einer Ware dienen, welche in bezug auf die Kettenspannung sehr empfindlich ist, und bei deren Herstellung man die guten Eigenschaften einer richtig arbeitenden Seilbremse nicht entbehren will, so wird sich der Besteller zur Anschaffung einer automatisch regulierenden Seilbremse (Abb. 162) entschließen.

Will man untersuchen, unter welchen Bedingungen ein Mechanismus richtig arbeitet, so ist dazu in den meisten Fällen eine Rechnung mit Buchstaben erforderlich, da nur diese es gestattet, aus dem Resultat allgemein gültige Folgerungen zu ziehen.

Die vielfach verbreitete Ansicht, daß eine solche Rechnung für den späteren Praktiker keinen Zweck hätte, weil er sie nicht anwenden könne in seiner späteren Tätigkeit, ist nicht richtig, denn durch die in vielen Beispielen auszuführenden kritischen Betrachtungen der verschiedensten Mechanismen während seiner Fachschulzeit, bildet sich in ihm ein gewisser Scharfblick, der ihn später in den Stand setzen wird, das Wesen eines Mechanismus eventuell auch ohne Rechnung zu erfassen.

Die zum Verständnis der folgenden Entwicklungen notwendigen Vorkenntnisse in der Mechanik und der Buchstabenrechnung sind dem Fachschüler natürlich vorher, d. h. vor Beginn des Unterrichtes in der mechanischen Technologie der Weberei, übermittelt worden.

Aus Abb. 163 geht hervor, daß sich der Seilzug x berechnet zu:

$$G \cdot l = x \cdot p$$

$$x = \frac{G \cdot l}{p}$$

beziehungsweise:

$$G \cdot l_1 = x_1 \cdot p$$

$$x_1 = \frac{G \cdot l_1}{p};$$

die Kettenspannung zu:

$$x \cdot \frac{n}{2} = K \cdot \frac{d}{2}$$

$$K = x \cdot \frac{n}{d};$$

beziehungsweise:

$$x_1 \cdot \frac{n}{2} = K \cdot \frac{d_1}{2}$$

$$K = x_1 \frac{n}{d_1}.$$

Da die Kettenspannung konstant sein soll, so muß die Gleichung bestehen:

$$x \cdot \frac{n}{d} = x_1 \cdot \frac{n}{d_1}$$

$$\frac{x}{d} = \frac{x_1}{d_1}.$$

daraus ergibt sich, die Werte für x und x_1 eingesetzt:

$$\frac{G \cdot l}{p \cdot d} = \frac{G \cdot l_1}{p \cdot d_1},$$

oder: $$\frac{l}{d} = \frac{l_1}{d_1},$$ d. h.:

in demselben Maße, wie der Durchmesser des Kettenbaumes abnimmt, muß auch der Hebelarm des Belastungsgewichtes G verringert werden.

Es muß also das Gewicht G während des Abwebens einen Weg nach innen zurücklegen, welcher ist:

$$l - l\frac{d_1}{d},$$

oder

$$l\left(1 - \frac{d_1}{d}\right).$$

Denselben Weg muß natürlich auch das Gewicht der automatisch regulierenden Seilbremse (Abb. 162) selbsttätig nach innen wandern, wenn die Fühlrolle f einen Hub $\frac{d-d_1}{2}$ ausgeführt hat.

Der Hub von f wird durch die Zahnstange z auf das Stirnzahnrädchen mit dem Teilkreisdurchmesser t übertragen; letzteres macht also in derselben Zeit $\frac{d-d_1}{2} : t \cdot \pi = \frac{d-d_1}{2 \cdot t \cdot \pi}$ Touren.

Da die Holzscheibe mit dem Durchmesser k und das Zahnrädchen mit dem Teilkreisdurchmesser t starr miteinander verbunden sind, so ist der Umfangsweg der ersteren entsprechend:

$$\frac{d-d_1}{2 \cdot t \cdot \pi} \cdot k \cdot \pi, \text{ gekürzt: } \frac{(d-d_1)\,k}{2\,t};$$

da aber dieser Umfangsweg gleich $l\left(1 - \frac{d_1}{d}\right)$ sein muß, so ergibt sich die Gleichung:

$$\frac{(d-d_1) \cdot k}{2 \cdot t} = l\left(1 - \frac{d_1}{d}\right),$$

d. h. das Übersetzungsverhältnis:

$$\frac{k}{t} = \frac{l\left(1 - \frac{d_1}{d}\right) \cdot 2}{d - d_1};$$

gekürzt:

$$\frac{k}{t} = 2 \cdot \frac{l}{d}.$$

Nur wenn diese Bedingung erfüllt ist, wird die automatisch regulierende Seilbremse mit konstanter Kettenspannung arbeiten, also ihren Zweck erfüllen.

Da nun, um bei diesem Beispiel zu bleiben, die Bremse in einer Ausführung von der Maschinenfabrik geliefert wird, welche der obigen Bedingung entspricht, so könnte der Einwand gemacht werden, daß jene Betrachtung nicht Sache des Webereileiters, sondern des ausführenden Technikers sei. Das ist aber nicht ganz richtig, denn die Erfahrung hat gelehrt, daß es ebenso notwendig ist, daß sich auch der Webereileiter über die sogenannten Konstruktionsbedingungen klar ist, wie aus folgendem hervorgeht:

Der Webereileiter hat die automatische Bremse irgendwo gesehen und will sie nach eigener Angabe herstellen lassen. Er muß sich dann offenbar über die Bedeutung des Übersetzungsverhältnisses $\frac{k}{t}$ in bezug auf die richtige

Funktion des Mechanismus klar sein. Es kommt aber auch in der Praxis häufig vor, daß Maschinen demontiert und lange nachher wieder aufgebaut werden. Hierbei kann es passieren, daß die Schnur, welche das Gewicht mit der Rolle k verbindet, nicht mehr zu finden, bzw. abgerissen ist. Wenn sich nun der Meister über die Bedeutung der Schnurlänge für das richtige Funktionieren der Bremse klar ist, so kann eine falsche Montage nicht stattfinden, die sonst unausbleiblich wäre.

Ich glaube mit diesem Beispiel genügend gezeigt zu haben, daß eine bloße Beschreibung eines Mechanismus nicht genügt, um denselben restlos verstehen und verständnisvoll behandeln zu können, daß vielmehr eine kritische Betrachtung desselben der Beschreibung folgen muß.

Beispiel Nr. 52: Über Webstuhlkupplungen.

Von großer Bedeutung für das gute Arbeiten des Webstuhles, für den gleichmäßigen Ausfall der Ware, den geringen Kraftbedarf und die Schonung des Antriebsmotors, ist die Kupplung, welche den Motor mit der Webstuhlachse verbindet.

Im folgenden sollen die gebräuchlichsten Kupplungen besprochen werden.

Abb. 165 zeigt die einfachste und billigste Anordnung: der Motor ist ohne Zwischenschaltung einer Kupplung mit der Webstuhlachse verbunden. Das Zahnrädchen des Motors arbeitet unmittelbar mit dem auf der Webstuhlachse sitzenden Zahnrade zusammen.

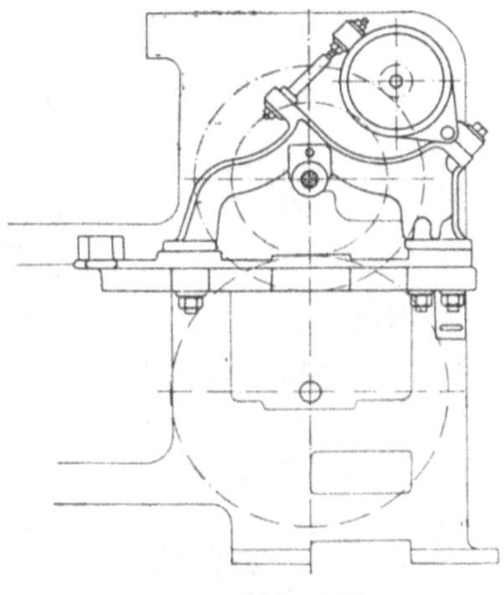

Abb. 165.

Diese Anordnung kann nur bei ganz leichten Stühlen benutzt werden, da beim plötzlichen Stillsetzen des Webstuhles (z. B. wenn er bei einem Steckenbleiben des Schützens im Fach in die Stecher fällt) auch der Motor plötzlich stillstehen muß, wodurch Übelstände mancherlei Art entstehen können: Rückstöße aufs elektrische Netz, Wegbrechen von Zähnen, ungünstige Beeinflussung der Motorwicklungen usw. Sie hat jedoch neben der Billigkeit und Einfachheit auch den Vorteil, daß der Stuhl schnell auf Normalgeschwindigkeit kommt, weil infolge des großen Anzugsmomentes des Drehstrom - Kurzschlußankermotores dieser schnell auf volle Tourenzahl kommt, jedoch nur dann, wenn ein Spezialwebstuhlmotor mit großem Anzugsmoment gewählt wird.

Beim Riemenantrieb (Abb. 108) ist es gerade umgekehrt. Man erreicht es, daß beim plötzlichen Stillsetzen des Webstuhles der Motor noch Gelegenheit hat, sich auszulaufen, weil der Riemen als Rutschkupplung wirkt. Jedoch wird beim Ansetzen des Motors dessen Antriebsscheibchen im Riemen vorerst rutschen, so daß der erste Schuß nur wenig energisch angeschlagen wird.

Die Rutschkupplung (Abb. 166) besteht aus einem vom Motor angetriebenen Zahnrade, welches lose auf der Stuhlachse sitzt. An ihm ist das aus Stahl hergestellte Bremsband befestigt, welches zur Vergrößerung der Reibung mit Leder oder Holzklötzchen besetzt sein kann und die Bremsscheibe umfaßt, die fest auf der Webstuhlachse aufgekeilt ist. Die Spannung des Bandes wird durch eine regulierbare Feder besorgt. Diese Spannung ist so groß, daß die Verbindung zwischen Motor und Webstuhlachse für gewöhnlich als starr angenommen werden kann, während in dem Augenblicke, wo der Stuhl durch die Stechereinrichtung abgestellt und gebremst wird, ein Rutschen des Bremsbandes auf der Scheibe eintritt, so daß der Motor Gelegenheit hat, noch eine oder zwei Touren zu machen, ehe er zur Ruhe kommt. Man kommt zu der Erkenntnis, daß diese Kupplung nur für leichte Stühle geeignet ist, da der Motor den Stuhl sofort mitnehmen muß.

An schweren Stühlen findet man häufig Anordnungen gemäß Abb. 168. Hinten im Stuhl befindet sich eine Reibungskupplung, bestehend aus der Antriebsscheibe, welche lose auf der Vorgelegewelle sitzt, und der fest auf letzterer aufgekeilten zweiten Kupplungshälfte. Soll der Stuhl in Betrieb gesetzt werden, so wird durch das Vorschieben der Ein- und Ausrückstange der als Antriebsrad ausgebildete Kupplungsteil gegen den anderen gepreßt, so daß die Vorgelegewelle mitgenommen wird. Durch ein Kegelradvorgelege wird die Tourenzahl dieser Welle verkleinert auf die Webstuhlachse übertragen.

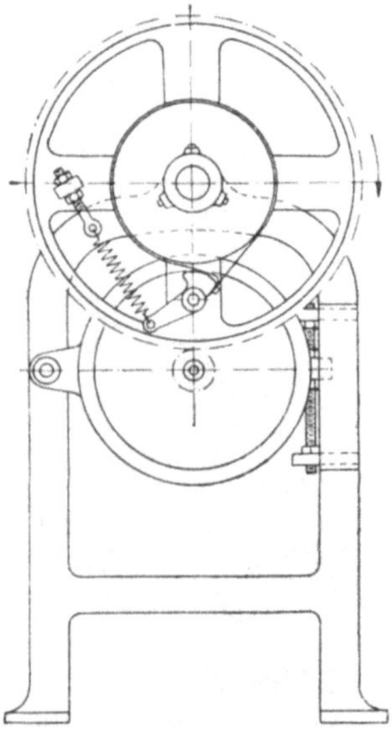

Abb. 166.

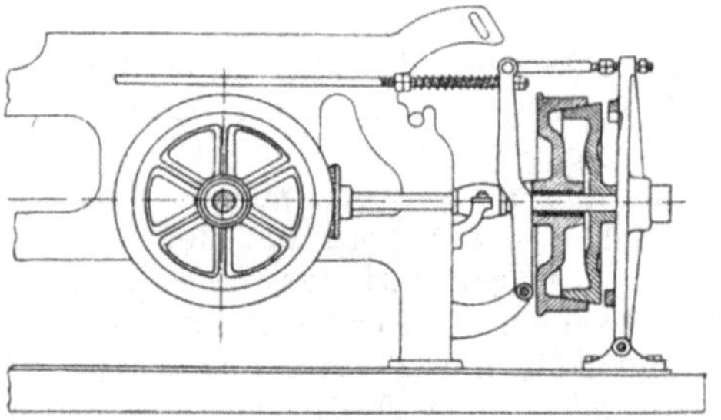

Abb. 168.

Das Übersetzungsverhältnis ist meist 3:1. Diese Einrichtung hat viele Vorteile. Es ist eine bestimmte Arbeit zu übertragen. Arbeit ist das Produkt: Kraft mal Weg. Unter Kraft ist in unserem Falle die am Umfange der Antriebsscheibe wirkende Zugkraft des Riemens oder der Zahndruck bei Zahnradantrieb zu verstehen. Unter Weg ist hier jene Strecke zu verstehen, die ein Punkt am Umfange der Antriebsscheibe in einer Sekunde zurücklegt. Man sieht ein: Läuft die Antriebsscheibe schnell, so kann die Zugkraft des Riemens bzw. der Zahndruck klein sein. Der Riemen kann dünner und schmaler gewählt werden, die schnell umlaufende Masse der Antriebsvorrichtung wirkt als Schwungrad und erhöht die Gleichmäßigkeit des Antriebes. Der Elektromotor, welcher auf das in diesem Falle als Zahnrad ausgebildete Antriebsrad wirkt, kann mit höherer Tourenzahl laufen, wirtschaftlicher arbeiten und billiger hergestellt werden. Bei schweren Stühlen wird man also den Antrieb stets auf eine schneller laufende Vorgelegewelle verlegen, um die eben geschilderten Vorteile zu erzielen. Bei der Einrichtung (Abb. 168) kommt noch hinzu, daß der Motor leer anlaufen kann und erst dann den Stuhl mitzunehmen braucht, wenn er die nötige Schwungkraft besitzt und seine eigene Trägheit (Massenbeschleunigung) überwunden hat. Man erreicht dies dadurch, daß beim Einrücken des Stuhles durch die Einrückstange zunächst der Stromkreis geschlossen wird und kurz hinterher erst die Kupplung. Fällt der Stuhl plötzlich in die Stecher, so wird durch die Ausrückbewegung der fest auf der Vorgelegewelle sitzende Kupplungsteil gebremst, die Kupplung selbst aber gelöst, so daß der Motor Gelegenheit hat sich auszulaufen, indem er nur den lose auf der Achse sitzenden Kupplungsteil, das Antriebsrad, dreht.

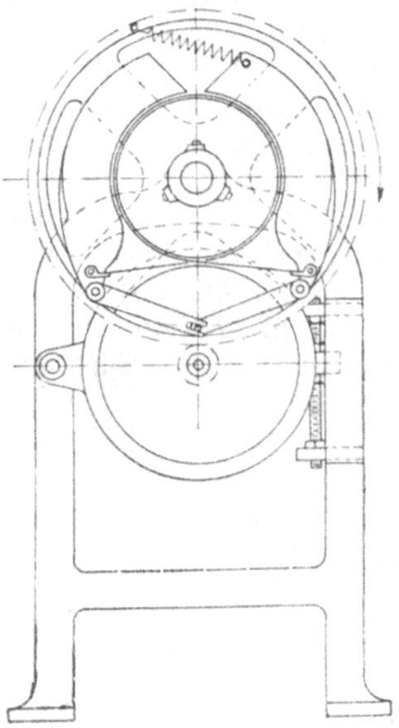

Abb. 167.

Die vollkommenste Webstuhlkupplung ist die sogenannte Zentrifugalkupplung (Abb. 167 und 169). Sie setzt den Webstuhl erst in Betrieb, wenn sein Antriebsmotor seine volle Tourenzahl erlangt hat, so daß der erste Ladenanschlag gerade so kräftig erfolgt wie jeder andere. Hierdurch werden große Vorteile erzielt:

1. Man kann eine kleine Motortype wählen, weil der Motor nicht gleichzeitig sich selbst und seine Maschine zu beschleunigen braucht, sondern weil er leer anläuft und dann erst mit der Achse des Webstuhles gekuppelt wird.
2. Weil bei empfindlichen Waren Schußstreifen vermieden werden.
3. Weil beim plötzlichen Stillsetzen des Webstuhles der Motor Gelegenheit hat sich auszulaufen.

Alle diese Vorteile erreicht man dadurch, daß man die Zentrifugalkraft (Schwungkraft) zur Herbeiführung des Kupplungsvorganges benutzt.

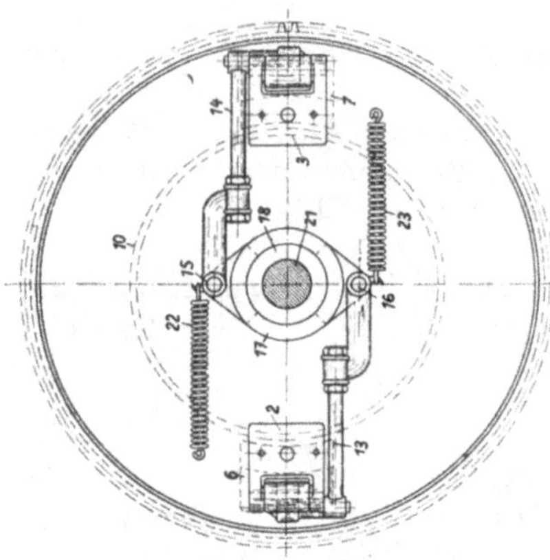

Abb. 169.

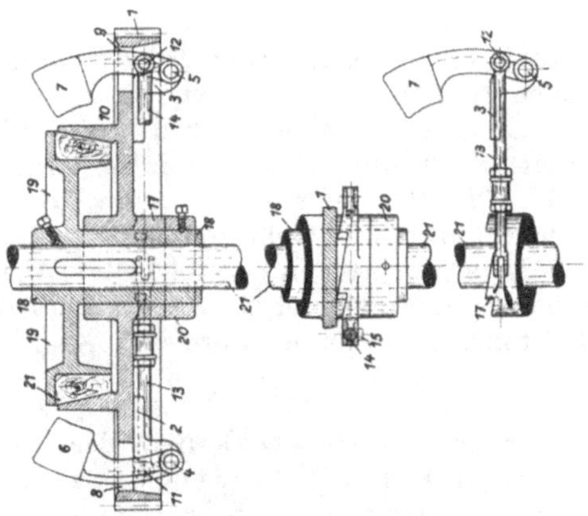

Abb. 170.

In Abb. 167 sind zwei große Gewichte zu sehen, welche sich um die Bremsscheibe gruppieren. Diese beiden Gewichte sind um Bolzen drehbar, welche an dem Antriebszahnrad angebracht sind; sie drehen sich also mit letzterem. Diese Schwinggewichte stehen unter sich und mit dem Bremsstahlband in Verbindung, welches um die Bremsscheibe gelegt ist, die fest auf der Webstuhlachse sitzt, während die Antriebsscheibe sich lose auf dieser Welle drehen kann. Durch eine Feder werden die Schwinggewichte stets nach dem Bremsrade hin gezogen. Wird der Motor angelassen, so dreht er zunächst das lose auf der Welle sitzende Antriebsrad, die Gewichte schwingen unter dem Einfluß der Zentrifugalkraft nach außen und haben bei einer ganz bestimmten, genau einregulierten Tourenzahl genügend Kraft, das Stahlband so scharf anzuziehen, daß der Stuhl mitgenommen wird.

Bei schweren Stühlen, die auch mechanisch rückwärts laufen sollen, ist eine Kupplung zu empfehlen, bei der die schwingenden Massen so ausbalanziert sind, daß sie in jeder Drehrichtung gleichartig wirken. Dies erreicht die Ausführung in Abb. 169 dadurch, daß die Schwinggewichte nicht wie in Abb. 167 in der Radebene schwingen, sondern senkrecht dazu. Der Schnitt (Abb. 170) zeigt, daß durch das Ausschwingen der Gewichte bei dieser

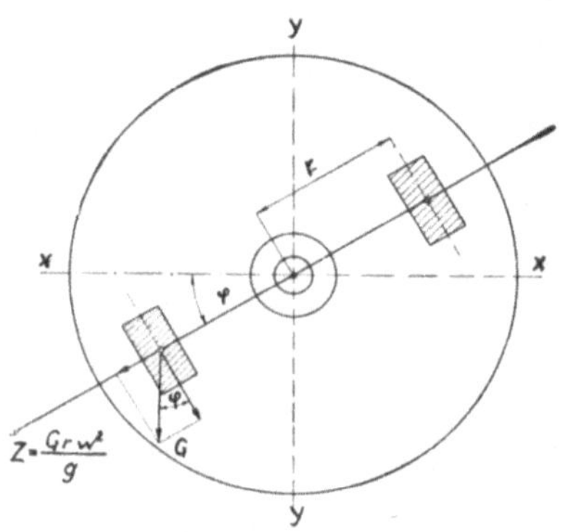

Abb. 171.

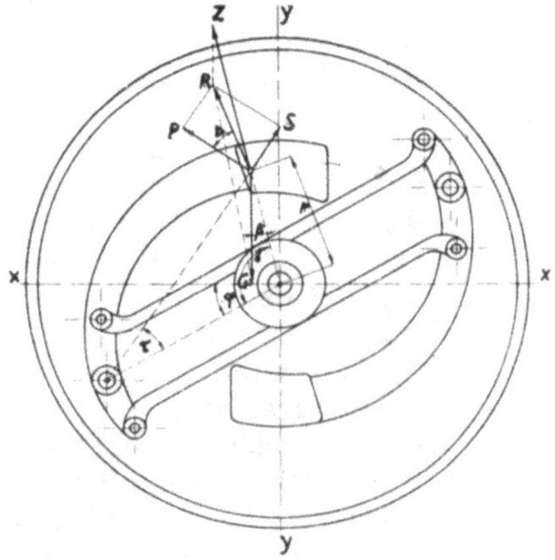

Abb. 172.

Kupplung ein Klauenring gedreht wird, welcher die Losscheibe gegen den festen Kupplungsteil drückt.

Es gibt also 2 Arten von Fliehkraftkupplungen. Abb. 172 (167) zeigt schematisch eine solche, deren Gewichte in der Radebene ausschwingen, und Abb. 171 (169) eine solche, deren Gewichte in einer Ebene ausschwingen, welche durch die Wellenmittellinie gelegt ist.

Es sollen nun in den folgenden Ausführungen diese beiden Kupplungsarten miteinander verglichen werden. Bekanntlich errechnet sich die Größe der Fliehkraft aus der Formel: $\frac{G \cdot r \cdot \omega^2}{g}$

Hierin bedeutet G das Gewicht der Schwungmassen, r die Entfernung des Schwerpunktes der Schwungmasse vom Drehmittelpunkt, ω die Winkelgeschwindigkeit der Schwungmassen, und g die Erdbeschleunigung. Aus der Abb. 171 geht nun hervor, daß diejenige Kraft P, welche das Verkuppeln zu Wege bringen soll proportional sein wird dem Werte:

$$\frac{G \cdot r \cdot \omega^2}{g} + G \cdot \sin \varphi$$

der Winkel φ, der sich auf die Stellung des Fliehkrafthebels zum feststehenden Achsenkreuz x y bezieht, ändert sich also fortwährend bei der Rotation, und mit ihm auch die Resultierende der an den Fliehkrafthebeln angreifenden Kräfte.

Bei einem Winkel $\varphi = 90^\circ$ bzw. 270° zieht der eine Fliehgewichtshebel mit einer Kraft proportional dem Werte $\frac{G \cdot r \cdot \omega^2}{g} + G$, und der andere mit einer Kraft $\frac{G \cdot r \cdot \omega^2}{g} - G$, somit ergibt sich die Gesamtwirkung entsprechend dem Werte
$$\frac{2\, G \cdot r \cdot \omega^2}{g} \text{ kg} \,.$$

In einer beliebigen Stellung entspricht die gesamte Kraft dem Werte:
$$\left[\frac{G \cdot r \cdot \omega^2}{g} + G \cdot \sin\varphi\right] + \left[\frac{G \cdot r \cdot \omega^2}{g} - G \cdot \sin\varphi\right],$$
so daß sich für jede beliebige Stellung der Kupplung eine Kupplungsfähigkeit ergibt entsprechend dem Werte $2\,\frac{G \cdot r \cdot \omega^2}{g}$ kg, d. h. die Kupplung in

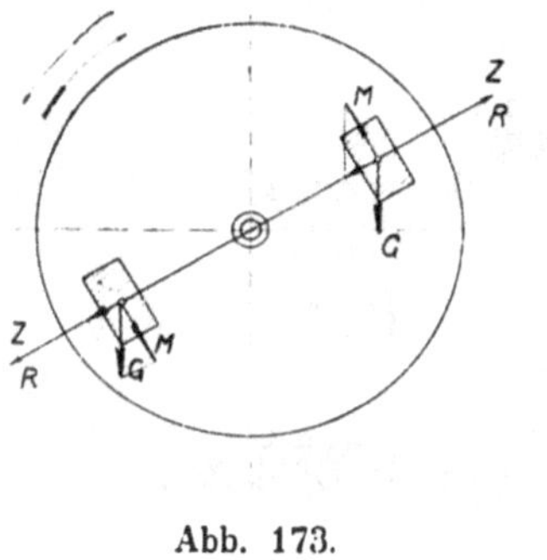

Abb. 173.

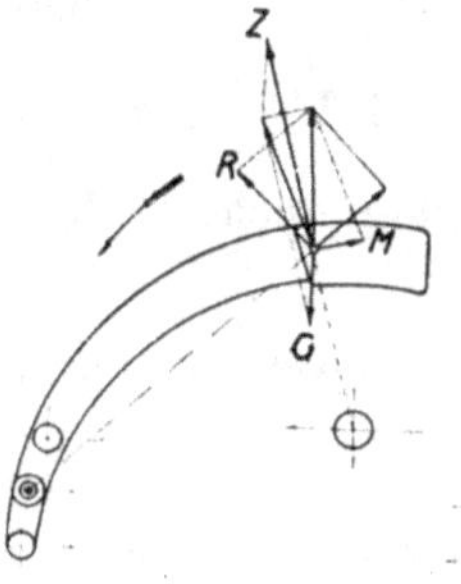

Abb. 174.

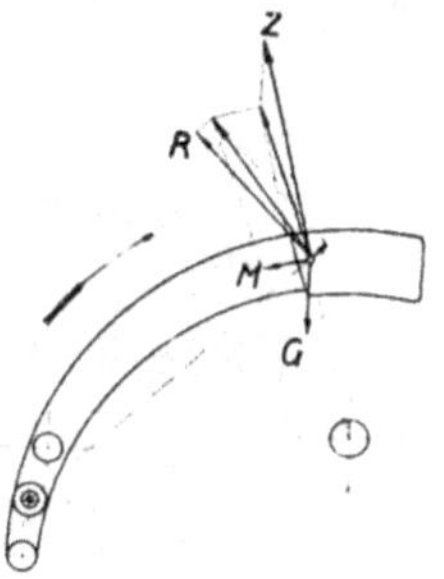

Abb. 175.

Abb. 169, 170 und 171, 173 hat eine unveränderliche Friktionswirkung bei derselben Tourenzahl in jeder beliebigen Stellung.

Wie verhält es sich nun bei den Fliehkraftkupplungen gemäß Abb. 167, 172 und 174?

Die Kraft P, welche für die Kupplungsfähigkeit des Mechanismus maßgebend ist, ist abhängig von der momentanen Stellung der Fliehgewichtshebel zum feststehenden Achsenkreuz y y bzw. x x, also abhängig von der Größe des Winkels φ. Abb. 172 läßt erkennen, daß die Winkel τ und γ unveränderlich sind, wohingegen sich der Winkel β fortwährend ändert, weil das Gewicht G der Fliehkrafthebel immer senkrecht nach unten wirkt, und seine Richtung zum Achsenkreuz x y nicht ändert, bzw. weil die Zentrifugalkraft Z stets radial auftritt. Zentrifugalkraft Z und Eigengewicht G schließen also einen sich bei der Rotation fortwährend ändernden Winkel ein, und es entsteht die resultierende Kraft $R = \sqrt{G^2 + Z^2 - 2\, G \cdot Z \cdot \cos\beta}$.

Diese Resultierende R zerlegt sich nun wieder in 2 Seitenkräfte, von denen die eine S, Spannungen in dem Fliehgewichtshebel hervorruft, während die andere jene von uns gesuchte Kraft P ist, die eine Verkupplung bewirkt.
$$P = R \cdot \cos\Delta \,.$$

Nach diesen Betrachtungen sind die folgenden beiden Ausdrücke für P und P′ verständlich, wobei P die momentane Verkupplungskraft des einen Schwinggewichtshebels, und P′ jene gleichzeitig auftretende und zur ersten zu addierende Verkupplungskraft des anderen Schwinggewichtshebels bedeutet.

$$P = \cos\left[\gamma + \tau - 90 - \text{arc}\sin\left(\frac{G}{R}\sin\beta\right)\right] \cdot \sqrt[2]{G^2 + Z^2 - 2\,G\,.\,Z\,.\cos\beta}\,,$$

$$P' = \cos\left[\gamma + \tau - 90 - \text{arc}\sin\left(\frac{G}{R'}\sin\beta'\right)\right] \cdot \sqrt[2]{G^2 + Z^2 - 2\,G\,.\,Z\,.\cos\beta'}\,.$$

Nehmen wir an, die Kupplung befinde sich in einer solchen Stellung, daß Winkel β für den einen Schwinggewichtshebel 0° ist, also für den anderen Schwinggewichtshebel $\beta' = 180°$, so ergibt sich

$$P = \pm (G - Z)\,.\cos(\gamma + \tau - 90) \text{ und}$$
$$P' = \pm (G + Z)\,.\cos(\gamma + \tau - 90)\,,$$

mithin die gesamte augenblicklich vorhandene Kraft zur Bewerkstelligung der Verkupplung, unter Berücksichtigung der Richtungsvorzeichen von P und P′

$$P + P' = 2\,.\,Z\,.\cos(\gamma + \tau - 90)\,.$$

Hat die Kupplung eine solche Stellung, daß $\beta = 90°$ und $\beta' = 270°$ beträgt, so ist:

$$P = \cos\left[\gamma + \tau - 90 - \text{arc}\sin\frac{+G}{\sqrt{G^2 + Z^2}}\right] \cdot \sqrt{G^2 + Z^2} \text{ und}$$

$$P' = \cos\left[\gamma + \tau - 90 - \text{arc}\sin\frac{-G}{\sqrt{G^2 + Z^2}}\right] \cdot \sqrt{G^2 + Z^2}\,.$$

Es sei angenommen das Fliehgewicht mit G = 4,5 kg, der Abstand des Fliehgewichtschwerpunktes vom Wellenmittelpunkt r = 130 mm, der Winkel $\gamma = 100°$ und der Winkel $\tau = 25°$, die Tourenzahl n = 120.

Alsdann errechnet sich die Winkelgeschwindigkeit ω zu $\frac{120\,.\,\pi}{30} = 12{,}566$

und die Zentrifugalkraft Z ungefähr zu $\frac{4{,}5\,.\,0{,}13\,.\,12{,}566^2}{9{,}81} = 9{,}42$ kg.

Für die Stellung $\beta = 0°$ bzw. $\beta' = 180°$ wird dann

$$R = \sqrt{4{,}5^2 + 9{,}42^2 - 2\,.\,4{,}5\,.\,9{,}42\,.\,1} = 4{,}92 \text{ kg}$$

$$R' = \sqrt{4{,}5^2 + 9{,}42^2 + 2\,.\,4{,}5\,.\,9{,}42\,.\,1} = 13{,}92 \text{ kg}$$

$$P = 4{,}92\,.\cos 35° = 4{,}03 \text{ kg}$$

$$P' = 13{,}92\,.\cos 35° = 11{,}40 \text{ kg}$$

$$P + P' = 15{,}43 \text{ kg}.$$

Für die Stellung $\beta = 45^\circ$ und $\beta' = 225^\circ$ ergibt sich sinnentsprechend:

$$R = \sqrt{4,5^2 + 9,42^2 - 2 \,.\, 4,5 \,.\, 9,42 \,.\, 0,707} = 7 \text{ kg}$$

$$R' = \sqrt{4,5^2 + 9,42^2 + 2 \,.\, 4,5 \,.\, 9,42 \,.\, 0,707} = 13 \text{ kg}$$

$$\text{arc sin} \left(\frac{G}{R} \cdot \sin \beta \right) = \text{arc sin } \frac{4,5}{7} \cdot 4,5 \;.\, 0,707 = 27^\circ$$

$$P = 7 \,.\, \cos 8^\circ = 6,93 \text{ kg}$$

$$\text{arc sin} \left(\frac{G}{R'} \cdot \sin \beta' \right) = \text{arc sin } \frac{4,5}{13} \cdot (-0,707) = -14^\circ\, 10'$$

$$P' = 13 \,.\, \cos 49^\circ\, 10' = 8,50 \text{ kg}$$

$$P + P' = 15,43 \text{ kg.}$$

Für die Stellung $\beta = 90^\circ$ und $\beta' = 270^\circ$ ergeben sich folgende Werte:

$$R = \sqrt{4,5^2 + 9,42^2} = 10,44 \text{ kg}$$

$$R' = \sqrt{4,5^2 + 9,42^2} = 10,44 \text{ kg}$$

$$\text{arc sin} \left(\frac{G}{R} \sin \beta \right) = \text{arc sin } \frac{4,5}{10,44} \cdot 1 = 0,431 = 25^\circ\, 32'$$

$$P = 10,44 \,.\, \cos 9^\circ\, 28' = 10,3 \text{ kg}$$

$$\text{arc sin} \left(\frac{G}{R'} \sin \beta' \right) = \text{arc sin } \frac{4,5}{10,44} \cdot \left(-1 \right) = -25^\circ\, 32'$$

$$P' = 10,44 \,.\, \cos 60^\circ\, 32' = 5,13 \text{ kg}$$

$$P + P' = 15,43 \text{ kg}$$

den Winkelgrößen $\beta = 0^\circ, 45^\circ, 90^\circ$ entspricht bei der Kupplung Abb. 171, 173 die Winkelgröße $\varphi = 270^\circ, 315^\circ, 360^\circ$, und man erhält für $\varphi = 270^\circ$.

$$P = \frac{G \,.\, r \,.\, \omega^2}{g} + G \,.\, \sin \varphi = 4,5 \cdot \left(\frac{0,13 \,.\, 12,566^2}{9,81} + (-1) \right) = 4,92 \text{ kg}$$

$$P' = \frac{G \,.\, r \,.\, \omega^2}{g} - G \,.\, \sin \varphi = 4,5 \cdot \left(\frac{0,13 \,.\, 12,566^2}{9,81} - (-1) \right) = 13,92 \text{ kg}$$

$$P + P' = 18,84 \text{ kg}$$

Für $\varphi = 315^\circ$ ergibt sich entsprechend:

$$P = 4,5 \left(\frac{0,13 \,.\, 12,566^2}{9,81} - 0,707 \right) = 6,24 \text{ kg}$$

$$P' = 4,5 \left(\frac{0,13 \,.\, 12,566^2}{9,81} + 0,707 \right) = 12,60 \text{ kg}$$

$$P + P' = 18,84 \text{ kg.}$$

Für $\varphi = 360^\circ$ ist:

$$P = P' = 4,5 \,.\, \frac{0,13 \,.\, 12,566^2}{9,81} = 9,42 \text{ kg}$$

$$P + P' = 18,84 \text{ kg.}$$

Es zeigt also die in Radebene ausschlagende Zentrifugalkupplung die Werte

P	4,03	6,93	10,30	kg
P'	11,40	8,50	5,13	kg

und die in der Achsenrichtung ausschlagende Zentrifugalkupplung die Werte

P	4,92	6,24	9,42	kg
P'	13,92	12,60	9,42	kg

Die beiden Kupplungssysteme (Abb. 167 und 170) haben also die Eigentümlichkeit, daß der eine Schwinggewichtshebel in den verschiedenen Kupplungsstellungen eine vom anderen Schwinggewichtshebel mehr oder weniger große Abweichung der augenblicklichen Zugkraft besitzt. Ferner ist einzusehen, daß die Kupplung (Abb. 167) in ihrer Mitnahmefähigkeit bei sich ändernder Winkelgeschwindigkeit beeinflußt werden wird durch die alsdann wirksam werdenden tangentialen Massenbeschleunigungen oder Verzögerungen. Dieser letztere Übelstand tritt bei der Kupplung (Abb. 169/170) nicht auf.

B e i s p i e l Nr. 53: Die Webstuhlschützenkastenzunge. Die Form, welche man der Kastenzunge gibt, ist von außerordentlich großer Bedeutung für das Verhalten des einlaufenden Schützens. Überall wo fortwährende Massenbeschleunigungen und Verzögerungen auftreten, muß man auf die konstruktive Durchbildung jener Teile, die an jenen Vorgängen Anteil haben, große Sorgfalt verwenden. Wir wollen uns vor Augen halten, daß eine Weberei mit 500 Webstühlen und 180 minutlichen Webstuhlumdrehungen, bei 25% Stillständen, im Jahr ca. $500 \,.\, 180 \,.\, \frac{75}{100} \,.\, 60 \,.\, 8 \,.\, 300 = 97 \,.\, 10^8 =$ ungefähr 10 Milliarden Schützenschläge ausführt. Da nun die richtige Ausbildung der Kastenzunge nicht nur mit einer Kraftersparnis, sondern auch mit einer Schonung des Schützens und des Schlagmechanismus verbunden ist, so erhellt die Wichtigkeit des angeschnittenen Themas hieraus.

Damit wir uns eine Vorstellung machen können von den obwaltenden Verhältnissen, wollen wir einmal willkürlich einige Zahlenwerte annehmen.

Die Zunge soll die „lebendige Kraft" des Schützens auf einem Wege s = 200 mm vernichten bis auf ein Drittel der ursprünglichen lebendigen Kraft beim Einlauf in den Schützenkasten, denn die Kastenzunge soll den einlaufenden Schützen soweit abbremsen, daß er nur leicht gegen den Treiber stößt. Die Geschwindigkeit des ankommenden Schützens wird angenommen mit 3 m/sec. Wie groß muß alsdann die Verzögerung sein, welche die Kastenzunge dem Schützen erteilt?

Der Ausdruck für die lebendige Kraft (Arbeitsvermögen) ist $\frac{M}{2}\, v^2$.

Bezeichnen wir die lebendige Kraft beim Schützeneintritt mit $\frac{M}{2}\, v_2^2$, und beim Auftreffen auf den Picker mit $\frac{M}{2}\, v_1^2$, so muß laut Voraussetzung die

Proportion bestehen:

$$\frac{M}{2} v_2^2 : \frac{M}{2} v_1^2 = 3 : 1$$

$$v_2^2 : v_1^2 = 3 : 1$$

$$3^2 : v_1^2 = 3 : 1$$

$v_1 = \sqrt{3} = 1{,}73$ m/sec. Diese Geschwindigkeit müßte der Schützen besitzen, wenn er auf den Treiber (Picker) trifft. Nunmehr können wir auch die Zeit berechnen, während welcher die Kastenzunge auf den vorbeigleitenden Schützen einwirkt:

$$\frac{v_1 + v_2}{2} \cdot t = s; \qquad t = \frac{2s}{v_1 + v_2} = \frac{2 . 0{,}2}{1.73 + 3} = 0{,}085 \text{ sec} .$$

Bei der gleichförmig verzögerten Bewegung ermittelt man die Verzögerung aus der Beziehung:

$$s = c . t - \frac{p}{2} . t^2$$

hierin bedeutet c die Anfangsgeschwindigkeit, d. h. die Geschwindigkeit des Schützens in dem Augenblicke, wo er mit der Kastenzunge in Berührung kommt, und p die Verzögerung des Schützens infolge der Kastenzungenbremsung; folglich:

$$0{,}2 = 3 . 0{,}085 - \frac{p}{2} . 0{,}085^2 ;$$

$$p = \frac{3 . 0{,}085 - 0{,}2}{0{,}085^2} . 2 = 15{,}2 \text{ m/sec}^2 .$$

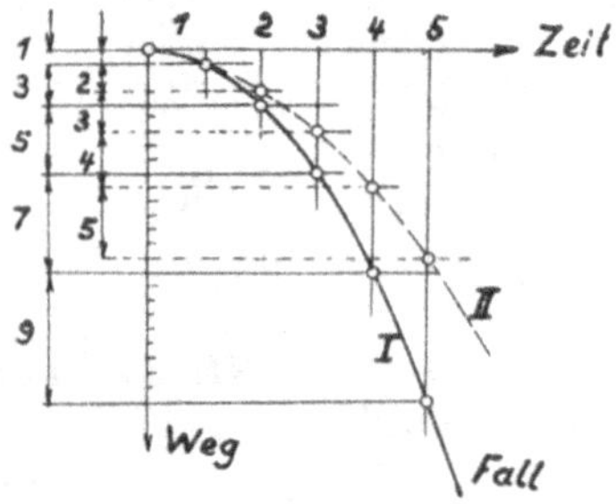

Abb. 176.

Beträgt das Schützengewicht 120 Gramm, so ist die zu vernichtende Arbeit in einem Jahre bei 500 Stühlen und 180 Touren:

$$\left[\frac{M}{2} v_2^2 - \frac{M}{2} v_1^2\right] . 10^{10} \text{ mkg}$$

$10^{10} . \dfrac{0{,}120}{2 . 9{,}81} \left[3^2 - 1{,}73^2 \right] = 360$ Millionen mkg $= 843\,000$ Wärmeeinheiten. Die entsprechende Steinkohlenmenge $= \dfrac{843\,000}{7000} = 120$ kg ohne Berücksichtigung aller Verluste.

Es ist vorteilhaft, die Geschwindigkeitsänderungen den Freifallbewegungsverhältnissen sich nähern zu lassen, damit die Bewegungsänderung der Massen möglichst stoßfrei erfolgt.

In Abb. 176* zeigt die Kurve I die Freifallbeschleunigung mit der Geschwindigkeitszunahme 1 : 3 : 5 : 7 . . . usw. Für unseren speziellen Fall der Schützenbremsung im Schützenkasten begnügen wir uns mit dem Verhältnis 1 : 2 : 3 : 4 usw.

*) Entnommen einer Abhandlung von Studienrat Ing. Ullrich in der Leipziger Monatschrift für Textilindustrie.

Darauf fußend bekommt man die in Abb. 177 dargestellte Zungenform.

Die Schützenkastenzungenform (Abb. 178 und 179) ist nicht empfehlenswert, weil die Endstellung des Webschützens eine unsichere ist, wegen der verminderten Bremswirkung der Zunge gegen Ende des Schützenlaufes. Der Nachteil einer solchen Zungenform kommt in unangenehmster Weise beim nachfolgenden Schlag zum Ausdruck, weil der zu trockene oder rauhe Schützen nicht bis an den Treiber (Picker) läuft, wohingegen der glatte oder fettige Schützen zurückprallt. In beiden Fällen fällt der nachfolgende Schlag zu schwach aus.

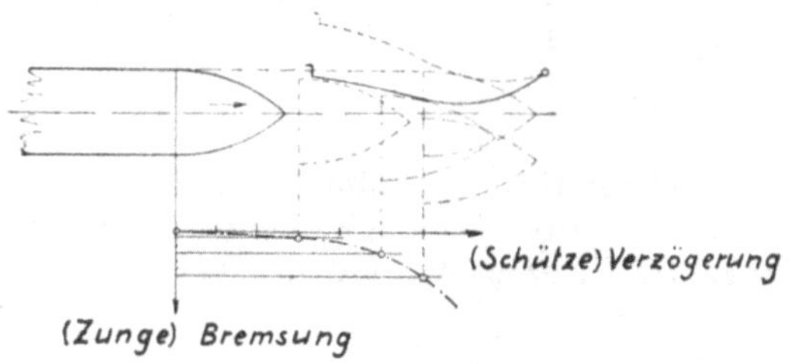

Abb. 177.

Abb. 178.

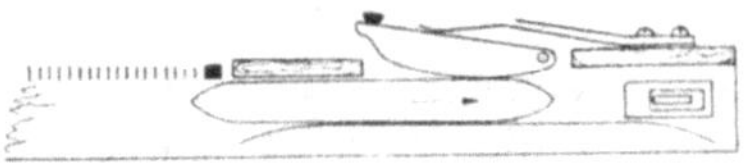

Abb. 179.

Beispiel Nr. 54: Berechnung der Schaftrollenzüge an Innentrittexzenterstühlen.

Die Berechnung sei durchgeführt für einen dreischäftigen Rollenzug und Kettenköper $\frac{2}{1}$.

Man nehme an, daß sich die lose Rolle zwecks Wechsels der Stellungen der Schäfte 1 und 2 (Abb. 180), um einen Winkel $= \alpha$ drehen muß, dann besteht die Beziehung:

$$2 \cdot r_2 \cdot \pi \cdot \frac{\alpha}{360} : 2 \cdot r_1 \cdot \pi \cdot \frac{\alpha}{360}$$

$$= l_2 : l_1$$

$$r_2 : r_1 = l_2 : l_1.$$

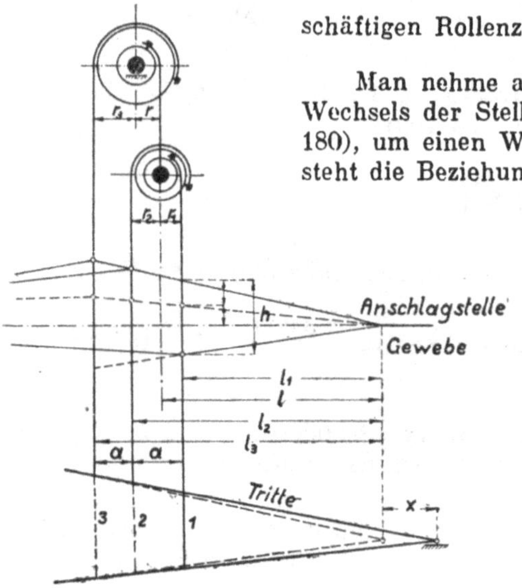

Abb. 180.

Senkt sich der Schaft 3 um den Betrag $h \cdot \frac{l_3}{l_1}$, so muß sich der Schaft 1 um den Betrag h heben, wenn man ein „reines Fach“ erzielen will. Die lose Rolle hebt sich dann um den Weg $h \cdot \frac{l_3}{l_1} \cdot \frac{r}{r_3}$. Da der Schaft 2 bei dieser Bewegung still stehen bleibt, so wickelt sich die lose Rolle mit dem Halbmesser r_2 am Riemen des Schaftes 2 ab, und es muß sein, wenn α_1 der

Drehwinkel dieser Rolle ist:

$$2 \cdot r_2 \cdot \pi \cdot \frac{\alpha_1}{360} = h \cdot \frac{l_3}{l_1} \cdot \frac{r}{r_3} : \qquad \alpha_1 = \frac{h \cdot l_3 \cdot r \cdot 360}{l_1 \cdot r_3 \cdot 2 \cdot r_2 \cdot \pi};$$

mithin der Aufwickelweg am Umfange der Rolle mit dem Radius r_1:

$$2 \cdot r_1 \cdot \pi \cdot \frac{h \cdot l_3 \cdot r \cdot 360}{l_1 \cdot r_3 \cdot 2 \cdot r_2 \cdot \pi \cdot 360}.$$

Da sich nun der Schaft 1 nicht nur um diesen Betrag hebt, sondern auch noch um den Weg $h \cdot \frac{l_3}{l_1} \cdot \frac{r}{r_3}$, so muß die Gleichung bestehen:

$$h \cdot \frac{l_3}{l_1} \cdot \frac{r}{r_3} + 2 \cdot r_1 \cdot \pi \cdot \frac{h \cdot l_3 \cdot r \cdot 360}{l_1 \cdot r_3 \cdot 2 \cdot r_2 \cdot \pi \cdot 360} = h$$

daraus ergibt sich

$$r = \frac{l_1 \cdot r_2 \cdot r_3}{l_3 \cdot a},$$

$$r_3 = \frac{l_3 \cdot a \cdot (2a - r_1)}{l_1 \cdot r_2 \cdot + l_3 \cdot a}.$$

Aus der Abb. 180 folgt ohne weiteres: $r_1 + r_2 = a$; $r_1 + r + r_3 = 2a$; $l_2 = l_1 + a$; $l_3 = l_1 + 2a$; $l = l_1 + r_1$. Es seien folgende Werte gegeben: $l_1 = 245$ mm, $a = 37$ mm, dann muß sein $l_2 = 282$ mm und $l_3 = 319$ mm; $r_1 \cdot l_2 = r_2 \cdot l_1$, ferner $r_2 = a - r_1$, folglich $r_1 \cdot l_2 = (a - r_1) \cdot l_1 = a \cdot l_1 - r_1 \cdot l_1$; $r_1 = \frac{a \cdot l_1}{l_1 + l_2}$.

Alsdann wird, wenn man die angenommenen Zahlenwerte einsetzt:

$$r_1 = \frac{37 \cdot 245}{245 + 282} = 17{,}2 \text{ mm}$$

$$r_2 = 37 - 17{,}2 = 19{,}8 \text{ mm}$$

$$l = 245 + 17{,}2 = 262{,}2 \text{ mm}$$

$$r_3 = \frac{319 \cdot 37 \cdot (74 - 17{,}2)}{245 \cdot 19{,}8 + 319 \cdot 37} = 40{,}3 \text{ mm}$$

$$r = 2a - r_3 - r_1 = 74 - 40{,}3 - 17{,}2 = 16{,}5 \text{ mm}.$$

Diese Ergebnisse erhielten wir ohne Berücksichtigung der Rollenriemendicke. Beträgt dieselbe 5 mm, so hat man 2½ mm von den errechneten Halbmessern abzuziehen.

Das Trittlager legt man meist um x mm nach vorn, so daß man die Längen l bis l_3 um x mm vergrößert in die Rechnung einzuführen hätte.

Derartige dreischäftige Innentrittvorrichtungen (Rollengegenzug) mit Fachschluß-Vorrichtung findet man z. B. an Zeug-Webstühlen, auch an solchen mit selbsttätiger Spulenauswechselung.

Beispiel Nr. 55: Der Einfluß des Fadenzuges auf den Lauf des Webschützens.

Das Herausfliegen eines Webschützens dürfte im allgemeinen wohl kaum wesentlich dadurch begünstigt werden, daß der Schützen außerhalb seines Massenmittelpunktes angreifende Kräfte besitzt, wenn der Schützen die richtige Schwerpunktslage hat. Hält man den Schützen wagrecht an den Spitzen, so daß er sich leicht drehen kann, dann muß er, wenn man ihn leicht anstößt, sich so einstellen, daß die Rückseite des Schützens tiefer zu liegen kommt, als die Vorderseite, und zwar so, daß die Schwerpunktsachse etwas hinter und unter der Spitzenachse zu liegen kommt.

Theoretisch liegt der Fall so, wie aus der Abb. 181 ersichtlich. Die Schußfadenspannung Z wirkt an einem Hebelarm c und sucht den Schützenkörper um den Punkt A in der Uhrzeigerrichtung zu drehen. Das im Schwerpunkt des Schützenkörpers angreifend gedachte Schützengewicht G würde bei wagrechter Schützenbahn mit der Druckrichtung D (Abb. 181) in seiner Wirkungsrichtung übereinstimmen, so daß dem Fadenspannungsdrehmoment kein anderes gegenüberstehen würde, und der Schützen infolge des Fadenzuges tatsächlich die Neigung hätte, seine vorgeschriebene Bahn zu verlassen. Gibt man der Ladenbahn eine Neigung um den Winkel $\alpha°$, so schließen die Richtungen des Schützengewichtes G und des Druckes D auf die Unterlage einen gleich großen Winkel α ein, wodurch eine Kraft K entsteht, welche das Drehmoment K . a hervorruft (a ist alsdann der Abstand des Schützenschwerpunktes vom Punkte A um den sich der Schützen zu drehen sucht), welches dem Moment Z . c entgegenwirkt, und eine bestimmte Mindestgröße besitzen muß, wenn der Schützen nicht das Bestreben haben soll, seine Bahn zu verlassen, bzw. ins Flattern zu geraten. Bezeichnet man den Reibungskoeffizienten zwischen Schützen und Unterlage mit f, so müßte die Gleichung bestehen:

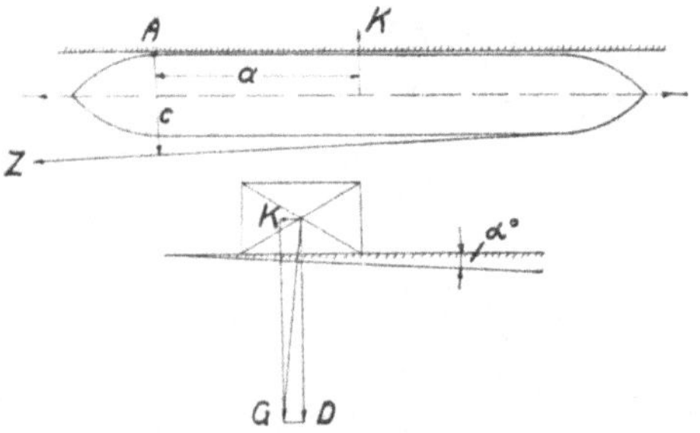

Abb. 181.

$$(K - D \,.\, f)\, a = Z \,.\, c - D \,.\, f \,.\, \frac{c}{2}$$

$$K \,.\, a = Z \,.\, c + D \,.\, f \,.\, \left(a - \frac{c}{2}\right)$$

$$a \,.\, G \,.\, \sin\alpha = c \,.\, Z + \left(a - \frac{c}{2}\right) D \,.\, f\,; \qquad D \cong G\,.$$

Nimmt man die Neigung der Ladenbahn mit 7° an, den Abstand a mit 130 mm, den Abstand c mit 50 mm, das Schützengewicht G mit 130 Gramm, so wäre im Grenzfall bei einem Reibungskoeffizienten f = 0,1:

$$0{,}13 \,.\, 0{,}13 \,.\, 0{,}122 = Z \,.\, 0{,}05 + 0{,}13 \,.\, 0{,}1 \,.\, 0{,}105$$
$$Z = \sim 14 \text{ Gramm,}$$

d. h. bis zu Fadenspannungen von 14 Gramm wäre der ordnungsgemäße Schützendurchgang gesichert.

In Wirklichkeit liegen die Verhältnisse bedeutend komplizierter, weil durch die Ladenbewegungen Beschleunigungsdrücke, hervorgerufen durch das Schützengewicht, und wirkend senkrecht zur Flugrichtung, in der Horizontalebene entstehen, die der Sicherung des Schützenlaufes förderlich sind, wenn dieser während des Ladenvorganges erfolgt und weil die Ladenbahn während des Schützenlaufes Neigungsänderungen zur Horizontalen erfährt. Hier sei ausdrücklich darauf hingewiesen, daß die errechneten Zahlen absolut keine praktische Bedeutung haben; der Wert des Beispiels liegt lediglich in einer Klärung der obliegenden Verhältnisse.

B e i s p i e l Nr. 56: Der Exzenterschlagmechanismus. Der Schlag hat die Webschützen hin- und herzuwerfen. Es müssen folgende Punkte beobachtet werden:

Der Schlag ist nach der Schützenbewegung zu bestimmen; der Schlag muß so erfolgen, daß die verlangten Geschwindigkeiten des Schützens sicher erreicht werden; der Schlagmechanismus muß so arbeiten, daß er dem Schützen von seiner Ruhelage aus eine gleichmäßig beschleunigte Geschwindigkeit erteilt bis zur Maximalgeschwindigkeit; der wirksame Schlag soll sich auf einen möglichst langen Weg erstrecken; der spezifische Flächendruck zwischen Rolle und Schlagexzenter soll auf dem ganzen Schlagwege möglichst konstant sein, der Arbeitsbedarf während der Schlaggebung soll unverändert bleiben.

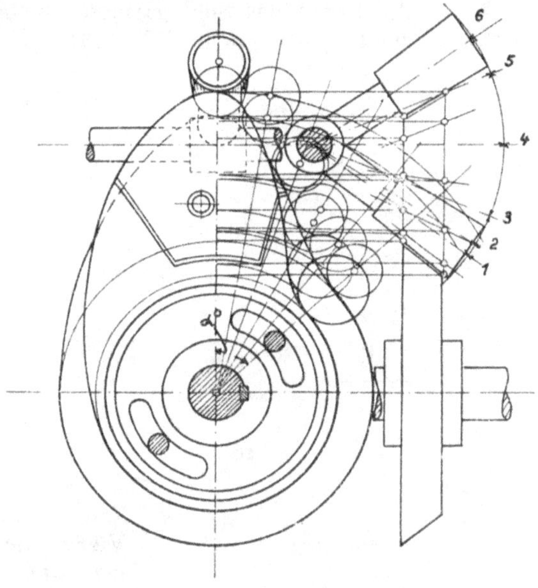

Abb. 182.

Die Konstruktion eines Schlagexzenters ist in der Abb. 182 durchgeführt. Die Hubbewegung der Schlagrolle erfolgt innerhalb des Drehungswinkels α der Schlagexzenterwelle. Die Beschleunigung der Schlagrolle ist gleichmäßig im Verhältnis 1 : 3 : 5 : 7 (siehe die Punkte 1, 2, 3, 4, 5 der Schlagexzenterkonstruktion Abb. 182). Bei Punkt 5 verläßt der Schützen den Picker; der Picker bewegt sich wohl noch weiter in seiner Richtung, jedoch mit verzögerter Geschwindigkeit. Bei Punkt 6 erreicht der Picker seine innerste Stellung; er wird dann mit gleichförmiger bzw. verzögerter Bewegung in seine ursprüngliche Arbeitsstellung zurückgeführt.

Bei der Konstruktion ist streng darauf zu achten, daß die Rolle stets mit ihrer ganzen Fläche am Exzenterkörper anliegt. Zu berücksichtigen ist ferner, daß die wirksamen Rollendurchmesser sich fortwährend ändern.

Nimmt man eine gleichförmig beschleunigte Bewegung an mit der Endgeschwindigkeit v_1 der konischen Schlagrolle, so herrscht die Beziehung

$$\frac{v_1}{2} \cdot t = x = r_2 - r_1.$$

$$\begin{array}{lll} \frac{n}{2} \text{ Touren} & \text{in} & 60 \text{ sec} \\ 1 \text{ Tour} & \text{"} & \frac{120}{n} \text{ "} \\ 360^0 & \text{"} & \frac{120}{n} \text{ "} \\ 1^0 & \text{"} & \frac{1}{3\,n} \text{ "} \\ \alpha^0 & \text{"} & \frac{\alpha}{3\,n} \text{ "} \end{array}$$

Dann ist $\frac{v_1 \cdot \alpha}{6\,n} = (r_2 - r_1)$; $\quad v_1 = \frac{6\,n\,(r_2 - r_1)}{\alpha}$.

Ist l_2 die Länge des Schlagarmes, so berechnet sich die Pickerendgeschwindigkeit v_2 aus (siehe Abb. 183):

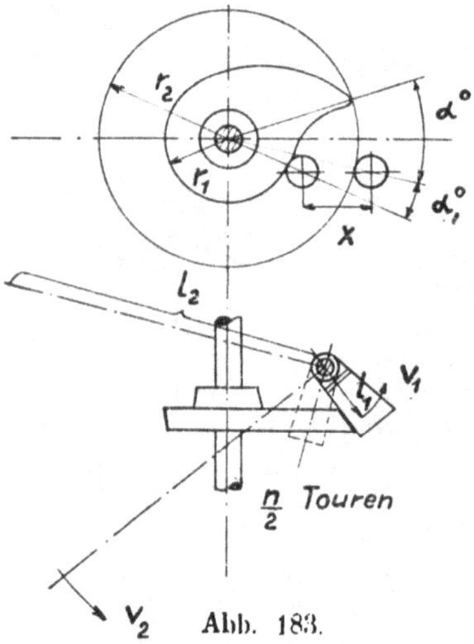

Abb. 183.

$$v_2 = \frac{6\,n\,(r_2 - r_1)}{\alpha} \cdot \frac{l_2}{l_1}$$

$$r_2 - r_1 = \frac{v_2 \cdot \alpha \cdot l_1}{6 \cdot n \cdot l_2};$$

$$\alpha = \frac{6\,n \cdot (r_2 - r_1) \cdot l_2}{v_2 \cdot l_1}$$

$$\frac{r_2 - r_1}{\alpha} = \frac{v_2 \cdot l_1}{6\,n \cdot l_2}.$$

Hub, Steilheit der Schlagkurve und Tourenzahl des Schlagexzenters sind Werte, die in ganz bestimmtem Zusammenhang zueinander stehen müssen.

Nimmt man an bei einem Baumwollstuhl

$$x = r_2 - r_1 = 110\text{ mm}, \quad n = 160, \quad \alpha = 50°, \quad \frac{l_2}{l_1} = 6{,}2$$

Schützendurchgang = ⅓ Tour der Kurbelwelle,
Lauflänge des Schützens = 1,2 m,

dann wird die Geschwindigkeit des Schützens beim Verlassen des Pickers

$$= \frac{6 \cdot 160 \cdot 0{,}11 \cdot 6{,}2}{50} = 13{,}1 \text{ m/sec}$$

und die mittlere Schützengeschwindigkeit v_m

$$v_m \cdot \frac{60}{n \cdot 3} = 1{,}2 \qquad v_m = \frac{1{,}2 \cdot 160 \cdot 3}{60} = 9{,}6 \text{ m/sec}.$$

Wenn wir nun diesen Webstuhl nicht mit 160 Touren, sondern mit 180 Touren laufen lassen wollten, so müßten wir, damit wir wieder einen ordnungsgemäßen Schlag bekommen, ein anderes Schlagexzenter einsetzen. Bei diesem wollen wir alle Maße unverändert lassen, nur der Schlagkurvenwinkel α soll entsprechend gewählt werden. Der Schützendurchgang soll wie früher ⅓ Tour der Kurbelwelle beanspruchen $= \frac{60}{180 \cdot 3} = {}^1/_9$ sec. Die mittlere Schützengeschwindigkeit v_m wird dann

$$v_m \cdot {}^1/_9 = 1{,}2; \qquad v_m = 10{,}8 \text{ m/sec}.$$

Die zugehörige Schützenanfangsgeschwindigkeit v_2 ergibt sich alsdann aus der Beziehung, die aufgebaut ist auf der Voraussetzung, daß der Arbeitsverlust, hervorgerufen durch die Widerstände die der Schützen beim Durcheilen des Faches findet, unverändert gleich groß bleibt.

Ungefähr muß sein:

$$13{,}1^2 - 9{,}6^2 = v_2^2 - 10{,}8^2$$

$$v_2 = \sqrt{13{,}1^2 + 10{,}8^2 - 9{,}6^2} = 14 \text{ m/sec}$$

$$\alpha = \frac{6\,n\,(r_2 - r_1) \cdot l_2}{v_2 \cdot l_1} = \frac{6 \cdot 180 \cdot 0{,}11 \cdot 6{,}2}{14} = 53^\circ.$$

Besser wird es sein, den Winkel größer auszuführen, z. B. 55°; dann wird die Schützenanfangsgeschwindigkeit wohl etwas kleiner, der Schützendurchgang dauert etwas länger, dafür bleibt aber auch die notwendige Stärke der Schützenbremsung im gegenüberliegenden Kasten in erträglichen Grenzen.

Es wird $v_2 = \frac{6 \cdot 180 \cdot 0{,}11 \cdot 6{,}2}{55} = 13{,}4$ m/sec, die mittlere Geschwindigkeit wird

$$\sqrt{13{,}4^2 - 13{,}1^2 + 9{,}6^2} = 10 \text{ m/sec}$$

die Dauer des Schützendurchganges ist alsdann

$$\frac{1{,}2 \cdot 180}{10 \cdot 60} = \frac{1}{2{,}8} = \frac{5}{14} \text{ Tour der Kurbelwelle.}$$

Die Gleichung $13{,}1^2 - 9{,}6^2 = v_2^2 - 10{,}8^2$ war insofern ungenau, als wir in dieselbe nicht die Geschwindigkeit des Schützens am Schluß seines Laufweges, sondern seine mittlere Geschwindigkeit eingeführt hatten; wir müssen nun kontrollieren, ob der gemachte Fehler so groß ist, daß wir die Rechnung noch einmal ausführen müssen mit dem neu gefundenen Werte.

$$\begin{array}{r} 13{,}1 \\ -\ 9{,}6 \\ \hline 3{,}5 \end{array} \qquad \begin{array}{r} 9{,}6 \\ -\ 3{,}5 \\ \hline 6{,}1 \end{array} \qquad \begin{array}{r} 13{,}4 \\ -\ 10{,}0 \\ \hline 3{,}4 \end{array} \qquad \begin{array}{r} 10{,}0 \\ -\ 3{,}4 \\ \hline 6{,}6 \end{array}$$

$$13{,}1^2 - 6{,}1^2 = v_2^2 - 6{,}6^2$$

$$v_2 = 13{,}34 \text{ m/sec} = \sim 13{,}4 \text{ m/sec}$$

$$\sqrt{13{,}4^2 - 13{,}1^2 + 6{,}1} = 6{,}7 \text{ m/sec}$$

$$\frac{13{,}4 + 6{,}7}{2} = \frac{20{,}1}{2} = 10{,}05 = \sim 10 \text{ m/sec}.$$

Aus Abb. 185 geht der Einfluß der Höhenstellung der Schlagrolle auf die Schwingweite des Schlagstockes hervor. Die Ausschwingung des Schlagstockes wird größer, wenn man die Schlagrolle im Schlitz der senkrecht stehenden Schlagstange recht hoch stellt, denn die Strecke d_1 ist größer als die Strecke d, der Hub der Schlagrolle nimmt also um den Betrag $d_1 - d$ zu, wenn man die Schlagrolle um den Betrag $h_1 - h$ höher stellt. Trotz der größeren Schlagstockschwingung fällt aber der Schützenschlag schwächer aus, jedoch ist die Abnützung und Beanspruchung der Schlaggetriebe bei höher stehender Rolle geringer. Sieht der Konstrukteur bei seinem Entwurf eine höhere Lage der Schwingebene der Schlagrolle vor, so verändert sich dadurch, wie Abb. 184 zeigt, der Exzenterdrehwinkel α bzw. α_1, innerhalb welchem die Ausschwingung des hölzernen Schlagarmes vor sich geht, beträchtlich, so daß es bei entsprechendem Entwurf der Schlagkurve möglich ist, die Schlagnase zu verkleinern bzw. zu vergrößern, wenn man die Schlagrolle tiefer oder höher lagert, die theoretisch genaue Ausbildung der Beschleunigungsverhältnisse wird allerdings durch die Maßnahme der Verkürzung der Nase leiden.

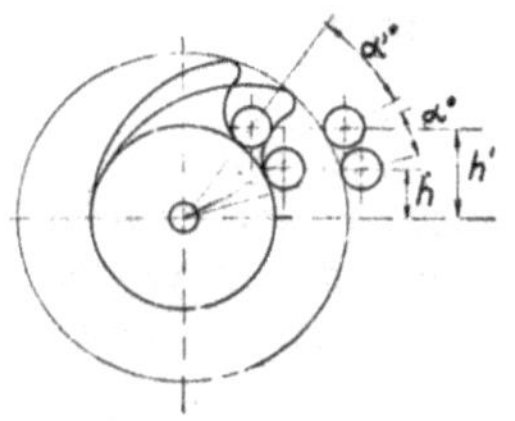

Abb. 184.

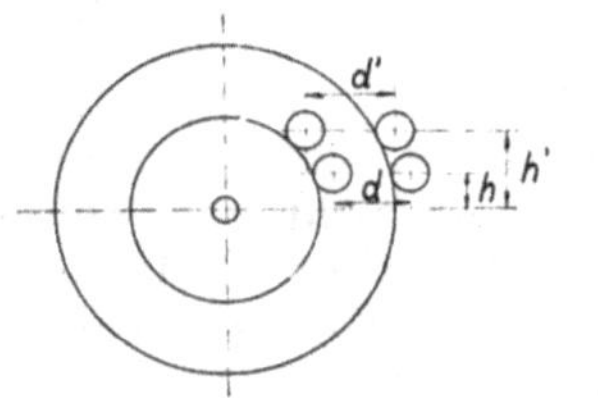

Abb. 185.

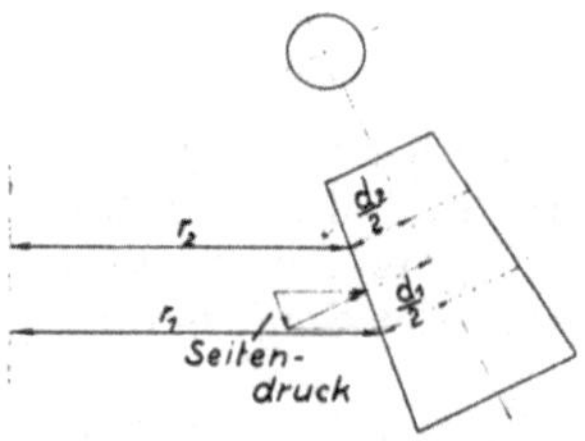

Abb. 186.

Wie aus Abb. 186 hervorgeht, muß, wenn keine Gleitverluste und keine übermäßige Abnutzung zwischen Schlagrolle und Exzenterkörper eintreten sollen, die Beziehung bestehen: $\frac{\omega \cdot r_2}{d_2 \cdot \pi} = \frac{\omega \cdot r_1}{d_1 \cdot \pi}$; hierin bedeutet ω die Winkelgeschwindigkeit der Schlagexzenterwelle. Es muß also sein $\frac{r_2}{d_2} = \frac{r_1}{d_1}$. Diese Bedingung für jede Stellung der Schlagrolle zu erfüllen ist praktisch unmöglich; sie kann nur für eine bestimmte Stellung zutreffen. Man macht es am besten so, daß in der Nähe der Schlagspitze die aufgestellte Beziehung ihre Richtigkeit hat. Erteilt das Schlagexzenter dem Schützen die richtige Geschwindigkeit, so kann die Schützenpressung durch die Kastenzunge innerhalb gewisser zulässiger Grenzen bleiben. Der Fall liegt so, daß man dem relativ leichten Schützen mit Sicherheit eine gewisse „lebendige Kraft" einverleihen will. Dies würde nur unvollkommen und höchst unsicher erreicht werden, wenn der Schützen ohne Bremsung im Kasten läge.

Man bremst ihn deshalb mit Hilfe der Schützenkastenzunge, so daß er dem drückenden Treiber (Picker) einen gewissen Widerstand entgegensetzt. Hat der Schlagriemen die nötige Spannung durch die Schlagvorrichtung bekommen, so wird die dadurch im Schlagriemen und im Picker sozusagen aufgestapelte Energie plötzlich frei, und der Schützen wird herausgeschnellt.

Diese Erklärung trifft einigermaßen den Kern der Sache bei leichten Stühlen. Je schwerer das Webstuhlsystem und je größer das Gewicht des

Schützens ist, um so weniger liegt Veranlassung vor, eine besonders hohe Bremsung des Schützens im Kasten vorzunehmen, weil der Schützenkörper eher befähigt ist, die notwendige „lebendige Kraft“ vermöge der im Schlaggetriebe erzeugten Beschleunigung durch fortwährenden Kontakt mit dem nachdrängenden Picker allmählich in sich aufzunehmen.

Es ist widersinnig die Pressung des Schützens, der abgeschlagen werden soll, zu groß zu wählen; eine stärkere Pressung ist nur nötig beim Auffangen des einlaufenden Schützens. Diese übergroße Pressung beim Abschlagen ist möglichst durch Entlastungsvorrichtungen zu beseitigen.

Beispiel Nr. 57: Die Beurteilung der Leistungsfähigkeit von Kett-, Schußspulmaschinen und Webstühlen.

Die folgenden Ausführungen sollen nur handeln von der Feststellung der quantitativen Leistungsfähigkeit der fraglichen Maschinen. Die Bedeutung der einwandfreien Ermittelung der quantitativen Leistungsfähigkeit für die Praxis wächst in demselben Maße, wie die durch den großen Wettbewerb hervorgerufene äußerste Ausnutzung der Maschinen.

Man will, daß die Spulmaschine möglichst viel Material pro Spindel verspult, und daß der Webstuhl möglichst viel Ware liefert, damit sich die Maschine schnell bezahlt macht und durch eine moderne, leistungsfähigere Konstruktion ersetzt werden kann.

Es ist also bei Neuanschaffungen wichtig, die Leistungsfähigkeit der aufzustellenden Maschinen möglichst genau zu kennen, im Interesse einer rationellen Ausnutzung, d. i. einer tunlichst fortdauernden Vollbeschäftigung. Das durch Verschlechterung des Geschäftsganges, Änderung des Artikels usw. hervorgerufene zeitweise Stillegen einzelner Maschinen ist ein notwendiges Übel, welches nicht mit in die Rechnung hineingezogen werden kann.

Will man die Zahl der anzuschaffenden Maschinen rein rechnerisch bestimmen, so bedarf man hierzu des Wirkungsgrades derselben, wofern nicht angestellte Leistungsversuche die Unterlage bieten. Unter dem Wirkungsgrade einer Maschine versteht man den Quotienten aus ihrer wirklichen und theoretischen Leistung.

Während nun z. B. der Wirkungsgrad einer Turbine, einer Dynamomaschine, eines Elektromotors usw. in nur geringem Grade oder gar nicht von menschlicher Bedienung abhängig, also beinahe oder ganz und gar ein feststehender Wert ist, hat man bei Spulmaschinen und Webstühlen die manuelle Fertigkeit, den Intellekt und den Arbeitseifer des bedienenden Arbeiters zu berücksichtigen, also den Wirkungsgrad als schwankenden Begriff anzunehmen.

Sollen also vergleichende Versuche angestellt werden, so ist es vor allen Dingen notwendig, gleichwertige Arbeitskräfte heranzuziehen und bei Berechnungen für Neuanschaffungen den der Leistungsfähigkeit des Arbeitermaterials angepaßten Wirkungsgrad einzusetzen.

Hieraus folgt die wichtige Tatsache: „Der Wirkungsgrad einer Spulmaschine bzw. eines Webstuhles ist keine feststehende, von der Konstruktion der Maschine allein abhängige Größe, sondern ein zum großen Teil von der Bedienung abhängiger Wert“, und ferner: „nur das dem Fabrikanten zur Verfügung stehende Arbeitermaterial kann die praktischen Unterlagen für die Ermittelung des Wirkungsgrades liefern.“

Das Produkt aus theoretischer Lieferungsmenge und Wirkungsgrad ist maßgebend, da es die quantitative Leistung darstellt. Es kann also z. B. eine Spulmaschine mit hoher Fadengeschwindigkeit an quantitativer Leistung hinter einer solchen mit geringerer Fadengeschwindigkeit wegen des Einflusses des Wirkungsgrades zurückstehen.

Die Ermittelung des Wirkungsgrades einer Kettspulmaschine mit konstanter Spindeltourenzahl (Abb. 187 u. 188).

Es muß zur Bestimmung des Wirkungsgrades die wirkliche Leistung durch möglichst sich auf einen großen Zeitraum erstreckende, von einer Spulerin mittlerer Leistungsfähigkeit auszuführende, genau zu kontrollierende Spularbeit ermittelt werden.

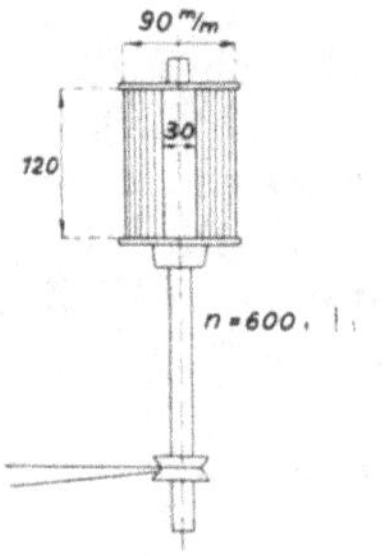

Abb. 187.

Zur Bestimmung der theoretischen Leistung ist vorerst zu überlegen, welcher Spulendurchmesser in die Rechnung einzuführen ist, da sich doch derselbe fortwährend ändert und mit ihm die Fadengeschwindigkeit.

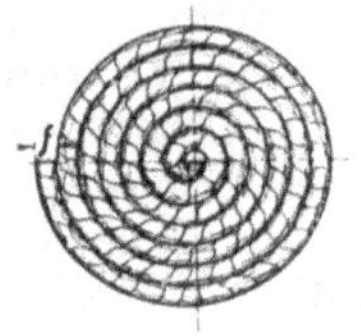
Abb. 188.

Bezeichnet man die Tourenzahl der Spindel mit n, die auf der vollen Spule aufgewundene Garnlänge in Metern mit x, die hierzu nötige Tourenzahl mit y, den Fadendurchmesser mit f, so erhält man als erste Gleichung, wenn man den gesuchten, in die Rechnung einzuführenden Spulendurchmesser mit d_r bezeichnet:

$$\frac{x}{d_r \cdot \pi} = y\,; \qquad d_r = \frac{x}{y \cdot \pi}\,.$$

Aus der Abb. 188 folgt weiter, mit einer für unsere Zwecke genügenden Genauigkeit:

$$x = (f + 3f + 5f + 7f + \text{usw})\,\pi\,,$$
$$x = (1 + 3 + 5 + 7 + \text{usw.})\,\pi \cdot f\,,$$
$$x = (1 + 3 + 5 + 7 \ldots . \; y\,\text{mal})\,\pi \cdot f\,,$$

und hieraus, nach einer bekannten mathematischen Summenformel:

$$x = y^2 \cdot \pi \cdot f\,,$$

infolgedessen:

$$d_r = \frac{y^2 \cdot \pi \cdot f}{y \cdot \pi}$$

$$d_r = y \cdot f\,,$$

d. h. der für die Berechnung in Frage kommende Durchmesser ist der in der Mitte zwischen dem inneren und dem äußeren Bewicklungsdurchmesser liegende.

Es würde also die theoretische Leistung der Maschine pro Spindel und Stunde $\frac{1}{1000} \cdot d_r \cdot \pi \cdot n \cdot 60$ Meter Garn betragen. Die Werte (Abb. 187) eingesetzt, ergibt:

$$\frac{1}{1000} \cdot \frac{90 + 30}{2} \cdot 3{,}14 \cdot 600 \cdot 60 = 6782 \text{ m.}$$

Das Probespulen wurde an einer einseitig gebauten 20spindligen Versuchsmaschine vorgenommen. Die leeren Spulen wurden gewogen und ihr Gewicht von dem der vollen Spulen abgezogen.

Drei neunstündige Arbeitstage ergaben 32,688 kg verspultes Material 40er einfach Baumwollgarn englischer Numerierung.

$$\frac{32{,}688 \,.\, 40 \,.\, 768}{0{,}454 \,.\, 3 \,.\, 9 \,.\, 20} = 4096 \text{ m pro Spindel und Stunde.}$$

Der Wirkungsgrad ist also: $\frac{4096}{6728} = 0{,}6$.

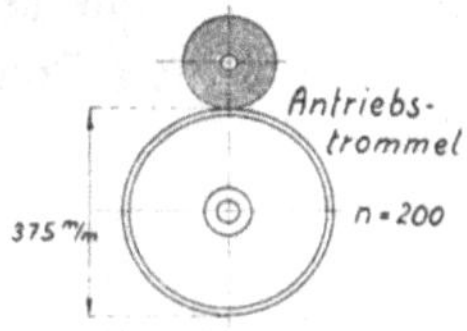

Abb. 189.

Ermittelung des Wirkungsgrades einer Kettspulmaschine mit konstanter Fadengeschwindigkeit (Abb. 189).

Hier werden pro Spindel und Stunde: 0,375 . 3,14 . 200 . 60 = 14 130 m Garn theoretisch verspult.

Die auf diese Einheiten umgerechnete praktische Leistung war 8540 m, der Wirkungsgrad also:

$$\frac{8540}{14\,130} = 0{,}6\,.$$

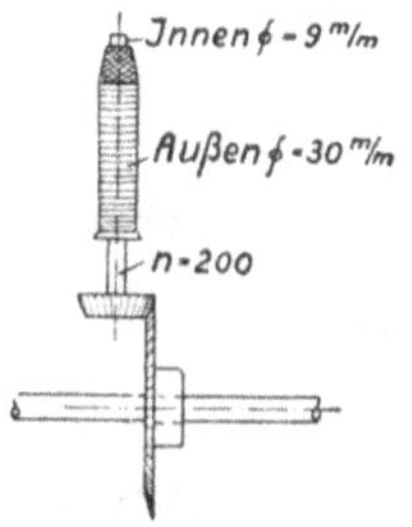

Abb. 190.

Berechnung des Wirkungsgrades einer Schußspulmaschine mit konstanter Spindeltourenzahl (Abb. 190, 190a, b, c).

Auch hier ist wie bei dem Beispiel der Kettspulmaschine der mittlere Bewicklungsdurchmesser für die Berechnung maßgebend, so daß sich die

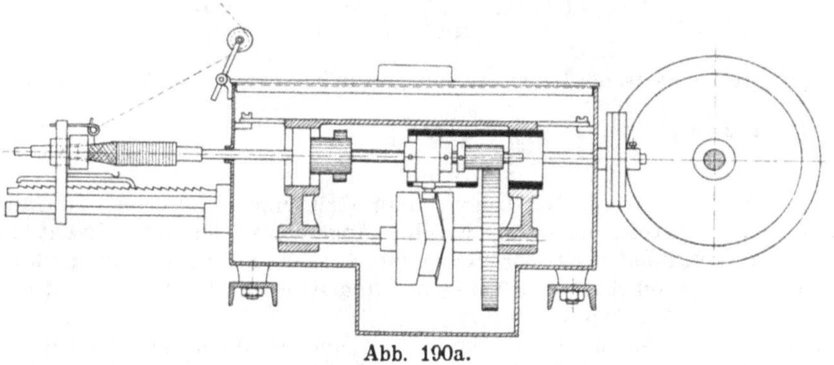
Abb. 190a.

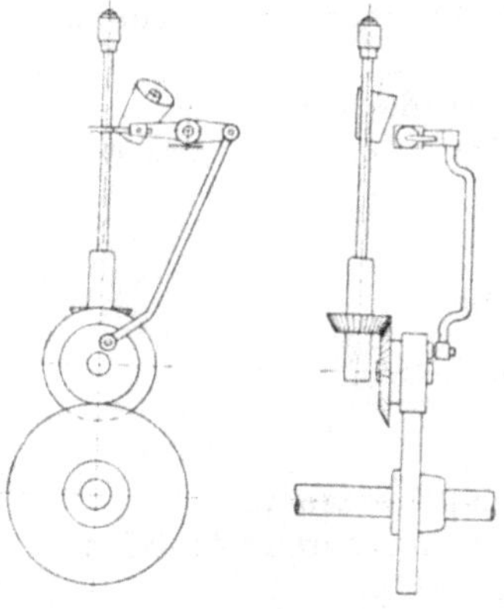
Abb. 190b.

theoretische Lieferungsgröße pro Spindel und Stunde berechnet zu:

$$\frac{1}{1000} \cdot \frac{30 + 9}{2} \cdot 3{,}14 \,.\, 2000 \,.\, 60 = 7347{,}6 \text{ m.}$$

Betrug die wirklich aufgespulte Fadenlänge, auf Spindel und Stunde bezogen, 5142,9 m, so ergab sich der Wirkungsgrad zu:

$$\frac{5142{,}9}{7347{,}6} = 0{,}7\,.$$

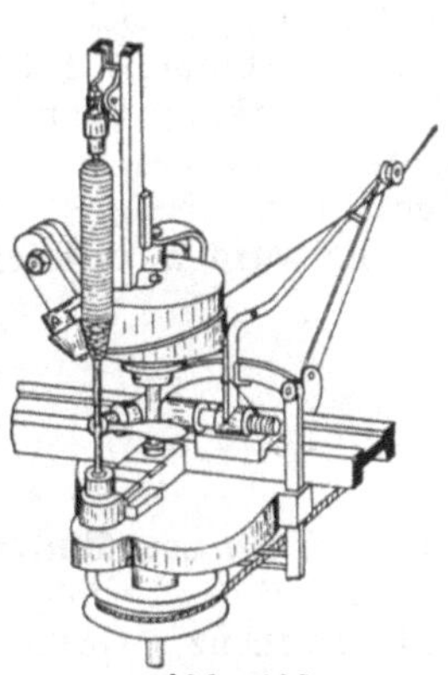
Abb. 190c.

Berechnung des Wirkungsgrades einer Schußspulmaschine mit konstanter Fadengeschwindigkeit (Abb.144).

Die kleinste Tourenzahl der Spindel ist:

$$n \cdot \frac{d}{2 \cdot r_2} \cdot \frac{2}{1},$$

die größte Tourenzahl: $n \cdot \frac{d}{2 \cdot r_1} \cdot \frac{2}{1}$

die mittlere Tourenzahl, welche für die Rechnung in Frage kommt, mithin:

$$\frac{n}{2} \cdot \left(\frac{d}{r_2} + \frac{d}{r_1}\right)$$

der zugehörige mittlere Bewicklungs-⌀ $\frac{a+c}{2}$, folglich die Fadengeschwindigkeit:

$$\frac{a+c}{2} \cdot \frac{1}{1000} \cdot \pi \cdot \frac{n}{2} \cdot \left(\frac{d}{r_2} + \frac{d}{r_1}\right) \cdot \frac{1}{60}$$

oder: $$0{,}0000131\ (a + c) \cdot n \cdot \left(\frac{d}{r_2} + \frac{d}{r_1}\right) \frac{m}{sec}.$$

Für $n = 260$, $a = 12$ mm, $c = 24$ mm, $r_1 = 30$ mm, $r_2 = 60$ mm, $d = 140$ mm, wird die theoretische, stündliche Lieferungsmenge:

$$0{,}0000131 \cdot 36 \cdot 260 \cdot \left(\frac{140}{60} + \frac{140}{30}\right) \cdot 60 \cdot 60\ \frac{m}{Stunde} = 3090\ \frac{m}{Stunde}.$$

War die praktische Lieferungsmenge $1620 \frac{m}{Stunde}$, so berechnet sich der Wirkungsgrad zu:

$$100 \cdot \frac{1620}{3090} = 52{,}4\%.$$

Bei der Beurteilung der Leistungsfähigkeit eines Webstuhles verfährt man am einwandfreiesten, wenn man die Länge des in der Versuchszeit eingetragenen Schußmaterials der Rechnung zugrunde legt, besonders dann, wenn es sich um vergleichende Versuche handelt; bei dieser Methode ist man unabhängig von der Schußdichte.

Beispiel: Welches ist der Wirkungsgrad eines mechanischen Webstuhles, der bei 175 Touren und dreitägiger Arbeitszeit zu 9 Stunden, bei 1,10 m Blattbreite, 24 Schuß pro cm, 10,28 englische Pfund Baumwolle, einfach. Nr. 30 verbraucht, bei 3% Abfall?

Bemerkung: Das Gewicht des Schußmaterials wurde in der Weise festgestellt, daß man vom Gesamtgewicht der fertigen Schußspulen das Gewicht der Hülsen abzog.

Es wurden wirklich eingewebt:

$$10{,}28 - 3\% = 9{,}216 \text{ engl. Pfund},$$
$$9{,}216 \cdot 768 \cdot 30 = 212\,337 \text{ m}$$
$$\frac{212\,337}{1{,}1} = 193\,033 \text{ Touren},$$

die wirklich zur Eintragung eines Schußfadens benutzt wurden.

Die theoretische, drei Arbeitstagen entsprechende Tourenzahl bei ununterbrochenem Gang des Stuhles:

$$175 \cdot 60 \cdot 9 \cdot 3 = 283\,500.$$

Infolgedessen ist der Wirkungsgrad:

$$\frac{193\,033}{283\,500} = 0{,}68\,.$$

B e i s p i e l Nr. 58: Berechnung einer Webstuhlkettenbaum-Bandbremse (Abb. 191).

Unter Berücksichtigung des bei der gewöhnlichen Seilbremse Erwähnten, sieht man hier ohne weiteres ein, daß zum Zwecke einer konstanten Kettenspannung der Abstand der Rolle r vom Drehpunkt p in demselben Maße abnehmen muß wie der Kettenbaumdurchmesser.

Bezeichnet man mit d den größten Baumdurchmesser und mit d_1 den Durchmesser des leeren Baumes, so muß die Proportion gelten:

$$d : d_1 = x : x_1$$

$$x = x_1 \frac{d}{d_1}\,.$$

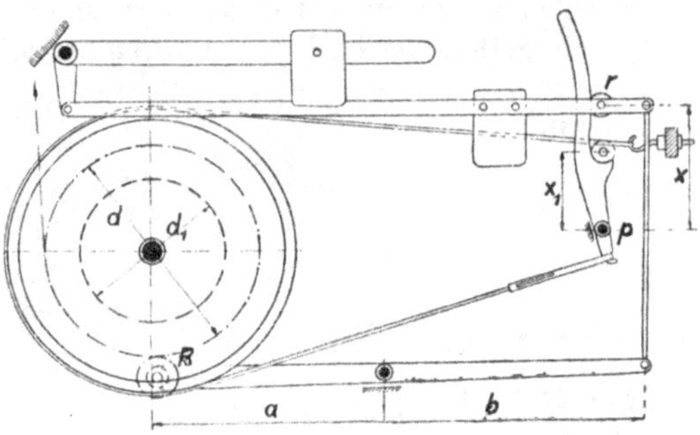

Abb. 191.

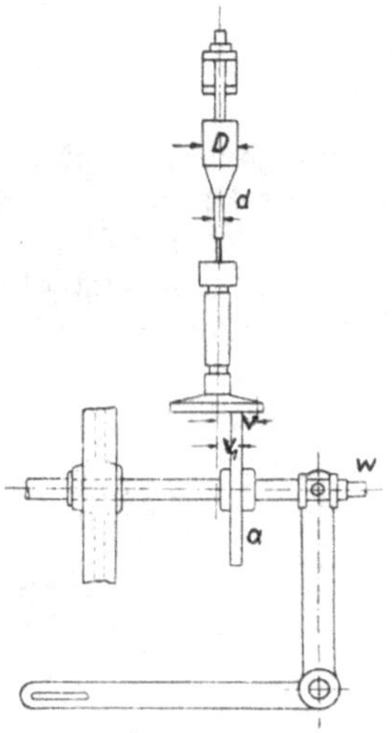

Abb. 192.

Also der Hub der Rolle r während des Abwebens der Webkette:

$$x - x_1 = x_1 \left(\frac{d}{d_1} - 1\right).$$

Der Hub der Fühlrolle R in derselben Zeit ist:

$$\frac{d - d_1}{2}$$

und somit jener der Rolle r: $\frac{d - d_1}{2} \cdot \frac{b}{a}\,.$

Beide Hube müssen gleich sein: $x_1 \left(\frac{d}{d_1} - 1\right) = \frac{d - d_1}{2} \cdot \frac{b}{a}$

$$x_1 = \frac{d_1}{2} \cdot \frac{b}{a}\,.$$

Der Einfluß des Rollendurchmessers R ist unberücksichtigt geblieben.

Folgerung: Soll die in Abb. 191 dargestellte Bremse richtig arbeiten, so muß bei leerem Kettenbaum der Abstand der Rolle r vom Drehpunkt p gleich dem errechneten Betrag sein.

B e i s p i e l Nr. 59: Abhängigkeiten bei Spulmaschinen.

Abb. 192 zeigt eine Schußspulmaschine, welche mit einer Vorrichtung zur Erzielung gleichbleibender Fadengeschwindigkeit versehen ist.

Wie groß muß der Hub der Antriebswelle w sein, damit gleiche Fadengeschwindigkeit herrscht?

Bezeichnet man den Durchmesser der leeren Spule mit d (mm) und jenen der vollen Spule mit D (mm), den äußersten Abstand des Antriebsrades a mit v (mm), den inneren Abstand des Antriebsrades a von der Spindelachse mit v_1 (mm), so muß offenbar die Gleichung bestehen:

$$\frac{D}{v} = \frac{d}{v_1}\,; \qquad v_1 = \frac{d}{D} \cdot v\,.$$

Der Hub der Antriebswelle muß also sein:

$$v - \frac{d}{D} \cdot v\,; \qquad v\left(1 - \frac{d}{D}\right) \text{mm}\,.$$

Folgerung: Auf einer solchen Maschine können nur Hülsen ganz bestimmter Form verwendet werden, wenn unveränderliche Fadengeschwindigkeit herrschen soll.

Abb. 144 zeigt ebenfalls eine Schußspulmaschine, bei welcher gleiche Fadengeschwindigkeit herrschen soll. Es gelten die eingeklammerten Buchstaben.

Hier sind zwei Bedingungen zu erfüllen:

1. $$\frac{d}{r} = \frac{D}{R}$$

2. $$R - r = k\,; \qquad R = k + r\,;$$

$$R\,.\,d = r\,.\,D\,; \qquad (k + r)\,d = r\,.\,D\,;$$

$$k\,.\,d + r\,.\,d = r\,.\,D$$

$$r = k \frac{d}{D - d}$$

Durchmesser des Rades $v = R + r = k + 2\,k \dfrac{d}{D - d}$

$$v = k \cdot \frac{D + d}{D - d}\,.$$

Folgerung: Soll konstante Fadengeschwindigkeit vorhanden sein und der Hub der Spule mit der Höhe k des konischen Ansatzes übereinstimmen, so muß der Durchmesser des Rades v die errechnete Größe besitzen und die Exzentrizität von v gleich $\dfrac{k}{2}$ sein.

B e i s p i e l Nr. 60: Über die Bauart des mechanischen Oberschlagwebstuhles. Einige Fragen aus der Praxis.

a) Von was ist die Länge der Stoßarme abhängig? Welchen Einfluß hat eine Höher- oder Tieferlagerung der Stoßarmzapfen am Ladenfuß, und von was ist diese Stellung abhängig?
b) Wie wird der Kurbelhub berechnet und von was ist dieser abhängig?
c) Wie erfolgt die Berechnung der Ladenbewegung, also: Ladenweg, Ladengeschwindigkeit und Ladenbeschleunigung?
d) Wie bestimmt man die Ladenarbeit? Ist diese eine Beschleunigungs- oder Reibungsarbeit?

e) Wie erfolgt die Berechnung der Schlagzeit (nicht Schützengeschwindigkeit)?

f) Welchen Einfluß hat die Stuhlumlaufzeit auf den Schlag?

g) Was ist über den Arbeitsverbrauch für den Schlag und die Schützenbewegung zu sagen?

a) Die Länge der Stoßarme ist von großer Bedeutung für die Art der Ladenbewegung. Je länger die Stoßarme, um so unverfälschter wird die reine, aus der gleichmäßigen Kurbeldrehung hervorgehende hin- und hergehende Bewegung auf die Lade übertragen.

Für einen unendlich langen Stoßarm würden sich die Wege des Stoßarmzapfens bei einer Drehung der Kurbelwelle um 180° zueinander verhalten wie die Zahlen:

76 : 217 : 324 : 383 : 383 : 324 : 217 : 76.

Man sagt: bei einer unendlich langen Schubstange (Stoßarm) ist die Ladenbewegung symmetrisch. Wird der Stoßarm kürzer gewählt, hat er eine endliche Länge, so tritt diese als Störungsglied der Symmetrie auf, und zwar hält sich die Lade um so länger in den hinteren Stellungen während des Schützendurchganges auf, je kürzer der Stoßarm wird. Hieraus ergeben sich viele Vorteile.

Der Schützen legt während seines Durchganges durch das Webfach nur einen geringen Weg senkrecht zu seiner Laufrichtung zurück, so daß er nur um ein weniges nach dem Scheitelpunkt des Fachwinkels zu gedrängt wird, woraus sich ergibt, daß der Fachwinkel entsprechend kleiner gewählt werden kann. Die Kettenfäden brauchen weniger hoch ausgehoben zu werden und werden weniger auf Dehnung bzw. auf Reibung beansprucht. Kurze Schubstange ist also gut für empfindliches Kettenfadenmaterial. Ein weiterer Vorteil ist der, daß die Reibungsarbeit des Schützens am Blatt eine geringe wird. Diese Reibungsarbeit des Schützens am Blatt, welche sich umsetzt in eine Abnutzung der Blattzähne und der Schützenhinterwand, und welche die Ursache von Kettenfadenbrüchen durch scharfe Blattzähne ist, wird ausgedrückt durch die Formel:

$$m . c . w . f \left(\sin\alpha - \frac{r}{2\,l} . \sin 2\alpha \right).$$ Siehe Beispiel Nr. 44.

Hierin bedeutet m die Masse des Schützens, c die unveränderliche Geschwindigkeit des Kurbelzapfens, w die Schützengeschwindigkeit, f den Reibungskoëffizienten zwischen Schützen und Blatt, α den Winkel zwischen verlängerter Verbindungslinie von Mitte Kurbelwelle und Mitte Stoßarmzapfen bzw. jeweiliger Kurbelstellung, r die Länge der Kurbel, l die Länge des Stoßarmes. Geschieht der Schützendurchgang bei vorgehender Lade während einer Veränderung des Winkels α von 0° auf 45°, so wird bei $l = 2\,r$ die schädliche Reibungsarbeit gleich 0,457 m . c . w . f, hingegen bei $l = 5\,r$, also bei langer Schubstange, 0,607 m . c . w . f. Die Beanspruchung von Schützen und Blatt wird also um so geringer, je kürzer die Schubstange ist. Voraussetzung bei all diesen Überlegungen ist, daß bei Wahl einer kurzen Schubstange die Entfernung zwischen Kurbelwelle und Stoßarmzapfen durch geeignete Zwischenstücke (starre Dreiecke) überwunden wird.

Bei schnellaufenden Stühlen (Schnelläufern) spielt außerdem die Tatsache eine Rolle, daß eine lange Schubstange, wie auch die Formeln einwandfrei beweisen, dem Schützen durch das Blatt die Tendenz erteilt, nach vorne herausfliegen zu wollen, so daß der Schützenlauf unsicher wird. Durch die Verlegung der Lagerung des Stoßarmzapfens werden der Ladenbewegung Eigentümlichkeiten erteilt, die sich auf die Art des Anschlages, die Verzögerungs- und Beschleunigungsverhältnisse usw. beziehen. Genaues läßt sich hierüber nur an Hand von graphischen Darstellungen erläutern.

b) Eine Berechnung, die als Endresultat die Größe des Kurbelhubes einwandfrei ergibt, ist mir nicht bekannt; ich wüßte auch nicht, auf welchen Voraussetzungen sie fußen sollte. Man könnte höchstens sagen, daß während des Schützendurchganges ein ganz bestimmter Teil des gesamten Ladenweges zurückgelegt werden soll, so daß sich bei Annahme einer bestimmten Stoßarmlänge und einer mittleren Schützengeschwindigkeit der Kurbelhub ermitteln läßt, der somit abhängig ist vom Schützenquerschnitt, der Fachgröße und der Schützenlaufzeit.

Praktisch ergeben sich folgende Daten:

Leinenstuhl Platt Bros	80	cm Blattbreite	185	mm	Hub
Rob. Hall, Bury	90	„ „	152	„	„
Sowden & Stephenson, Bradford . . .	130	„ „	122	„	„
S. W. F., Chemnitz	150	„ „	154	„	„
S. W. F., Chemnitz, Mod. SG	175	„ „	190	„	„
Hartmann, Chemnitz, Buckskinst. . . .	220	„ „	190	„	„
S. W. F., Chemnitz, Doppelplüsch . . .	148	„ „	155	„	„

u. a. m.

c) Der Weg des Ladenbolzens, das ist der Bolzen der Ladenstelze, an welchem die Schubstange angreift, errechnet sich aus der Formel:

$$r \cdot \Big[_{0^\circ}^{\alpha^\circ} \left(-\cos\alpha \mp \frac{r}{2 \cdot l} \cdot \sin^2\alpha \right)$$

Minuszeichen gilt, wenn die Kurbel auf den Weber zu arbeitet!

Hierin bedeutet: r den Kurbelradius (Kurbelhalbmesser), l die Länge der Kurbelschere (Schubstange), α den Winkel zwischen der Verlängerung der Verbindungslinie von Ladenbolzen und Mitte Kurbelwelle und Stellung der Kurbel, und zwar in der Uhrzeigerrichtung von dieser Verbindungslinie aus gemessen. Will man z. B. den gesamten Ladenweg berechnen, so ist hierfür $\alpha = 180^\circ$, und es wird die Formel in die Form übergehen:

$$r\left[+1 - \frac{r}{2 \cdot l} \cdot 0 + 1 + \frac{r}{2 \cdot l} \cdot 0\right] = 2r .$$

Nehmen wir einen Webstuhl an, bei dem der Schützen ¼ Umdrehung der Kurbelwelle braucht, um durch das Fach zu eilen, so wird man für α ungefähr 45° einsetzen müssen, wenn man annimmt, daß der Schützen die Hälfte seines Weges zurückgelegt hat, wenn die Kurbel die äußerste Stellung eingenommen hat. Die Länge l der Schubstange soll 5mal den Kurbelradius r betragen; dann ist der Ladenweg während des Schützendurchganges:

$$r\left[-\cos 45^\circ - \frac{1}{10}\sin 45^\circ + \cos 0^\circ + \frac{1}{10}\sin^2 0^\circ\right] = 0{,}24\,r .$$

Die Ladengeschwindigkeit, bezogen auf den Ladenbolzen, ergibt sich aus der Formel:

$$c \cdot \sin\alpha \left(1 \mp \frac{r}{l}\cos\alpha\right);$$

hierin bedeutet c die Geschwindigkeit des Kurbelzapfens:

$$c = \frac{r \cdot \pi \cdot n}{30},$$

wenn n die Tourenzahl des Webstuhles bedeutet.

Das Minuszeichen in obiger Formel gilt, wenn die Kurbel sich so bewegt, daß die Lade auf den Weber zukommt, also in die Anschlagstellung geht.

Steht die Kurbel senkrecht nach unten oder nach oben, so wird die Ladengeschwindigkeit gleich $\frac{r \cdot \pi \cdot n}{30}$, gleich der Geschwindigkeit des Kurbelbolzens. Hat z. B. die Kurbel eine Länge von 100 mm, und macht der Stuhl 120 Touren, so ist $c = \frac{0.1 \cdot 3{,}14 \cdot 120}{30} = 1{,}256$ m/sec und für Winkel $\alpha = 0^\circ$ wird die Ladengeschwindigkeit $= 0$; für einen Winkel $\alpha = 30^\circ$ wird die Ladengeschwindigkeit:

$$1{,}256 \cdot \frac{1}{2}\left(1 - \frac{1}{5} \cdot 0{,}866\right) = 0{,}5193 \text{ m/sec};$$

für einen Winkel $\alpha = 90^\circ$ wird die Ladengeschwindigkeit $= 1{,}256$ m/sec, für einen Winkel $\alpha = 150^\circ$ wird die Ladengeschwindigkeit:

$$1{,}256 \cdot \frac{1}{2}\left(1 - \frac{1}{5} \cdot 0{,}866\right) = 0{,}7368 \text{ m/sec};$$

für einen Winkel $\alpha = 180^\circ$ wird die Ladengeschwindigkeit:

$$1{,}256 \cdot 0 \cdot \left(1 + \frac{1}{5}\right) = 0.$$

Die Ladenbeschleunigung berechnet sich nach der Formel:

$$\frac{c^2}{r}\left(\cos\alpha \mp \frac{r}{l}\cos 2\alpha\right):$$

für $\alpha = 0^\circ$ wird die Ladenbeschleunigung:

$$\frac{1{,}256^2}{0{,}1}\left(1 - \frac{1}{5} \cdot 1\right) = 12{,}62 \text{ m/sec}^2,$$

für $\alpha = 30^\circ$ wird die Ladenbeschleunigung:

$$\frac{1{,}256^2}{0{,}1}\left(0{,}866 - \frac{1}{5} \cdot 0{,}5\right) = 12{,}08 \text{ m/sec}^2,$$

für $\alpha = 90^\circ$ wird die Ladenbeschleunigung:

$$\frac{1{,}256^2}{0{,}1}\left(0 + \frac{1}{5} \cdot 1\right) = 3{,}155 \text{ m/sec.}^2$$

für $\alpha = 150^\circ$ wird die Ladenbeschleunigung:

$$\frac{1{,}256^2}{0{,}1}\left(-0{,}866 - \frac{1}{5} \cdot 0{,}5\right) = -15{,}24 \text{ m/sec}^2,$$

(Das negative Vorzeichen zeigt an, daß es sich um eine Verzögerung handelt) für $\alpha = 180^\circ$ wird die Ladenbeschleunigung:

$$\frac{1{,}256^2}{0{,}1}\left(-1-\frac{1}{5}\,.\,1\right) = -18{,}93\ \text{m/sec}^2\ \text{Verzögerung.}$$

d) Die Ladenarbeit ist hauptsächlich eine Beschleunigungsarbeit, weniger eine Reibungsarbeit.

Es muß ein Beschleunigungsdruck längs eines Weges ausgeübt werden. Dieser Beschleunigungsdruck läßt sich aus der Formel der Mechanik:

Kraft = Masse mal Beschleunigung

und aus der Formel für die Arbeitsaufnahme einer beschleunigten Masse berechnen: $\frac{M}{2}\,v^2$.

Befördert die Kurbel aus ihrer hintersten Stellung heraus die Lade nach vorne bis in jene Stellung, wo der Anschlag erfolgt, so hat die Lade zunächst eine beschleunigte Bewegung, die allmählich in eine gleichförmige, und von dort in eine verzögerte übergeht. Für unsere Berechnung kommt nur derjenige Teil der Bewegung in Frage, der Beschleunigung besitzt; das entspricht ungefähr dem Intervall $\alpha = 180^\circ$ bis $\alpha = 270^\circ$ bzw. $\alpha = 0^\circ$ bis $\alpha = 90^\circ$. Die Arbeitsformel lautet:

$$2\,.\int_{0^\circ}^{90^\circ}\frac{G}{g}\,.\,\frac{c^2}{r}\cos\alpha \mp \frac{r}{l}\left(\cos 2\alpha\right) r \left(\sin\alpha - \frac{r}{l}\sin\alpha\,.\cos\alpha\right).\,d\alpha$$

$$2\,\frac{G}{g}\cdot c^2\int_{0^\circ}^{90^\circ}\sin\alpha\,.\cos\alpha\,.\,d\alpha$$

für den Fall der unendlich langen Schubstange.

Diese praktisch nicht zutreffende Annahme kann man hier gut verantworten, da der Fehler für die Ermittlung der Arbeitsaufnahme wenig in das Gewicht fällt.

$$\frac{G}{g}\cdot c^2\cdot\Big[\sin^2\alpha\Big]_{0^\circ}^{90^\circ}$$

$$\frac{G}{g}\cdot\frac{r^2\,.\,\pi^2\,.\,n^2}{30^2}\cdot = \frac{G}{1400}\cdot\frac{\pi}{2}\,r^2\,n^2 = 0{,}00112\,G\,.\,r^2\,.\,n^2\,.$$

Diese Arbeit ist ausgedrückt in kgm (Kilogrammeter). Nimmt man an: das zu beschleunigende Gewicht des Ladenklotzes nebst Zubehör mit 60 kg, den Radius der Kurbel mit 100 mm und die Tourenzahl des Webstuhles mit 120, so wird die Ladenarbeit:

$$0{,}00112\,.\,60\,.\,0{,}1^2\,.\,120^2 = 9{,}68\ \text{kgm}\,.$$

Auf je 90° Kurbelumdrehung entfallen 4.84 kgm. 90° Kurbelumdrehung entsprechen einer Zeit von $\frac{60\,.\,90}{120\,.\,360} = \frac{1}{8}$ sec; die mittlere Ladenarbeit, ausgedrückt in Pferdestärken, würde also sein:

$$\frac{4{,}84}{\frac{1}{8}\cdot 75} = 0{,}52\ \text{PS}\,.$$

Denkt man sich diese Arbeit auf 360° Kurbelumdrehung gleichmäßig verteilt, dann sind es $\frac{9,68}{\frac{1}{2} \cdot 75} = 0,26$ PS.

Die größte Beschleunigungsarbeit muß geleistet werden in den Augenblicken, wo die folgenden Ausdrücke ein Maximum darstellen:

$$\frac{G}{g} \cdot \frac{c^2}{r} \cos\alpha \,.\, c \sin\alpha = \frac{G}{g} \cdot \frac{c^3}{r} \sin\alpha \cos\alpha$$

$$\frac{G}{g} \cdot \frac{r^3 \,.\, \pi^3 \,.\, n^3}{30^3 \,.\, r} \sin\alpha \cos\alpha = \frac{G}{8600} \cdot r^2 \,.\, n^3 \,.\, \sin\alpha \cos\alpha \,.$$

Der Maximalwert tritt auf, wenn der erste Differentialquotient gleich Null ist.

$$d\,(\sin\alpha \,.\, \cos\alpha) = (\cos^2\alpha - \sin^2\alpha)\, d\alpha$$

$$\cos^2\alpha = \sin^2\alpha\,; \qquad \cos\alpha = \sin\alpha\,; \qquad \alpha = 45^\circ$$

$$\frac{60}{8600} \,.\, 0,1^2 \,.\, 120^3 \,.\, 0,707^2 = 60 \text{ kgm/sec} \,.$$

Das wären während eines unendlich kleinen Zeitraumes $\frac{60}{75} = 0,8$ PS. Diese Werte würden gelten, wenn der Webstuhl keine rotierenden Massen besäße. Da in Wirklichkeit solche vorhanden sind, ist die Arbeitsaufnahme für den Ladenantrieb geringer.

e) Man stellt am Schlagexzenter den Winkel α fest, der gebildet wird von derjenigen Stelle, wo der innere Rollenkreis anfängt in die Schlagkurve überzugehen, von dem Drehpunkt des Schlagexzenters als Scheitelpunkt, und von der Spitze des Schlagdaumens (genau genommen ist der Schlag schon vorher beendet, ehe die Spitze der Schlagnase die konische Rolle passiert). Kennt man die Tourenzahl des Webstuhles, so ergibt sich die Schlagzeit t in Sekunden aus folgender Überlegung:

n Umdrehungen der Kurbelwelle sind

$\frac{n}{2}$ „ „ Schlagexzenterwelle

und beanspruchen 60 Sekunden; also beansprucht 1 Umdrehung = 360° nur:

$$60 : \frac{n}{2} = \frac{120}{n} \text{ Sekunden.}$$

Der Schlag erfolgt innerhalb eines Drehwinkels von $\alpha°$, die dazugehörige Zeit ist mithin:

$$\frac{120 \,.\, \alpha}{n \,.\, 360} = \frac{\alpha}{3 \,.\, n} \text{ Sekunden.}$$

f) Bezeichnet man die Tourenzahl des Webstuhles mit n, den Winkel, innerhalb welchem der Schlag durch das Schlagexzenter auf die konische Rolle übertragen wird, mit $\alpha°$, den Hub in Millimeter, den das Schlagexzenter der konischen Rolle erteilt, mit h, so errechnet sich die für die Stärke des

Schlages maßgebende höchste Geschwindigkeit v der Schlagrolle in Metern wie folgt:

in 60 Sekunden dreht sich das Exzenter $\frac{n}{2}$ mal,

„ 1 „ „ „ „ „ $\frac{n}{120}$ „ ,

„ 1 „ „ „ „ „ um $360 \cdot \frac{n}{120}$ Grad,

das sind 3 n Grad.

Da der Schlag innerhalb α Grad erfolgt, so entspricht dies einer Zeit von $\frac{\alpha}{3n}$ Sekunden. In dieser Zeit legt die Schlagrolle einen Weg von h Millimeter zurück in der Ebene des Schlagexzenters. Es ist nach einem Gesetz der Mechanik $\frac{v}{2} t = h$, worin t die Schlagzeit bedeutet, also:

$$\frac{v}{2} \cdot \frac{\alpha}{3n} = \frac{h}{1000}; \qquad v = \frac{6 \cdot h \cdot n}{1000\,\alpha},$$

d. h. theoretisch nimmt die Schlagstärke oder das Arbeitsvermögen des Schützens mit dem Quadrat der Webstuhltourenzahl zu, nach der Formel

$$\frac{M}{2} v^2,$$

worin M die Masse des Schützens bedeutet.

Die höchste Geschwindigkeit des Pickers (Treibers) bzw. die Höchstgeschwindigkeit des Schützens bekommt man annähernd, indem man mit dem Übersetzungsverhältnis multipliziert. Dieses Übersetzungsverhältnis wird gebildet aus der Entfernung Mitte Exzenter bis Mitte Schlagspindel (r_1 genannt), und aus der Entfernung Mitte Schlagspindel bis Abgang des Schlagriemens von der Schlagpeitsche (r_2 genannt).
Somit:

$$v' = \frac{6 \cdot h \cdot n}{1000 \cdot \alpha} \cdot \frac{r_2}{r_1}.$$

g) Der Arbeitsverbrauch des Schlages läßt sich nur auf experimentellem Wege ermitteln. Rein theoretisch besteht der Arbeitsverbrauch des Schlages in der „lebendigen Kraft“ (kinetischen Energie oder dem Arbeitsvermögen), welche der Schützen in sich aufgenommen hat. Die Formel für die Ermittelung dieses Arbeitsvermögens, welches ein Körper vermöge seines Gewichtes G und seiner Geschwindigkeit v besitzt, (v in Metern pro Sekunde), lautet: $\frac{M}{2} v^2$. Hierin bedeutet M die Masse des Schützens, d. i. Gewicht G desselben in Kilogramm, dividiert durch die Erdbeschleunigung $g = 9{,}81\ \mathrm{m/sec^2}$, und v^2 das Quadrat der Schützenanfangsgeschwindigkeit, also:

$$\frac{G}{2g} v^2,$$

mithin Antwort zu f) dieser Fragen:

$$\frac{G}{2g} \cdot \frac{36 \cdot h^2 \cdot n^2 \cdot r_2^2}{10^6 \cdot \alpha^2 \cdot r_1^2} = \frac{1{,}835}{10^6} \cdot \frac{G \cdot h^2 \cdot n^2 \cdot r_2^2}{\alpha^2 \cdot r_1^2}$$

d. h. der Arbeitsverbrauch des Schlages nimmt zu mit dem Gewicht des Schützens, quadratisch mit der Höhe der Schlagnase und der Tourenzahl, und bei Verkleinerung des Schlagwinkels. Dieses Ergebnis gibt aber praktisch zu kleine Werte, denn es muß dem Schützen nicht nur eine „lebendige Kraft“ (ein Arbeitsvermögen) erteilt werden, sondern es müssen auch gleichzeitig die Reibungswiderstände zwischen Schützen und Kastenwänden bzw. Schützenkastenzunge überwunden werden. Der ganze Arbeitsverbrauch für den Schlag beträgt mithin:

$$\frac{1{,}835}{10^6} \cdot \frac{G \cdot h^2 \cdot n^2 \cdot r_2^2}{\alpha^2 \cdot r_1^2} + 2\,N \cdot f \cdot s \text{ mkg}.$$

Hierin ist N der Druck der Kastenzunge gegen den Schützen, f die Reibungszahl zwischen Kastenzunge bzw. Kastenvorderwand und Schützen, und s der Weg, der unter der Wirkung dieser Reibung zurückgelegt werden muß.

Nimmt man an: $G = 120$ Gramm, $h = 110$ mm, $n = 160$ Touren, $r_2 = 900$ mm, $r_1 = 110$ mm, $\alpha = 25°$, $N = 5$ Kilogramm, $f = 0{,}5$, $s = 0{,}124$ Meter, so wird der Arbeitsverbrauch:

$$\frac{1{,}835}{10^6} \cdot \frac{0{,}12 \cdot 110^2 \cdot 160^2 \cdot 0{,}9^2}{25^2 \cdot 0{,}11^2} + 2 \cdot 5 \cdot 0{,}5 \cdot 0{,}124 = \text{ca } 1{,}4 \text{ kgm}.$$

Ein Schlagwinkel von 25° entspricht einer Zeit von:

$$\frac{60 \cdot 2 \cdot 25}{160 \cdot 360} = \text{ca. } \frac{1}{20} \text{ Sekunde;}$$

mithin die Leistung in Pferdestärken für den Schlag:

$$\frac{1{,}4 \cdot 20}{75} = 0{,}4 \text{ PS während } \frac{1}{20} \text{ Sekunde.}$$

Die aufzuwendende Energie des Schlagmechanismus ändert sich also nach der dritten Potenz der Webstuhltourenzahl, deshalb, weil die gesamte Arbeitsabgabe an den Schützen bei wachsender Tourenzahl in kürzerer Zeit erfolgen muß.

Beispiel Nr. 61. Im folgenden soll das Konstruktionsprinzip der Exzenter-Kreuzkettspulmaschine besprochen werden.

Der Fadenführer f wird durch einen gekrümmten Radkranz a auf einer Schiene b hin und her bewegt.

Die Spindel sp des Spulenrähmchens wird durch Friktion von der Welle w angetrieben; es ist also notwendig, daß die entstehenden Garnlagen in ihrer ganzen Länge gleichmäßig auf der Welle w aufliegen. Es muß deshalb die Krümmung des Radkranzes a so beschaffen sein, daß der Fadenführer f, sowohl auf seinem Wege von links nach rechts, als auch von rechts nach links unveränderliche Geschwindigkeit besitzt, also an jeder Stelle gleich viel Garnmaterial aufwinden läßt. Diese verlangte Bewegung gibt die Schraubenlinie sch Abb. 195 her; man muß also die Krümmung des Radkranzes a nach einer Schraubenlinie vornehmen, Abb. 195 und 193. Die Größe des Kreuzungswinkels ist abhängig vom Verhältnis der Umfangsgeschwindigkeit der Spule und der Geschwindigkeit des Fadenführers. Angenommen Welle w macht n Touren und hat einen Durchmesser von d mm, während das laut Abb. 193

ausgeführte Fadenführungsrad m Touren macht und einen Hub von h mm besitzt; alsdann berechnet sich der Winkel α zu:

$$\operatorname{cotg} \alpha = \frac{2 \, . \, m \, . \, h}{n \, . \, d \, . \, \pi} \; ; \; \alpha = \operatorname{arc\,cotg} 0{,}64 \, \frac{m \, . \, h}{n \, . \, d} \quad \text{(siehe Abb. 194)}$$

der Kreuzungswinkel α' ist dann $180^\circ - 2\,\alpha$.

Abb. 194 zeigt die Bedeutung des Kreuzungswinkels α' für das äußere Bild der Spule.

Angenommen es wäre d = 35 mm, n = 1200 Touren, oder d = 45 mm, n = 933 Touren, oder d = 55 mm, n = 764 Touren, ferner h = 120 mm, m = 166 Touren, dann ist

$$\alpha = \operatorname{arc\,cotg} 0{,}64 \, \frac{166 \, . \, 120}{42\,000} = 0{,}30 = \text{ungefähr } 73^\circ,$$

folglich $\alpha' = 180 - 2 \, . \, 73 = 34^\circ$.

Abb. 194.

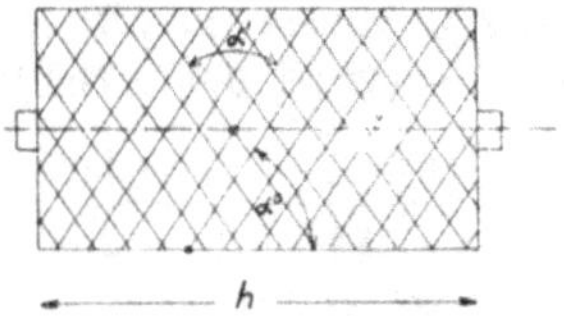

Abb. 193.

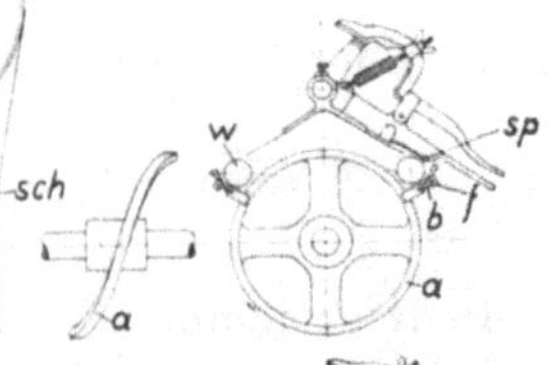

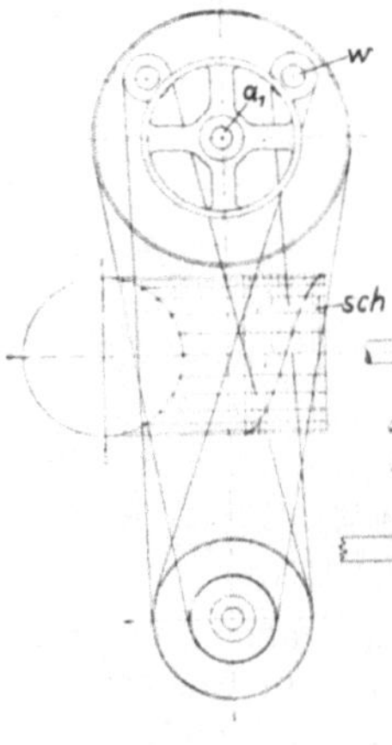

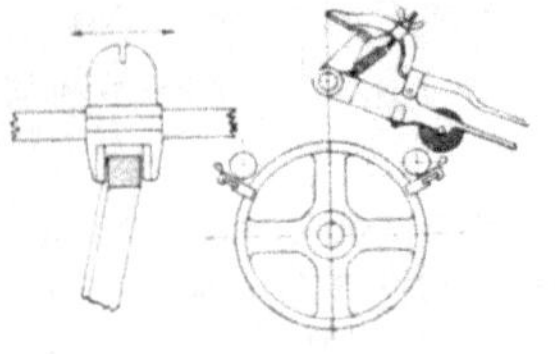

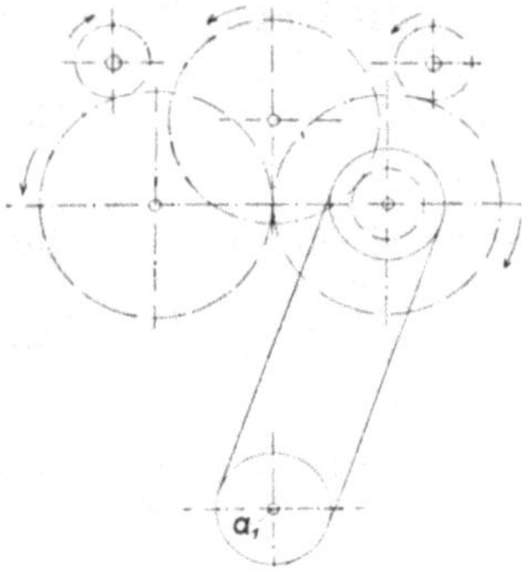

Abb. 195. Abb. 197. Abb. 196.

Abb. 195 läßt erkennen, daß bei der älteren Konstruktion der Antrieb der Friktionswelle w durch Riemenübertragung, also kraftschlüssig, unter Vermittlung eines Zwischengetriebes von der Hauptwelle a_1 der Maschine aus erfolgte. Es hat sich jedoch als vorteilhaft erwiesen, darauf hinzuwirken, daß der Winkel α' konstant bleibt, was der Fall sein wird, wenn die Umfangsgeschwindigkeit der Spulenantriebswelle unverändert bleibt, indem man den kraftschlüssigen Antrieb mittels Riemen durch einen zwangläufigen Antrieb mittels gefräster Stirnzahnräder ersetzt. Die Spule fällt dann gleichmäßiger aus, und die Spannung des Fadens ist keinen schädlichen Schwankungen unterworfen.

In Abb. 196 ist der zwangläufige Antrieb der neuen Konstruktion schematisch dargestellt. Die Hauptwelle (Antriebswelle) a_1 befindet sich jetzt unten.

Die Abb. 193 und 197 lassen deutlich die Form des Spulenrähmchens und das Arbeiten der Abstellvorrichtung bei erreichter Spulendicke in der

Ausführung der alten Konstruktion erkennen. Die neue Ausführung, Abb. 198, zeigt, daß man das Rähmchen mit einem zweiteiligen Gewichtshebel versehen hat, der es gestattet, dem oberen, als Gewicht ausgebildeten Teil, eine beliebige Neigung zu geben, so daß die Belastung der Spule in den weitesten Grenzen geändert werden kann.

Zwecks Herstellung konischer Kreuzspulen kann man die Spulenrähmchen schräg zur Friktionswellenachse unter einem beliebigen Winkel einstellen.

Für Kanterspülchen, wie sie z. B. in der Jacquardplüschweberei verwendet werden, versieht man die Fadenführungsräder mit zwei hin- und hergehenden Schraubenlinien, und gibt denselben nur halb so großen Hub, dann ist

$$\operatorname{cotg} \alpha_2 = \frac{4 . m \cdot \frac{h}{2}}{n . d . \pi} = \frac{2 . m . h}{n . d . \pi} = \operatorname{cotg} \alpha$$

$$\alpha_2 = \alpha$$

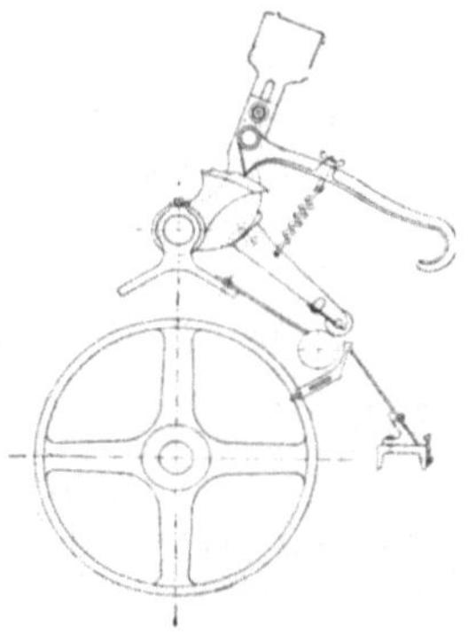

Abb. 198.

Der Kreuzungswinkel bleibt also unverändert. Die Fadengeschwindigkeit ist ebenfalls unverändert gleich groß, ungefähr

$$\text{nämlich} \quad = \frac{n . d . \pi}{60} = \frac{1200 . 0{,}035 . \pi}{60} =$$

$$\frac{933 . 0{,}045 . \pi}{60} = \frac{764 . 0{,}055 . \pi}{60} = 2.2 \frac{m}{sec} = 132 \frac{m}{min}$$

$$\text{die Fadenführergeschwindigkeit} = \frac{2 . 0{,}12 . 166}{60} = 0{,}664 \frac{m}{sec}$$

$$= 39{,}8 \frac{m}{min} .$$

Theoretisch genau, ohne Berücksichtigung von Gleitverlusten, wird die Fadengeschwindigkeit:

$$\sqrt{132^2 + 39{,}8^2} = 138 \frac{m}{min}$$

oder

$$= \frac{39{,}8}{\cos \alpha} = \frac{39{,}8}{0{,}29} = 138 \frac{m}{min} .$$

B e i s p i e l Nr. 62: Schwungradberechnungen an mechanischen Webstühlen.

In letzter Zeit sind in der Fachpresse Fragen aufgetaucht über die Berechnung von Schwungrädern an mechanischen Webstühlen. Die Daten sind hier in der Hauptsache rein aus praktischen Versuchen zu ermitteln. Die rechnerischen Grundlagen sollen im folgenden gegeben werden. Auch hier ist den ermittelten Zahlenwerten wenig praktische Bedeutung beizumessen. Das Wesentliche ist die Erkennung der Zusammenhänge.

Bezeichnet man mit D den mittleren Durchmesser des Schwungringes in Dezimeter (dm), mit d die Dicke des kreisrunden Ringes in dm, mit γ das spezifische Gewicht des Eisens aus dem der Schwungring besteht, mit g die Erdbeschleunigung, mit n die Tourenzahl des Schwungrades, so berechnet sich das Arbeitsvermögen des Schwungrades aus der Formel $\frac{M}{2} v^2$, worin M die Masse des Ringes, und v dessen mittlere Umfangsgeschwindigkeit bedeutet.

$$\frac{1}{2} M = \frac{D\pi \cdot \frac{4^2 \pi}{4} \cdot \gamma}{2 g}, \qquad v = \frac{D . \pi . n}{2 . 10 . 30} \text{ m/sec}$$

$$\frac{M}{2} v^2 = \frac{D \cdot \pi \frac{d^2 . \pi}{4} \cdot \gamma}{2 g} \cdot \left(\frac{D . \pi . n}{2 . 10 . 30}\right)^2 \text{ kgm} .$$

Nimmt man γ mit 7,6 an, so wird nach Zusammenfassung der unveränderlichen Werte:

$$\frac{M}{2} v^2 = 0{,}000026 . D^3 . d^2 . n^2 \text{ kgm} .$$

Ist der mittlere Kraftbedarf eines Webstuhles N_n PS und der größte Kraftbedarf N_{max} PS, und spielt sich diese Kraftschwankung während $\frac{1}{x}$ Tour der Kurbelwelle des Webstuhles ab, auf welcher das Schwungrad sitzt, so wird der Mehrbedarf dem Schwungring entnommen werden müssen, der dadurch seine Tourenzahl von n_n auf n_{min} verringern möge. Dann muß sein:

$$0{,}000026 D^3 d^2 (n_n^2 - n_{min}^2) = \frac{(N_{max} - N_n) . 75 . 60}{. n_n . x}$$

$$D^3 . d^2 = \frac{N_{max} - N_n}{n_n . (n_n^2 - n_{min}^2) . x} \cdot 86\,600\,000 . 2$$

Es sei: der maximale Kraftbedarf eines Webstuhles $N_{max} = \frac{2}{3}$ PS

„ mittlere „ des „ $N_n = \frac{1}{3}$ PS

die verminderte Tourenzahl im Augenblick des höchsten Kraftbedarfs $= n_{min} = 140$,

die Zeit, die verstreicht innerhalb des Überganges vom normalen bis zum höchsten Kraftbedarf $= \frac{1}{x}$ Tour der Kurbelwelle $= \frac{1}{4}$

so ist:

$$D^3 . d^2 = \frac{\frac{1}{3}}{169 . 6000 . 4} 2 . 86\,600\,000 = 7{,}5 . 2.$$

Angenommen der Durchmesser des Schwungringes sei $D = 4$ dm, dann muß sein:

$$d = \sqrt{\frac{2 . 7{,}5}{64}} = 0{,}48 \text{ dm} = 4{,}8 \text{ cm}.$$

Einschließlich Nabe und Arme entspricht dies einem Schwungradgewicht von ca. 20 kg.

Nehmen wir in einem anderen Falle an:

$$N_{max} = 1\,PS, \qquad N_n = \frac{1}{2}\,PS,$$

$$n_n = 75, \qquad n_{min} = 55, \qquad \frac{1}{x} = \frac{1}{3} \text{ Tour der Kurbelwelle,}$$

so ist:

$$D^3 . d^2 = \frac{\frac{1}{2}}{75 . 2600 . 3}\ 2 . 86\,600\,000 = 147.$$

Angenommen $D = 6$ dm, dann muß sein:

$$d = \sqrt{\frac{147}{216}} = 0{,}8 \text{ dm} = 8 \text{ cm}.$$

Einschließlich Nabe und Arme entspricht dies einem Schwungradgewicht von ca. 80 kg.

Sitzt das Schwungrad nicht auf der Hauptwelle des Webstuhles, sondern, wie es bei schweren Stühlen der Fall sein kann, auf einer Vorgelegewelle, die y mal so schnell läuft als die Kurbelwelle, so lautet die entsprechende Formel:

$$D^3 . d^2 = \frac{N_{max} - N_n}{n_n\,(n_n^2 - n_{min}^2) . y^2 . x} . 88\,600\,000 . 2.$$

Bei einem schweren Stuhl wirkt die Friktionskupplung als Schwungrad. Das Arbeitsdiagramm, welches mit einem Zahndruckdynamometer aufgenommen wurde, ergab einen periodisch wiederkehrenden Höchstkraftbedarf von $1\frac{1}{2}$ PS und einen mittleren Kraftbedarf von $^4/_5$ PS. Die mittlere Tourenzahl des Webstuhles beträgt 60, und die verminderte Tourenzahl im Augenblick des höchsten Kraftbedarfes soll mit 56 angenommen werden.

Der Wechsel zwischen mittlerem und höchsten Kraftbedarf spielt sich während $\frac{1}{3}$ Tour der Hauptwelle des Webstuhles ab, und die Friktionskupplung (Schwungrad) soll auf einer Vorgelegewelle sitzen, welche dreimal so viel Touren macht als die Hauptwelle. Welches Gewicht G muß der Kranz der Friktionsscheibe haben, wenn der mittlere Durchmesser desselben 600 mm betragen soll?

$$G = \frac{N_{max} - N_n}{n_n\left(n_n^2 - n_{min}^2\right) . D^2 . y^2 . x} . 1\,610\,000\,000 \;.\; 2$$

$$G = \frac{1^1/_2 - {}^4/_5}{60\,(3600 - 3136) . 6^2 . 3^2 . 3} . 1\,610\,000\,000 \;.\; 2$$

$$G = 85 \text{ kg}.$$

Die richtige Wahl des Schwungrades ist von großer Bedeutung für den ordnungsmäßigen Gang des Webstuhles und den guten Ausfall der Ware.

Ist das Schwungrad zu leicht, so schwankt die Umdrehungsgeschwindigkeit des Webstuhles sehr stark mit dem wechselnden Kraftverbrauch, die einzelnen Arbeitsvorgänge folgen unregelmäßig aufeinander, Schlag und Ladenanschlag sind nicht energisch genug.

Ist das Schwungrad zu schwer, so steckt in ihm ein zu großes Arbeitsvermögen, der Stecherschützenwächter wird zu sehr beansprucht, die Bremsvorrichtung muß sehr stramm wirken, wenn der Stuhl rechtzeitig zum Stehen kommen soll, und wenn Schützenschläge vermieden werden sollen.

Die obigen Betrachtungen gelten für Transmissionsantrieb. Handelt es sich um elektrischen Einzelantrieb, so ist zu erwägen, daß der Rotor des elektrischen Motors als Schwungrad wirkt, und daß der Kurzschlußankerdrehstrommotor, der ja in den meisten Fällen in Frage kommt, das Viel-

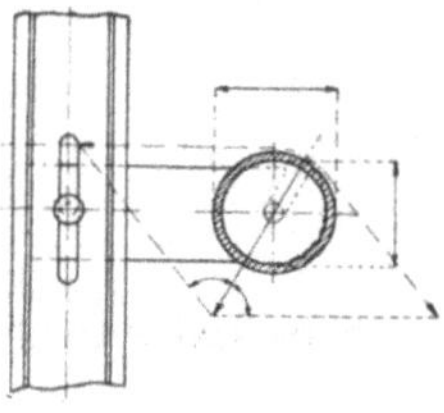

Abb. 199.

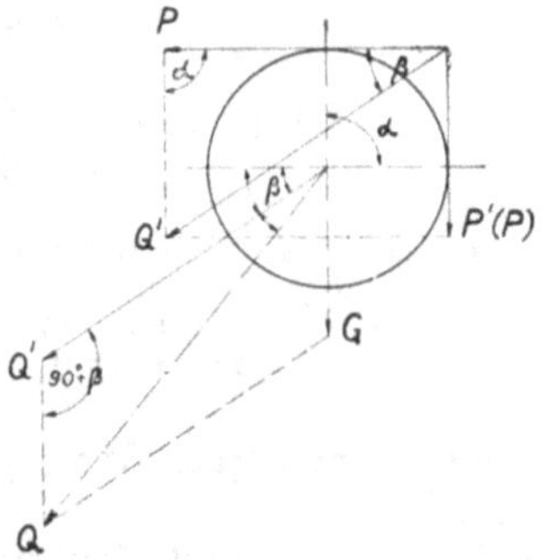

Abb. 200.

fache der Normalleistung abgeben kann, wenn er momentan überlastet wird. Bei Spezialwebstuhlmotoren würde man mit bedeutend geringeren Schwungmassen auskommen.

Der erfahrene Praktiker sieht an den errechneten Resultaten ihre, die praktischen Ausführungen überschreitenden Werte.

Man kommt mit geringeren Schwungmassen wie den errechneten aus, weil am Webstuhl noch andere Massen vorhanden sind, die als Kraftakkumulator wirken.

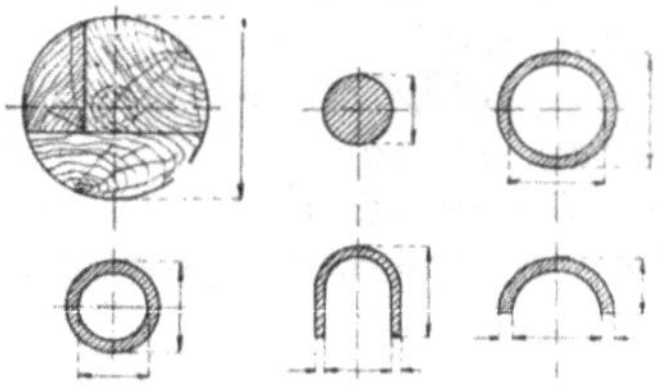

Abb. 201.

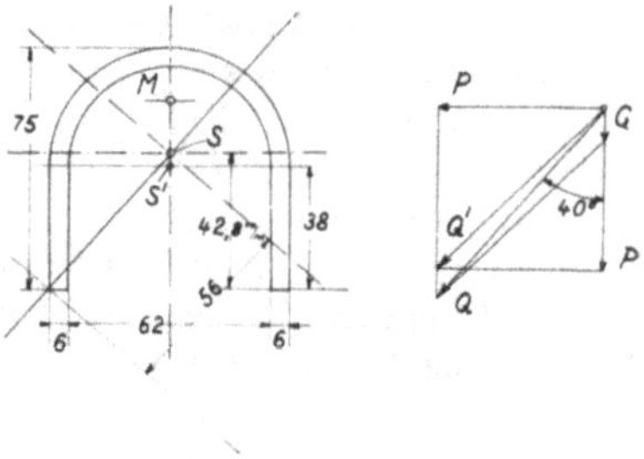

Abb. 202.

B e i s p i e l Nr. 63: Die Beanspruchung der Streichwalzen und Streichriegel an Webstühlen. Abb. 199.

Die folgenden Berechnungen sollen so einfach wie möglich vorgenommen werden. Vernachlässigungen, die für die zu errechnenden Ausmaße keine praktisch ins Gewicht fallenden Fehler ergeben, können im Interesse der Einfachheit der Rechnung gemacht werden.

In Abb. 200, 203 nehmen wir an, daß die Kettenspannung im auflaufenden Teil gerade so groß ist wie jene im ablaufenden Teil. Es ergibt sich als resultierende Belastung, herrührend von der Kettenspannung:

$$Q' = \sqrt{P^2 + P^2 - 2 . P^2 . \cos\alpha} = 1{,}4 . P . \sqrt{1 - \cos\alpha} .$$

Um möglichst sichere Resultate zu bekommen, nehmen wir den Fall an, daß die Kette senkrecht von unten kommt, dann wird $Q' = 1{,}4 \,.\, P$. Das Gewicht G des Streichbaumes wirkt senkrecht nach unten, so daß sich die Gesamtbelastung Q berechnet zu:

$$\sqrt{1{,}4^2 \,.\, P^2 + G^2 - 2 \,.\, 1{,}4 \,.\, P \,.\, G \,.\, \cos 135^\circ}$$

$$Q = \sqrt{2 \,.\, P^2 + G^2 + 2{,}83 \,.\, P \,.\, G \,.\, 0{,}707} = \sqrt{2 \,.\, P^2 + G^2 + 2\,P \,.\, G}\,.$$

Die Biegungsbeanspruchung ist diejenige eines Trägers auf 2 Stützen mit gleichmäßig verteilter Last Q

$$M_{max} = \frac{Q \,.\, l}{8}\,.$$

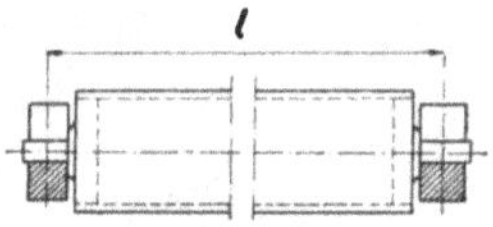

Abb. 203.

Die Durchbiegung f ist für die genannte Art der Belastung

$$f = \frac{Q}{E \,.\, J} \cdot \frac{5 \,.\, l^3}{384}$$

hierin bedeutet J das Trägheitsmoment des betreffenden Querschnittes und E den Elastizitätsmodul.

Nehmen wir eine hölzerne Streichwalze vom Eigengewicht 25 kg, Abb. 201, an, mit einer Länge zwischen den Auflagern = 2500 mm, einem Elastizitätsmodul = 100 000 kg/qcm und einem Durchmesser = 160 mm, dann wird bei einer Kettenspannung = 130 kg

$$Q = \sqrt{2\,P^2 + G^2 + 2\,P\,G} = \sqrt{2 \,.\, 130^2 + 25^2 + 2 \,.\, 130 \,.\, 25} = 202 \text{ kg}$$

$$\text{Trägheitsmoment } J = \frac{\pi}{64} \cdot d^4 = \frac{\pi}{64} \,.\, 16^4 = 3215 \text{ cm}$$

$$M_{max} = \frac{202 \,.\, 250}{8} = 6312 \text{ cmkg}$$

$$\text{Widerstandsmoment } W = \frac{d^3 \,.\, \pi}{32} = \frac{16^3 \,.\, \pi}{32} = 410 \text{ cm}^3$$

$M_{max} = W \,.\, \sigma_b$; σ_b = errechnete Biegungsspannung

$$\sigma_b = \frac{M_{max}}{W} = \frac{6312}{410} = 15{,}4 \frac{\text{kg}}{\text{qcm}}$$

$$\text{Durchbiegung } f = \frac{202}{100\,000 \,.\, 3215} \cdot \frac{5 \,.\, 250^3}{384} = 0{,}13 \text{ cm} = 1{,}3 \text{ mm}$$

Bei einer vollen schmiedeeisernen Streichwalze, einem E = 2 000 000 kg/qcm, einem Durchmesser = 60 mm, einem Gewicht = 55,5 kg, wird

$$Q = \sqrt{2 \,.\, 130^2 + 55{,}5^2 + 2 \,.\, 130 \,.\, 55{,}5} = 228 \text{ kg}$$

$$J = \frac{\pi}{64} \cdot d^4 = \frac{\pi}{64} \cdot 6^4 = 63{,}5 \text{ cm}^4$$

$$M_{max} = \frac{228 \,.\, 250}{8} = 7120 \text{ cmkg}$$

$$W = \frac{d^3 \,.\, \pi}{32} = \frac{6^3 \,.\, \pi}{32} = 21{,}2 \text{ cm}^3$$

$$\sigma_b = \frac{7120}{21{,}2} = 336 \frac{\text{kg}}{\text{cm}^2}$$

$$f = \frac{228}{2\,000\,000 \,.\, 63{,}5} \cdot \frac{5 \,.\, 250^3}{384} = 0{,}36 \text{ cm} = 3{,}6 \text{ mm}\,.$$

Bei einer hohlen schmiedeeisernen Streichwalze, Abb. 201, Außendurchmesser 100 mm, Wandstärke 5 mm, Eigengewicht 29 kg, wird

$$Q = \sqrt{2 \cdot 130^2 + 29^2 + 2 \cdot 130 \cdot 29} = 207 \text{ kg}$$

$$J = \frac{\pi}{64} \cdot \left(d_a^4 - d_i^4\right) = \frac{\pi}{64} \cdot \left(10^4 - 9^4\right) = 168{,}8 \text{ cm}^4$$

$$W = \frac{d_a^4 - d_i^4}{d_a} \cdot \frac{\pi}{32} = \frac{10^4 - 9^4}{10} \cdot \frac{\pi}{32} = 33.8 \text{ cm}^3$$

$$M_{max} = \frac{207 \cdot 250}{8} = 6470 \text{ cmkg}$$

$$\sigma_b = \frac{6470}{33{,}8} = 191{,}4 \frac{\text{kg}}{\text{qcm}}$$

$$f = \frac{207}{2\,000\,000 \cdot 168{,}8} \cdot \frac{5 \cdot 250^3}{384} = 0{,}125 \text{ cm} = 1{,}25 \text{ mm}.$$

Die hohle gußeiserne Streichwalze, Außen-⌀ 78 mm, Innen-⌀ = 62 mm, E = 1 000 000 kg/qcm, Eigengewicht 31,5 kg, ergibt folgende Werte:

$$Q = \sqrt{2 \cdot 130^2 + 31{,}5^2 + 2 \cdot 130 \cdot 31{,}5} = 207 \text{ kg}$$

$$J = \frac{\pi}{64} \cdot \left(7{,}8^4 - 6{,}2^4\right) = 109 \text{ cm}^4$$

$$W = \frac{7{,}8^4 - 6{,}2^4}{7{,}8} \cdot \frac{\pi}{32} = 28 \text{ cm}^3$$

$$M_{max} = \frac{207 \cdot 250}{8} = 6470 \text{ cmkg}$$

$$\sigma_b = \frac{6470}{28} = 231 \frac{\text{kg}}{\text{qcm}}$$

$$f = \frac{207}{1\,000\,000 \cdot 109} \cdot \frac{5 \cdot 250^3}{384} = 0{,}396 \text{ cm} = 3{,}96 \text{ mm}.$$

Beim gußeisernen Streichriegel gemäß Abb. 202 muß man zunächst die Lage des Schwerpunktes berechnen.

Beim halbkreisförmigen Stück wird

$$MS' = \frac{4}{3\pi} \cdot \frac{R^3 - r^3}{R^2 - r^2} = \frac{4}{3\pi} \cdot \frac{37^3 - 31^3}{37^2 - 31^2} = 21{,}7 \text{ mm}.$$

Der Schwerpunktsabstand x von der unteren Begrenzungslinie des Querschnittes ergibt sich alsdann aus der Gleichung:

$$\frac{1}{2}\left(\frac{74^2\pi}{4} - \frac{62^2\pi}{4}\right) \cdot \left(21{,}7 + 38\right) + 38 \cdot 2 \cdot 6 \cdot \frac{38}{2} = x\left[\frac{1}{2}\left(\frac{74^2\pi}{4} - \frac{62^2\pi}{4}\right) + 38 \cdot 2 \cdot 6\right]$$

$$x = 42{,}8 \text{ mm}.$$

Das Trägheitsmoment des Halb-Kreisringes bezogen auf seine Schwerachse ist ungefähr $0{,}3 \cdot \delta \cdot r_1^3$; hierin bedeutet δ die Wandstärke und r_1 den mittleren Halbmesser.

$$0{,}3 \cdot 0{,}6 \cdot 3{,}4^3 = 7{,}1 \text{ cm}^4;$$

reduziert auf die Schwerpunktsachse des Gesamtquerschnittes

$$7{,}1 + F \,.\, a^2 = 7{,}1 + 6{,}409 \,.\, (2{,}17 - 0{,}48)^2 = 25{,}40 \text{ cm}^4$$

Trägheitsmoment beider Rechtecke bezogen auf ihre Schwerachse

$$2 \cdot \frac{0{,}6 \,.\, 3{,}8^3}{12} = 5{,}49 \text{ cm}^4$$

reduziert auf die Schwerachse des Gesamtquerschnittes

$$5{,}49 + 2 \,.\, 3{,}8 \,.\, 0{,}6 \,.\, (1{,}9 + 0{,}48)^2 = 31{,}32 \text{cm}^4$$

$$25{,}40 + 31{,}32 = \underline{\underline{56{,}72 \text{ cm}^4}}$$

In bezug auf die senkrechte Hauptachse wird das Trägheitsmoment:

$$7{,}1 + 6{,}409 \,.\, 2{,}17^2 + \left[\frac{3{,}8 \,.\, 0{,}6^3}{12} + 3{,}8 \,.\, 0{,}6 \,.\, 3{,}4^2\right] . \, 2 = 90{,}13 \text{ cm}^4$$

das Eigengewicht $G = 9{,}5$ kg, $l = 1200$ mm, $P = 50$ kg,

$$Q = \sqrt{2 \,.\, 50^2 + 9{,}5^2 + 2 \,.\, 50 \,.\, 9{,}5} = 78 \text{ kg}$$

den Neigungswinkel kann man mit genügender Genauigkeit graphisch ermitteln; man findet einen Winkel von 40°.

Nunmehr konstruiert man die Trägheitsellipse nach Culmann. Die große Halbachse der Ellipse wird gleich dem Trägheitshalbmesser =

$$\sqrt{\frac{\text{Trägheitsmoment}}{\text{Querschnitt}}} = \sqrt{\frac{90{,}13}{10{,}97}} = 2{,}867 \text{ cm},$$

die kleine Halbachse $= \sqrt{\dfrac{56{,}72}{10{,}97}} = 2{,}273$ cm.

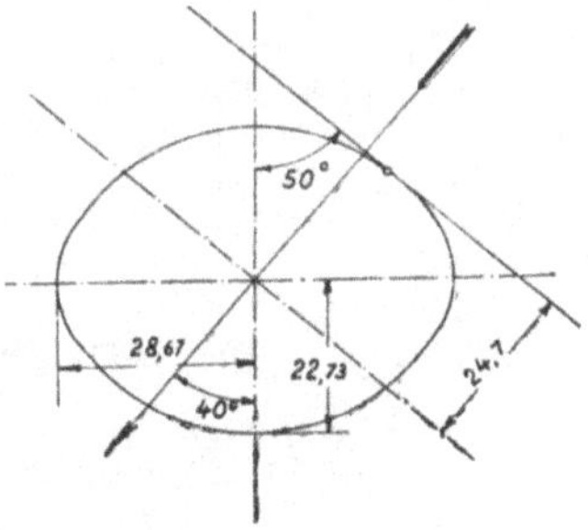

Abb. 204.

Zieht man gemäß Abb. 204 unter 90 — 40 = 50° zur Senkrechten eine Tangente an diese Ellipse, so kann man aus deren Abstand von der parallelen Achse das zugehörige Trägheitsmoment berechnen. Wir messen diesen Abstand zu 2,47 cm, dann muß sein:

$$2{,}47 = \sqrt{\frac{J}{10{,}97}}; \qquad J = 10{,}97 \,.\, 2{,}47^2 = 66{,}9 \text{ cm}^4$$

$$M_{max} = \frac{78 \,.\, 120}{8} = 1170 \text{ cmkg}$$

$$W = \frac{66{,}9}{5{,}6} = 11{,}94 \text{ cm}^3$$

$$\sigma_b = \frac{1170}{11{,}94} = 97{,}8 \frac{\text{kg}}{\text{qcm}}$$

$$f = \frac{78}{1\,000\,000 \,.\, 66{,}9} \cdot \frac{5 \,.\, 120^3}{384} = 0{,}0262 \text{ cm} = 0{,}262 \text{ mm}.$$

Man kann auch die auftretende Gesamtspannung aus der Formel

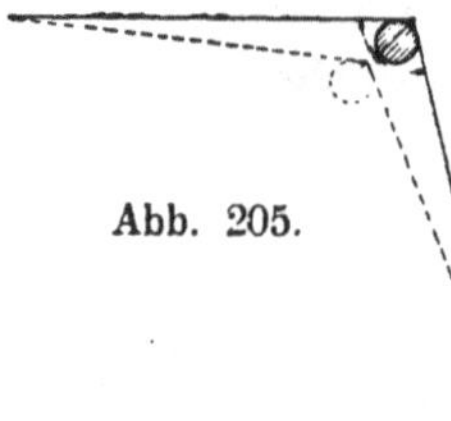

Abb. 205.

$$\sigma_{max} = \frac{M_1}{W_1} + \frac{M_2}{W_2} \text{ berechnen}$$

$$M_1 = M_{max} \cdot \cos 40^0; \quad M_2 = M_{max} \cdot \sin 40^0;$$

$$W_1 = \frac{56{,}72}{4{,}28} = 13{,}26 \text{ cm}^3, \quad W_2 = \frac{90{,}13'}{3{,}7} = 24{,}35 \text{ cm}^3,$$

$$\sigma_{max} = \frac{1170 \,.\, 0{,}766}{13{,}26} + \frac{1170 \,.\, 0{,}643}{24{,}35} = 98{,}7 \frac{\text{kg}}{\text{qcm}}.$$

Die Abb. 205 zeigt, übertrieben dargestellt, den Einfluß der Durchbiegung auf die Kettenfadenlänge, und somit auch auf die Kettenfadenspannung. Je größer die Durchbiegung, um so größer wird auch der Unterschied in der Kettenfadenspannung zwischen den Randkettenfäden und denjenigen in der Mitte der Webkette sein, und um so größer die Gefahr eines ungleichmäßigen Ausfalles der Ware.

Prof. Dr. Marschik bringt im Jahrgang 1914 der „Leipziger Monatsschrift für Textilindustrie" ebensolche Berechnungen. Er hat jedoch die Rechnungen streng theoretisch genau durchgeführt und seine Untersuchungen auf die Spannungsverhältnisse des Webkettenmaterials ausgedehnt.

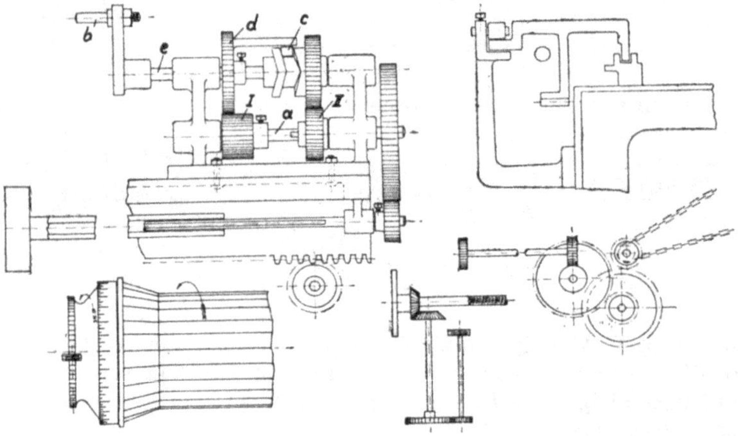

Abb. 206.

B e i s p i e l Nr. 64: Bäumvorrichtung an einer Konusschärmaschine.

Bekanntlich bekommt der Schärblattsupport bei der Konusschärmaschine eine seitliche Verschiebung, so daß die einzelnen Bänder schraubenförmig aufgewunden werden. Die fertige Kette auf dem Webkettenbaum muß aber ohne Steigung aufgewickelt sein, sonst wäre ja ein ordnungsgemäßer Webprozeß nicht möglich. Man muß also beim Bäumen dem Gestell, auf welchem der Baum ruht, eine gleich große aber entgegengesetzt gerichtete Verschiebung geben, wie sie vorher der Schärblattsupport hatte. Zu diesem Zwecke leitet man von der Schärtrommel nicht nur die seitliche Verschiebung des Schärblattsupportes ab, sondern auch die seitliche Verschiebung des Baumträgers. Abb. 206. Vorteilhaft ist es, dem Kettenbaum gleichzeitig mit seiner drehenden und seitwärts gehenden, auch eine schwingende Bewegung zu erteilen, damit die Fadenlagen nicht parallel übereinander zu liegen kommen und dadurch das Bestreben haben, in einander einzuschneiden. Diese schwingende Bewegung geschieht in der Weise, daß auf einer Hilfswelle a zwei Stirnräder I und II sitzen, von denen das eine I die Baumantriebskurbel b in Drehung versetzt, während das andere II ein Nutexzenter antreibt, in dessen Nut die Rolle c eines Ansatzes des Antriebszahnrades d läuft, so daß eine hin- und hergehende Bewegung der sich drehenden Welle e erfolgen muß. Diese Einrichtung ist für seidene Ketten im Gebrauch, weil der Seidenfaden in die vorherige Fadenlage leicht einschneidet.

Beispiel Nr. 65: Kurbelwellenberechnung am Webstuhl.

Die Kurbelwelle des Webstuhles ist verdrehenden und biegenden Kräften ausgesetzt; deshalb wendet man zur Berechnung der Welle die Kombinationsformel an:

$$\tfrac{3}{8} M_b + \tfrac{5}{8} \sqrt{M_b^2 + M_d^2} = W \,.\, k_b \,.$$

Hierin bedeutet M_b das Biegungsmoment, M_d das Verdrehungsmoment, W das Widerstandsmoment und k_b die zulässige Biegungsbeanspruchung. Die Verdrehung kommt vom Ladenantrieb her. Nimmt man die größte Ladenbeschleunigung mit $\frac{v^2}{r}$ an, wobei v die Kurbelgeschwindigkeit und r den Kurbelradius bedeutet, so ist die verdrehende Kraft $= G \,.\, \frac{v^2}{10 \,.\, r}$ (G ist das Gewicht der schwingenden Masse), und das Drehmoment

$$M_d = G \cdot \frac{v_2}{10} = G \, \frac{r^2 \,.\, \pi^2 \,.\, n^2}{9000} \,.$$

Unter Berücksichtigung der Einheiten erhält man ungefähr

$$M_d = G \, \frac{r^2 \,.\, n^2}{0{,}9} \text{ kgmm} \,.$$

Das auftretende größte Biegungsmoment ist bei jedem Stuhl verschieden. Nimmt man Jacquardmaschinenantrieb an in einer Entfernung l mm vom Lager und einer Zugkraft von Pkg, so ist $M_b = P \,.\, l$ kgmm. Das Widerstandsmoment einer Welle ist $= 0{,}1 \,.\, d^3$, wobei d den Durchmesser der Welle bedeutet.

Beispiel: Webstuhl mit 140 Touren, Kurbelradius 120 mm, Gewicht der schwingenden Ladenmassen 100 kg, größte Zug- bzw. Druckbeanspruchung der Jacquardmaschinenantriebsstange = 140 kg. Dann ist

$$M_d = \frac{100 \,.\, 0{,}12^2 \,.\, 140^2}{0{,}9} = 31\,300 \text{ kgmm} \,.$$

$M_b = 140 \,.\, 400 = 56\,000$ kgmm bei einer angenommenen Entfernung des Jacquardmaschinenantriebsexzenters vom Wellenlager = 400 mm.

$$0{,}1\, d^3 \,.\, 3 = \tfrac{3}{8} \,.\, 56\,000 + \tfrac{5}{8} \sqrt{56\,000^2 + 31\,300^2}$$

k_b = zulässige Beanspruchung für Schweißeisen = 3 kg/qmm

Wellendurchmesser = 60 mm (Schweißeisen).

Beispiel Nr. 66:

Die Steigerung der Tourenzahl der Webstühle wird durch Beibehaltung des bisherigen Schützenschlages erfahrungsgemäß nur möglich, wenn man einen unverhältnismäßig großen Mehrverschleiß am Picker, Schlagriemen, Schlagstöcken, Schützen usw. sowie die gleichzeitig größer werdenden Reparaturen und Nachstellarbeiten, und schließlich den wesentlich höheren Arbeitsverbrauch in Kauf nimmt.

Eine wesentliche Mehrproduktion durch Erhöhung der Tourenzahl an Webstühlen mit dem alten Schlagmechanismus kann infolge der durch den Schlag vermehrten Ketten- und Schußfadenbrüche nur beim Verweben besten Materiales erzielt werden. Trotzdem leidet die Qualität der Ware.

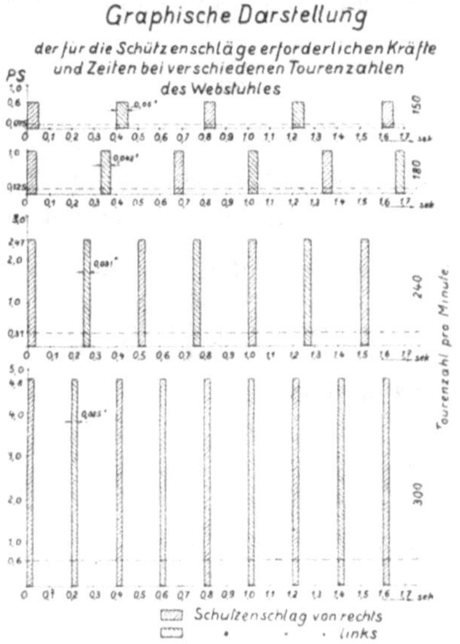

Abb. 207.

Die Ursache dieser Erscheinung ist in dem alten Schützenschlag gelegen. Die Bewegung des Schützens wird eben durch einen Schlag hervorgerufen, welcher nicht nur die höchsten Anforderungen an die mechanische Festigkeit des Schlagapparates stellt, sondern durch sein plötzliches Auftreten den ganzen Webstuhl erschüttert. Vermittels der Schlagnase wird in einem kleinen Bruchteil einer Sekunde die Masse des Schützens und des gesamten Schlagzeuges vom Zustand der Ruhe auf die erforderliche Höchstgeschwindigkeit gebracht. Der hierzu benötigte Arbeitsbedarf erreicht den Wert bis zu mehreren Pferdestärken und muß von der Kurbelwelle über die schweren Zahnräder und das Schlagzeug auf den Schützen übertragen werden. Diese Zwischenelemente sind demnach einer sehr hohen Augenblicksbelastung ausgesetzt, welche mit der Erhöhung der Tourenzahl schnell anwächst. Eine Verstärkung der Schlagmechanismen bringt wohl einen Vorteil, doch ist zu bedenken, daß hierdurch auch die Masse und somit die zu ihrer Bewegung erforderliche Kraft steigt.

Die graphische Darstellung Abb. 207 veranschaulicht die Größe und Dauer der einzelnen Kraftstöße für den Schützenschlag bei verschiedenen Tourenzahlen des Webstuhles. Die Höhe der schraffierten Flächen entspricht der Größe, und die Breite derselben der Zeitdauer der vom Schlagzeug an den Schützen abgegebenen Arbeit. Danach benötigt beispielsweise bei 150 Touren des Webstuhles der Schützen für jeden einzelnen Wurf während einer Zeitdauer von 0,05 Sekunden eine Arbeit von 0,6 Pferdestärken. Bei einer Tourenzahl von 300 pro Minute muß die Geschwindigkeit des Schützens doppelt so groß sein als bei 150 Touren, seine lebendige Kraft aber, welche mit dem Quadrate der Geschwindigkeit wächst, wird viermal größer, so daß der momentane Arbeitsbedarf viermal 0,6, also 2,4 PS betragen sollte. Da in diesem Falle jedoch die für die Beschleunigung des Schützens zur Verfügung stehende Zeit nicht mehr 0,05 Sekunden, sondern nur 0,025 Sekunden betragen darf, wächst der auf die Zeiteinheit bezogene Arbeitsbedarf für einen Schützenwurf abermals um das doppelte, also auf 4,8 PS, wie aus der graphischen Darstellung ersichtlich. Während also die Tourenzahl des Webstuhles auf das Doppelte gestiegen ist, steigt der auf die Zeiteinheit bezogene Arbeitsbedarf für den Schützen auf das achtfache, d. h. die Beanspruchung der Schlagmechanismen wächst mit der dritten Potenz der Tourenzahl. Wie erwähnt, dauern diese hohen Beanspruchungen, bzw. Kräfte, während Bruchteilen von Sekunden, und es ist Aufgabe der Schwungmassen an der Kurbelwelle des Webstuhles, diese Kraftstöße aufzunehmen und auszugleichen, so daß eine möglichst gleichmäßige Belastung des Antriebsriemens erzielt wird. Die Größe derselben ist in der graphischen Darstellung durch die strichierte Linie gekennzeichnet und beträgt bei 150 Touren 0,075 PS, bei 300 Touren 0,6 PS. (In Wirklichkeit sind diese Werte noch größer, da außer der Masse des Schützens auch jene der Schlagstöcke usw. jedesmal mitbewegt werden muß.) Der Umstand aber, daß diese mit der Tourenzahl des Webstuhles so schnell anwachsenden Kraftstöße durch erwähnte Schwungmassen ausgeglichen werden, ändert nichts an der Tatsache, daß die Schlagarme, Schlagriemen, Schlagnase sowie die Zahnräder, kurz der ganze Schlagmechanismus unverhältnismäßig hoch beansprucht werden. Diese sind von einer, von der Stuhlbreite abhängigen Tourenzahl des Webstuhles angefangen, außerstande, solche Kräfte zu übertragen, und geben Anlaß zu Brüchen und großem Verschleiß.

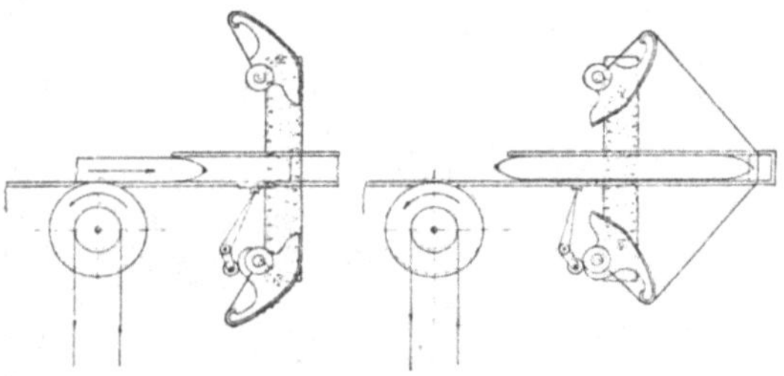

Abb. 208.

Andererseits gefährden die übergroßen Schwungmassen an der Kurbelwelle besonders bei Stecherstühlen den ganzen Webstuhl, indem diese Massen beim Ansprechen des Stechers plötzlich gestoppt werden müssen, wodurch Brüche in dem Gestell, Ladenstelzen und deren Lagerungen entstehen.

Diese Mängel werden durch den Schützenantrieb (Patent Souczek) gemäß Abb. 208 vermieden. Das Prinzip dieses Antriebes beruht darauf, daß die für den Schützenwurf erforderliche Kraft ohne jede Vermittlung, also direkt dem Schützen durch eine rotierende Schwungmasse mitgeteilt wird. Zu diesem Zwecke ist auf beiden Enden der Lade eine ständig getriebene Rolle mit entsprechend großer Schwungkraft vorgesehen. Diese erfaßt in geeigneter Weise den Schützen und erteilt demselben eine Geschwindigkeit, welche der Umfangsgeschwindigkeit der Rolle entspricht. Beide Rollen sind in der Lade versenkt und treten nur für die kurze Zeit des Schützenwurfes etwas aus der Ladenbahn hervor. Demgemäß muß die Rolle auf der linken Seite der Lade im Sinne, die auf der rechten Seite der Lade im entgegengesetzten Sinne des Uhrzeigers mit einer, der erforderlichen Schützengeschwindigkeit entsprechenden Schnelligkeit ständig durch einen schmalen Riemen angetrieben werden. Die in dieser Rolle aufgespeicherte lebendige Kraft ist so groß, daß dieselbe, einmal auf Touren gebracht, instande wäre, auch ohne Antrieb, also durch deren Schwungkraft allein, den Schützen einigemale durch das Fach zu werfen. Da aber die Rolle ständig angetrieben wird, hat der dieselbe treibende Riemen genügend Zeit, die an den Schützen für einen einmaligen Wurf abgegebene Energie zu ersetzen, bevor ein abermaliger

Schützenwurf erfolgt. Es findet somit ein ständiger Massenausgleich ohne irgendwelchen Stoß statt und kann daher hier nicht mehr von einem Schützenschlage gesprochen werden.

Ein weiterer wesentlicher Vorteil dieses Schützenantriebes besteht darin, daß die dem Schützen beim Einlauf in den Schützenkasten noch innewohnende lebendige Kraft nicht wie beim Schützenschlag durch Abbremsen vernichtet, sondern aufgefangen wird, um sie für den entgegengesetzten Schützenwurf zu verwenden und somit die Rolle selbst zu entlasten. Diese so gewonnene Kraft dient auch dazu, den Schützen der Rolle zuzuführen, welch leztere denselben im Fluge erfaßt und ihm die noch fehlende Geschwindigkeit mitteilt.

Diese Schützenauffang- bzw. -umkehrvorrichtung ist in Abb. 208 schematisch dargestellt. Der senkrecht durch den Schützenkasten gehende, durch Federn gespannte Riemen wird durch den ankommenden Schützen ähnlich einer Armbrust weitergespannt und gibt seine Energie an diese Federn ab. Zur Ruhe gekommen, wird der Schützen selbsttätig im Schützenkasten bis zum nächsten Schützenwurf festgehalten.

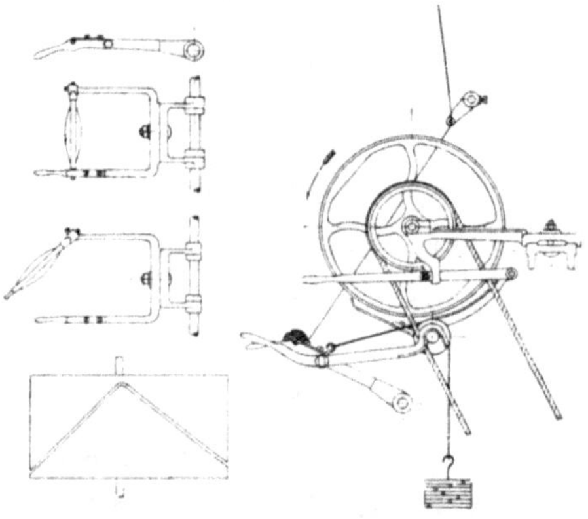

Abb. 209.

Das Herausnehmen des Schützens erfolgt mühelos mittels eines Druckknopfes, ebenso erfolgt das Wiedereinsetzen des Schützens in den Schützenkasten kraft der ständig angetriebenen Rolle durch einen anderen Druckknopf. Das Ingangsetzen des Webstuhles kann ohne Rücksicht auf die Stellung der Kurbelwelle und ohne Nachhilfe seitens des Webers erfolgen. Das Abstellen des Stuhles geschieht in gewöhnlicher Weise, jedoch bleibt der Schützen augenblicklich in einem der beiden Schützenkästen stehen, auch wenn der Stuhl noch einige Touren leer läuft. Es kann somit die Weblade von Hand beliebig bewegt werden, ohne daß der Webschützen aus dem Schützenkasten herausgenommen zu werden braucht.

Dieser Schützenantrieb arbeitet mit einer besonderen Stechereinrichtung (festes Blatt), welche darin besteht, daß der Stecher nicht wie bisher durch den Schützen betätigt, sondern lediglich abgefühlt wird. Die Kraft, welche zum Anheben des Stechers benötigt wird, wird der bewegten Lade entnommen. Hierdurch wird außer einer größtmöglichen Schonung des Schützens, ein absolut zuverlässiges Arbeiten des Stechers erzielt. Die beim plötzlichen Stoppen des raschlaufenden Webstuhles durch den Stecher auftretenden hohen Beanspruchungen werden zufolge eines besonders ausgeführten Kurbelarmes auf ein derart kleines Maß herabgesetzt, daß ein Bruch der Gestellwände usw. gänzlich ausgeschlossen ist.

Beispiel Nr. 67: Über Kreuzspulmaschinen.

Für den Kleinhandel legt man großen Wert auf eine gefällige äußere Ansicht der Stick- und Nähgarnspülchen; für den überseeischen Export ist es wesentlich, daß das mitzuschleppende tote Gewicht der Hülsen stark zurücktritt hinter dem Garngewicht. Auf den beiden verbreitetsten Spulmaschinensystemen, der Exzenterspulmaschine Abb. 193 und der Schlitztrommelmaschine Abb. 209, werden im allgemeinen nur Spulen hergestellt, die Zwischenfabrikationsprodukte sind; sie haben eine „offene Wicklung" gemäß Abb. 210. Der Faden legt sich schraubenförmig um die Spule, die Kreuzungsstellen der Hin- und Rückgänge der aufeinanderfolgenden Windungen liegen in weiten Abständen auf dem Spulenumfang verteilt.

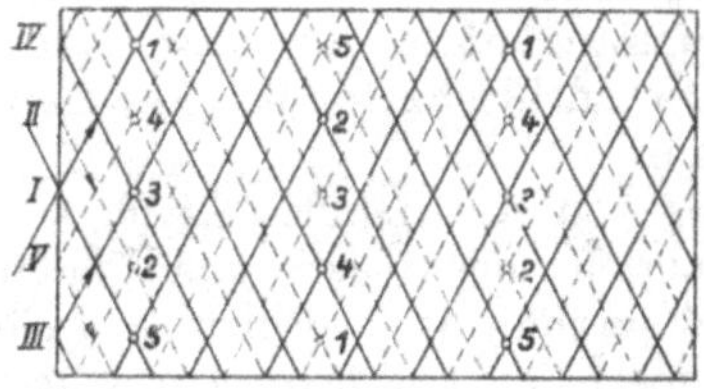

Abb. 210.

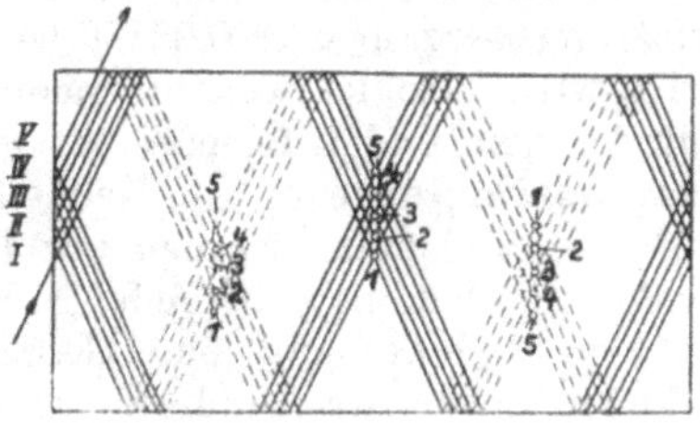

Abb. 211.

Wird die Spule an ihrem Umfang angetrieben, wie das bei der Exzenter- und Kreuzspulmaschine der Fall ist, so bleibt naturgemäß der Kreuzungswinkel der Fäden unverändert gleich groß, jedoch ändert sich die Zahl der Windungen in jeder Wicklungsschicht. Man kann es also auf diese Weise nicht erreichen, daß die Zahl der Windungen am Spulenumfang konstant bleibt. Das ist aber notwendig, wenn man den Spulenraum möglichst vollkommen mit Garnmaterial füllen will. In diesem Falle muß ein Faden an den anderen anliegen; man spricht von einer Kreuzspule „Faden an Faden". Bei dieser legt sich jede folgende Wicklung mit ihren Windungen an die der vorhergehenden Wicklung an, wie das Abb. 211 veranschaulicht.

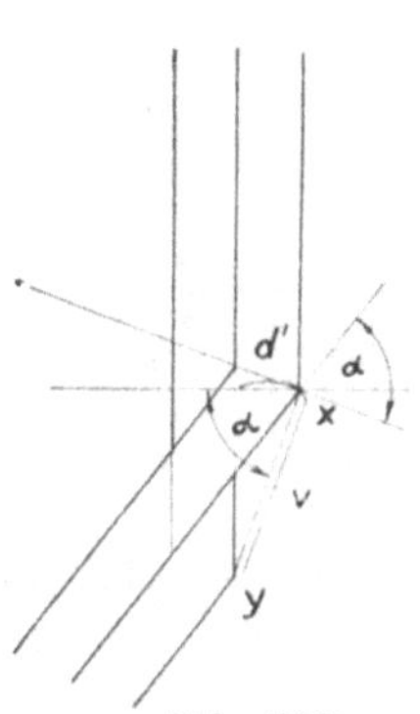

Abb. 212.

Soll ein Faden an dem anderen liegen, so muß die Spule, wenn der Fadenführer einen Hin- und Hergang ausgeführt hat, eine andere Stellung einnehmen, wie sie vor diesem Hin- und Hergang des Fadenführers hatte, und zwar muß die Umkehrstelle x Abb. 212 nach y gelangt sein. Diese Strecke x y hat nun eine ganz bestimmte Beziehung zur Fadendicke und zum Fadenneigungswinkel α. Es bedeute n_1 die Anzahl der Spindelumdrehungen für den ersten Fadenführer Hin- und Hergang, n_2 für den zweiten Gang, D den zu n_1 gehörigen Spulendurchmesser, δ die Fadendicke, und α den Neigungswinkel der Fäden gegen die Spulenachse, dann ist

$$x\,y = \frac{\delta}{\cos\alpha}$$

ferner muß sein $\pi \,.\, D \,.\, n_1 = \pi \,.\, D \,.\, n_2 \pm \frac{\delta}{\cos\alpha}$

$$n_2 = n_1 \mp \frac{\delta}{\pi \,.\, D \,.\, \cos\alpha}.$$

für $\alpha = 60°$ wird die Vor- oder Nacheilung des Spulendorns (der Spindel):

$$\frac{\delta}{\pi \,.\, D \,.\, 0{,}5} = \frac{2\,\delta}{\pi \,.\, D}.$$

Beträgt der anfängliche Spulendurchmesser 20 mm, die Fadendicke 1 mm, und der größte Spulendurchmesser 50 mm, so muß die Vor- oder Nacheilung anfänglich

$$\frac{2 \cdot 1}{\pi \cdot 20} = 0{,}03186 \text{ und zu Ende } \frac{2 \cdot 1}{\pi \cdot 50} = 0{,}01275$$

betragen. Nimmt man 4 Spindelumdrehungen bei einem Hin- und Hergang des Fadenführers an, so muß die Abweichung von dieser Zahl zu Anfang des Bewicklungsvorganges ± 0,03186 betragen, und zu Ende desselben ± 0,01275.

Es wird also bei zunehmendem Spulenumfang diese Vor- bzw. Nacheilung kleiner, und infolgedessen muß die Spindeldrehzahl bei Voreilung kleiner werden, dagegen bei Nacheilung größer.

Die Spezialspulmaschinen zur Herstellung von Kreuzspulen „Faden an Faden" bedürfen also besonderer Reguliervorrichtungen, um von Fadenschicht zu Fadenschicht das Geschwindigkeitsverhältnis zwischen Spindel und Fadenführer zu verändern. In unserem speziellen Fall beim Anwachsen der Spule von 20 mm auf 50 mm müßte dieses Verhältnis geändert werden

von 4,03186 auf 4,01275 bzw. von 3,96814 auf 3,98725.

Handelt es sich um verhältnismäßig kleine Spulen, so kann man das Geschwindigkeitsverhältnis auf einen Mittelwert einstellen, also in unserem Falle

$$\frac{4{,}03186 + 4{,}01275}{2} = 4{,}02231 \quad \text{bzw.}$$

$$\frac{3{,}96814 + 3{,}98725}{2} = 3{,}97769$$

Die zugehörige Spulenlänge h berechnet sich aus der Beziehung:

$$h = \cos\alpha \cdot \sqrt{\left(D \cdot \pi \cdot \frac{n_1}{2}\right)^2 + h^2}$$

$$h = 0{,}5 \cdot \sqrt{\left(20 \cdot \pi \cdot \frac{4}{2}\right)^2 + h^2}$$

$$h = 72{,}5 \text{ mm}.$$

Der Windungswinkel beträgt alsdann am Ende der Bewicklung:

$$\cos\alpha_1 = \frac{h}{\sqrt{\left(D_1 \cdot \pi \cdot \frac{n_2}{2}\right)^2 + h^2}}$$

$$\cos\alpha_1 = \frac{72{,}5}{\sqrt{\left(50 \cdot \pi \cdot \frac{4}{2}\right)^2 + 72{,}5^2}}$$

$$\cos\alpha = 0{,}225$$

$$\alpha_1 = 77^0.$$

Dieses Beispiel wurde in Anlehnung an einen Aufsatz von Dipl.-Ing. Schreckenbach in Melliand's Textilberichten durchgerechnet.

IV. Verschiedene Beispiele.

Beispiel Nr. 68: Die Bedeutung des Trägheitsgesetzes für Textilmaschinen.

Fällt ein Körper unter dem Einfluß der Anziehungskraft der Erde aus einer gewissen Höhe herunter, so hat er eine gewisse Energie in sich aufgenommen, die wir mit dem Ausdruck „kinetische Energie" bezeichnen, und die er wieder abzugeben vermag, wenn er auf einen Widerstand stößt. Jeder Körper, der sich in Bewegung befindet, wird, ganz gleichgültig welches die Ursache seiner Bewegung war, ob die Anziehungskraft der Erde oder irgend eine andere Kraft, welche auf ihn einwirkte, als ein Kraftmagazin zu bewerten sein, als ein Träger kinetischer Energie, die wir auch als die „Energie der Bewegung" oder „lebendige Kraft" bezeichnen. Da nun mechanische Arbeit in einer Maschine nur dann geleistet werden kann, wenn sich gewisse Teile derselben in Bewegung befinden, so erhellt hieraus, wie wichtig die Kenntnis der Trägheitsgesetze für das Verständnis der Maschine ist.

Die Arbeit, welche ein Körper vom Gewicht G kg und einer Geschwindigkeit v Meter in der Sekunde abzugeben vermag, bis er zur Ruhe kommt, wird ausgedrückt durch die Formel:

$$G \cdot \frac{v^2}{2g};$$

hierin bedeutet g jene Beschleunigung, welche ein frei fallender Körper besitzt. Man nennt den Quotienten $\frac{G}{g}$ die Masse M eines Körpers und hat damit einen für die Physik wichtigen Begriff geschaffen, der unabhängig macht von Werten, die durch geographische Höhen beeinflußt werden, und der Ursache und Wirkung in sich schließt. Die Masse M könnte man als Stoffmenge bezeichnen. Das in einem sich bewegenden Körper steckende Arbeitsvermögen kann man also auch ausdrücken durch die Formel: $\frac{M}{2} \cdot v^2$.

Jeder Körper, der seine Geschwindigkeit verändert, wird also eine bestimmte Arbeit in sich aufnehmen müssen, wenn seine Geschwindigkeit vergrößert werden soll, und eine gewisse Arbeit abgeben können, wenn sich seine Geschwindigkeit verringert. Das war zu erwarten, da nach dem Gesetze von der Erhaltung der Energie keine Arbeit verloren gehen kann. Trotzdem wird es dem Konstrukteur in den meisten Fällen nicht erwünscht sein, einen Maschinenteil regelmäßig beschleunigen und wieder verzögern zu müssen, weil meist nicht die Möglichkeit besteht, die freiwerdende lebendige Kraft nutzbringend verwerten zu können. Ich erinnere an die Schützenbewegung des mechanischen Webstuhles. Daher die Bestrebungen, die hin- und hergehenden Bewegungen durch rotierende zu ersetzen, wie bei den Rundwebstühlen, den Spulmaschinen mit rotierendem Fadenführer u. a. Manchmal wird uns aber auch die Trägheit erwünscht sein. So z. B. beim Antrieb schwerer Webstühle, bei denen wir den Motor auf eine schnellaufende Welle mit schwerem, als Schwungrad wirkenden Zahnrad arbeiten lassen, das dann infolge seiner hohen Geschwindigkeit große lebendige Kräfte in sich aufspeichert, die die Gleichmäßigkeit des Ganges des Webstuhles erhöhen und über die Punkte besonders starker Beanspruchungen (Hebung des Harnisches usw.) leichter hinweghelfen. In diesem Sinne wirken auch die sog. Zentrifugalkupplungen, welche den Stuhl erst einrücken, wenn der Motor die volle Tourenzahl besitzt, der alsdann infolge der ihm innewohnenden kinetischen Energie imstande ist, den Stuhl mit voller Geschwindigkeit in Betrieb zu setzen, ohne daß übernormal große Stromstärken notwendig wären, die schädigend auf Motor und Netz einwirken könnten.

Will man die kinetische Energie eines rotierenden Körpers formelmäßig erfassen, so ist dies insofern komplizierter, als man nicht von einer bestimmten Geschwindigkeit sprechen kann, da die einzelnen Punkte des Körpers ganz verschiedene Geschwindigkeiten besitzen, nämlich kleinere oder größere, je nachdem sie sich näher oder entfernter von der Drehachse befinden. Die allgemeine Formel für das Arbeitsvermögen eines um eine feste Achse rotierenden Körpers lautet: $\frac{w^2}{2} \cdot J$. Hierin bedeutet w die Winkelgeschwindigkeit des Körpers, und man versteht hierunter den Winkel, den irgend ein Punkt des Körpers in einer Sekunde zurücklegt. J bedeutet das auf die Rotationsachse bezogene Trägheitsmoment des Körpers, welches dargestellt wird durch die Summe aller unendlich vielen Massenteilchen, aus welchen der Körper zusammengesetzt ist, multipliziert mit den Quadraten ihrer Abstände von der Drehachse.

Daraus geht die Wichtigkeit dieses Begriffes hervor, und es ist erklärlich, daß die Trägheitsmomente der in der Maschinentechnik vorkommenden Körper entwickelt und aus Tabellen zu entnehmen sind.

Ein homogener Vollzylinder besitzt das Arbeitsvermögen:

$$\frac{M}{4} \cdot v^2,$$

worin v die Umfangsgeschwindigkeit bedeutet.

Nehmen wir an, daß die auf eine Spindel des Spulengatters einer Schärmaschine aufgesteckte Spule einen solchen homogenen Vollzylinder darstelle, so wissen wir, daß sich, abgesehen von der Spindelreibung und Bremsung, die notwendige Spannung K des ablaufenden Fadens ergibt aus der Gleichung:

$$\frac{M}{4} (v_2^2 - v_1^2) = K \cdot s ;$$

hierin bedeutet M die Masse der Spule, v_2 und v_1 verschiedene Fadengeschwindigkeiten, s den Weg, welchen der Faden zurücklegt, wenn sich die Anfangsgeschwindigkeit v_1 des Fadens auf v_2 erhöhte. Ändert sich die Fadengeschwindigkeit nicht, so braucht der Faden keine Masse zu beschleunigen, also wird er nur eine solche Spannung bekommen, die notwendig ist, um die Reibungs- und Bremswiderstände zu überwinden. Hieraus folgt, daß die Fadenspannung bei konstanten Widerständen proportional der Abnahme des Spulendurchmessers zunehmen wird. Setzt man die Schärmaschine in Betrieb, so steigt die Fadengeschwindigkeit beispielsweise in t Sekunden von v_1 auf v_2, und es gilt dann die Beziehung:

$$\frac{M}{4} \cdot (v_2^2 - v_1^2) = \frac{v_1 + v_2}{2} \cdot t \cdot K$$

$$K = \frac{M}{2} \cdot \frac{v_2 - v_1}{t},$$

oder durch das Gewicht G der Spule ausgedrückt:

$$K = G \cdot \frac{v_2 - v_1}{20\,t},$$

das ist die Zusatzspannung, die der Faden bekommt, wenn seine Geschwindigkeit zunimmt.

Man sieht daraus, daß der Faden zerreißen kann, wenn die Maschine zu schnell anläuft, weil er alsdann eine Spannung bekommt, die er nicht aushalten kann. Man versteht jetzt, warum die Maschinenfabriken ihre Maschinen mit Einrichtungen versehen, die nur ein allmähliches Anlaufen gestatten.

Wiegt z. B. eine Spule 160 g und nimmt die Fadengeschwindigkeit in zwei Sekunden von Null auf 4 m/sec zu, so beträgt die Spannung, die außer der Spannung zur Überwindung der Reibungs- und Bremswiderstände notwendig ist:

$$0{,}16 \,.\, \frac{4-0}{20\,,2} = 0{,}016\text{ kg} = 16\text{ g}\,.$$

Nunmehr ist es verständlich, daß der Konstrukteur großen Wert legen muß auf Anlaßvorrichtungen an Vorbereitungsmaschinen, die jeden plötzlichen Geschwindigkeitsübergang vermeiden.

B e i s p i e l Nr. 69: Apparate zur Bestimmung des Kraftverbrauches von Arbeitsmaschinen.

Diese Apparate, die Dynamometer (Leistungsmesser), dienen zur Messung des Kraftaufwandes, welcher zum Betriebe von Arbeitsmaschinen, z. B. Webstühlen, Vorbereitungs- und Appreturmaschinen usw., aufgewendet wird.

Wenn also beispielsweise eine Rauhmaschine, die bisher mittels Transmission angetrieben wurde, elektrischen Einzelantrieb erhalten soll, so wird sich in den meisten Fällen die Fabrikleitung an die betreffende Elektrizitätsfirma wenden, welche nunmehr, auf Grund ihrer Erfahrung über den Kraftbedarf dieser Rauhmaschinen einen entsprechenden Motor offeriert, oder aber, wenn solche Erfahrungen noch nicht vorhanden sind, eine dynamometrische Messung vornehmen läßt.

Das Dynamometer wird mittels Riemenverbindung zwischen die Transmission und die Arbeitsmaschine geschaltet, deren Kraftverbrauch gemessen werden soll. Das Dynamometer arbeitet also als Zwischenvorgelege.

Das gebräuchlichste Dynamometer ist dasjenige, welches von Fischinger angegeben wurde. Die Messung vollzieht sich durch Einstellen eines Laufgewichtes. An der Laufgewichtsskala liest man die Riemenzugkraft in Kilogramm ab, bestimmt durch eine zweite Messung, indem man den Riemen nach der Arbeitsmaschine vorher abwirft, den Eigenverbrauch, und berechnet mit Hilfe einer einfachen Formel, in welcher noch die am Tourenzähler des Apparates abzulesende Dynamometertourenzahl und ein dem betreffenden

Apparat eigener, durch Eichung festgelegter Koeffizient einzusetzen sind, die Anzahl der Pferdestärken, welche die Arbeitsmaschine verbraucht. Abb. 220.

Eine andere Art eines solchen Dynamometers zeigt in schematischer Andeutung Abb. 213, 214.

Die Transmission übermittelt dem Stirnzahnrade I, welches fest gelagert ist, die notwendige Umfangskraft, das festgelagerte Zahnrad III übergibt diese momentan notwendige Umfangskraft der Arbeitsmaschine. (Abb. 213.)

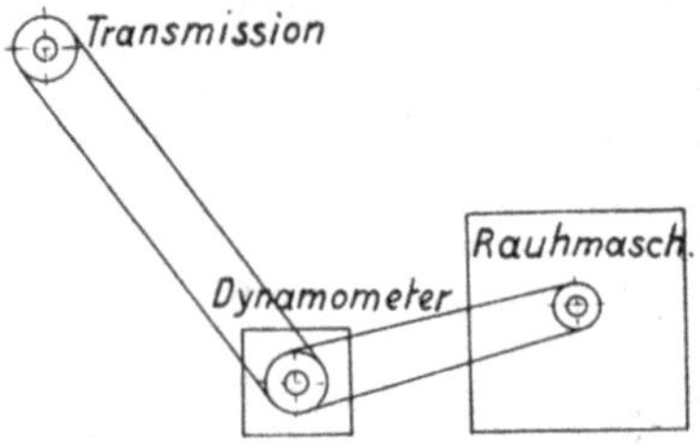

Abb. 220.

Die eigentliche Meßvorrichtung bildet das Zwischenstirnrad II, dessen Drehpunkt auf einer Feder f ruht. Mittelbar, unter Zuhilfenahme verschiedener Zwischenanordnungen, ist dieser Drehpunkt mit einer Schreibvorrichtung verbunden, welche auf einem, mit entsprechender Einteilung versehenen, rotierenden Papierbande den jeweiligen Kraftverbrauch, der mehr oder weniger großen Senkung bzw. Hebung des Mittelpunktes II entsprechend, anzeigt.

Abb. 215 zeigt beispielsweise die automatisch aufgezeichnete Umfangskraftkurve, welche zur Ermittlung der mittleren Umfangskraft dient, welche

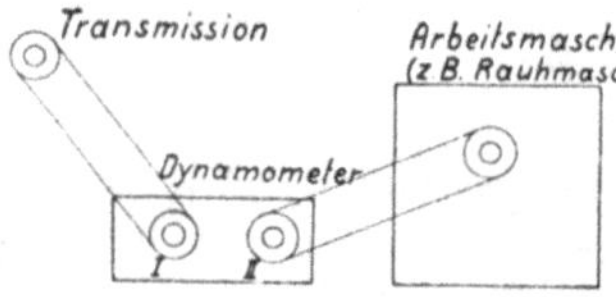

Abb. 213.

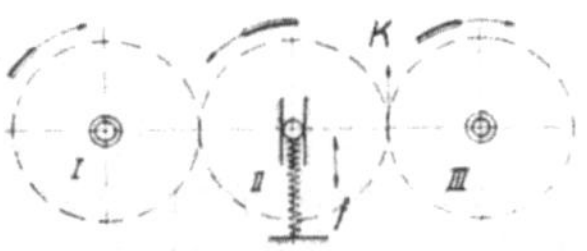

Abb. 214.

in diesem Falle ungefähr = 13,9 kg wäre. Mit Hilfe dieses Wertes kann man nun leicht den mittleren Kraftbedarf der Arbeitsmaschine berechnen.

Andere Apparate zur Bestimmung des Kraftverbrauches von Arbeitsmaschinen sind das Voltmeter, das Amperemeter und das Wattmeter.

Diese elektrischen Meßinstrumente kommen dann in Frage, wenn der Kraftverbrauch einer bereits elektrisch betriebenen Arbeitsmaschine bestimmt werden soll, oder aber, wenn man eine bisher durch Transmission betriebene Arbeitsmaschine zum Zwecke der Messung durch einen Elektromotor antreiben läßt von dem man vermutet, daß dessen Normalleistung ungefähr dem mittleren Kraftbedarf der Arbeitsmaschine entsprechen wird. Mittlere Stromstärke und Spannung liest man alsdann von dem an die Leitung angeschlossenen Ampere- bzw. Voltmeter ab und berechnet hieraus die mittlere Kraftabgabe. Das Wattmeter gestattet ein direktes Ablesen der elektrischen Effektgröße. Registrierende Instrumente lassen dann ebenfalls ein genaues Ermitteln des mittleren und höchsten Energieverbrauches zu.

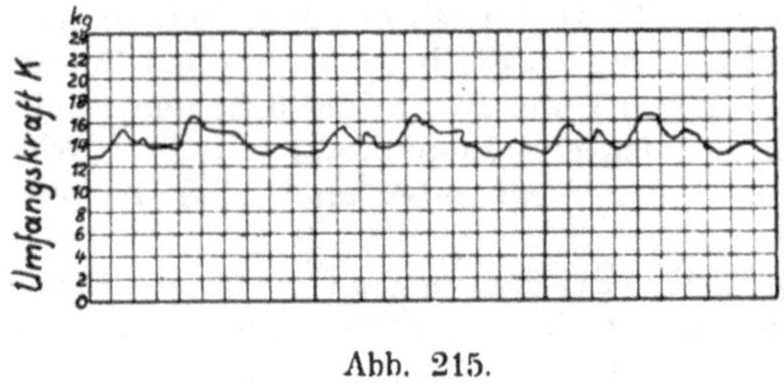

Abb. 215.

B e i s p i e l Nr. 70: Ein Mittel zur Förderung des Webstuhlbaues.

Soll ein Webstuhl als moderne Arbeitsmaschine anerkannt werden, so muß er nicht nur das Arbeitsgut in der beabsichtigten Weise verarbeiten und die größtmögliche Leistung erzielen, sondern es müssen auch die Getriebe und Mechanismen so ausgestaltet und ausgearbeitet sein, daß sie die bestmögliche bzw. wirtschaftlichste Wirkungsweise erzielen.

Jede Maschine, welche die Maschinenfabrik in ihr Fabrikationsprogramm aufzunehmen gedenkt, muß die obigen Bedingungen erfüllen. Stehen dem Konstrukteur mehrere Mittel zur Abwicklung des beabsichtigten technologischen Vorganges zur Verfügung, so soll er jenes wählen, welches den genannten Bedingungen am nächsten kommt. Handelt es sich beispielsweise um die Konstruktion eines Ladenantriebes und sind mehrere Ausführungsformen vorhanden, welche die gewünschte Ladenbewegung ergeben, so müssen Kraftverbrauchsschaulinien an Webstühlen, welche mit den verschiedenen in Frage kommenden Betriebsmitteln ausgerüstet sind, aufgenommen werden. Man würde selbstverständlich jene Ausführungsform vorziehen, welche den gleichmäßigsten und geringsten Kraftverbrauch ergibt. Die Aufnahme und Vergleichung der Schaulinien verschiedener Ausführungsformen werden dem Konstrukteur und Maschinenbauer in nicht zu unterschätzender Weise die Wahl erleichtern. Der moderne Webstuhlbauer sollte jene Behelfe nicht verschmähen, welche in anderen Zweigen des Maschinenbaues selbstverständliche Hilfsmittel geworden sind.

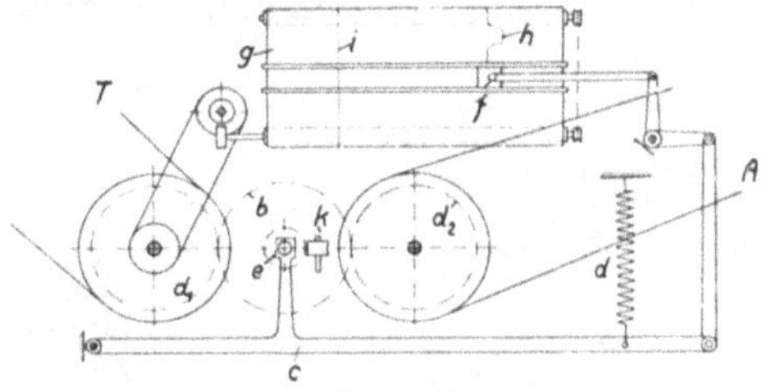

Abb. 216.

Es ist bezeichnend, daß unsere großen Elektrizitätsfirmen im allgemeinen über den Schaulinienverlauf der Webstühle besser unterrichtet sind als die Webstuhlfabrikanten. So z. B. hat man durch Messungen mit Oszillographen an Webstuhlmotoren den Beweis erbracht, daß bei den weitaus meisten Webstühlen ein Kraftrichtungswechsel eintritt, daß also während eines Umlaufes der Webstuhlwelle ein-, zwei- oder mehreremale Energie an den Antrieb zurückgeliefert werden kann.

Zur Ermittlung der Kraftverbrauchskurven kann man sich verschiedenartiger Instrumente bedienen. Die Wattverbrauchsanzeiger mit Schreibvorrichtung ergeben für diese Zwecke sehr gut brauchbare Schaulinien. Am meisten werden in der Textilindustrie die Dynamometer, und von diesen wiederum die Zahndruckdynamometer angewendet, wenn es sich darum handelt, eine genaue Kraftverbrauchskurve zu bekommen. Beschränkt man sich lediglich auf die Ermittlung des mittleren Kraftaufwandes, so wählt man einfacher gebaute Instrumente, wie z. B. das Dynamometer (Leistungsmesser) nach Fischinger.

Im folgenden soll das Zahndruckdynamometer von Rieter kurz besprochen werden (Abb. 216). Es sind zwei festgelagerte Zahnräder d_1 und d_2 vorhanden, welche mit einem gleichgroßen Zahnrade b zusammenarbeiten, das in dem Lager eines einarmigen Hebels c angeordnet ist, der unter dem Einflusse einer Feder d steht, deren Spannkraft dem mittleren zu erwartenden Zahndruck angepaßt ist. Wird das Dynamometer zwischen Transmission T und zu untersuchende Arbeitsmaschine A geschaltet (Abb. 216), so bringt der proportional der augenblicklichen Kraftaufnahme wechselnde Zahndruck ein fortwährendes Heben und Senken des Lagers e des mittleren Zahnrades b hervor, welches sich, wie aus Abb. 216 leicht ersichtlich ist, auf einen Schreibstift f überträgt, der auf einen laufenden Papierstreifen g die Kraftverbrauchskurve h aufzeichnet. Aus der Entfernung dieser Diagrammlinie von der Nullinie i kann man unter Berücksichtigung des Federnmaßstabes die jeweilige Größe der Betriebskraft bestimmen.

Abb. 217 zeigt ein mit einem solchen Zahndruckdynamometer aufgenommenes Kraftverbrauchsdiagramm an einem Damastwebstuhl. Das Diagramm gestattet es uns also, nicht nur den Kraftverbrauch in jeder Phase der Bewegung festzustellen, somit wichtige Schlüsse zu ziehen, zweckmäßige Anordnungen und Abänderungen vorzunehmen, sondern auch den höchsten sowie den mitteleren Kraftverbrauch zu ermitteln, was für die richtige Wahl der Elektromotortype bei Einzelantrieb der Arbeitsmaschine von sehr großer Wichtigkeit ist. Ermittelt man aus dem Diagramm die größte Umfangskraft

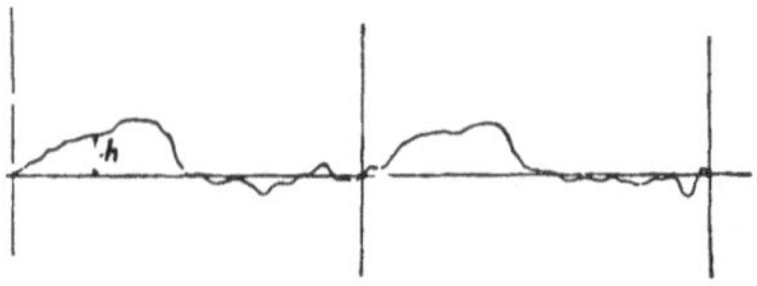

Abb. 217

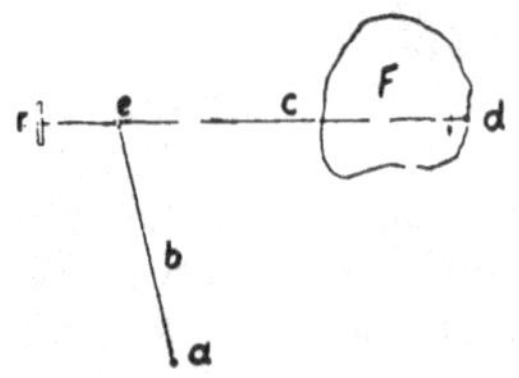

Abb. 218.

P_{max} (Zahndruck) und mittels eines Tourenzählers K (Abb. 216) die minutliche Umdrehungszahl n des Apparates, dann ergibt sich der größte Arbeitsaufwand N_{max} der Arbeitsmaschine nach der Gleichung:

$$N_{max} = C \cdot P_{max} \cdot n .$$

Hierin bedeutet C eine Konstante, die für den Apparat festgestellt wurde. Um den mittleren Kraftbedarf zu ermitteln, verfährt man entweder so, daß man die Summe aller Höhen h aus dem Diagramm (Abb. 217) durch deren Anzahl dividiert und den unter Berücksichtigung des Federmaßstabes gefundenen mittleren Zahndruck in die Formel einsetzt, oder man benutzt das Planimetrieren mit Hilfe eines Flächenmessers, des sogenannten Planimeters. Abb. 218 zeigt schematisch den Vorgang des Planimetrierens. Man sticht bei a die senkrecht nach unten stehende Spitze eines Führungsarmes b in die Unterlage und umfährt mit dem am Planimetrierarm c sitzenden Fahrstift d die auszumessende Fläche F. Die dadurch hervorgerufene Drehung der auf der Unterlage aufliegenden Rolle r des bei e an b angelenkten Planimetrierarmes c, ist proportional dem Inhalte der Fläche. Man braucht also nur die nach Beendigung der Umfahrung der Fläche an der Rolle abgelesene Tourenzahl mit einer dem Instrument eigentümlichen Grundzahl, gewöhnlich 100, zu multiplizieren, um den Flächeninhalt zu bekommen. Dividiert man den Inhalt der Zahndruckdiagrammfläche Abb. 217 durch deren Längenausdehnung, so erhält man die mittlere Höhe und daraus wieder, unter Zugrundelegung des Federmaßstabes, den mittleren Zahndruck P.

In Abb. 217 hat man jedoch die unter der Nullinie liegenden Flächen vollständig außer Acht zu lassen, weil sie eine negative Arbeit darstellen,

d. h. eine solche, welche nicht vom Motor an die Arbeitsmaschine, sondern umgekehrt, von der Arbeitsmaschine an den Motor abgegeben wird. Da nun diese negative Arbeit nicht nutzbringend im Motor verwertet werden kann, so darf sie nicht in Abzug gebracht werden. Es sind also nur die oberhalb der Nullinie liegenden Flächen zu planimetrieren.

Bei Transmissionsantrieb wäre die Frage aufzuwerfen, ob die negativen Flächen nicht doch abzuziehen sind, weil immerhin die Möglichkeit einer Energierückgabe an die Transmission im Bereich der Möglichkeit liegt. Die zuviel zugeführte und alsdann freiwerdende Energie wird jedoch mit einem

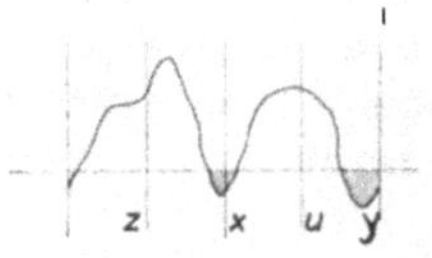

Abb. 219.

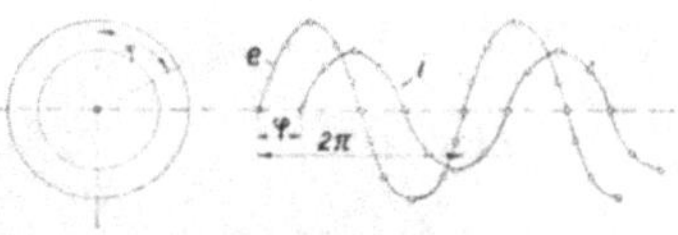

Abb. 220.

so geringen Wirkungsgrad zurückgeführt werden, daß auch hier eine Vernachlässigung der negativen Flächen am Platze ist.

In Abb. 165 ist ein elektrischer Einzelantrieb eines Webstuhles schematisch dargestellt und in Abb. 219 die für diesen aufgenommene Arbeitskurve. Ladenbeschleunigung und Ladenverzögerung sowie Schützenschlag bedingen bei einem glatten Stuhl ohne Jacquardmaschine und Schützenwechsel im wesentlichen die eigentümliche Form der Kurve. Die Leistung eines Drehstrommotors wird in der Hauptsache abhängig sein von dem Leistungsfaktor $\cos\varphi$, herrührend von dem mehr oder weniger großen Zurückbleiben der Stromkurve hinter der sie erzeugenden Spannungskurve (Abb. 220) und damit zusammenhängend von der Schlüpfung, d. i. das Zurückbleiben der Rotorgeschwindigkeit hinter der Geschwindigkeit des Statordrehfeldes. Einer bestimmten Größe der Schlüpfung entspricht eine ganz bestimmte Größe des $\cos\varphi$, also auch der Leistung des Motors. Wird an den Motor Energie zurückgegeben (schraffierte Flächen in Abb. 219), so arbeitet er übersynchron, d. h. der Rotor läuft dem Drehfeld voraus, der Motor wird zum Generator. Der erzeugte Strom arbeitet dem Arbeitsstrom entgegengesetzt, und der Winkel φ, welcher bei Leerlauf 90° beträgt, wird größer als 90°, $\cos\varphi$ wird negativ. Die Größe des Mittelwertes von $\cos\varphi$ während einer Arbeitsperiode des Webstuhles wird also durch diese Kraftabgabe herabgedrückt, und infolgedessen auch der Wirkungsgrad des Drehstrommotors.

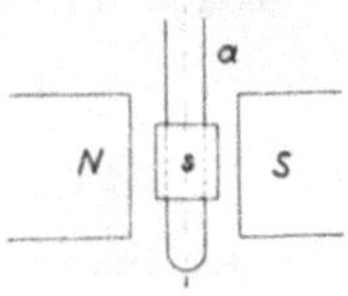

Abb. 221.

Es gibt Anforderungen, welche die Kraftbeanspruchung des Webstuhles gleichmäßiger gestalten sollen, so daß die elektrischen Verhältnisse des Antriebsmotors günstiger werden, und welche eine nutzbringende Verwertung der aufgespeicherten Energie gestatten. Im Prinzip könnte man einen mit eingeschlossener Luft gefüllten Zylinder mit dem Kurbeltrieb verbinden. Die Luft wird in den Stellungen x und y (Abb. 219) zusammengepreßt und ist in den Stellungen z und u imstande, nutzbringende Arbeit abzugeben. Der bereits erwähnte Oszillograph, mit welchem hauptsächlich Laboratoriumsversuche ausgeführt werden, ist ein verhältnismäßig wenig bekanntes elektrisches Meßinstrument. Der in einem magnetischen Felde drehbar angeordnete gebogene Draht (Meßschleife) a (Abb. 221) wird von dem zu messenden Strom durchflossen, so daß eine mehr oder weniger große Ablenkung erfolgt, die durch Spiegel s, auf den das Licht einer Bogenlampe B unter Zwischenschaltung des Spiegels 2 fällt (Abb. 222), auf eine rotierende mit lichtempfindlichem Papier bespannte Trommel als wandernder Lichtstrahl übertragen und fixiert wird (System Siemens-Blondel). Es sind zwei Meßschleifen in ein und demselben Magnetfeld vorhanden, damit man Spannungs- und Stromkurve gleichzeitig aufnehmen kann. Wenn das soeben erwähnte Instrument wegen der die Sachkenntnis eines Fachmannes erfordernden Bedienung auch für Maschinenfabriken wenig geeignet ist, so ist doch gezeigt worden, in welcher Weise eine systematische Forschung zur zweckmäßigeren Durchbildung der Maschinen führen kann.

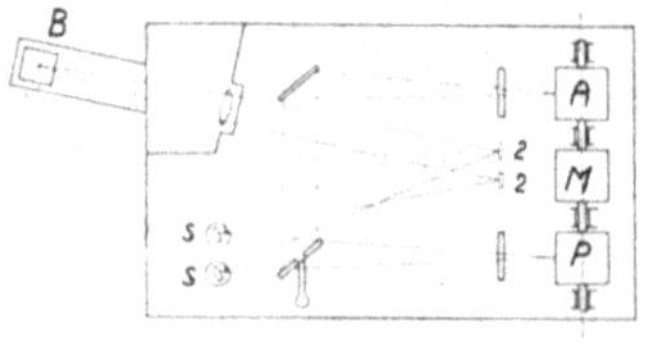

Abb. 222.

Beispiel Nr. 71: Der Auerbach-Automat.

Derselbe ist ein automatischer Schützenauswechsler. Er ist in seiner Wirkungsweise äußerst interessant und verdient im weitesten Maße die Aufmerksamkeit der Fachwelt, um so mehr, als sich der Auerbach-Automat in der Praxis durchaus bewährt hat, soweit bereits Erfahrungen vorliegen. Die in den folgenden Ausführungen an Hand von Zeichnungen beschriebenen Mechanismen haben, soviel ich weiß, inzwischen schon wieder Abänderungen erfahren. Der wesentliche Unterschied zwischen den älteren Schützenauswechslern und diesem besteht darin, daß durch den Wechselvorgang keine Tour des Webstuhles verloren geht, daß also zum Beispiel bei einem Stuhl mit 120 cm breiter Nesselware mit geschlichteter Waterkette der Wcehselvorgang bei 176 Touren in der Minute anstandslos und sicher vor sich geht, was um so erstaunlicher ist, wenn man bedenkt, daß in ca. $1/3$ Sekunde der Fühlmechanismus den Wechselvorgang einleitet, der alte Schützen herausgeworfen, der neue Schützen eingelegt und die Mechanismen wieder in Arbeitsstellung gebracht werden müssen.

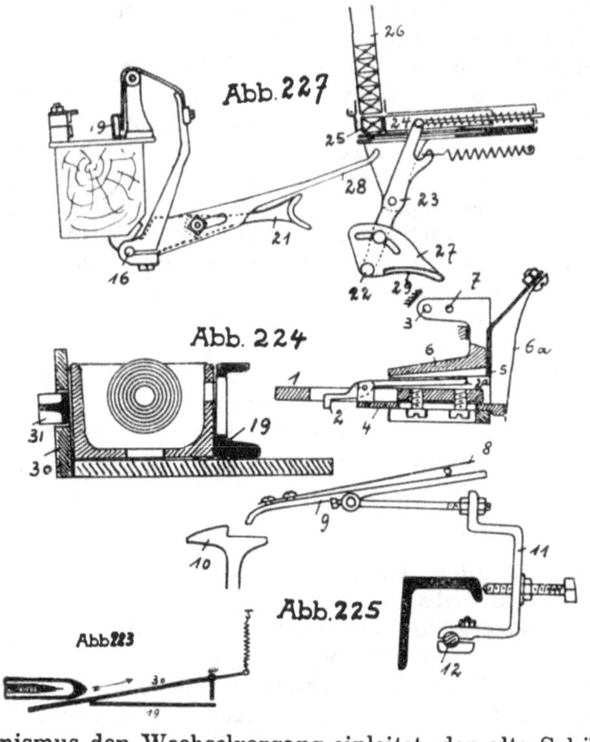

Das Wesen und der Kerngedanke ist die schwenkbare Schützenkastenhinterwand 30 (Abb. 223). Im folgenden sollen die einzelnen Mechanismen näher beschrieben werden. Zunächst der mechanische Spulenführer (Abb.

224), den ich Differentialspulenfühler nenne, weil er bei einer ganz bestimmten Differenz zwischen den Stellungen zweier Fühler den Wechselvorgang einleitet. Der eine Finger 1 fühlt gegen die Spulenbewicklung, der andere 2 gegen die Schützenvorderwand durch einen Schlitz der Kastenvorderwand hindurch.

Erst dann, wenn die Garnbewicklung des Schützens bis auf einen kleinen Rest abgenommen hat, stößt der andere Finger 2 gegen die Schützenvorderwand. Dadurch bekommt sein langer Hebelarm 2a eine Drehbewegung, wodurch er mit seinem Ende gegen einen Vorsprung 5 des Gehäuses 6 stößt, so daß letzteres sich um den Bolzen 3 dreht. Für gewöhnlich wird der Fühler 1 beim jedesmaligen Ladenvorgang mitgenommen, wodurch er sich in seiner Führung 4 unter Überwindung der Federspannung 6a verschiebt, ohne das Gehäuse 6 mitnehmen zu können. Die Feder 6a führt den Fühler immer wieder in seine Anfangsstellung zurück. Am Gehäuse befestigt ist der Draht 7, der elastisch durch Feder 8 (Abb. 225) mit einem zweiarmigen Hebel 9 verbunden ist, der beim Schwenken des Gehäuses 6 gegen den vorgehenden Schußgabelhammer 10 stößt, von diesem mitgenommen wird und durch den regulierbaren Arm 11, der mit seiner Stellschraube am Brustbaum anliegt, das Drehen der Hilfswelle 12 veranlaßt.

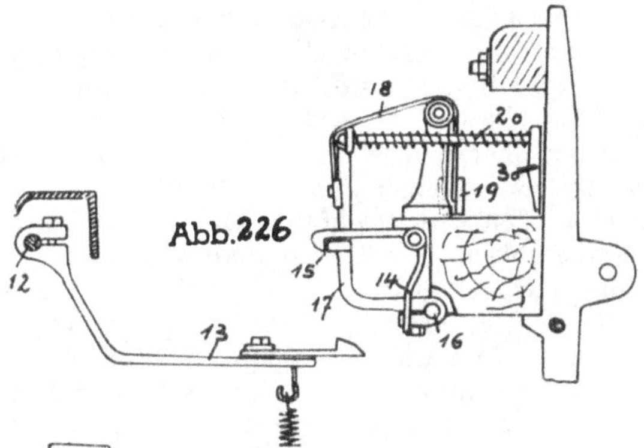

Abb. 226

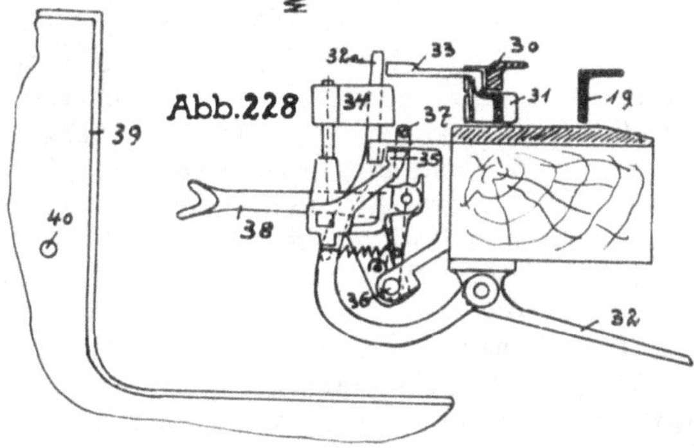

Abb. 228

Die bisher besprochenen Vorgänge finden in den vorderen Ladenstellungen statt. Sie bewirken eine Drehung des Nasenarmes 13 nach oben, so daß, wenn die Lade zurückgeht, die Nase gegen den Vorsprung 14 stößt und diesen zurückhält, wodurch die Falle 15 gelöst, und der um Welle 16 drehbare Hebel 17 frei wird, der vermöge einer in Abb. 226 nicht sichtbaren Feder nach vorne schnellt, vermittels eines doppelten Riemenzuges 18 die Kastenvorderwand 19 hebt und durch die elastische Verbindung 20 die Kastenhinterwand 30 dreht, so daß der von der anderen Stuhlseite kommende Schützen nicht in den Kasten gelangen kann, sondern durch einen Kanal in einen Sammelkasten. Dieses geschah in den hinteren Ladenstellungen. Geht die Lade nach vorne, so stößt der mit der Welle 16 nach unten gedrehte Stößer 21 (Abb. 227) gegen den Ansatz 22 des Einlegerhebels 23, der durch seinen Einleger 24 einen Schützen 25 aus dem Magazin 26 in den Schützenkasten schiebt unter die gehobene Kastenvorderwand 19 hinweg. Inzwischen hat sich das Regulierstück 27 des Einlegehebels 23 mit diesem in eine solche Stellung gedreht, daß der Finger 28, gegen welchen der Stößer 21 durch Federdruck gepreßt ist gegen den Rand 29 des Regulierstückes 27 zu liegen kommt. Hierdurch findet eine Rückdrehung der Hilfswelle 16 statt und damit ein Zurückbringen aller Teile in die Anfangsstellung: die Falle 15 schließt sich wieder, die Kastenvorderwand 19 senkt sich, die Kastenhinterwand 30 dreht sich wieder durch die elastische Verbindung 20 in die Normalstellung zurück.

Wie bei gewöhnlichen Stecherwebstühlen wirkt die Schützenkastenzunge 31 auf den Stecher 32 ein, zu welchem Zwecke die Kastenzunge einen Ansatz 33 besitzt, der auf den Stecherarm 32a einwirkt. Die Wirkung des Stecherschützenwächters hört jedoch auf, wenn die Kastenhinterwand 30 gewendet wurde und den Kasten abschließt, da sich ja mit ihr auch die Kastenklappe 31 gedreht hat, so daß ihr Ansatz 33 nicht mehr auf den Stecherarm 32a einwirken kann. Es würde also der Stuhl jedesmal durch die Stechereinrichtung abgestellt werden, wenn der Wechselvorgang eingeleitet ist. Um dies zu vermeiden, hat man folgende Einrichtung (Abb. 228) geschaffen: es ist eine drehbare Blechfahne 34 angeordnet, gegen welche der von der anderen Stuhlseite kommende auszuwechselnde Schützen stößt, wenn er an der Hinterseite der gedrehten, den Schützenkasteneintritt absperrenden Kastenhinterwand 30 entlang läuft. Durch die vom Schützen veranlaßte Drehung der Fahne 34 wird die Fallenverbindung 35 gelöst, und dadurch eine Hilfswelle 36 mit ihrem Arm 37 so gedreht, daß dieser Arm 37 gegen den Stecherarm 32a stößt und dadurch den Stecher 32 anhebt, so daß der Stuhlbetrieb nicht unterbrochen wird. Nach erledigtem Schützenwechselvorgang muß nun diese Hilfsstechereinrichtung wieder in die Anfangsstellung zurückgebracht werden, damit die Hauptstechereinrichtung wieder wirken kann. Zu diesem Zwecke ist ein Stößer 38 vorhanden, der in gesenktem Zustande (wenn die Blechfahne 34 geschwenkt und die Falle 35 gelöst, der Stecher 32 durch Arm 37 und Stecherarm 32a gehoben wurde) gegen einen an der Stuhlwand 39 befestigten Bolzen 40 stößt, wodurch die erwähnten Teile wieder in ihre Normalstellung zurückgebracht und die Fallenverbindung 35 wieder geschlossen wurde.

Das Ursprungspatent gründete den ganzen Auswechselvorgang auf einen elektrischen Schußwächterschützen, der bei fast abgewebter Schußspule Kastenvorder- und -Hinterwand leitend verband, so daß Stromschluß entstand, wodurch ein Elektromagnet erregt wurde, welcher einen Fallenhebel anzog, infolgedessen die Kastenhinterwand frei wurde und ausschwingen konnte. Dieser Gedanke ergab ausgeführt keine genügende Betriebssicherheit und wurde dann fallen gelassen.

B e i s p i e l Nr. 72: Fadendrehungsverhältnisse bei der Kapselspinnmaschine.

In Abb. 230*) bedeutet w den Vorgarnwickel. Es findet die Drehungserteilung vom Vorgespinst aus statt, und es sind 2 Spindeln vorhanden: eine drahtgebende i und eine aufwindende s. Das Bemerkenswerte dieser Anordnung besteht darin, daß die Aufwindung auch in anderem Drehsinne als die Drahtgebung vor sich gehen kann; es ist also möglich, rechtsgedrehtes Garn links aufzuwinden und umgekehrt. Durch die verschiedenen Drehungsrichtungen der Spindeln i und s ist man in der Lage, der beim

*) Entnommen einer Abhandlung von Dr. ing. e. h. Rohn.

Abziehen des Garnkötzers auftretenden Zusatzdrehung des Garnes entgegenzuwirken. Wird der Faden vom Kötzer über die Kegelspitze hinweg abgezogen, so erhält er jedesmal eine Zusatzdrehung, wenn eine Windung abgewickelt wurde. War der mittlere Windungsdurchmesser 30 mm, also der Windungsumfang 94 mm, so ergibt sich auf diese Länge eine Zusatzdrehung; hatte das Garn z. B. eine Drehung auf 16 mm, so erhält der Faden beim Abziehen $\frac{16}{94} = \sim {}^1/_6$ mehr an Drehung. Zieht man den Faden wie beim Schlauchkötzer von innen heraus ab, so erhält man eine Drehungsänderung im entgegengesetzten Sinne, es würde also mit Bezug auf das vorige Beispiel das Garn um ${}^1/_6$ loser.

Bei der Kapselspinnmaschine kann man nun so verfahren, daß man rechtsgedrehtes Garn links aufwindet; es ergibt sich dann beim Abziehen von Innen heraus im Webstuhl Rechtsdrehung, und wir vermeiden beim

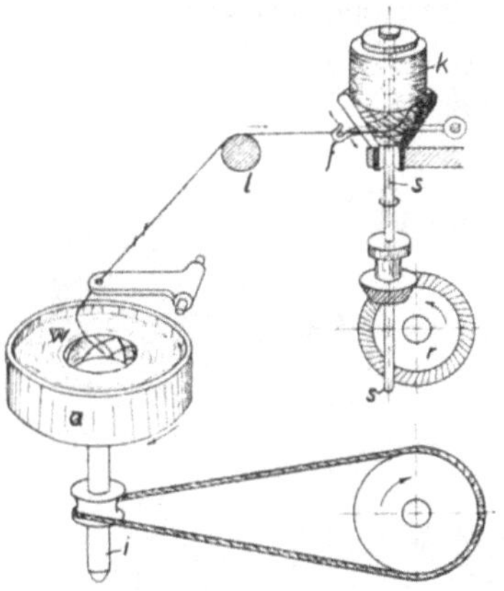

Abb. 230.

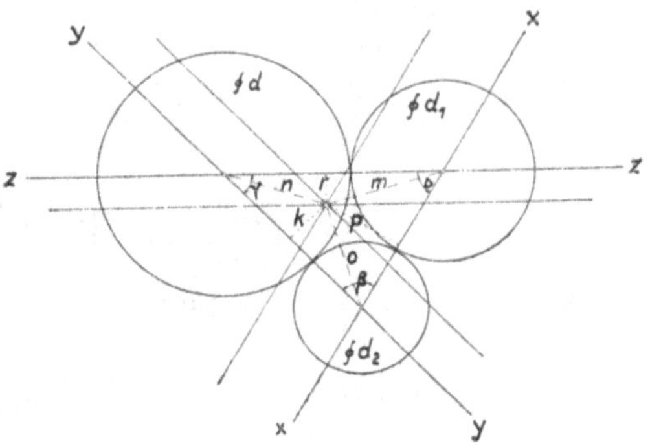

Abb. 231.

Weben die Drehungsverminderung des Garnes. Soll hingegen das Schußgarn möglichst lose gedreht in das Gewebe gelangen, so wickelt man das rechtsgedrehte Garn auch rechts auf, so daß sich durch das Abziehen von Innen heraus beim Weben eine Drehungsverminderung des Garnes ergibt.

Ferner erhält der von Innen aus dem Wickel w herausgezogene Vorgarnfaden für jede abgewickelte Windung je eine Drehung, und es tritt bei Rechtsdrehung des Garnes eine Drehungsverminderung auf. Praktisch kann man diese vernachlässigen, weil die zugehörige Windungslänge sehr groß ist, und im Laufe des Spinnprozesses immer mehr zunimmt. Übrigens könnte man diese Drahtverminderung dadurch leicht vermeiden, daß man den Vorgarnwickel verkehrt eingelegt.

Berücksichtigt man noch, daß die mit konstanter Tourenzahl sich drehende Aufwickelspindel s periodisch wechselnde Fadengeschwindigkeiten ergibt, je nachdem ob der Faden an der Spitze des Kötzers oder an dessen Basis aufgewickelt wird, so ergibt sich, daß die Drahtgebungsverhältnisse bei der Kapselspinnmaschine ganz eigenartige sind. Diese zuletzt erwähnte Tatsache hat allerdings nur geringen Einfluß auf die Drehungserteilung, weil die freie Fadenlänge von der Kapsel a bis zur Leitstange l lang ist, so daß ein Ausgleich der in der Länge ungleich erteilten Drehung stattfinden kann.

Beispiel Nr. 73: Eine Studie über das Zwirnen.

An der Hand der beigegebenen Abb. 231 soll im folgenden ein Gedankengang rechnerisch verfolgt werden, der vielleicht geeignet ist, Fingerzeige zu geben für die Ausarbeitung einer Theorie über das Einarbeiten der verschiedenen Fäden beim Zwirnprozeß. Es handelt sich dabei allerdings um eine Entwicklung, die auf die besonderen Eigenschaften der verschiedenen Garnmaterialien keine Rücksicht nimmt, und den Faden als einen Körper mit einem unverändert rund bleibenden Querschnitt ansieht. Ferner wird angenommen, daß jeder Faden beim Zwirnen unabhängig vom andern eine Spannung bekommt, die seiner Masse entspricht. Die Abb. 231 zeigt einen Querschnitt durch einen dreifädigen Zwirn. Es handelt sich um drei Fäden mit den Durchmessern (Dicken) d, d_1 und d_2. Diesen Dicken sollen auch im quadratischen Verhältnis die Massen entsprechen.

In bezug auf die eingezeichneten Achsen x, y und z müssen sich alsdann bei einem ordnungsgemäß verlaufenden Zwirnprozeß die Flächenmomente das Gleichgewicht halten, und es müssen die Beziehungen bestehen:

$$k \cdot \frac{d^2 \pi}{4} + k \cdot \frac{d_2^2 \pi}{4} = \left(\frac{d_1 + d_2}{2} \sin \beta - k\right) \frac{d_1^2 \pi}{4}$$

$$p \cdot \frac{d_2^2 \pi}{4} + p \frac{d_1^2 \pi}{4} = \left(\frac{d + d_1}{2} \sin \Delta - p\right) \frac{d^2 \pi}{4}$$

$$r \cdot \frac{d^2 \pi}{4} + r \cdot \frac{d_1^2 \pi}{4} = \left(\frac{d + d_2}{2} \sin \gamma - x\right) \frac{d_2^2 \pi}{4}.$$

Daraus erhält man alsdann:

$$k = \frac{d_1 + d_2}{2} \sin \beta \cdot \frac{d_1^2}{d^2 + d_1^2 + d_2^2}$$

$$p = \frac{d + d_1}{2} \sin \Delta \cdot \frac{d^2}{d^2 + d_1^2 + d_2^2}$$

$$r = \frac{d + d_2}{2} \sin \gamma \cdot \frac{d_2^2}{d^2 + d_1^2 + d_2^2}.$$

Aus der Abb. 231 geht hervor:

$$\sqrt{n^2 - r^2} + \sqrt{m^2 - r^2} = \frac{d + d_1}{2}$$

$$\sqrt{n^2 - k^2} + \sqrt{o^2 - k^2} = \frac{d + d_2}{2}$$

$$\sqrt{o^2 - p^2} + \sqrt{m^2 - p^2} = \frac{d_1 + d_2}{2}.$$

Nehmen wir nun einmal an, daß Schnuren zusammengezwirnt werden sollen vom Durchmesser $d = 3$ mm, $d_1 = 2$ mm, $d_2 = 1$ mm, so ergäbe sich:

$$k = \frac{3 \, . \, 1}{2} \cdot \frac{2^2}{3^2 + 2^2 + 1} = 0{,}429 \text{ mm}$$

$$p = \frac{5 \, . \, 0{,}814}{2} \cdot \frac{3^2}{14} = 1{,}308 \text{ mm}; \qquad r = \frac{4 \, . \, 0{,}5948}{2} \cdot \frac{1}{14} = 0{,}0849 \text{ mm}.$$

Die Halbmesser der Schraubenlinien ergäben sich zu:

$$n = 0{,}78 \text{ mm}, \quad m = 1{,}7 \text{ mm}, \quad 0 = 1{,}38 \text{ mm}.$$

Soll der Zwirn 12 Drehungen pro laufenden Dezimeter bekommen, so erhält man die notwendigen Längen der einzelnen Schnuren, indem man die Länge der betreffenden Schraubenlinie auf einen Dezimeter Zwirnlänge ermittelt.

Die Schnur vom Durchm. d erhält $\sqrt{(2 \cdot 0{,}78\,\pi\, 12)^2 + 100^2} = 116$ mm Länge,

die Schnur vom Durchm. d_1 erhält $\sqrt{(2 \cdot 1{,}7\pi \cdot 12)^2 + 100^2} = 144$ mm Länge.

die Schnur vom Durchm. d_2 erhält $\sqrt{(2 \cdot 1{,}38\pi \cdot 12)^2 + 100^2} = 144$ mm Länge.

Die Einzwirnung in Prozenten errechnet sich dann wie folgt:

für die Schnur vom Durchm. d aus: $116 : 16 = 100 : x$, $x = 14$ Prozent,
für die Schnur vom Durchm. d_1 aus: $163 : 63 = 100 : x_1$, $x_1 = 39$ Prozent,
für die Schnur vom Durchm. d_2 aus: $144 : 44 = 100 : x_2$, $x_2 = 30$ Prozent.

Denken wir uns einen zweifädigen Zwirn, bestehend aus den Schnuren d und d_2, so muß sein:

$$\frac{d^2\pi}{4} \cdot n = \frac{d_2^2\pi}{4} \cdot o$$

$$n + o = \frac{d + d_2}{2}$$

$$o = \frac{d^2}{2} \cdot \frac{d + d_2}{d^2 + d_2^2} = \frac{9}{2} \cdot \frac{3 + 1}{9 + 1} = 1{,}8 \text{ mm}, \qquad n = 0{,}2 \text{ mm}.$$

Die Länge der Schraubenlinie für die dicke Schnur:

$$\sqrt{(2 \cdot 0{,}2\,\pi \cdot 12)^2 + 100^2} = 101{,}3 \text{ mm Länge},$$

die Länge der Schraubenlinie für die dünne Schnur:

$$\sqrt{(2 \cdot 1{,}8\,\pi \cdot 12)^2 + 100^2} = 168{,}8 \text{ mm Länge}.$$

Die Einzwirnung in Prozenten wird dann:

für die dicke Schnur: $101{,}3 : 1{,}3 = 100 : x$, $x = 1{,}3$ Prozent,
für die dünne Schnur: $168{,}8 : 68{,}8 = 100 : x_2$, $x_2 = 41$ Prozent.

Bestände der zweifädige Zwirn aus den Schnuren d und d_1, so ergäbe sich:

$$\frac{d^2\pi}{4} \cdot n = \frac{d_1^2\pi}{4} \cdot m$$

$$n + m = \frac{d + d_1}{2}$$

$$m = \frac{d^2}{2} \cdot \frac{d + d_1}{d^2 + d_1^2} = \frac{9}{2} \cdot \frac{3 + 2}{9 + 4} = 1{,}73 \text{ mm}; \quad n = 0{,}77 \text{ mm}.$$

Die Länge der Schraubenlinie für die dicke Schnur:

$$\sqrt{(2 \cdot 0{,}77\,\pi \cdot 12)^2 + 100^2} = 115{,}7 \text{ mm},$$

die Länge der Schraubenlinie für die dünnere Schnur:

$$\sqrt{(2 \cdot 1{,}73\,\pi \cdot 12)^2 + 100^2} = 165 \text{ mm}.$$

Die Einzwirnung in Prozenten wird dann:

für die dicke Schnur: 115,7 : 15,7 = 100 : x, x = 13,6 Prozent,

für die dünnere Schnur: 165 : 65 = 100 : x_1, x_1 = 39,4 Prozent.

Sind alle drei Fäden gleich stark, und haben sie gleiche Spannung, so wird k = r = p und n = m = o.

$$k = r = p = d \cdot \sin 60^\circ \cdot \tfrac{1}{3} = 0{,}289\, d$$

$$\sqrt{n^2 - (0{,}289\, d)^2} + \sqrt{n^2 - (0{,}289\, d)^2} = d$$

$$2\sqrt{n^2 - (0{,}289\, d)^2} = d, \quad 4\, n^2 - 4 \cdot 0{,}289^2 \cdot d^2 = d^2$$

$$n = \frac{d}{2}\sqrt{(1 + 4 \cdot 0{,}289^2)} = 0{,}577\, d$$

die Länge der Schraubenlinie ist alsdann für alle drei Fäden:

$$\sqrt{(2 \cdot 0{,}577\, d\, \pi \cdot 12)^2 + 100^2}$$

und die Einzwirnung in Prozent ergibt sich aus der Proportion:

$$\sqrt{(2 \cdot 0{,}577 \cdot d \cdot \pi \cdot 12)^2 + 100^2} : [\sqrt{(2 \cdot 0{,}577 \cdot d \cdot \pi \cdot 12)^2 + 100^2} - 100] = 100 : x,$$

$$x = 100\left[1 - \frac{100}{\sqrt{(2 \cdot 0{,}577 \cdot d \cdot \pi \cdot 12)^2 + 100^2}}\right]$$

$$x = 100\left[1 - \frac{100}{\sqrt{1888 \cdot d^2 + 100^2}}\right].$$

Danach ergäbe ein dreifacher Zwirn, Garndicke 2 mm, 12 Drehungen pro Dezimeter, eine Einarbeitung von:

$$x = 100\left[1 - \frac{100}{\sqrt{1888 \cdot 4 + 100^2}}\right] = 24 \text{ Prozent.}$$

Bezeichnet man die Anzahl der Drehungen pro Dezimeter mit T und die Garnnummer des Einzelfadens mit N, wobei (Längenumerierung, Baumwolle) zwischen Garnnummer N und Fadendicke d die Beziehung bestehen möge $d = \frac{C}{\sqrt{N}}$ (C ist eine von der Beschaffenheit des Fadens abhängige Konstante), so geht der Ausdruck für die prozentuale Einarbeitung in die Form über:

$$x = 100\left[1 - \frac{100}{\sqrt{\left(2 \cdot 0{,}577 \cdot \frac{C}{\sqrt{N}} \cdot \pi \cdot T\right)^2 + 100^2}}\right].$$

Angenommen: Einzelgarn Nr. 6, C = 1,2, 18,3 Drehungen pro Dezimeter:

$$x = 100\left[1 - \frac{100}{\sqrt{\left(2 \cdot 0{,}577 \cdot \frac{1{,}2}{\sqrt{6}} \cdot \pi \cdot 18{,}3\right)^2 + 100^2}}\right] = 4{,}8 \text{ Prozent,}$$

angenommen: Einzelgarn Nr. 40, C = 1, 56,4 Drehungen pro Dezimeter:

$$x = 100\left[1 - \frac{100}{\sqrt{\left(2 \cdot 0{,}577 \cdot \frac{1}{\sqrt{40}} \cdot \pi \cdot 56{,}4\right)^2 + 100^2}}\right] = 4{,}8 \text{ Prozent,}$$

angenommen: Einzelgarn Nr. 20, C = 1, 38,2 Drehungen pro Dezimeter:

$$x = 100\left[1 - \frac{100}{\sqrt{\left(2 \,.\, 0{,}577 \cdot \frac{1}{\sqrt{20}} \cdot \pi \,.\, 38{,}2\right)^2 + 100^2}}\right] = 5{,}4 \text{ Prozent.}$$

angenommen: Einzelgarn Nr. 30, C = 1,1, 48,1 Drehungen pro Dezimeter:

$$x = 100\left[1 - \frac{100}{\sqrt{\left(2 \,.\, 0{,}577 \cdot \frac{1{,}1}{\sqrt{30}} \cdot \pi \,.\, 48{,}1\right)^2 + 100^2}}\right] = 5{,}3 \text{ Prozent.}$$

Diese Einarbeitungen setzen unelastischen Faden voraus; der Einfluß der Drahtrichtung des Einzelfadens auf die Einarbeitung blieb unberücksichtigt.

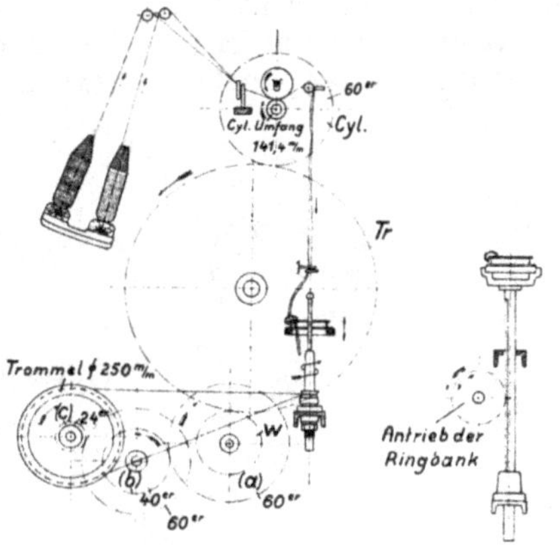

Abb. 232.

B e i s p i e l Nr. 74. Berechnung der Anzahl der Drehungen des Zwirnes auf 1 dm Länge. Abb. 232.

Es bedeuten: n die minutliche Tourenzahl der Spindel, v die Umfangsgeschwindigkeit des Lieferungswerkes in m in der Minute,

D den Außen-∅ der Spule in mm,
d „ Innen-∅ „ „ „ „ .

$\frac{D \,.\, \pi}{1000} \,.\, n$ Meter Garn können aufgewickelt werden,

v „ „ werden wirklich aufgewickelt.

$\frac{D \,.\, \pi \,.\, n}{1000} - v$ setzt sich in Drehung des Travellers um.

$$\frac{\frac{D \,.\, \pi \,.\, n}{1000} - v}{\frac{D \,.\, \pi}{1000}} \text{ Touren des Travellers in 1 Minute}$$

$$= n - \frac{1000 \,.\, v}{D \,.\, \pi}$$

in 1 Minute werden v m Garn aufgewickelt,

„ $\frac{0{,}1}{v}$ „ „ 0,1 „ „ „

Touren des Travellers = Drehungen des Garnes pro 1 dm Länge =

$$\left(n - \frac{1000 \,.\, v}{D \,.\, \pi}\right) \cdot \frac{0{,}1}{v} = \frac{n}{10 \,.\, v} - \frac{100}{\pi \,.\, D}$$

bzw.

$$\frac{n}{10 \,.\, v} - \frac{100}{\pi \,.\, d}$$

je nachdem ob auf den großen oder auf den kleinen Spulen-∅ aufgezwirnt wird.

Angenommen: Spindeltourenzahl 6000, Tourenzahl des Vorderzylinders 154, Φ desselben $= 25{,}4$ mm, $d = 20$ mm, $D = 38$ mm.

Dann wird $v = 0{,}0254 \cdot \pi \cdot 154 = 12{,}28$ m/min, also die Drehungen des Zwirnes auf 1 dm Länge

$$\frac{6000}{10 \cdot 12{,}28} - \frac{100}{\pi \cdot 38} = 48{,}1$$

bzw.

$$\frac{6000}{10 \cdot 12{,}28} - \frac{100}{\pi \cdot 20} = 47{,}3 .$$

Der Apparat Abb. 233 bis 234 dient zur Aufwindung des Zwirns auf Papphülsen oder Holzspulen in Kopsform. Zur Erzielung dieser Form muß die Ringschiene a außer der auf- und niedergehenden Bewegung eine stetig steigende Bewegung erhalten, so daß eine nach oben fortschreitende Bewicklung der Hülsen entsteht. Das Herzexzenter h zur Bewegung der Ringschiene a ist so geformt, daß die Fadenschichten beim Aufwärtsgang der Ringschiene in annähernd parallelen Windungen, und beim Niedergang in Kreuzwindungen aufgewickelt werden, wodurch der Garnkörper einen festen Halt bekommt und das Abrutschen ganzer Fadenschichten bei Abziehen des Fadens vermieden wird. Der Betrieb des Herzexzenters h erfolgt vom Lieferzylinder aus mittels Schnecke, Schneckenrad, der stehenden Welle p, der Kegelräder d.

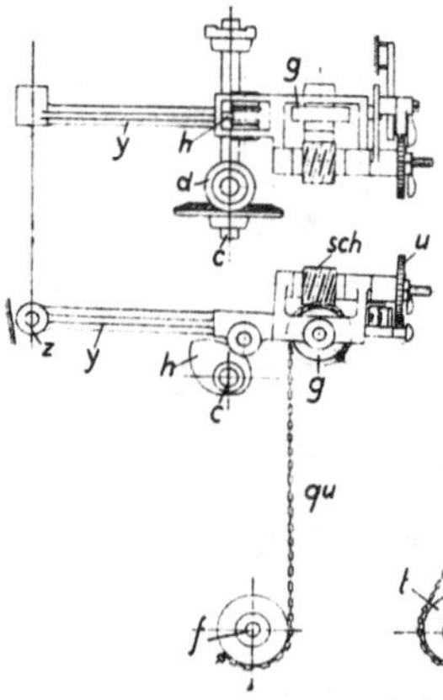

Abb. 233.

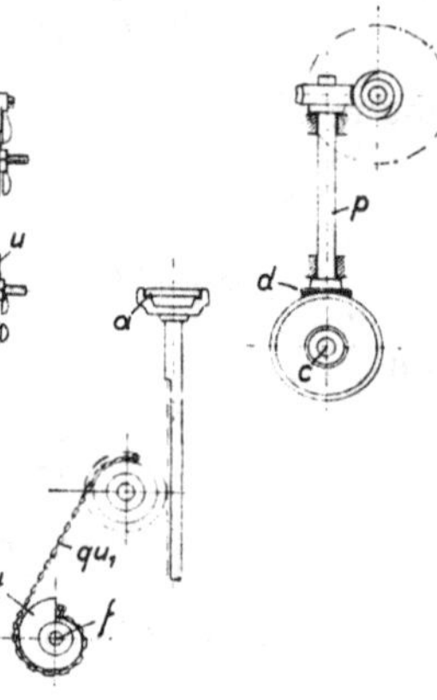

Abb. 234.

Der Apparathebel y ist an der Hauptwand auf dem Bolzen z drehbar gelagert; seine Rolle liegt auf dem Herzexzenter auf. Der vordere Teil des Apparathebels trägt das Schneckenrad mit angegossener Kettenrolle g, ferner die Schnecke, das Schaltrad u mit den Schaltklinken.

Das Herzexzenter veranlaßt die Auf- und Abwärtsbewegung. Bei jeder Abwärtsbewegung wird das Schaltrad u um einen oder mehrere Zähne fortgeschaltet. Folglich erhält die Schnecke sch mit Schneckenrad und Kettenrolle g eine geringe Fortschaltung in dem Sinne, daß die Kette qu allmählich aufgewickelt wird. Diese Kette wirkt auf eine zylindrische Scheibe einer Zwischenwelle f; letztere trägt eine exzentrische Form t zur Aufnahme einer zweiten Kette qu_1, die unter Vermittlung von Zahnrad und Zahnstange die Ringbank bewegt. Durch die exzentrische Form t bewirkt man eine Verjüngung der Spulenform nach dem Ende zu. Außerdem wird auch die Form des Konusses durch diese exzentrische Form t beeinflußt.

B e i s p i e l Nr. 75: Bestimmung der Drehungskonstanten bei Zwirnmaschinen.

Unter der Konstanten einer Zwirnmaschine versteht man eine Zahl, welche durch die Zähnezahl eines Wechselrades dividiert die Anzahl Drehungen auf eine Längeneinheit des Fadens ergibt. Für die in der Abb. 232 dargestellte Zwirnmaschine soll diese Konstante bestimmt werden. Spindelschnur-Ø = 4 mm, Spindelwirtel-Ø = 25,4 mm.

Die Drehungen auf 1000 mm Fadenlänge sind wie folgt zu ermitteln:

$$\frac{1000 \times \text{Cyl.} \times \text{Vorgelegerad a} \times \text{Bockrad } (60^{er}) \times \text{Trommel}\varnothing}{\text{Zylinderumfang} \times \text{Drahtwechsel w} \times \text{Vorgelegerad b} \times \text{Trommelrad c} \times \text{Spindelwirtel}\varnothing}.$$

Um den Gleitverlust, hervorgerufen durch das Rutschen der Schnur, mit einzurechnen, addiert man sowohl zu dem Trommel- als auch Spindelwirtel-Ø die halbe Dicke der Schnur.

$$\frac{1000 \times 60 \times 60 \times 60 \times 252}{141{,}4 \times W \times 40 \times 24 \times 27{,}4} = \frac{14640}{W}.$$

Hat der Drahtwechsel w = 42 Zähne, so ergeben sich

$$\frac{14\,640}{42} = 349 \text{ Drehungen auf 1000 mm Fadenlänge.}$$

Bei einem 20er Wechsel bekommt man

$$\frac{14\,640}{20} = 732 \text{ Drehungen auf 1000 mm Fadenlänge.}$$

Der hierdurch erzielte Drehungszahlunterschied ist offenbar zu gering, deshalb werden die Vorgelegeräder z. B. mit folgenden Zähnezahlen mitgeliefert:

a = 60, 54, 40, 26, 20 Zähne,
b = 20, 26, 40, 54, 60 „

Die schärfste Drehung mit 20er Wechsel wird dann:

$$\frac{1000 \times 60 \times 60 \times 60 \times 252}{141{,}4 \times \underset{(w)}{20} \times 20 \times 24 \times 27{,}4} = \frac{29280}{20} = 1464 \text{ Drehungen auf 1000 mm.}$$

Die loseste Drehung mit 42er Wechsel wird:

$$\frac{1000 \times 60 \times 20 \times 60 \times 252}{141{,}4 \times \underset{(w)}{42} \times 60 \times 24 \times 27{,}4} = \frac{3250}{42} = 77 \text{ Drehungen auf 1000 mm.}$$

Vorteilhaft wird man dem Zwirnmeister eine Drehungstabelle aushändigen, aus welcher die für jede Drehung nötigen Wechselräder nur abgelesen zu werden brauchen.

Die Drehungskonstante umfaßt sämtliche für die Drahtberechnung unveränderlichen Werte

$$\frac{1000 \times \text{Cyl} \times \text{Bockrad} \times \text{Trommel-}\varnothing}{\text{Zylinderumfang} \times \text{Trommelrad} \times \text{Spindelwirtel-}\varnothing}$$

$$\frac{1000 \,.\, 60 \,.\, 60 \,.\, 252}{141{,}4 \,.\, 24 \,.\, 27{,}4} = 9765.$$

Allgemein erhält man also die Drehungen auf 1 Meter Fadenlänge aus der Formel

$$9765 \cdot \frac{a}{w \,.\, b}$$

und somit wie oben die Grenzwerte:

$$9765 \cdot \frac{60}{20 \cdot 20} = 1464 \text{ Drehungen}$$

$$9765 \cdot \frac{20}{42 \cdot 60} = 77 \text{ Drehungen}.$$

Beispiel Nr. 76: Baumwollzwirnberechnung.

Für Baumwolleffektzwirn soll die Garnnummer 48er, 24er und 12er zusammengezwirnt werden; welche einfache Garnnummer hat der Zwirn? Wie erfolgt die Berechnung für mehr als 3 Nummern, wenn also z. B. 80er, 40er, 20er und 14er zusammengezwirnt werden? Welche einfache Nummer hat der Zwirn?

Entwicklung der Formel: Es bedeuten N_1, N_2 N_3 .... die englischen Baumwollgarnnummern der einzelnen Fäden. Man rechnet nun das Gewicht von 1 Meter Fadenlänge aus

$$N_1 \cdot 768 \text{ m} = 454 \text{ Gramm}$$

$$1 \text{ m} = \frac{454}{N_1 \cdot 768} \text{ g},$$

also wiegt 1 m Zwirn:

$$\frac{454}{768} \left[\frac{1}{N_1} + \frac{1}{N_2} + \frac{1}{N_3} + \frac{1}{N_4} + \ldots \right] \text{Gramm}.$$

Bezeichnet man mit N_z die Zwirnnummer, so ist:

$$N_z \cdot 768 \text{ m} = 454 \text{ Gramm}; \; 1 \text{ Meter} = \frac{454}{N_z \cdot 768} \text{ Gramm},$$

folglich:

$$\frac{454}{768 \, N_z} = \frac{454}{768} \left[\frac{1}{N_1} + \frac{1}{N_2} + \frac{1}{N_3} + \frac{1}{N_4} + \ldots \right]$$

$$N_z = \frac{1}{\frac{1}{N_1} + \frac{1}{N_2} + \frac{1}{N_3} = \frac{1}{N_4} + \ldots}.$$

Das ist die Formel für die Zwirnnummer ohne Berücksichtigung der Einarbeitung und nur bei glatten Zwirnen; bei Effektzwirnen muß die Formel umgeändert werden.

Diese Korrektion besteht darin, daß man bei dem oder den Fäden, welche den Effekt bilden, statt der Länge 1 die mutmaßliche oder abgemessene Länge pro 1 m Zwirn einsetzt, so daß die Formel in ihrer allgemeinen Form lautet:

$$N_z = \frac{1}{\frac{l_1}{N_1} + \frac{l_2}{N_2} + \frac{l_3}{N_3} + \frac{l_4}{N_4} + \ldots}$$

1. Glatter Zwirn bestehend aus: 48er, 24er und 12er.

$$N_z = \frac{1}{\frac{1}{48} + \frac{1}{24} + \frac{1}{12}} = 6.85 \text{ Nummer engl.}$$

2. Glatter Zwirn bestehend aus 80er, 40er, 20er und 14er.

$$N_z = \frac{1}{\frac{1}{80} + \frac{1}{40} + \frac{1}{20} + \frac{1}{14}} = 6,29 \text{ Nummer engl.}$$

3. Von den 4 Fäden des vorigen Beispiels ist der Faden Nr. 40 der Effektfaden, der auf 1 m Zwirnlänge eine Länge von 1,1 m besitzt, weil er Schleifen bildet:

$$N_z = \frac{1}{\frac{1}{80} + \frac{1,1}{40} + \frac{1}{20} + \frac{1}{14}} = 6,19 \text{ Nummer engl.}$$

4. Von den genannten 4 Fäden bildet abwechselnd der 40er und der 20er Faden Noppen, Länge pro Meter Zwirn je 1,08 m.

$$N_z = \frac{1}{\frac{1}{80} + \frac{1,08}{40} + \frac{1,08}{20} + \frac{1}{14}} = 6,07 \text{ Nummer engl.}$$

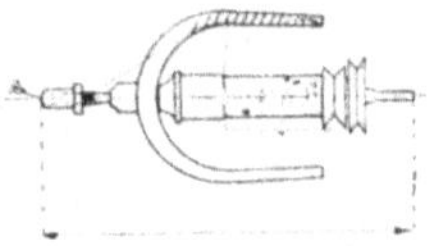
Abb. 234a.

Beispiel Nr. 77: Die Tourenregulierung der Ringspinnmaschine.

Bekanntlich zerlegt sich der Arbeitsvorgang auf dem Selfaktor in vier Perioden:

1. Ausfahren des Wagens; Verziehung und Drehung der Fäden.
2. Stillstand des Wagens; die Spindeln drehen sich weiter.
3. Stillstand des Wagens; Abschlagen der Fäden.
4. Einfahren des Wagens; Aufwinden des in den ersten Perioden vollendeten Garnes.

Bei der Ringspinnmaschine*) hingegen finden Verziehung, Drehung und Aufwinden des Fadens in ununterbrochenem Synchronismus statt.

Die Anordnung der einzelnen an diesen Vorgängen beteiligten Mechanismen, ihre Ausführung und Wirkungsweise ist bei diesen beiden Maschinen eine grundverschiedene, worauf die Nach- und Vorteile beruhen, welche diesen zwei Typen anhaften.

Im Gegensatz zur Ringspinnmaschine ist der in der Entstehung begriffene Faden beim Selfaktor keinerlei Einflüssen unterworfen, die, naturgemäß mit dem Arbeitsvorgang verknüpft, den gleichmäßigen Ausfall des Gespinstes schädlich beeinflussen; daher die im Wesen des Mechanismus begründete Überlegenheit des Selfaktors beim Verspinnen feiner Kettgarne und weichgedrehter Schußgarne.

Infolge der Teilung des Arbeitsprozesses, der hin- und hergehenden Bewegung des Wagens und anderer periodisch auftretender Bewegungsvorgänge ist es jedoch erklärlich, daß die Produktion des Selfaktors hinter derjenigen der Ringspinnmaschine zurückbleibt.

Der so beliebte Einzelantrieb mittels Elektromotor läßt sich nicht ohne weiteres an Selfaktoren in derselben vorteilhaften Weise wie an Ringspinnmaschinen anbringen, da innerhalb der vier Arbeitsperioden der Kraftbedarf eines Selfaktors z. B. zwischen 2 und 30 PS schwankt. Daraus folgt, daß man einen sehr großen Motor wählen muß, der dann selbstverständlich unrentabel arbeitet.

*) Es gibt außer der Ringspinnmethode noch ein Flügelspinnsystem (Abb. 234a).

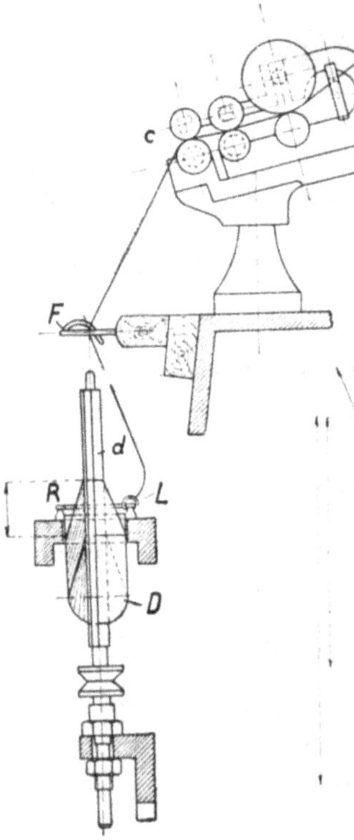

Abb. 235.

Abb. 236.

Versuche mit kleineren Motortypen und eingebautem Schwungrad haben vielfach nicht den erwarteten Erfolg gehabt. Jedoch kann man die elektrischen Verhältnisse dem schwankenden Kraftbedarf dadurch anpassen, daß man die normale Betriebsspannung während der Periode des höchsten Kraftbedarfs um eine Zusatzspannung erhöht, welch letztere durch einen Zusatztransformator erzeugt wird.

Die produktive Überlegenheit der Ringspinnmaschine und ihre gleichmäßige Kraftbeanspruchung sowie die qualitative Überlegenheit des auf dem Selfaktor hergestellten Gespinstes sind im Wesen des Arbeitsprozesses begründete Eigenschaften, die naturgemäß einen scharfen Wettkampf zwischen beiden Maschinentypen entstehen ließen.

Es soll nun im folgenden näher beleuchtet werden, welche theoretische Erkenntnis zur Lösung des Problems der Herstellung eines dem Selfaktorgespinste gleichwertigen Ringspinngarnes gehört, und in welcher Weise die verschiedenen Konstrukteure die Aufgabe praktisch gelöst bzw. zu lösen versucht haben.

Abb. 235 zeigt die für die folgende Betrachtung in Frage kommenden Teile einer Ringspinnmaschine.

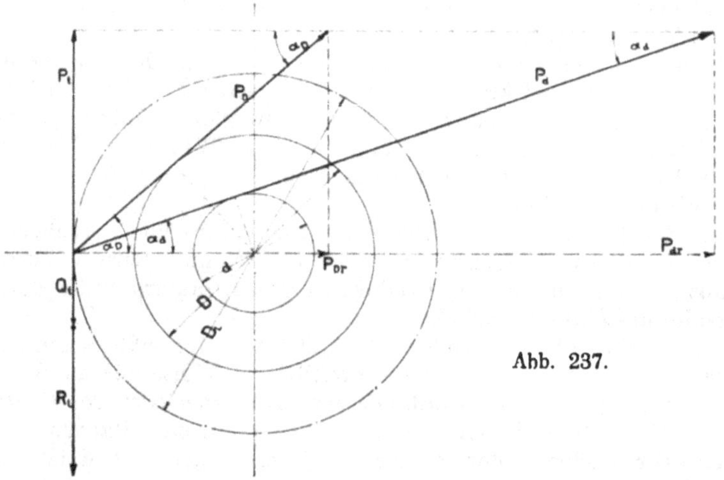

Abb. 237.

Abb. 236, 237 veranschaulicht Richtung und Größe der Kräfte, welche auf den Ausfall des Gespinstes Einfluß haben.

c bedeutet den letzten Streckenzylinder, F die Führungsöse, L den Läufer (Traveller), R den Ring, D den größten Spulendurchmesser und d den Hülsendurchmesser.

Der Bewegung des Läufers L setzen sich die Kräfte Q_t und R_L entgegen. Q_t bedeutet Größe und Richtung des Ballonwiderstandes, R_L Größe und Richtung des Läuferreibungswiderstandes.

Diese beiden Widerstände addieren sich und müssen durch eine in entgegengesetzter Richtung wirkende Kraft P_t von gleicher Größe ausgeglichen werden, wenn die Geschwindigkeit des Läufers L nicht verzögert werden soll.

Nach dem Gesetz vom Parallelogramm der Kräfte ist aber beim Spinnen auf den Durchmesser d eine Fadenspannung P_d notwendig, um die Komponente P_t zu erhalten, und beim Spinnen auf den Durchmesser D eine Fadenspannung P_D; d. h. die Fadenspannung an der Ringspinnmaschine

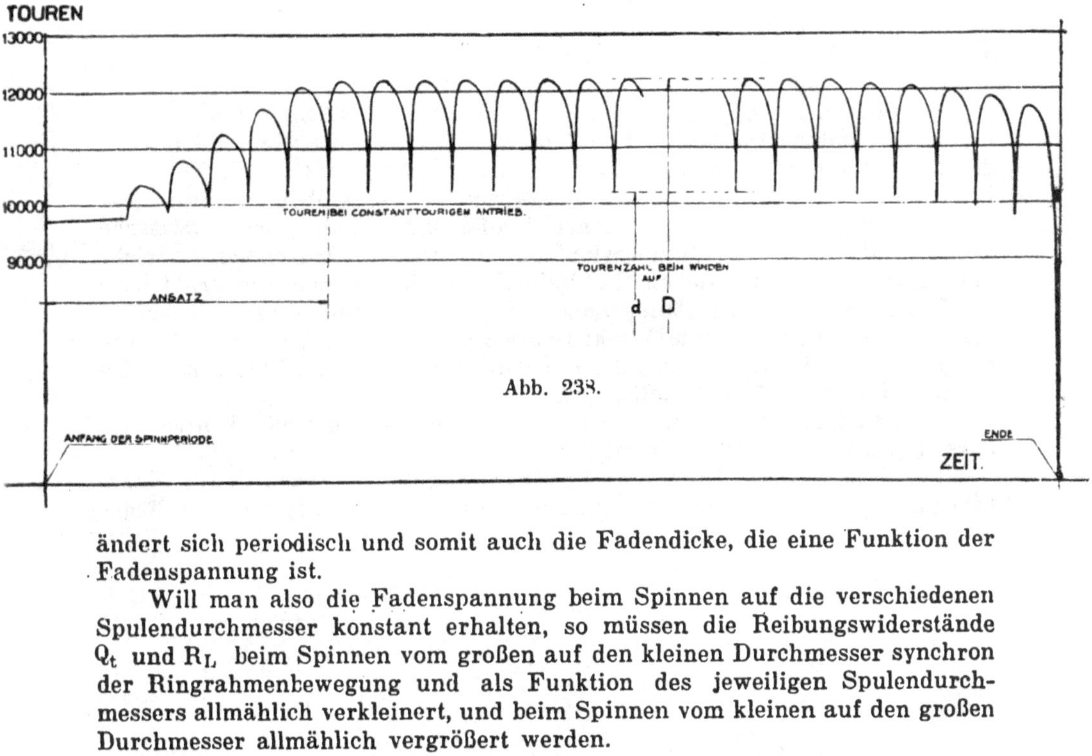

Abb. 238.

ändert sich periodisch und somit auch die Fadendicke, die eine Funktion der Fadenspannung ist.

Will man also die Fadenspannung beim Spinnen auf die verschiedenen Spulendurchmesser konstant erhalten, so müssen die Reibungswiderstände Q_t und R_L beim Spinnen vom großen auf den kleinen Durchmesser synchron der Ringrahmenbewegung und als Funktion des jeweiligen Spulendurchmessers allmählich verkleinert, und beim Spinnen vom kleinen auf den großen Durchmesser allmählich vergrößert werden.

Um R_L und Q_t derartig zu variieren, muß die Zentrifugalkraft, die am Läufer L wirksam wird, entsprechend verändert werden, und da diese eine Funktion der Spindeltourenzahl ist, so wird man die Bedingung einer konstanten Fadenspannung durch Regulierung der Spindeltourenzahl erfüllen können.

Ferner hat man noch zu berücksichtigen, daß der Ballon zwischen der Führungsöse F und dem Traveller L infolge seiner Elastizität in hohem Maße die Fähigkeit besitzen wird, auftretende Differenzen in der Fadenspannung auszugleichen, wenn der Abstand FL groß ist, daß jedoch beim allmählichen Höhersteigen des Ringrahmens, also bei stetiger Abnahme des Abstandes FL dieser Ballon die ihm zugewiesene Aufgabe einer Ausgleichung der Fadenspannungsdifferenz immer weniger und unvollkommener wird erfüllen können.

Es muß also auch zweitens eine Abnahme der Tourenzahl gegen Ende der Spinnperiode vorgenommen werden.

Zur Verminderung der Fadenbrüche beim Anspinnen wird es vorteilhaft sein, mit kleineren Tourenzahlen zu beginnen.

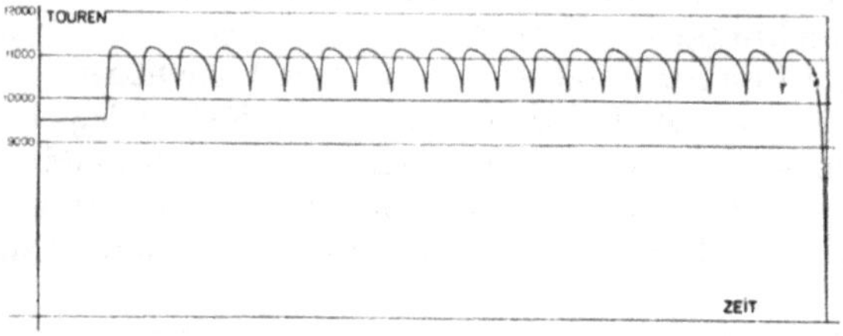

Abb. 239.

Die Kurve, in der ein rotierender Faden sich ausbaucht, ist eine Sinuslinie. Die Ballongröße läßt sich erst berechnen, wenn die vom Widerstande des Läufers abhängige Fadenspannung bekannt ist. Hält man die Form des Ballons in wichtigen Augenblicken des ganzen Verlaufes photographisch fest, so läßt sich der Fadenzug zwischen Läufer und Spule, sowie zwischen Führungsöse und den Streckzylindern annähernd berechnen. Solche photographischen Aufnahmen der Ballonform dienten den Konstrukteuren als Unterlagen für die Aufstellung des notwendigen Tourenänderungsdiagrammes. Das bekannte Werk: Georg Lindner, Spinnerei und Weberei, bringt eingehend eine Theorie, die mit den oben erwähnten Versuchswerten gut übereinstimmende Resultate ergab.

Aus diesen Betrachtungen heraus ist jetzt die verlangte Tourenregulierung gemäß Abb. 238 zu verstehen.

Der Konstrukteur kann nun die Tourenregulierung nach dieser Kurve vornehmen. Er kann sich aber auch mit einer Annäherung an diese Regu-

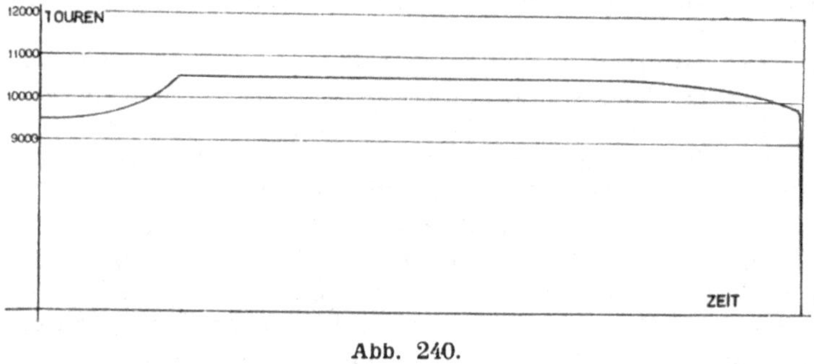

Abb. 240.

lierung begnügen, wenn sich dadurch, ohne praktisch bedeutsame Nachteile für die Güte des Gespinstes, z. B. die erforderlichen Apparate wesentlich einfacher gestalten.

Abb. 239 zeigt eine solche Annäherung. Auf die allmähliche Verkleinerung des Ballons und seinen verminderten Einfluß auf den Ausgleich auftretender Spannungsdifferenzen ist keine Rücksicht genommen.

Ein Vergleich der beiden Diagramme zeigt, daß diese Vereinfachung selbstverständlich nur auf Kosten der Produktion erfolgen kann; denn die sich in gleicher Höhe haltende maximale Tourenzahl in Abb. 239 darf natürlich nicht viel höher sein, als die maximale Tourenzahl beim Spinnen des Ansatzes in Abb. 238, wenn man übermäßige Fadenbrüche beim Anspinnen vermeiden will.

Eine dritte Regulierungsart nach Abb. 240 nimmt im wesentlichen nur auf Anspinnen und die Ballongröße, aber nicht auf veränderliche Fadenspannung beim Spinnen auf verschieden großen Durchmessern der Spule Rücksicht.

Die maximale Tourenzahl dieser Regulierungsart muß mit der reduzierten Tourenzahl beim Spinnen auf kleinem Spulendurchmesser (Abb. 238) übereinstimmen, wofern man mit derselben Sicherheit gegen Fadenbruch arbeiten will. Die Produktion der so regulierten Maschine ist also noch geringer.

Die Mittel zur Erzielung der Tourenänderung können hier nicht alle besprochen werden.

Bei Riemenantrieb erhält man die Tourenregulierung durch Anordnung konischer Scheiben (Abb. 15).

Durch einen Reguliermechanismus muß dann der Riemen entsprechend der jeweiligen Stellung des Ringrahmens verschoben werden.

Man arbeitet aber auch mit nur zwei verschiedenen Geschwindigkeiten dadurch, daß die zweistufige mittels Nut und Feder verschiebbar eingerichtete Festscheibe durch Vermittlung des Spinnrahmens herausgeschoben wird, also der Riemen auf dem kleinen Durchmesser arbeiten muß, wodurch die Tourenzahl der Maschine nach dem Spinnen des Ansatzes automatisch erhöht wird.

Da man nun den Riemenantrieb für moderne Spinnereien überhaupt vermeiden will, so wendet sich erhöhte Aufmerksamkeit dem elektrischen Einzelantrieb der Ringspinnmaschine mit veränderlicher Tourenzahl zu, der in den folgenden Ausführungen etwas eingehender besprochen werden soll.

An einem solchen elektrischen Einzelantrieb muß man also, soll er als vollkommen bezeichnet werden, die Anforderung stellen, daß er entsprechend dem Diagramm Abb. 238 die Tourenänderung vornimmt, daß er bei allen vorkommenden Umdrehungszahlen mit gutem Wirkungsgrad arbeitet, und daß in konstruktiver Hinsicht größte Einfachheit herrscht.

Den Bemühungen der Elektrotechniker ist es gelungen, einen Elektromotor zu konstruieren, der diesen Anforderungen entspricht; das ist der Einphasen- bzw. Dreiphasen-Kollektormotor.

Ehe diese vorzüglichen Motoren konstruiert wurden, mußte man sich mit Polumschalt-Drehstrommotoren begnügen. Diese waren nicht imstande, die soeben erwähnten Anforderungen zu erfüllen, deshalb nicht, weil sie nur zwei verschiedene Geschwindigkeiten zulassen und zwischen diesen beiden Geschwindigkeiten keine Zwischenstufen möglich sind. Sie arbeiten in der Weise, daß man mit Hilfe einer besonderen Wicklung und eines Umschalters die Polzahl ändert und dadurch z. B. 960 und 720 Umläufe des Drehfeldes erhält.

Für Spinnereien, die auf Gleichstrom angewiesen sind, hat man allerdings im Gleichstrom-Nebenschlußmotor eine ausgezeichnete Maschine geschaffen, welche den gestellten Ansprüchen genügt. Dieser Motor ermöglicht eine einfache und wirtschaftliche Geschwindigkeitsregulierung. In Abb. 241 ist die beispielsweise Ausführung des Anlassers mit Tourenregelung schematisch dargestellt.

Man ändert die Tourenzahl dadurch, daß man die Feldstärke, also den Magnetismus, schwächt. Man schaltet in den Magnetstromkreis einen Widerstand ein. W bedeutet den Anlasser. Dreht man, nachdem der Motor beim Auftreffen der Kurbel auf die Schiene S_2 richtig läuft, den Hebel noch weiter (auf die Kontakte R), so schaltet man Widerstand in den Magnetstromkreis, und der Motor läuft schneller. Auf diese Art und Weise kann man z. B. die Tourenzahl in feinen Abstufungen zwischen 700 und 1100 regeln.

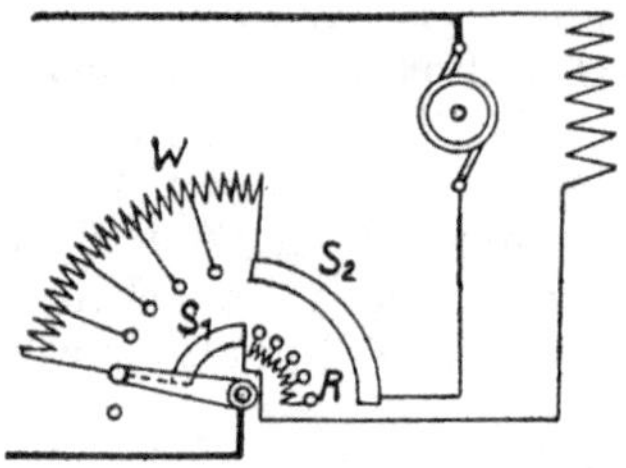

Abb. 241.

Wo es sich aber um Neuanlagen handelt, ist die Frage nach der Stromart nicht allein mit Rücksicht auf die Ringspinnmaschine zu beantworten. Es treten viele neue Momente hinzu, die für den Drehstrom sprechen und ihm den Vorrang geben, sobald ein geeigneter regelbarer Wechselstrom zur Verfügung steht.

Der bekannte Kurzschlußanker-Drehstrommotor kann für unsere Zwecke nicht in Erwägung kommen, da er keine Tourenregulierung zuläßt, ebenso nicht der erwähnte Polumschaltmotor.

In dem sogenannten Repulsionsmotor hat man nun eine Maschine geschaffen, welche in weitestgehender Weise eine rationelle Tourenänderung zuläßt. Der Läufer dieser Motoren ist, wie bei den Gleichstrommaschinen, mit einem Kommutator versehen, daher der Name Wechselstrom-Kommutator-Motor.

Auf dem Kommutator schleifen zwei Bürstenarten. Die eine Art steht unverändert unter der Polmitte fest, während die andere Art gegen die feststehenden Bürsten um einen beliebigen Winkel verschoben werden kann. Abb. 242 zeigt, daß die Bürsten durch Kabel kurzgeschlossen sind.

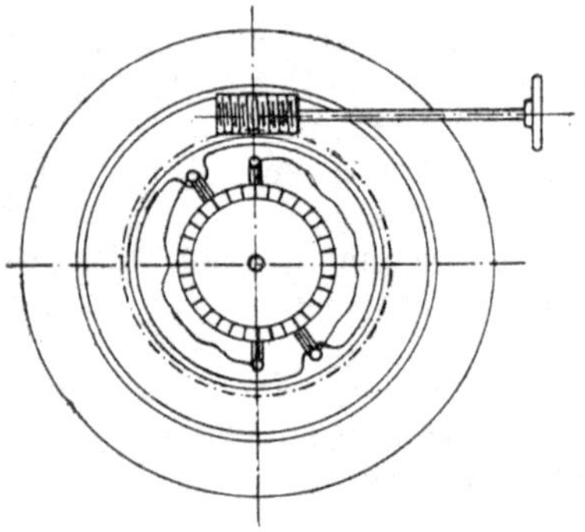
Abb. 242.

Eine Verbindung mit dem äußeren Netz hat der Läufer nicht; nur der Statorwicklung wird der Strom von außen zugeführt. Die verschiebbaren Bürsten sitzen an einem Ring mit Zahnkranz, der durch Schneckenradwelle gedreht werden kann. Durch das Verdrehen der Bürsten schaltet man mehr oder weniger Drähte des Ankers miteinander kurz und kann dadurch die Tourenzahl des Motors regulieren.

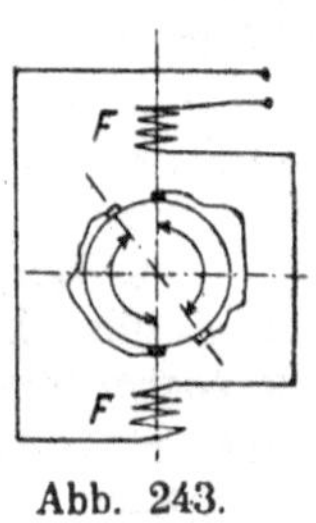

Abb. 243.

Abb. 243 zeigt das Schaltungsschema des einphasigen Repulsionsmotors. F sind die Feldspulen des pulsierenden Statorfeldes.

Es sei noch bemerkt, daß bei ungleicher Verteilung der Einphasen-Kollektormotoren auf das Netz eine ungleiche Beanspruchung des letzteren hervorgerufen wird, da der Motor nur an zwei Leitungen des Drehstromnetzes angeschlossen wird. Diesen Übelstand vermeiden die Dreiphasen-Kollektormotoren, deren Wirkungsgrad auch noch etwas höher ist als jener der Einphasen-Motoren.

Wir kommen nunmehr zur Besprechung der automatischen Bürstenverschiebung. Abb. 244, 245 und 246 veranschaulichen schematisch einen

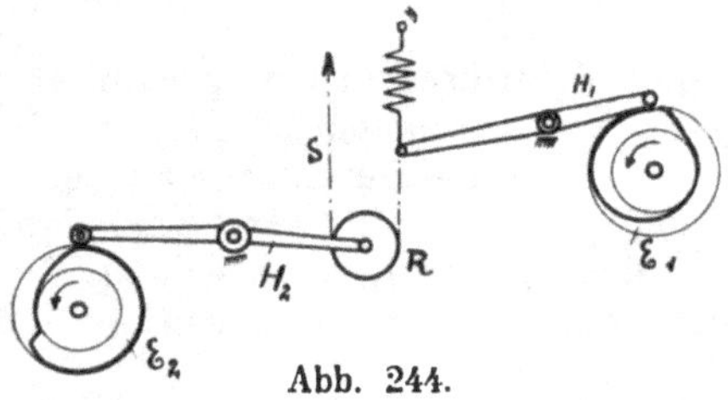

Abb. 244.

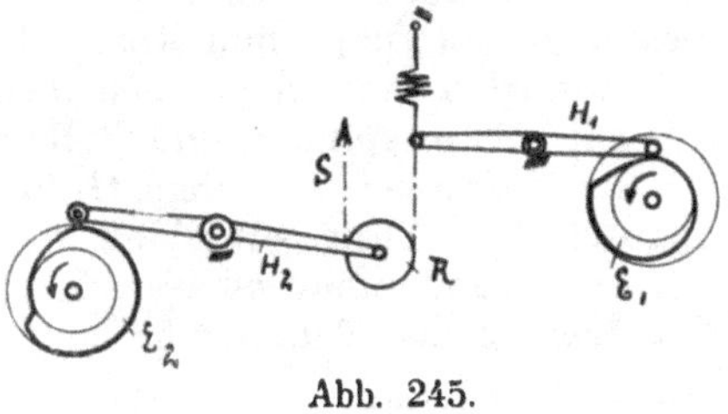

Abb. 245.

solchen Bürstenverschiebungsmechanismus. E_m bedeutet das Wagenherz, welches dem Hebel H_m, der Kette K und somit auch dem mit ihr verbundenen Ringrahmen eine auf- und abgehende Bewegung erteilt.

Bei jeder Schwingung von H_m wird das vorn am Hebel angebrachte Klinkenrad K_R um einen Zahn weitergedreht, wodurch die steuernde Kette auf der Achse A des Klinkenrades aufgewunden und der Ringrahmen entsprechend gehoben wird. Durch die sich hieraus ergebende Bewegung des Ringrahmens, die Vereinigung der auf- und abgehenden und fortschreitenden, wird die übliche Kötzerform erzielt.

Von diesen bekannten Mechanismen wird nun der Regulierapparat betätigt. Er besteht im wesentlichen aus zwei Exzentern E_1 und E_2, zwei Hebeln H_1 und H_2, einer Rolle R und einer um dieselbe gelegten Schnur S, welche die Reguliervorrichtung des Antriebsmotors betätigt.

Das Exzenter E_2 wird durch Kette S_2 bzw. Kettenräder von der Schaltbewegung, und das Exzenter E_1 durch Wagenherz E_m und Kettengetriebe S_1 von der Auf- und Abbewegung der Ringbank beeinflußt. Das Exzenter E_2 wird also während des gesamten Spinnprozesses eine Tour ausführen und der Schnur S unter Vermittlung des Hebels H_2 und der Rolle R, die dem Füllungsgrad des Kötzers angemessene senkende Bewegung erteilen.

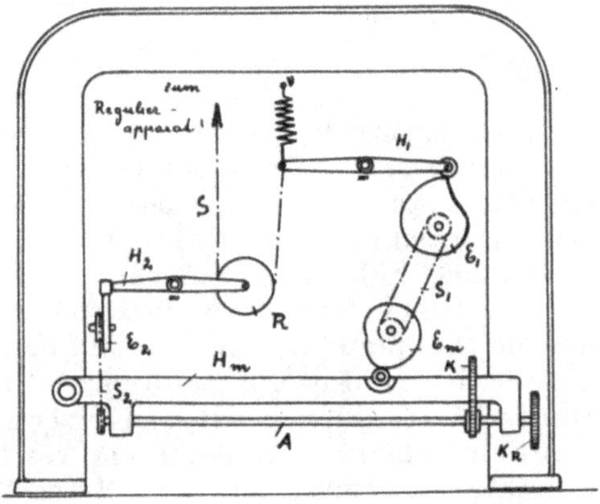

Abb. 246.

Das Exzenter E_1 hingegen wird dem Hebel H_1 und somit auch der Schnur S die dem Windungsdurchmesser des Kötzers angemessene schwingende Bewegung erteilen.

Die daraus resultierende kombinierte Bewegung der Schnur S ist maßgebend für die Größe der Bürstenverschiebung, also der Tourenänderung.

Durch Änderung der Exzenterformen und der Längen der Hebelarme ist diese Einrichtung ungemein anpassungsfähig und erlaubt dadurch die Drehzahl der Maschine den Wünschen des Spinners entsprechend zu regeln.

Wird die Regulierung gemäß den Abb. 244 und 245 unter dem Einflusse beider Exzenter E_1 und E_2 vorgenommen, so erfolgt sie entsprechend dem Diagramm Abb. 238.

Man kann aber auch den Einfluß des Exzenters E_2 ausschalten und reguliert alsdann lediglich mit Rücksicht auf veränderlichen Kötzerdurchmesser gemäß Diagramm Abb. 239.

Endlich könnte man auch das Exzenter E_1 stillsetzen und gemäß Abb. 240 nur auf Anspinnen und Ballongröße Rücksicht nehmen.

Andere gehen von dem Gedanken aus, daß eine Durchmesserregelung dadurch überflüssig wird, daß die Regelung der Geschwindigkeit von Hand aus auf Grund unmittelbarer Beobachtung des Spinnvorganges erfolgt. Die Regulierung der Tourenzahl geschieht automatisch nur mit Rücksicht auf

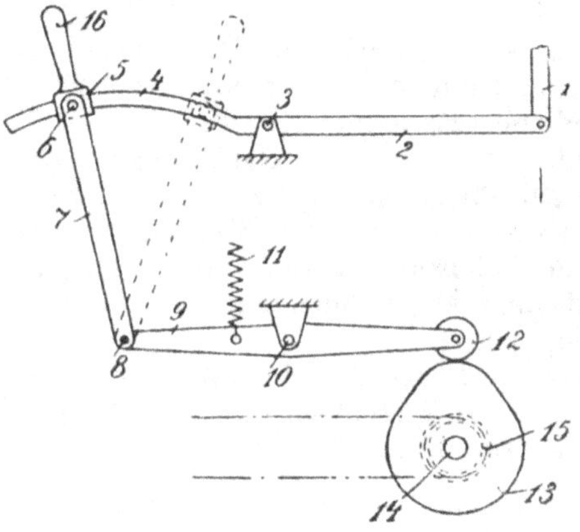

Abb. 247.

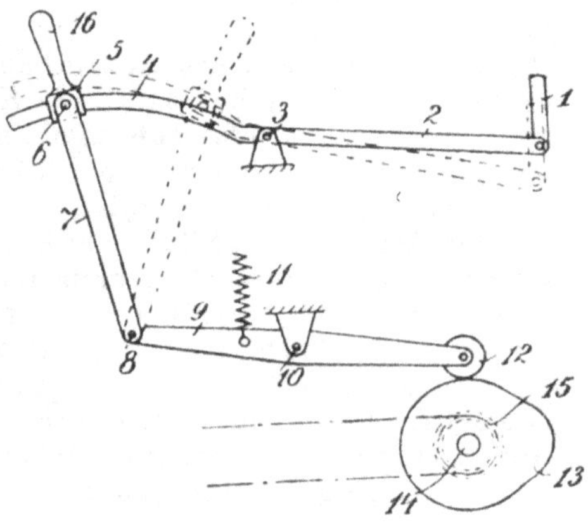

Abb. 248.

die Anspinnperiode, jedoch so, daß, wenn der Spinner die Maschine beim Vollspinnen sehr schnell hat laufen lassen, die Möglichkeit ausgeschlossen ist, daß er aus Unkenntnis oder aus Unachtsamkeit die hohe Drehzahl für den folgenden Anspinnvorgang bestehen läßt. Abb. 247 zeigt die Reguliervorrichtung während des Anspinnens, Abb. 248 während des Vollspinnens.

Der Regulierteil des Motors steht mit dem Hebel 2 in Verbindung, der um den Drehpunkt 3 schwingt, und dessen anderer Hebelarm 4 bogenförmig gestaltet ist. Auf dem bogenförmigen Teil gleitet eine Hülse 5, die mit einem Handgriff 16 versehen ist und einen Bolzen 6 trägt. An diesem Bolzen greift eine Stange 7 an, deren anderes Ende 8 mit dem schwingenden Hebel 9 drehbar verbunden ist. Der Hebel 9 ist um den Bolzen 10 drehbar und trägt eine Rolle 12. Diese wird durch die Feder 11 an eine Kurvenscheibe 13 angedrückt, die auf der Welle 14 aufgekeilt ist. Die Welle 14 legt während des Spinnens eines Abzuges nicht ganz eine Umdrehung zurück. Sie wird durch Kette und Kettenrad von der Schaltwelle der Spinnmaschine aus bewegt.

Zu Anfang des Spinnens steht die Kurvenscheibe 13 so, daß die Rolle 12 sich in ihrer höchsten Lage befindet. Der bogenförmige Teil 4 des Hebels 2 ist so gestaltet, daß in dieser Stellung der Reguliervorrichtung sein Krümmungs-Mittelpunkt im Drehpunkt 8 des Hebels 7 liegt. Dadurch wird erreicht, daß sich die Stellung des Hebels 2 nicht ändert, wenn der Spinner die Hülse 5 verschiebt.

Dreht sich beim Fortgange des Spinnprozesses die Kurvenscheibe 13, so wird die Bewegung auf den Regulierteil des Motors übertragen, und da jetzt der Drehpunkt 8 des Hebels 7 nicht mehr mit dem Drehpunkt des Krümmungsradius des bogenförmigen Teiles 4 des Hebels 2 übereinstimmt, so wird Hebel 2 um so mehr aus seiner Ruhelage entfernt, je näher der Angriffspunkt 6 an den Drehpunkt 3 herangerückt ist.

Der Spinner hat es also während des Vollspinnens in der Hand, durch Verschieben der Hülse 5 die Geschwindigkeit zu erhöhen oder zu erniedrigen.

Beispiel Nr. 78: Die Fadenbeanspruchungen beim Vorbereitungsprozeß.

Die am häufigsten vorkommenden Beanspruchungen sind: Zerreiß-, Dehnungs- und Reibungsbeanspruchung. Die Vorbereitungsmaschinen, welche das Fadenmaterial für den Webprozeß in die geeignete Form bringen, sind so konstruiert, daß eine möglichst schonende Behandlung der Fäden eintritt, und daß dem Stuhl kein Webmaterial zugeführt wird, dessen Festigkeitseigenschaften durch den Vorbereitungsprozeß verringert worden sind.

Soll ein Faden gespult oder geschärt werden, so muß er eine gewisse Spannung besitzen, die jedoch innerhalb genau festzustellender Grenzen bleiben muß, damit der Faden nicht über seine Elastizitätsgrenze hinaus belastet wird und seine natürlichen Eigenschaften behält. Ein Faden ist über seine Elastizitätsgrenze hinaus beansprucht worden, wenn er nach Aufhören der Belastung nicht wieder seine ursprüngliche Länge annimmt, sondern eine bleibende Verlängerung erfährt. Ein solcher Faden ist alsdann für den Webprozeß ungeeignet, weil er nur schlecht den Anforderungen bei der Fachbildung gewachsen ist. Seine Spannung bekommt der Faden durch Bremsvorrichtungen verschiedenster Art, von denen wir verlangen, daß sie eine leichte Regulierung ihrer Bremswirkung zulassen, und daß mit der Bremsung keine nennenswerte Nebenbeanspruchung durch Reibung, Knickung usw. verbunden sei.

Nehmen wir als Beispiel eine im Spulengatter drehbar gelagerte Kettenspule an, die durch ein um ein Bremsscheibchen gelegtes, mit Gewicht belastetes Lederriemchen gebremst wird. Hier wird beim allmählichen Abwickeln des Fadens der Halbmesser der Spule, d. i. der Hebelarm, an welchem der Fadenzug wirkt, immer kleiner. Die Fadenspannung wird infolgedessen immer größer werden müssen, da der Bremswiderstand sich nicht verringert, und sein Hebelarm unverändert bleibt. Da jedoch eine ordnungsgemäß geschärte, zu verwebende Kette eine unveränderliche Fadenspannung zur Voraussetzung hat, so müßte man das Bremsgewichtchen allmählich verringern. Praktisch ist dies natürlich nicht durchführbar, so daß man Einrichtungen schaffen mußte, bei denen sich die Bremsbelastung automatisch in demselben Maße verringert, in welchem der Spulendurchmesser abnimmt. Natürlich spielt das Verhältnis des Garngewichtes zum Gewicht der leeren Spule hier mit hinein und verschiebt das Verhältnis mehr oder weniger. Eine solche Einrichtung wird beispielsweise gebildet von einem Bremswinkelhebel, der sich gegen die äußere Spulenbewicklung (es kommen hauptsächlich zylindrische Kreuzspulen auf Papphülsen in Frage) legt, der also während des Abwickelns der Spule eine Veränderung seiner Lage erfährt, so daß der Gewichtshebel automatisch kleiner wird.

Auf andere Art sucht man dem Übelstande bei den sog. amerikanischen Zettelmaschinen beizukommen. Man läßt beim Schären die Maschine allmählich langsamer laufen. Nach dem Gesetz aus der Mechanik über Massenwirkung wird dadurch eine Arbeit frei, welche zur Überwindung der Spulenreibung mit herangezogen wird. Der Faden wird infolgedessen entlastet, und die notwendige Fadenspannung fällt entsprechend geringer aus. Die soeben besprochenen Verhältnisse lassen sich (rein theoretisch) rechnerisch erfassen. Ich will jedoch auf eine zahlenmäßige Ermittlung der freiwerdenden Kräfte verzichten, denn es spielen viele Umstände mit, die sich nicht in ein formelmäßiges Gewand kleiden lassen, und die das Resultat stark beeinflussen würden. Übrigens wird der Konstrukteur der amerikanischen Zettelmaschine kaum an die soeben erwähnte Tatsache gedacht haben. Er wird vielmehr den Hauptvorteil darin erblickt haben, daß die Einrichtung es vermeidet, die sich immer mehr und mehr im Durchmesser verringernden Spulen schneller und schneller laufen zu lassen, wodurch ein Springen der Spindeln im Lager des Spulengatters eintreten würde, und als weitere Folge davon ein Zerren am Faden und Fadenbrüche.

Ähnlich liegen die Verhältnisse bei den Anlaßvorrichtungen für Schärmaschinen, die es verhüten sollen, daß die Maschine allzu schnell auf ihre volle Tourenzahl kommt. Auch hier läßt sich die Zusatzspannung, die außer der Überwindung der Spulenbremswiderstände notwendig ist, um die Spule zu beschleunigen, rein theoretisch, leicht berechnen. Praktisch wird aber der errechnete Wert zu klein sein, denn der Fadenabzug geht nicht so regelmäßig beschleunigt vor sich, wie die Rechnung es annimmt, sondern mehr ruckweise. Siehe auch Beispiel Nr. 68.

Aus den vorstehenden Betrachtungen erhellt ohne weiteres, daß der Spul- bzw. Schärprozeß von rotierenden Garnkörpern mancherlei Gefahren für den Faden, also auch für den nachfolgenden Webprozeß, in sich birgt, die zu vermeiden das Bestreben der Konstrukteure sein muß.

In hervorragender Weise ist das der deutschen Technik beim Schären gelungen, indem man von feststehenden konischen Kreuzspulen schärt (System Schlafhorst). Der Faden verarbeitet sich, ungeachtet des sich verändernden Spulendurchmessers, mit stets gleichmäßiger Spannung, die durch Zwischenschaltung eines Fadenspanners genau einreguliert werden kann, also unbedingt gleichmäßige Aufwicklung der Zettelwalzen verbürgt. Das bisher bei rollend abgezogenen Spulen erforderliche langsame Anlaufen und Abstellen der Maschine ist hier überflüssig. Die Maschine läuft sofort mit voller Geschwindigkeit an und stellt bei Fadenbruch plötzlich ab, was eine nicht unwesentliche Zeitersparnis bedeutet.

Ehe ich auf eine meines Erachtens bisher nicht genügend gewürdigte Tatsache eingehe, die mit den beiden erwähnten Arten des Fadenabzuges vom Gatter der Schärmaschine (Rollspule und konische feststehende Kreuzspule) eng verknüpft ist, möchte ich zunächst kurz die bekannten Grundgesetze wiederholen, die sich auf die Drehungserteilung eines Gespinstes beziehen.

Wenn das eine Ende a (Abb. 249) eines ungedrehten Bandes auf einem Zylinder c befestigt ist, und der Zylinder in der Pfeilrichtung umgedreht wird, so wickelt sich das Band auf. Bei jeder Umdrehung des Zylinders windet sich das Band einmal auf, aber weder der aufgewundene noch der nicht aufgewundene Teil des Bandes zeigt irgendeine Drehung. Zieht man das Band so ab, daß der Zylinder sich zurückdreht, so zeigt das abgewickelte

Band keine Drehung. Zieht man aber das aufgewickelte Band in der Achsenrichtung, wie in Abb. 250 angedeutet, ab, ohne daß der Zylinder sich dreht, so legen sich gerade so viele Drehungen in das Band, wie Windungen aufgewickelt waren. Beträgt die Zahl der Drehungen je 1 cm Fadenlänge auf der Spule D_u, so wird der Faden nach dem Abwickeln bei rollenden Spulen ebenfalls D_u-Drehungen je cm besitzen, unbeschadet des jeweiligen Durchmessers der rotierenden Spule bei seitlichem Abziehen. Bei achsialem Abziehen und feststehenden konischen Kreuzspulen oder Kötzern hingegen ergibt sich eine Drehungszahl nach dem Abwickeln von:

$$D = D_u \pm D_w.$$

Hierin bedeutet D_w die Anzahl der Drehungen je 1 cm Fadenlänge, welche lediglich durch das Abziehen der Windungen in achsialer Richtung entstehen, und zwar ist: $D_w = \frac{1}{d \cdot \pi}$. Hierin versteht man unter d den veränderlichen Spulendurchmesser. Somit ergibt sich beim Schären ab konischen Kreuzspulen (Schlafhorst) die Tatsache, daß der Draht der Fäden

Abb. 249.

Abb. 250.

sich je nach dem Durchmesser der Spulen ändert. Beim Schären ab Kötzern (Gera-Greiz) tritt diese Erscheinung auch auf.

Nimmt man an, daß sich auf der konischen Kreuzspule ein Zwirn befindet mit 3,6 Drehungen je cm, daß der größte Spulendurchmesser 20 cm und der kleinste 3 cm betrage, so schwankt die Drehungszahl des geschärten Zwirnes zwischen $3{,}6 \pm \frac{1}{3 \cdot \pi}$ bzw. $3{,}6 \pm \frac{1}{20 \cdot \pi}$. Ob man plus oder minus zu wählen hat, hängt davon ab, ob sich beide Drehungen im selben oder im entgegengesetzten Uhrzeigersinne abgespielt haben.

$$3{,}6 \pm \frac{1}{3 \cdot \pi} = 3{,}71 \text{ bzw. } 3{,}49 \text{ Drehungen,}$$

$$3{,}6 \pm \frac{1}{20 \cdot \pi} = 3{,}62 \quad „ \quad 3{,}58 \quad „$$

Ob bei wenig gedrehten Garnen ein anderer Effekt durch solche Drehungsschwankungen entstehen kann, bzw. ob dieser Umstand bei empfindlichen Waren zu nachteiligen Erscheinungen in der fertigen Ware führen kann, entzieht sich meiner Kenntnis. Von fachmännischer Seite wurde mir gegenüber eine dahingehende Vermutung ausgesprochen.

Beim Schären ab Kötzern mit einem Außendurchmesser von 45 mm und einem Innendurchmesser von 10 mm, würden die entsprechenden Werte lauten:

$$3{,}6 \pm \frac{1}{1 \cdot \pi} = 3{,}92 \text{ bzw. } 3{,}28 \text{ Drehungen}$$

$$3{,}6 \pm \frac{1}{4{,}5 \cdot \pi} = 3{,}67 \quad „ \quad 3{,}53 \quad „$$

Wir stehen also folgender Tatsache gegenüber:

Beim Schlafhorstschen Verfahren ergibt sich z. B. in bezug auf den herangezogenen speziellen Fall eine Drehzahländerung von 2,4%, die sich auf die Fadenlänge der ganzen konischen Kreuzspule, d. h. beispielsweise mehrere tausend Meter Garn, verteilt. Beim Schären ab Kötzern ergibt sich in bezug auf den herangezogenen speziellen Fall eine Drehzahländerung von 6,4%, die sich auf eine Fadenlänge von etwa 150 mm erstreckt. Wie sich nun diese beiden Eigentümlichkeiten der achsialen Fadenabwicklung von konischen Kreuzspulen und Kötzern: geringe Drahtdifferenz, langes Intervall — größere Drahtdifferenz, kurzes Intervall, praktisch auswerten, muß Sache des Versuchs sein.

Der Wert des Schlafhorstschen Verfahrens wird durch diese Feststellungen in keiner Weise beeinträchtigt.

Ich kann es mir jedoch vorstellen, daß die Möglichkeit eines ungünstigen Einflusses auf die Ware, besonders bei wenig gedrehten Garnen, besteht, wenn beim Schlafhorstschen Verfahren auf dem Spulengatter Kreuzspulen aufgesteckt wären, die zum Teil noch ganz voll, zum Teil aber fast abgelaufen sind. Dieser Übelstand tritt beim Schären ab Kötzern nicht auf.

Folgende Erwägungen sind hier noch am Platze: Man hat es auf der Spulmaschine, vorausgesetzt, daß deren Konstruktion hierfür eigens vorgesehen ist, in der Hand, die konische Spule stets so zu bewickeln, daß der Faden niemals aufgedreht, vielmehr nur zugedreht wird. So ist z. B. das normale Baumwollgarn bekanntlich mit Linksdraht gesponnen. In diesem Falle wird die konische Kreuzspule im Spindelhalter der Kreuzspulmaschine so eingelegt, daß der große Durchmesser der Kreuzspule rechts, der kleine links liegt. Alsdann wird beim Abschären der Faden in allen Fällen zugedreht, also nicht geschwächt. Es kommen hierbei auf ein Meter Länge aber höchstens 6 Drehungen in Frage, also ein derartig geringer Prozentsatz der eigentlichen, beim Spinnen oder Zwirnen dem Faden gegebenen Anzahl Drehungen, daß sie überhaupt nicht in Betracht gezogen werden können; denn beim Spinnen und Zwirnen selbst sind die Unregelmäßigkeiten zufolge Schlüpfens der Spindelschnur prozentual größer.

Sollen Garne mit Rechtsdraht gespult und geschärt werden, so wird man die Kreuzspule umgekehrt aufwinden, d. h. der große Durchmesser der Konusspule kommt nach links, der kleine nach rechts.

B e i s p i e l Nr. 79: Längen- und Gewichtsberechnungen von Geweben.

In einer namhaften Fachzeitschrift wurde seiner Zeit der Wunsch ausgesprochen, man solle versuchen, einfache Formeln für die Längen- und Gewichtsberechnungen von Geweben zu finden, und es wurde erwartet, daß die Formeln derart ausfallen möchten, daß elementare Rechenoperationen zu ihrer Auflösung genügen würden.

Eine Formel für die Berechnung des Quadratmetergewichtes eines glatten Baumwollgewebes, ohne Berücksichtigung der Einarbeitung ist leicht aufgestellt und längst bekannt; sie lautet:

$$60\left[\frac{\text{Kettfäden pro cm}}{\text{engl. Kettgarn Nr.}} + \frac{\text{Schußfäden pro cm}}{\text{engl. Schußgarn Nr.}}\right] = \text{Gramm pro qm}$$

Außerdem gibt es Tabellen, mit deren Hilfe es leicht möglich ist, aus dem Kett- und Schußgarngewicht das Warengewicht zu ermitteln, und zwar mit und ohne Berücksichtigung des Einwebens. Man liest den Eingang des glatten Gewebes für Kette und Schuß in Prozenten aus der Tabelle ab und hat somit die Möglichkeit, das wirkliche Quadratmetergewicht mit genügender Genauigkeit leicht zu ermitteln. Diese Tabellen sind aus der Praxis hervorgegangen.

Das formelmäßige Erfassen der ganzen Einflüsse, welche für das wirkliche Warengewicht maßgebend sind, ist, das sei den folgenden Ausführun-

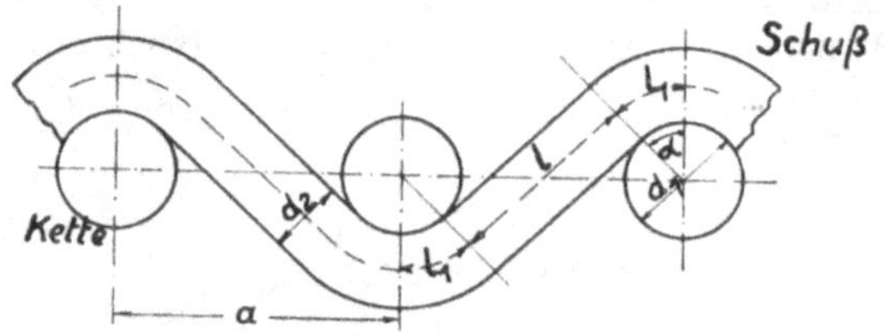

Abb. 251.

gen vorausgeschickt, nicht möglich. Die Größe der Kettenspannung, die mehr oder weniger große Weichheit der Fäden usw. sind Funktionen, die, wenn man sie berücksichtigen könnte, eine so komplizierte Formel ergeben würden, daß deren praktische Anwendung nicht in Frage käme. Nehmen wir an, es handele sich um keinen Faden, sondern um einen Metalldraht, so würde die Aufstellung einer Formel schon eher möglich sein.

Man nehme an (siehe Abb. 251), daß die Kettdrähte keine Ausweichung aus ihrer gestreckten Lage durch den Bindungsprozeß erhalten, und sich das Einarbeiten lediglich auf die Schußdrähte beschränke. Dann ist:

$$\sin \alpha = \frac{d_1 + d_2}{a}; \quad \alpha = \operatorname{arc} \sin \frac{d_1 + d_2}{a}$$

$$l = 2\sqrt{\left(\frac{a}{2}\right)^2 - \left(\frac{d_1 + d_2}{2}\right)^2}; \qquad l_1 = \frac{d_1 + d_2}{2} \cdot \operatorname{arc} \sin \frac{d_1 + d_2}{a}$$

$$l + 2\,l_1 = \sqrt{a_2 - (d_1 + d_2)^2} + (d_1 + d_2) \cdot \operatorname{arc} \sin \frac{d_1 + d_2}{a}.$$

Hat Kette und Schuß dieselbe Drahtstärke, so ist: $d_1 = d_2 = d$;

$$l + 2\,l_1 = \sqrt{a^2 - 4\,d^2} + 2\,d \operatorname{arc} \sin \frac{2\,d}{a}.$$

Handelt es sich beispielsweise um ein Drahtgewebe (Kupferdraht), bei welchem dem Schuß die Knickung auf einer einfachen Maschine (Abb. 252) vorher gegeben wird (vorgebrochener Schuß), so berechnet sich bei ▚ Bindung, einer Drahtstärke $d' = 3$ mm; $a = 6$ mm in Kette und Schuß; Kupferdraht vom spezifischen Gewicht 9 kg/cdm das Quadratmetergewicht wie folgt:

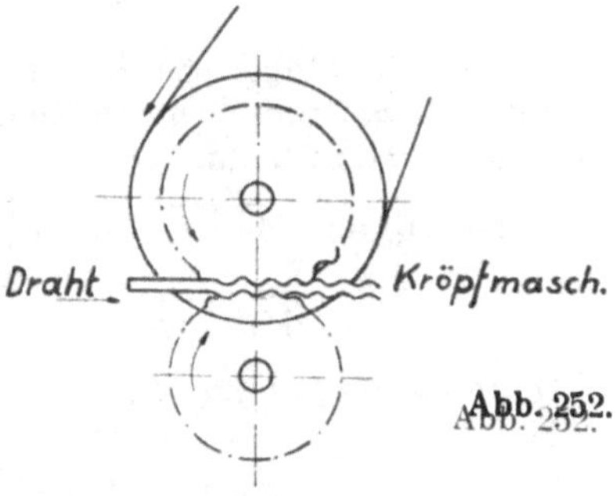

Abb. 252.

$$\text{Gewicht der Kettdrähte: } \frac{0{,}03^2 \cdot \pi}{4} \cdot 10 \cdot 9 \cdot \frac{1000}{6} = 10{,}6 \text{ kg}.$$

$$l + 2\,l_1 = \sqrt{6^2 - 4 \cdot 3^2} + 2 \cdot 3 \cdot \operatorname{arc} \sin \frac{6}{6} = 9{,}425 \text{ mm}.$$

Gewicht der Schußdrähte:

$$\frac{0{,}03^2 \pi}{4} \cdot 0{,}09425 \cdot \left[\frac{1000}{6}\right]^2 . 9 = 16{,}64 \text{ kg}$$

Gewicht von 1 qm Drahtgewebe: 16,64 + 10,60 = 27,24 kg.

Nimmt man an, daß sich die Einarbeitung auf Kett- und Schußdrähte gemäß Abb. 253 verteilt, so ergibt sich folgende Entwicklung:

$$\sin \alpha_1 = \frac{d_1 + d_2}{\sqrt{a^2 + b^2}}; \qquad \alpha_1 = \arcsin \frac{d_1 + d_2}{\sqrt{a^2 + b_2}}$$

entsprechend:

$$\alpha_2 = \arcsin \frac{b}{\sqrt{a^2 + b^2}}$$

$$\alpha = \alpha_1 - \alpha_2 = \arcsin \frac{d_1 + d_2}{\sqrt{a^2 + b^2}} - \arcsin \frac{b}{\sqrt{a^2 + b^2}}$$

$$l + 2 l_1 = \sqrt{a^2 + b^2 - (d_1 + d_2)^2} + (d_1 + d_2) \left[\arcsin \frac{d_1 + d_2}{\sqrt{a^2 + b^2}} - \arcsin \frac{b}{\sqrt{a^2 + b^2}}\right].$$

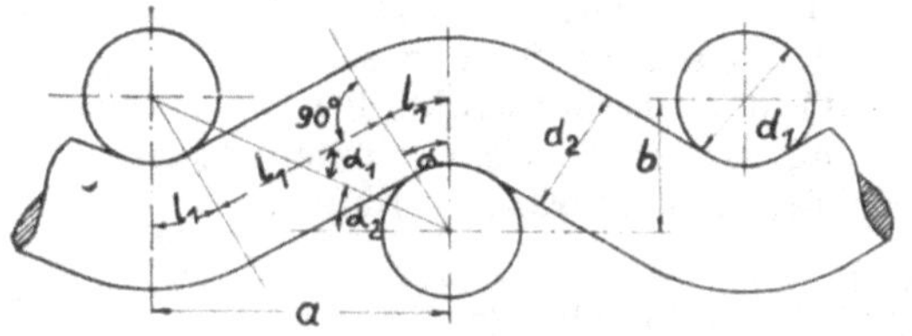

Abb. 253.

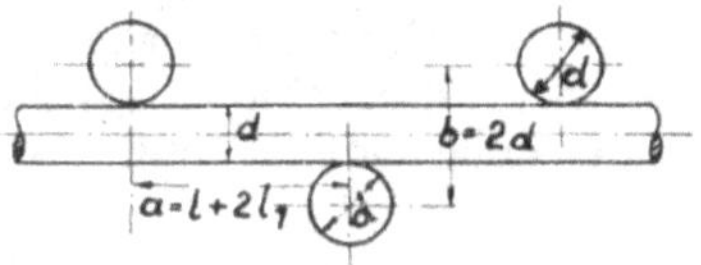

Abb. 254.

Unter der Voraussetzung, daß $d_1 = d_2 = d$:

$$l + 2 l_1 = \sqrt{a^2 + b^2 - 4 d^2} + 2 d \left[\arcsin \frac{2 d}{\sqrt{a^2 + b^2}} - \arcsin \frac{b}{\sqrt{a^2 + b^2}}\right].$$

Beweis: Ist $b = 2 d$ (Abb. 254), so muß $l + 2 l_1 = a$ sein.

$$a + 2 d \left[\arcsin \frac{2 d}{\sqrt{a^2 + 4 d^2}} - \arcsin \frac{2 d}{\sqrt{a^2 + 4 d^2}}\right] = a .$$

Beispiel: Drahtgewebe, Kupferdraht, Bindung, in Kette und Schuß $d = 3$ mm, $a = 6$ mm, Einarbeitung gleichmäßig auf Kette und Schuß verteilt, also $b = d = 3$ mm.

$$l + 2 l_1 = \sqrt{36 + 9 - 36} + 6 \left[\arcsin \frac{6}{\sqrt{36 + 9}} - \arcsin \frac{3}{\sqrt{36 + 9}}\right]$$

$$= 3 + 6 \; [\arcsin 0{,}8925 - \arcsin 0{,}44625] = 6{,}8397 \text{ mm}.$$

Dann ist die gesamte Drahtlänge L pro 1 qm Gewebe:

$$L = 2 \left[\frac{1000}{6}\right]^2 . 6{,}8397 = 380\,000 \text{ mm} = 380 \text{ m},$$

und das Gewicht pro 1 qm und spez. Gewicht $\gamma = 9$ kg/cdm

$$G = \frac{0{,}03^2 \pi}{4} . 3800 . 9 = 24{,}2 \text{ kg}.$$

Bei einem vierbindigen gleichseitigen Köper, Malzdarrgewebe (Abb. 255) ist:

$$l_1 = a + \sqrt{a^2 + b^2 - 4\,d^2} + 2\,d\left[\arc\sin\frac{2\,d}{\sqrt{a^2 + b^2}} - \arc\sin\frac{b}{\sqrt{a^2 + b^2}}\right].$$

In unserem speziellen Falle wird die gesamte Drahtlänge pro 1 qm Gewebe:

$$L = 2\,\frac{1000}{6}\cdot\frac{1000}{12}\,.\,(6 + 6{,}8397) = 356\,660\text{ mm} = 356{,}66\text{ m}.$$

$$\text{Das Quadratmetergewicht: } G = \frac{0{,}03^2\,\pi}{4}\,.\,3566{,}6\,.\,9 = 22{,}67\text{ kg}.$$

Während die Formeln und deren Resultate bei Drahtgeweben auf absolute Richtigkeit Anspruch haben, bekommen wir sofort Ungenauigkeiten hinein, wenn es sich um ein sehr nachgiebiges und stark deformierbares Ketten- und Schußmaterial handelt.

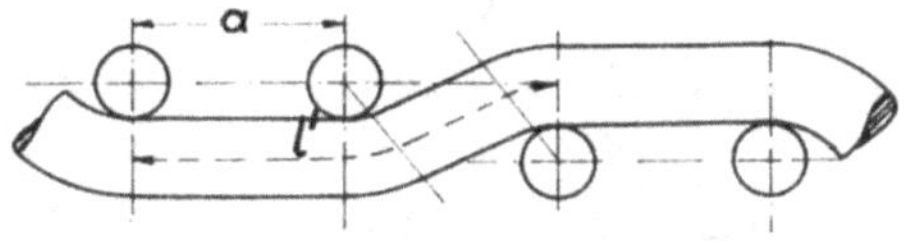

Abb. 255.

Nehmen wir beispielsweise ein Baumwollgewebe an mit gleichem Ketten- und Schußmaterial, mit gleicher Einarbeitung in Ketten- und Schußrichtung (b = d) und einer Beziehung zwischen Fadendurchmesser d und englischer Baumwollgarnnummer N_e:

$$d = \frac{0{,}95}{\sqrt{N_e}}\text{ mm, so ist bei Leinwandbindung:}$$

$$l + 2\,l_1 = \sqrt{a^2 - \frac{2{,}708}{N_e}} + \frac{1{,}9}{\sqrt{N_e}}\left[\arc\sin\frac{1{,}9}{\sqrt{N_e\left(a^2 + \frac{0{,}903}{N_e}\right)}} - \arc\sin\frac{0{,}95}{\sqrt{N_e\left(a^2 + \frac{0{,}903}{N_e}\right)}}\right]$$

$$l + 2\,l_1 = \sqrt{a^2 - \frac{2{,}708}{N_e}} + \frac{1{,}9}{\sqrt{N_e}}\left[\arc\sin\frac{1{,}9}{\sqrt{a^2 N_e + 0{,}903}} - \arc\sin\frac{0{,}95}{\sqrt{a^2 N_e + 0{,}903}}\right].$$

Auch wenn die obigen Voraussetzungen nicht ganz zutreffen, wenn also zum Beispiel ein glattes Baumwollgewebe in Frage kommt, mit nicht zu großen Unterschieden in der Garnnummer von Kette und Schuß, kann man die Formel benutzen und muß sich darüber klar sein, daß die errechneten Werte zu groß sind, weil unnachgiebiges Material vorausgesetzt wurde.

Ein Beispiel soll dies erläutern, um über die Größe des zu erwartenden Fehlers Aufschluß zu geben:

Beispiel: Ein Kalikogewebe habe:

28,08 Kettfaden 36er Baumwolle englisch pro cm
26,61 Schußfaden 42er Baumvolle englisch pro cm.

Alsdann wiegt 1 qm Gewebe ohne Rücksicht auf Einarbeitung:

$$\frac{100 \,.\, 28{,}08 \,.\, 0{,}454}{36 \,.\, 768} = 0{,}04615 \text{ kg Kette}$$

$$\frac{100 \,.\, 26{,}61 \,.\, 0{,}454}{42 \,.\, 768} = 0{,}03747 \text{ kg Schuß}$$

Sa: 0,08362 kg pro 1 qm = 83,62 g.

Benutzt man zur Ermittlung des Quadratmetergewichtes inklusive Einarbeitung die bekannten Tabellen des Fachkalenders, so ergibt sich:

ohne Einarbeitung	Einarbeitung
46,1 g Kette	4 %
37,5 g Schuß	5,2%
$x - \frac{4}{100} x = 46{,}1$	$x = 48{,}02$ g Kette
$x - \frac{5{,}2}{100} x = 37{,}5$	$x = 39{,}56$ „ Schuß
Sa.:	87,58 g pro 1 qm

Die von mir entwickelten Formeln geben folgende Resultate:

1. Berechnung des Schusses: $a = \frac{10}{28{,}08} = 0{,}3556$

$$l + 2\,l_1 = \sqrt{0{,}3556^2 - \frac{2{,}708}{42}} + \frac{1{,}9}{\sqrt{42}} \left[\arcsin \frac{1{,}9}{\sqrt{0{,}3556^2 \,.\, 42 + 0{,}903}} - \arcsin \frac{0{,}95}{\sqrt{0{,}3556^2 \,.\, 42 + 0{,}903}}\right] =$$

$$0{,}2492 + 0{,}2932\ [0{,}86656 - 0{,}39066] = 0{,}3888 \text{ mm};$$

Einarbeitung 8,5%.

$$0{,}001 \,.\, 26{,}61 \,.\, 100 \,.\, 0{,}3888 \,.\, 28{,}08 \,.\, 100 = 2905 \text{ m Schuß}$$

$$\frac{0{,}454 \,.\, 2905}{42 \,.\, 768} = 0{,}04085 = 40{,}85 \text{ g Schuß.}$$

2. Berechnung der Kette: $a = \frac{10}{26{,}61} = 0{,}3755$

$$l + 2\,l_1 = \sqrt{0{,}3755^2 - \frac{2{,}708}{36}} + \frac{1{,}9}{\sqrt{36}} \left[\arcsin \frac{1{,}9}{\sqrt{0{,}3755^2 \,.\, 36 + 0{,}903}} - \arcsin \frac{0{,}95}{\sqrt{0{,}3755^2 \,.\, 36 + 0{,}903}}\right]$$

$$0{,}2561 + 0{,}3167\ [\arcsin 0{,}777 - \arcsin 0{,}3888] = 0{,}4115 \text{ mm},$$

Einarbeitung 8,7%.

$$0{,}001 \,.\, 28{,}08 \,.\, 100 \,.\, 0{,}4115 \,.\, 26{,}61 \,.\, 100 = 3076 \text{ m Kette,}$$

$$\frac{0{,}454 \,.\, 3076}{36 \,.\, 768} = 0{,}05056 = 50{,}56 \text{ g Kette}$$

$$40{,}85 + 50{,}56 = 91{,}41 \text{ g pro 1 qm.}$$

Es stehen sich also drei Resultate gegenüber:

Ohne Berücksichtigung der Einarbeitung	mit Berücksichtigung der Einarbeitung	
	aus Tabelle	aus Formel
83,62 g	87,58 g	91.41 g

Wie von vornherein erwähnt wurde, ergeben die Formeln ein zu großes Resultat, und zwar sind die Werte in unserem speziellen Falle 4,4% größer als die Tabellenwerte. Ob letztere absolut richtig sind, habe ich nicht nachprüfen können; immerhin besteht die Möglichkeit, daß die errechneten Resultate besser sind als wir hier annehmen.

Zusammenfassung: Die Aufstellung theoretischer Formeln für das Quadratmetergewicht glatter Gewebe unter Berücksichtigung der Einarbeitung hat praktisch wenig Bedeutung, weil die Formeln nur unter Annahme gewisser Vereinfachungen eine praktisch brauchbare Form bekommen, weil die Resultate dieserhalb und wegen des Verhaltens des Webmaterials von der Wirklichkeit nicht unerheblich abweichen. Die aufgestellten Formeln haben lediglich Bedeutung für die Drahtweberei.

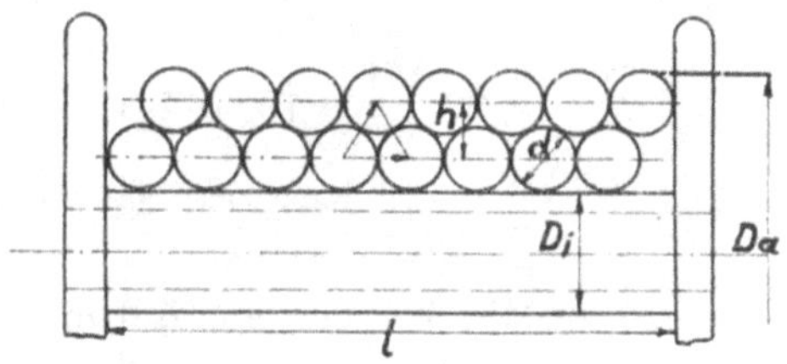

Abb. 256.

Günstiger gestalten sich die Verhältnisse bei der Errechnung von Garnlängen und Garngewichten von Spulen. Die Berechnungen sollen unter Benutzung der Abb. 256 im folgenden durchgeführt werden.

Aus dem gleichseitigen Dreieck ergibt sich $\sqrt{d^2 - \frac{d^2}{4}} = h = \frac{d}{2}\sqrt{3}$; die Anzahl der aufeinander lagernden Fadenschichten gleich

$$\frac{(D_a - d) - (D_i + d)}{d\sqrt{3}} + 1 = \frac{D_a - D_i - 2d}{d\sqrt{3}} + 1 .$$

folglich die Anzahl der Garnwindungen:

$$\frac{l}{d}\left[\frac{D_a - D_i - 2d}{d\sqrt{3}} + 1\right].$$

Die Länge L des aufgewundenen Garnes ist dann:

$$L = \frac{(D_a - d) + (D_i + d)}{2} \cdot \pi \cdot \frac{l}{d}\left[\frac{D_a - D_i - 2d}{d\sqrt{3}} + 1\right]$$

$$L = \frac{D_a + D_i}{2} \cdot \frac{\pi . l}{d} \cdot \frac{D_a - D_i - d(2 - \sqrt{3})}{d\sqrt{3}}$$

$$L = 0{,}907\,(D_a + D_i) \cdot l \cdot \frac{D_a - D_i - 0{,}267 . d}{d^2} .$$

Im allgemeinen wird man 0,267 d vernachlässigen können, und es ergibt sich:

$$L = 0{,}907 \cdot \frac{l}{d^2} \cdot \left(D_a^2 - D_i^2\right).$$

Setzt man wieder im Mittel für Baumwolle englischer Numerierung $d = \frac{0{,}95}{\sqrt{N_e}}$, so wird:

$$L = l \,.\, N_e \,.\, \left(D_a^2 - D_i^2\right).$$

Beispiel: Wieviel Meter Baumwollzwirn 50/6fach befinden sich auf einer Spule vom Außen-Ⓓ 33,6 mm, Hülsen-Ⓓ 12 mm und Bewicklungslänge 62,8 mm?

$$L = 62{,}8 \,.\, \frac{50}{6} \left(33{,}6^2 - 12^2\right) = 516\,000 \text{ mm} = 516 \text{ m}.$$

Bedeutet γ das spezifische Gewicht des Garnmateriales, so ist das Gewicht G des auf die Spule aufgewickelten Garnmateriales:

$$G = \frac{d^2 \pi}{4} \cdot L \cdot \frac{\gamma}{10^6} = \frac{0{,}95^2 \,.\, \pi}{4\, N_e} \cdot l \cdot N_e \left(D_a^2 - D_i^2\right) \cdot \frac{\gamma}{10^6}$$

$$G = \frac{0{,}71}{10^6} \cdot \left(D_a^2 - D_i^2\right) \cdot l \cdot \gamma \text{ kg},$$

für lockeres Baumwollgarn ist $\gamma = 0{,}75$
„ hartes „ „ $\gamma = 1{,}00$.

Nun besteht bei der englischen Baumwollnumerierung die Beziehung:

$$N_e \,.\, 768 \text{ m} = 0{,}454 \text{ kg} = 454 \text{ g}$$

$$G = \frac{1}{10^3} \left(D_a^2 - D_i^2\right) \cdot l \cdot \frac{454}{768} \text{ g}$$

$$G = \frac{6}{10^7} \cdot \left(D_a^2 - D_i^2\right) \cdot l \text{ kg}.$$

Diese Formel gibt genaue Resultate bei Spulen aus Baumwollzwirn, die mit großer Fadenspannung „Faden an Faden" hergestellt wurden, ganz gleichgültig, ob es sich um Parallel- oder Kreuzspulen handelt.

Beispiel: Der äußere Durchmesser einer Nähzwirnspule ist 32,8 mm, der Hülsendurchmesser ist 12,8 mm, die Bewicklungslänge ist 54,8 mm. Wieviel Meter Garn 60er dreifach befinden sich auf der Spule, und welches Gewicht hat das Garn?

$$L = l \,.\, N_e \cdot \left(D_a^2 - D_i^2\right) = 54{,}8 \cdot \frac{60}{3} \left(32{,}8^2 - 12{,}8^2\right) = 1\,000\,000 \text{ mm} = 1000 \text{ m}.$$

$$G = \frac{6}{10^7} \cdot \left(D_a^2 - D_i^2\right) \,.\, l = \frac{6}{10^7} \cdot \left(32{,}8^2 - 12{,}8^2\right) \,.\, 54{,}8 = 0{,}03 \text{ kg} = 30 \text{ g}.$$

Probe: $\frac{60}{3} \,.\, 768 \text{ m} = 454 \text{ g}$

$$1 \text{ m} = \frac{454 \,.\, 3}{60 \,.\, 768} \text{ g}$$

$$1000 \text{ m} = \frac{454 \,.\, 3 \,.\, 1000}{60 \,.\, 768} = 30 \text{ g}$$

Für lockere Spulen mit mehr oder weniger großen Hohlräumen zwischen den einzelnen Fadenschichten, wie sie als Zwischenglieder im Fabrikationsgang der Weberei benutzt werden, gelten diese von mir entwickelten Formeln für L und G natürlich nicht, wie folgendes Beispiel zeigt.

Beispiel: Lockere Kreuzspule einer Schlitztrommelkettspulmaschine:

Außen-$\Phi = 45$ mm, Innen-$\Phi = 11$ mm, Bewicklungslänge $= 60$ mm.

$$G = \frac{6}{10^7}(45^2 - 11^2) \cdot 60 = 0{,}0685 \text{ kg} = 68{,}5 \text{ g};$$

gewogen: 50 g.

Der große Gewichtsunterschied rührt hier daher, daß die Kreuzspule der Zwischenfabrikation bedeutende Hohlräume in sich birgt, weil nicht ein Faden unmittelbar an den andern anliegt.

Näheres hierüber siehe Beispiel Nr. 67.

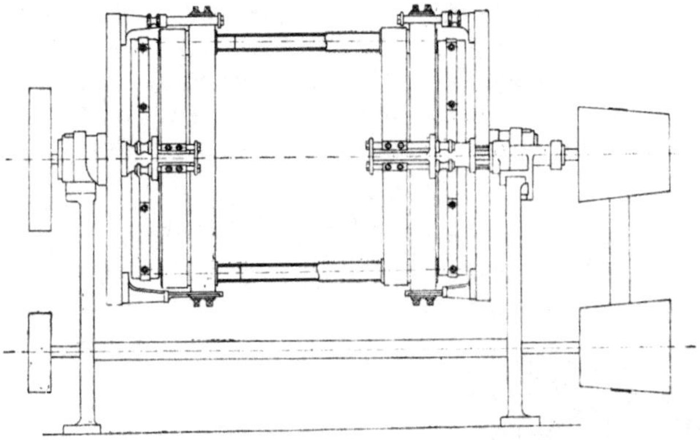

Abb. 257.

Beispiel Nr. 80: Die Wirkungsweise der Kratzenrauhmaschine.

Die Rauhwalzen, Abb. 257, 258, 259 bestehen aus zahlreichen knieförmig gestalteten Stahldrähten, die in Leder- oder Kautschukstreifen fest eingestochen sind. Für die verschiedenen Warengattungen benutzt man Häkchen verschiedener Höhe und Dicke. Die Kratzenbänder werden schraubenförmig auf die Walze aufgewunden und in geeigneter Weise befestigt. Alsdann werden die Walzen geschliffen, in der Weise, daß zwei derselben ineinander arbeiten unter Bestreichen mit feingeschlämmtem und mit Öl vermischtem Schmirgelpulver. Vor dem Schleifen werden die Rauhwalzen bzw. deren Häkchen auf einer Schleifvorrichtung auf genau gleiche Höhe gebracht. Für Baumwollwaren aller Einstellungen kommt die Kratzenrauhmaschine einzig und allein in Frage. Der Umfang der Rauhtrommel wird beispielsweise von 24 mit Rauhkratzen versehenen Walzen gebildet. Die Walzen drehen sich alle nach einer Richtung, jedoch wechselt die Krümmungsrichtung der Kratzenhäkchen in bezug auf den Warenlauf wechselweise; es haben geradzahlige Walzen entgegengesetzte Kniebildung wie die ungeradzahligen. Es sind die Strichwalzen mit b bezeichnet, die Gegenstrichwalzen mit a. Die Walzen, deren Häkchen in der Richtung des Warenganges stehen, heißen Strichwalzen; sie geben den aufgerauhten Fasern die Richtung. Das Gewebe läuft über die Spann- und Führungswalzen hinweg nach der mit Dampf geheizten Walze f, welche eine Erwärmung der Ware herbeiführt, durch die der Rauhprozeß begünstigt wird. Alsdann passiert das Gewebe die sich langsam drehende Rauhtrommel h, um schließlich von der Walze k abgezogen und einer Mulde oder einem Tafelapparat übergeben zu werden.

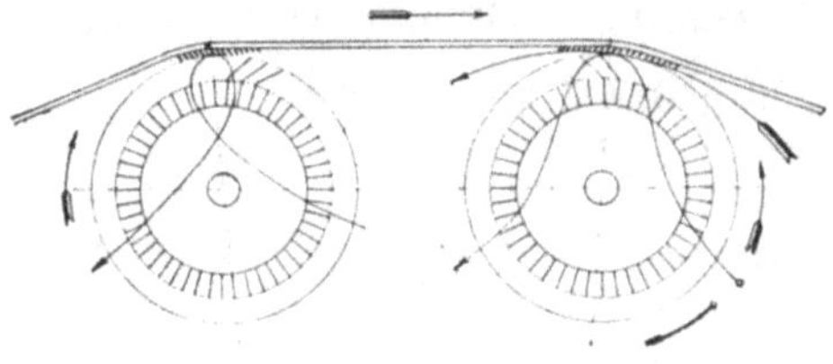

Abb. 258.

Der Antrieb der Rauhwalzen erfolgt durch Riemen, und zwar werden Strich- bzw. Gegenstrichwalzen von je einem Riemen angetrieben, dessen Geschwindigkeit reguliert werden kann. Man benutzt beispielsweise einen in sich geschlossenen Treibriemen, der bei straffer Spannung mit seinen Enden an einem Zahnrad befestigt ist, das lose auf dem Lagerhals der Trommelwelle läuft. Diese Zahnräder (je eins für die Strich- und Gegenstrichwalzen) erhalten ihre Drehung von der Antriebswelle aus unter Einschaltung je eines Kegelriemenantriebes zur unabhängigen Regelung der Umfangsgeschwindigkeit der Strich- und Gegenstrichwalzen gegenüber der Geschwindigkeit des Tambours, und jener des von den Abzugs-

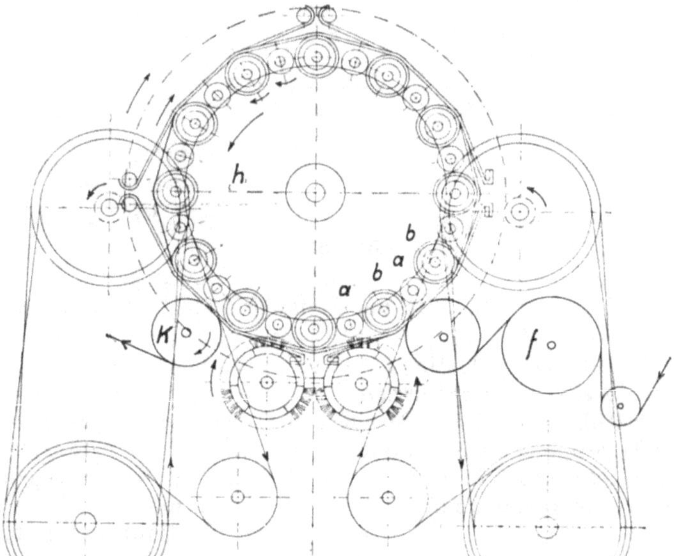

Abb. 259.

walzen um die Trommel herumgezogenen Gewebes. Es können also diese beiden Räder mit verschiedenen Geschwindigkeiten laufen; so daß die eine Gruppe der Walzen schneller, die andere langsamer dirigiert werden kann, zum Zwecke der genauen Einstellung des gewünschten Waren-Effektes. Die Trommel dreht sich langsam, damit die Kratzen unten zwischen Zu- und Ablauf des Gewebes ständig ausgebürstet werden können. Man kann die Rauhmaschine folgendermaßen arbeiten lassen:

1. als Strich- und Gegenstrichmaschine. Der Tambour rotiert in der Richtung des Warenganges oder er läuft dem Warengange entgegengesetzt, was für manche Warengattungen vorteilhafter ist.
2. als sog. Halbverfilzungsmaschine, wobei mit Strich- und Gegenstrichwalzen und Drehrichtung des Tambours mit dem Warengang, durch das Auswechseln der auf den unteren Konuswellen sitzenden Riemenscheiben ein gewisser Verfilzungseffekt erreicht wird.
3. als Verfilzungsmaschine, wobei die Kratzenspitzen sämtlicher Rauhwalzen nach einer Richtung hin liegen, und der Tambour entweder dem Warengange entgegengesetzt oder mit ihm in gleicher Richtung rotiert.

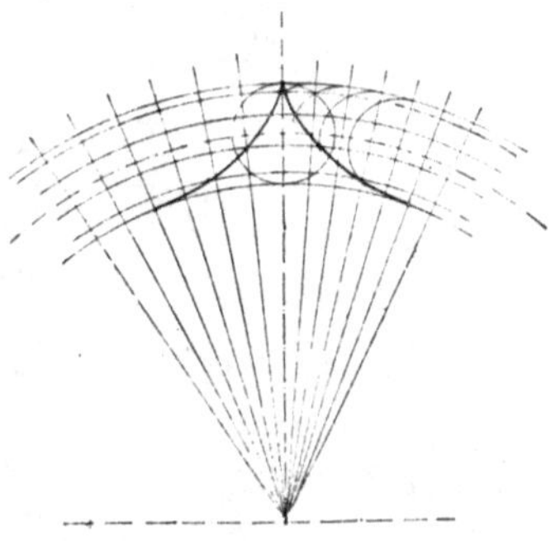
Abb. 260

Jede Drahtspitze beschreibt relativ zur Ware eine Zykloide. Die linke Walze der Abb. 258 geht etwas schneller als die Ware, und jede Drahtspitze beschreibt in bezug auf die Gewebeoberfläche eine verlängerte Zykloide; letztere Kurve gibt uns an, wie wir uns die Wirkung des Häkchens auf die Ware zu denken haben: Das Häkchen tritt steil in die Gewebeoberfläche ein, zieht die Fasern heraus, dadurch, daß es voreilt und sich wieder steil heraushebt. Die zweite Walze (rechts in der Abb. 258) wird, wenn sie sich in Uhrzeigerrichtung dreht, und wenn sie langsamer wie die Ware läuft, die Fasern in flacherer oder steilerer Kurve nach hinten herausziehen nach einer verkürzten Zykloide (Verfilzungseffekt). Dreht sich die Walze ent-

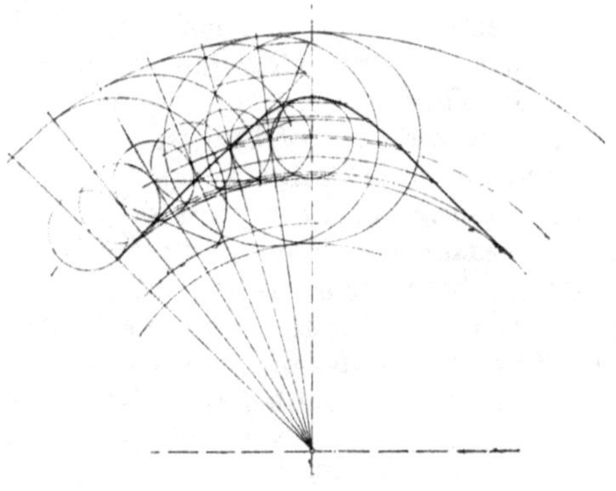
Abb. 261.

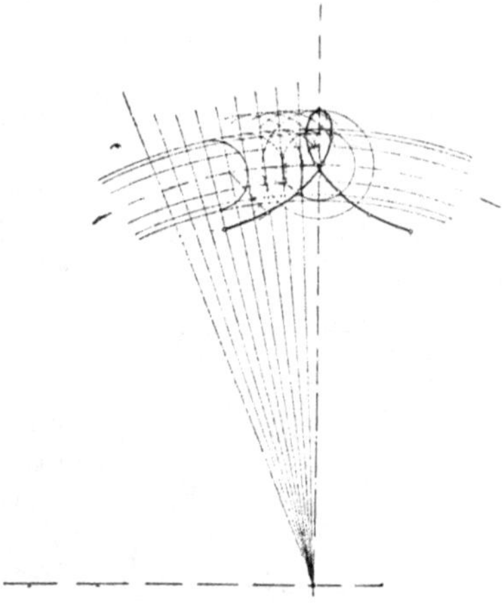
Abb. 262.

gegengesetzt der Uhrzeigerrichtung, dann streichen die Häkchen in flachem Bogen über die Ware hin, der Flor wird in den Strich gelegt, (Strichrauhen). Wie solche Zykloiden zustande kommen, zeigen die Abb. 260, 261 und 262. Würde das Häkchen die Zykloide Abb. 260 relativ zur Warenoberfläche beschreiben, so wäre seine Wirkung auf die Ware aufgehoben, d. h. das

Häkchen sticht senkrecht hinein und zieht sich senkrecht wieder heraus. Dieser Fall würde eintreten, wenn bei der Anordnung Abb. 258 links die Walze gerade so schnell geht wie die Ware.

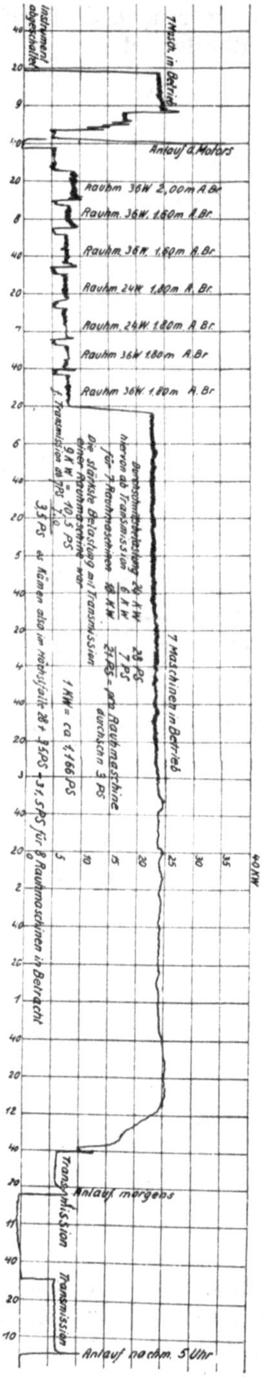

Abb. 263.

Die Schmierung der Rauhwalzen erfolgt durch eine regulierbare Zentralschmierung mit einem genau auf die Tropfenzahl sicher einstellbaren Öltropfapparat. Auch kann eine selbsttätig arbeitende Präzisions-Ölpumpe eingebaut werden.

Die Ausputzvorrichtung der Rauhwalzen, welche beide Rauhwalzenserien während des Betriebes fortgesetzt reinigt, besteht aus zwei durch Zahnräder angetriebene Streifenbürstwalzen, die unterhalb des Tambours angeordnet sind. Die Warengeschwindigkeit ist veränderlich und z. B. für 5 Geschwindigkeitsstufen eingerichtet.

Abb. 263 gibt Aufschluß über die Arbeitsaufnahme von 7 Rauhmaschinen, von denen 5 mit 36 Rauhwalzen am Umfang des Tambours ausgerüstet sind, und 2 mit 24 Walzen. A Br im Diagramm bedeutet Arbeitsbreite. Man sieht nicht nur, wie sich die einzelnen Rauhmaschinen verhalten, sondern auch, welcher Gesamtarbeitsbedarf vorhanden ist, wenn alle 7 Maschinen zusammenarbeiten; außerdem erkennt man den Eigenbedarf der Transmission (siehe auch Beispiel Nr. 69).

B e i s p i e l Nr. 81: Die Mischungsrechnung.

Nicht alle Gespinste sind aus einer Rohstoffqualität hergestellt. Die meisten Garne werden aus einem Gemisch verschiedener Qualitäten gesponnen, um dadurch entweder einen bestimmten Charakter des Garnes oder einen gewünschten Preis oder — was meist der Fall ist — beides zugleich zu erzielen. Die Aufgabe des Spinners ist nun, das Mischungsverhältnis aus gegebenen Qualitäten mit bekannten Preisen für ein Gespinstmaterial zu berechnen, dessen Preis aufgegeben ist. Da eine Mischungsrechnung in den Kreisen der Textilfachleute oft unbekannt ist, sollen im folgenden die verschiedenen Arten der Mischungsrechnung an Aufgaben erläutert werden. (Preise vom Jahre 1921.)

1. Aufgabe.

Als Aufgabe sei gegeben: das Spinnmaterial zu einem Garn, welches aus einer Wolle zu 180 Mk. je kg und einer Wolle zu 140 Mk. je kg gemischt werden soll, soll 155 Mk. je kg kosten. Wie ist das prozentuale Mischungsverhältnis?

Der Ansatz für die Mischungsrechnung gestaltet sich wie folgt, wobei der gewünschte Preis eingerahmt wird, während die gegebenen Preise in aufwärts- oder abwärtssteigender Folge der Zahlenreihe untereinander gesetzt werden:

	140
[155]	
	180

Um die Aufgabe zu lösen, ermittelt man zunächst den Unterschied (Differenz) zwischen jedem einzelnen gegebenen Preis und dem gewünschten Preis, wobei es sich ganz gleich bleibt, ob der gewünschte Preis die abzuziehende Zahl (Subtrahend) oder die zu vermindernde Zahl (Minuend) bildet. Die Differenzen sind folgende: 155 — 140 = 15 und 180 — 155 = 25. Diese beiden Zahlen, 15 und 25, sind zugleich die Verhältniszahlen, und zwar gilt als Verhältniszahl der billigeren Sorte die Differenz zwischen dem höheren Preis und dem gewünschten Preis und als Verhältniszahl der teueren die Differenz zwischen dem niedrigeren Preis und dem gewünschten Preis. Einfacher gesagt: Die Differenzen gelten als Verhältniszahlen, wenn man sie im Ansatz über das Kreuz schreibt, also:

155	140	(180 — 155) = 25
	180	(155 — 140) = 15

Aus dieser Darstellung geht hervor, daß von der Sorte zu 140 Mk. je kg 25 Teile, von der anderen Sorte zu 180 Mk. je kg 15 Teile zu nehmen sind, wenn das Ganze — 40 Teile — einen Preis von 155 Mk. je kg haben soll. Das prozentuale Mischungsverhältnis findet man durch die Proportion:

Summe der Verhältniszahlen · Verhältnisteil = 100 : x

oder einfacher: wenn man das 100fache der Verhältniszahl (oben 15 und 25) durch die Summe der Verhältniszahlen (15 plus 25 = 40) dividiert. Der ganze Ansatz der Mischungsrechnung und ihre Lösung sieht also wie folgt aus:

155	140	25 : 40 = x : 100;	x = 62½%
	180	15 · 40 = x : 100,	x = 37½%
		40	100 %

oder:

155	140	25 . 100 : 40 =	62½%
	180	15 . 100 : 40 =	37½%
		40	100 %

Soll nach dieser Lösung eine Partie von 840 kg gesponnen werden, so sind von der billigen Sorte zu 140 Mk. je kg = 525 kg im Werte von 73 500 Mark zu nehmen, und von der teueren Sorte zu 180 Mk. je kg = 315 kg im Werte von 56 700 Mk. so daß diese 840 kg = 130 200 Mk. kosten, also 1 kg = 130 200 : 840 = 155 Mk. kostet.

Will man beispielsweise Aufgabe 1 algebraisch lösen, und bezeichnet man den prozentualen Mischungsanteil der billigen Sorte mit x, so muß die Gleichung bestehen:

$$140 \cdot \frac{x}{100} + 180 \cdot \frac{100 - x}{100} = 155$$

$$40\,x = 2500$$

$$x = 62\tfrac{1}{2}\%$$

Diese Aufgabe läßt also nur eine Lösung zu.

2. Aufgabe.

Vier Sorten, die je 140, 155, 170 und 185 Mk. kosten, sind so zu mischen, daß 1 kg des gemischten Materiales auf 165 Mk. je kg zu stehen kommt. Wie ist das prozentuale Mischungsverhältnis?

Lösung: a) Man setzt die Differenz zwischen der billigsten Sorte zum gewünschten Preis als Verhältniszahl zur teuersten Sorte, ferner die Differenzzahl der weniger billigen Sorte als Verhältniszahl zur weniger teuren Sorte und umgekehrt, also

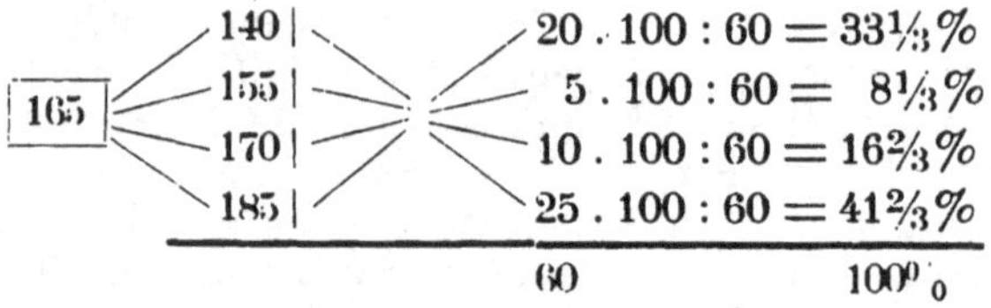

Anwendung: Nach diesem Mischungsverhältnis ist ein Posten von 1200 kg zu spinnen; die Zusammensetzung ist folgende:

33⅓% von der Sorte zu 140 Mk. je kg	= 400 kg	im Werte von	56 000 Mk.
8⅓% „ „ „ „ 155 „ „ „	= 100 „	„ „	„ 15 500 „
16⅔% „ „ „ „ 170 „ „ „	= 200 „	„ „	„ 34 000 „
41⅔% „ „ „ „ 185 „ „ „	= 500 „	„ „	„ 92 500 „
	1200 kg kosten		198 000 Mk.
	1 kg kostet		165 Mk.

Lösung: b) Man setzt die Differenzzahl der ersten Sorte als Verhältniszahl zur dritten Sorte, die Differenzzahl der zweiten Sorte als Verhältniszahl zur vierten Sorte, die Differenzzahl der dritten Sorte als Verhältniszahl zur ersten Sorte und die Differenzzahl der vierten Sorte als Verhältniszahl zur zweiten Sorte, also:

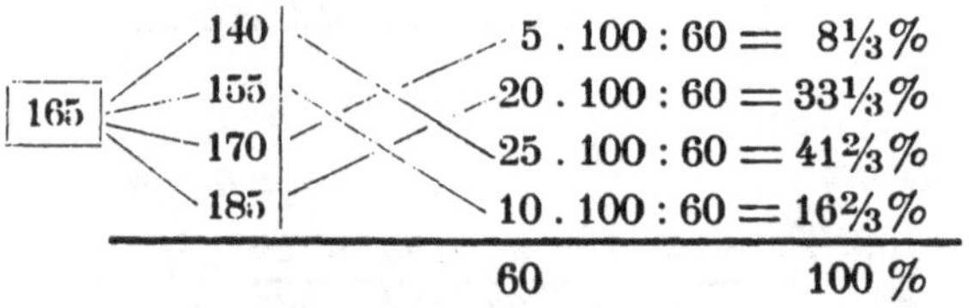

Das Beispiel bei der Anwendung nach der Lösung a) auch hier angewendet, ergibt folgende Zusammenstellung:

8⅓% von der Sorte 140 Mk.	= 100 kg	im Werte von	14 000 Mk.
33⅓% „ „ „ 155 „	= 400 „	„ „	„ 62 000 „
41⅔% „ „ „ 170 „	= 500 „	„ „	„ 85 000 „
16⅔% „ „ „ 185 „	= 200 „	„ „	„ 37 000 „
	1200 kg kosten		198 000 Mk.
	1 kg kostet		165 Mk.

Lösung: c) Bei diesem Verfahren wird die Summe der Differenzzahlen aus den beiden billigen Sorten je als Verhältniszahl der beiden teueren Sorten verwendet und umgekehrt. Dadurch erzielt man gleiche Verhältnisteile für die beiden billigen und für die beiden teueren Sorten. Ansatz und Lösung sowie angewendetes Beispiel gestalten sich folgendermaßen:

165	140 (185 — 165) + (170 — 165) = 25 . 100 : 120 =	$20\frac{5}{6}$%
	155 (185 — 165) + (170 — 165 = 25 . 100 : 120 =	$20\frac{5}{6}$%
	170 (165 — 140) + (165 — 155) = 35 . 100 : 120 =	$29\frac{1}{6}$%
	185 (165 — 140) + (165 — 155) = 35 . 100 : 120 =	$29\frac{1}{6}$%
	120	100 %

$20\frac{5}{6}$% von der Sorte zu 140 Mk.	= 250 kg	im Werte von	35 000 Mk.
$20\frac{5}{6}$% „ „ „ „ 155 „	= 250 „	„ „ „	38 750 „
$29\frac{1}{6}$% „ „ „ „ 170 „	= 350 „	„ „ „	59 500 „
$29\frac{1}{6}$% „ „ „ „ 185 „	= 350 „	„ „ „	64 750 „
	1200 kg kosten		198 000 Mk.
	1 kg kostet		165 Mk.

Das Verfahren nach Lösung b) wird das beliebtere sein, weil es die billigste Sorte, die in den meisten Fällen von geringer Qualität sein wird, nur mit einem kleinen Prozentsatz beansprucht, damit sie nicht die ganze Mischung qualitätsmindernd beeinflußt; denn in den meisten Fällen werden wohl die billigsten Sorten nur zur Gestaltung des Preises, die teuersten Sorten aber nur zur Qualitätsverfeinerung oder zur Erzielung einer entsprechenden Haltbarkeit des Garnes verwendet werden. Darum ist dasjenige Rechenverfahren zu bevorzugen, das den mittleren und besseren Sorten den größten Anteil beim Mischungsverhältnis gewährt.

Diese drei Lösungsverfahren lassen sich nur anwenden, wenn der gewünschte Preis zwischen den beiden billigen und den beiden teueren Sorten liegt, wie es im obigen Beispiel der Fall ist: 140, 155, 165, 170 und 185 Mk. Liegt aber der gewünschte Preis schon nach der ersten Sorte (beispielsweise 150) oder erst nach der dritten Sorte (beispielsweise 175), so sind diese Lösungsverfahren nicht anwendbar. Für diese Aufgaben folgt Lösung weiter unten. Ebenso kann man nicht nach diesen Verfahren handeln, wenn drei Sorten für die Mischung gegeben sind. Solche Aufgaben sollen in der dritten Aufgabe besprochen werden.

Die Aufgabe 2 läßt jedoch viel mehr Lösungen zu als die drei üblichen vorstehend angeführten. Bezeichnet man den prozentualen Anteil der einzelnen Wollsorten in der Reihenfolge des wachsenden Preises mit x, y, z, u, so erhält man 2 Gleichungen, welche lauten:

$$\frac{140}{100} x + \frac{155}{100} y + \frac{170}{100} z + \frac{185}{100} u = 165$$

$$x + y + z + u = 100.$$

Durch Vereinfachung gelangt man zu den unbestimmten Gleichungen:

$$3 x + 2 y + z = 133\frac{1}{3}$$

$$x + y + z + u = 100.$$

Diese bergen aber viel mehr Lösungen in sich.

Diejenigen Aufgaben, die einen gleichen prozentualen Mischungsanteil für mehrere Wollsorten verlangen, lassen sich ohne weiteres errechnen. Zum Beispiel: die beiden billigen Sorten gleichen Mischungsanteil und die beiden teueren Sorten ebenfalls gleichen Mischungsanteil. Alsdann gehen die obigen zwei Gleichungen in die Form über:

$$\begin{aligned} 5v + t &= 133\tfrac{1}{3} \\ 2v + 2t &= 100 \\ 4v &= 83\tfrac{1}{3} \\ v &= 20\tfrac{5}{6}\% \\ t &= 29\tfrac{1}{6}\% \end{aligned}$$

Sollen die 1. und die 3. Sorte unter sich gleiche Verhältnisteile aufweisen, ebenso die 2. und 4. Sorte, so ergibt sich als weitere Lösung:

$$\begin{aligned} 4v + 2t &= 133\tfrac{1}{3} \\ 2v + 2t &= 100 \\ 2v &= 33\tfrac{1}{3} \\ v &= 16\tfrac{2}{3} \\ t &= 33\tfrac{1}{3} \end{aligned}$$

Sorte:	140 Mk.	155 Mk.	170 Mk.	185 Mk.
mit	16⅔%	33⅓%	16⅔%	33⅓%

Ferner: die drei teueren Sorten einen gleich großen Mischungsanteil:

$$\begin{aligned} v + 3t &= 100 \\ 3v + 3t &= 133\tfrac{1}{3} \\ 2v &= 33\tfrac{1}{3} \\ v &= 16\tfrac{2}{3} \\ 3t &= 83\tfrac{1}{3} \\ t &= 27\tfrac{7}{9} \end{aligned}$$

Sorte:	140 Mk.	155 Mk.	170 Mk.	185 Mk.
mit	16⅔%	27⁷/₉%	27⁷/₉%	27⁷/₉%

alsdann: billigste und teuerste Sorte gleichen Mischungsanteil, und die beiden mittleren Sorten gleichen Mischungsanteil:

$$\begin{aligned} 3v + 3t &= 133\tfrac{1}{3} \quad | \; 2 \\ 2v + 2t &= 100 \quad | \; 3 \\ 6v + 6t &= 266\tfrac{2}{3} \\ 6v + 6t &= 300 \end{aligned}$$

Dieser Fall ist unmöglich, weil die beiden Gleichungen im Widerspruch zueinander stehen.

Zu folgendem Ergebnis kommt man bei der Annahme: die 3 billigen Sorten einen gleich großen Mischungsanteil:

$$\begin{aligned} 6v &= 133\tfrac{1}{3} \\ 3v + t &= 100 \\ t &= 33\tfrac{1}{3}\% \\ v &= 22\tfrac{2}{9}\% \end{aligned}$$

Sorte:	140 Mk.	155 Mk.	170 Mk.	185 Mk.
mit	22²/₉%	22²/₉%	22²/₉%	33⅓%

Für verschiedene Verhältnisteile der einzelnen Wollsorten habe ich zum Beispiel folgende Zahlenwerte ausgerechnet:

Sorte		140 Mk.	155 Mk.	170 Mk.	185 Mk.
a)	mit	$8\frac{1}{3}$ %	$33\frac{1}{3}$ %	$41\frac{2}{3}$ %	$16\frac{2}{3}$ %
b)	„	$33\frac{1}{3}$ %	$8\frac{1}{3}$ %	$16\frac{2}{3}$ %	$41\frac{2}{3}$ %
c)	„	$22\frac{2}{9}$ %	$16\frac{2}{3}$ %	$33\frac{1}{3}$ %	$27\frac{7}{9}$ %
d)	„	$15\frac{5}{18}$ %	25 %	$37\frac{1}{2}$ %	$22\frac{2}{9}$ %
e)	„	$20\frac{10}{27}$ %	$11\frac{1}{9}$ %	50 %	$18\frac{14}{27}$ %
f)	„	$20\frac{10}{27}$ %	$22\frac{2}{9}$ %	$27\frac{7}{9}$ %	$29\frac{17}{27}$ %
g)	„	$14\frac{22}{27}$ %	$33\frac{1}{3}$ %	$22\frac{2}{9}$ %	$29\frac{17}{27}$ %

Um die oben angegebenen Resultate zu erhalten, muß man die folgende Methode anwenden: man stellt alle möglichen Kombinationen der Wollmischungen zusammen:

140/155 140/170 140/185 155/170 155/185 170/185.

Dann scheidet man jene Kombinationen aus, die nach Lage des gewünschten Preises |165| nicht in Frage kommen, so daß in unserem Falle noch übrig bleiben die Kombinationen:

	140/170	140/185	155/170	155/185; bezeichnet man
diese mit	I	II	III	IV

so ergibt die Zusammenstellung	I, II, III, IV	das	Resultat	d)
„ „ „ „	II, III	„	„	c)
„ „ „ „	II, III, IV	„	„	g)
„ „ „ „	I, II, III	„	„	e)
„ „ „ „	I, IV	„	„	a)
„ „ „ „	I, II, IV	„	„	f)

Weitere Resultate bekommt man, wenn man die unberücksichtigt gelassenen Kombinationen $^{140}/_{155}$ und $^{170}/_{185}$ miteinander verkettet, so daß sich beispielsweise die Zusammenstellung ergibt:

140 + 155/170 + 185	140/170	140/185	155/170	155/185
V	I	II	III	IV

welche zu dem Ergebnis führt:

Verkettung	Sorte	140 Mk.	155 Mk.	170 Mk.	185 Mk.
V, I, II, III, IV	mit	$16\frac{7}{18}$ %	$24\frac{1}{6}$ %	$35\frac{5}{6}$ %	$23\frac{11}{18}$ %
V, I	„	$18\frac{3}{4}$ %	$10\frac{5}{12}$ %	$56\frac{1}{4}$ %	$14\frac{7}{12}$ %
V, II	„	$32\frac{23}{36}$ %	$10\frac{5}{12}$ %	$14\frac{7}{12}$ %	$42\frac{13}{36}$ %
V, III	„	$10\frac{5}{12}$ %	$27\frac{1}{12}$ %	$47\frac{11}{12}$ %	$14\frac{7}{12}$ %
V, IV	„	$10\frac{5}{12}$ %	$43\frac{3}{4}$ %	$14\frac{7}{12}$ %	$31\frac{1}{4}$ %
V, I, II	„	$27\frac{17}{54}$ %	$6\frac{17}{18}$ %	$37\frac{1}{2}$ %	$28\frac{13}{54}$ %
V, I, II, III	„	$20\frac{35}{72}$ %	$13\frac{13}{24}$ %	$44\frac{19}{24}$ %	$21\frac{13}{72}$ %

Weitere Möglichkeiten zu ergründen, überlasse ich dem Leser.

Wie lassen sich nun diese verschiedenen Resultate errechnen? Um diese Abhandlung nicht zu lang werden zu lassen, möchte ich das Prinzip nur an einem Beispiel erläutern. Ich nehme eine beliebige Kombination an: 140/170, 155/185. Dann muß sein:

$$140\frac{x}{100}+170\frac{100-x}{100}=165$$

$$155\frac{x_1}{100}+185\frac{100-x_1}{100}=165$$

In Mischung 140/170 müßte Sorte 140 mit 16⅔% und Sorte 170 mit 83⅓% vertreten sein. In Mischung 155/185 müßte Sorte 155 mit 66⅔% und Sorte 185 mit 33⅓% vertreten sein.

Da nun alle vier Sorten zusammengemischt werden, so leuchtet ohne weiteres ein, daß man von Sorte

140	155	170	185	
8⅓%	33⅓%	41⅔%	16⅔%	nehmen muß.

3. Aufgabe.

Es sind drei Sorten zum Preise von je 140, 160 und 180 Mk. je kg so zu mischen, daß 1 kg Mischmaterial 155 Mk. kostet. Wie ist das prozentuale Mischungsverhältnis?

Zur Lösung dieser Aufgabe muß zunächst zwischen billigen und teueren Sorten unterschieden werden. Billig ist eine Sorte, wenn sie weniger als der gewünschte Mischungspreis kostet. Nach unserer Aufgabe haben wir eine billige Sorte (140 Mk.) mit zwei teueren Sorten (160 u. 180 Mk.) zu mischen. Es gilt folgender Satz: Die Differenzzahl der einen billigeren Sorte gilt als Verhältniszahl jeder teueren Sorte, und die Differenzzahlen der beiden teueren Sorten gelten addiert als Verhältniszahl der einen billigeren Sorte. Der Ansatz und die Lösung haben folgendes Aussehen:

155	140	$5+25=30 \cdot 100:60=50\%$
	160	$=15 \cdot 100:60=25\%$
	180	$=15 \cdot 100:60=25\%$
		60 100%

Nehmen wir beispielsweise eine Partie von 800 kg an, so sind zu nehmen:

50% = 400 kg	zu 140 Mk.	= 56 000 Mk.
25% = 200 kg	zu 160 Mk.	= 32 000 Mk.
25% = 200 kg	zu 180 Mk.	= 36 000 Mk.
800 kg	kosten	124 000 Mk.
1 kg	kostet	155 Mk.

Würde aber bei derselben Aufgabe der Preis des Mischungsmaterials 170 Mk. betragen, so hätte der Ansatz und die Lösung folgendes Aussehen:

170	140	$10 \cdot 100:60=16\frac{2}{3}\%$
	160	$10 \cdot 100:60=16\frac{2}{3}\%$
	180	$10+30=40 \cdot 100:60=66\frac{2}{3}\%$
		60 100%

Eine praktische Anwendung zur Überzeugung von der Richtigkeit dieses Ansatzes überlasse ich Raumersparnis halber dem Leser selbst.

Für die algebraische Lösung gelten, wenn das Mischungsmaterial 155 Mk. kosten soll, die Gleichungen:

$$140 \cdot \frac{x}{100} + 160 \cdot \frac{y}{100} + 180 \cdot \frac{z}{100} = 155$$

$$x + y + z = 100.$$

Daraus:

$$2x + y = 125,$$

$$x + y + z = 100.$$

Sollen die beiden billigeren Sorten mit gleichen Prozentzahlen vertreten sein, so gehen die beiden Gleichungen in die Form über:

$$3v = 125$$

$$2v + t = 100$$

$t = 16\frac{2}{3}\%$	Sorte	140	160	180
$v = 41\frac{2}{3}\%$	mit	$41\frac{2}{3}\%$	$41\frac{2}{3}\%$	$16\frac{2}{3}\%$

Sollen die beiden teueren Sorten mit gleichen Prozentzahlen vertreten sein, so gehen die beiden Gleichungen in die Form über:

$$2v + t = 125$$

$$v + 2t = 100$$

$t = 25\%$	Sorte	140	160	180
$v = 50\%$	mit	50%	25%	25%

Der Fall, daß die billigste und die teuerste Sorte gleiche Prozentzahlen erhalten, ist nicht möglich, denn es ergeben sich die widersprechenden Gleichungen:

$$2v + t = 125$$

$$2v + t = 100.$$

Aus den verschiedenen Kombinationen ergeben sich ferner die Mischungsmöglichkeiten:

Sorte	140	160	180
mit	$43\frac{3}{4}\%$	$37\frac{1}{2}\%$	$18\frac{3}{4}\%$
„	$31\frac{1}{4}\%$	$62\frac{1}{2}\%$	$6\frac{1}{4}\%$.

Aufgabe 4.

Vier Sorten zu je 140, 150, 155 und 175 Mk. sind so zu mischen, daß 1 kg des gemischten Materials 165 Mk. kostet. Wie ist das Mischungsverhältnis?

Bei dieser Aufgabe hat man drei billige und eine teuere Sorte (140, 150, 155, [165], 175). Es ist eine ungleiche Aufgabe; die Lösung geschieht ähnlich wie bei Aufgabe 3. Man setzt also alle Differenzzahlen der teueren Sorte als Verhältniszahl zu je einer billigen Sorte; die Differenzzahlen der billigen Sorten addiert, ergeben die Verhältniszahl für die teuere Sorte.

	140	$10 \cdot 100 : 80 = 12^1/_2\,\%$
	150	$10 \cdot 100 : 80 = 12^1/_2\,\%$
[165]	155	$10 \cdot 100 : 80 = 12^1/_2\,\%$
	175	$25 + 15 + 10 = 50 \cdot 100 : 80 = 62^1/_2\,\%$
		80 $\quad$ 100 %

Man probiere die Richtigkeit dieses Ansatzes an einem Beispiel. Man nehme an, die Partie sei 400 kg groß.

Würde in Aufgabe 4 der Mischungspreis statt 165 Mk. nur 145 Mk. betragen, so hätte man eine billige und drei teuere Sorten. Der Ansatz und die Lösung haben folgendes Aussehen:

145	140	$5 + 10 + 30 = 45 \,.\, 100 : 60 = 75\,\%$
	150	$= 5 \,.\, 100 : 60 = 8^1/_3\,\%$
	155	$= 5 \,.\, 100 : 60 = 8^1/_3\,\%$
	175	$= 5 \,.\, 100 : 60 = 8^1/_3\,\%$
		60 100 %

Man probiere die Richtigkeit dieses Ansatzes ebenfalls an einem Beispiel.

Bei Mischungen von fünf Sorten hat man zu untersuchen, wieviel billige und teuere Sorten vorhanden sind. Steht eine billige vier teueren Sorten gegenüber oder umgekehrt, so ist wie bei Aufgabe 4 zu verfahren. Hat man jedoch zwei billige und drei teuere Sorten oder umgekehrt, so läßt sich eine solche Aufgabe auf vierfache Weise lösen, wie folgende Aufgabe zeigt.

Aufgabe 5.

Das kg Mischmaterial einer Partie von 600 kg soll 155 Mk. kosten. Es sind fünf Sorten zu verwenden, die 140, 150, 165, 175 und 180 Mk. je kg kosten.

Lösung a): Bei diesem Verfahren steht die 1. Sorte mit der 4. und 5. Sorte im Austausch, ähnlich wie bei Aufgabe 3. Die Differenzzahlen der 2. und 3. Sorte schreibt man, wie gewöhnlich, übers Kreuz:

155	140	(180 — 155) + (175 — 155)	$= 45 \,.\, 100 : 90 = 50\,\%$
	150	(165 — 155)	$= 10 \,.\, 100 : 90 = 11^1/_9\,\%$
	165	(155 — 150)	$= 5 \,.\, 100 : 90 = 5^5/_9\,\%$
	175	(155 — 140)	$= 15 \,.\, 100 : 90 = 16^6/_9\,\%$
	180	(155 — 140)	$= 15 \,.\, 100 : 90 = 16^6/_9\,\%$
			90 100 %

Folglich

300 kg	=	42 000	Mk.
$66^2/_3$ „	=	10 000	„
$33^1/_3$ „	=	5 500	„
100 „	=	17 500	„
100 „	=	18 000	„
600 kg	=	93 000	Mk.
1 kg	=	155	Mk.

Lösung b): Bei diesem Verfahren steht die 2. mit der 3. und 4. Sorte im Austausch, während die 1. und 5. Sorte, wie gewöhnlich, ihre Differenzzahlen übers Kreuz setzen:

155	140	(180 — 155)	$= 25 \,.\, 100 : 80 = 31^1/_4\,\%$
	150	(175 — 155) + (165 — 155)	$= 30 \,.\, 100 : 80 = 37^1/_2\,\%$
	165	(155 — 150)	$= 5 \,.\, 100 : 80 = 6^1/_4\,\%$
	175	(155 — 150)	$= 5 \,.\, 100 : 80 = 6^1/_4\,\%$
	180	(155 — 140)	$= 15 \,.\, 100 : 80 = 18^3/_4\,\%$
			80 100 %

Folglich:

187½	kg	=	26 250,—	Mk.
225	„	=	33 750,—	„
37½	„	=	6 187,50	„
37½	„	=	6 562,50	„
112½	„	=	20 250,—	„
600	kg	=	93 000	Mk.
1	„	=	155	„

Lösung c): Bei diesem Verfahren tauscht man die Differenzzahlen der billigen Sorten mit denen der teueren Sorten aus, ähnlich wie bei Aufgabe 2c:

155	140	(180 — 155) + (175 — 155) + (165 — 155)	= 55 . 100 : 170 = $32^{6}/_{17}$ %
	150	(180 — 155) + (175 — 155) + (165 — 155)	= 55 . 100 : 170 = $32^{6}/_{17}$ %
	165	(155 — 150) + (155 — 140)	= 20 . 100 : 170 = $11^{13}/_{17}$ %
	175	(155 — 150) + (155 — 140)	= 20 . 100 : 170 = $11^{13}/_{17}$ %
	180	(155 — 150) + (155 — 140)	= 20 . 100 : 170 = $11^{13}/_{17}$ %
			170 100 %

Folglich:

194,1	kg	=	27 174	Mk.
194,1	„	=	29 115	„
70,6	„	=	11 649	„
70,6	„	=	12 355	„
70,6	„	=	12 708	„
600	kg		93 001	Mk.
1	„		155	„

Lösung d): Bei diesem Verfahren tauscht man die Differenzzahlen der 1. mit der 3. Sorte und die der 2. mit der 4. und 5. Sorte aus. Dadurch erreicht man, daß die minderwertigste Sorte nur mit einem niedrigeren Prozentsatz als bei den vorigen Verfahren erscheint, wodurch die Qualität günstiger beeinflußt wird:

155	140	(165 — 155)	= 10 . 100 : 80 = 12½ %
	150	(180 — 155) + (175 — 155)	= 45 . 100 : 80 = 56¼ %
	165	(155 — 140)	= 15 . 100 : 80 = 18¾ %
	175	(155 — 150)	= 5 . 100 : 80 = 6¼ %
	180	(155 — 150) .	= 5 . 100 : 80 = 6¼ %
			80 100 %

Folglich:

75	kg	=	10 500,—	Mk.
337½	„	=	50 625,—	„
112½	„	=	18 562,50	„
37½	„	=	6 562,50	„
37½	„	=	6 750,—	„
600	kg		93 000	Mk.
1	„		155	„

Von diesen vier Lösungen ist das Verfahren nach d vorzuziehen, weil hierbei auf die geringste Sorte der kleinste Prozentsatz entfällt.

Die algebraische Lösung der Aufgabe 5 führt zu den Gleichungen:

$$8x + 6y + 3z + u = 500$$
$$x + y + z + u + r = 100.$$

Der Fall, daß die vier ersten Sorten gleich stark vertreten sind, ist ausgeschlossen, weil man auf widersprechende Gleichungen stößt.

Sollen die vier teueren Sorten gleiche Prozentzahlen aufweisen, so kommt man zu den Gleichungen:

$$8v + 10t = 500$$
$$v + 4t = 100.$$

		I	II	III	IV	V
$v = 45^5/_{11}\%$	Sorte	140 Mk.	150 Mk.	165 Mk.	175 Mk.	180 Mk.
$= 13^7/_{11}\%$	mit	$45^5/_{11}\%$	$13^7/_{11}\%$	$13^7/_{11}\%$	$13^7/_{11}\%$	$13^7/_{11}\%$

Ferner ergeben die Gleichungen, daß die Möglichkeit des gleichen Verhältnisanteiles der Sorten I, II, IV, V nicht besteht, wohl aber für die Sorten I, III, IV, V. Man erhält die Gleichungen:

$$12v + 6t = 500$$
$$4v + t = 100.$$

$v = 8\frac{1}{3}\%$ für Sorte I, III, IV, V
$t = 66\frac{2}{3}\%$ „ „ II.

Die Möglichkeit des gleichen Verhältnisanteiles der Sorten I, II, III, V besteht nicht, weil sich die widersprechenden Gleichungen ergeben:

$$17v + t = 500$$
$$4v + t = 100.$$

Es sollen die Sorten I, II gleichen Verhältnisanteil haben und außerdem die Sorten III, IV, V.

$$14v + 4t = 500$$
$$2v + 3t = 100.$$

$v = 32^6/_{17}\%$ für Sorten I, II,
$t = 11^{13}/_{17}\%$ „ „ III, IV, V.

Der Fall, daß die Sorten I, V bzw. II, III, IV
und „ „ II, III „ I, IV, V

gleiche Verhältnisanteile haben, ist unmöglich (widersprechende Gleichungen).

Sollen die Sorten I, II, III bzw. IV, V gleiche Mischungsprozente aufweisen, so muß man die Gleichungen aufstellen:

$$17v + t = 500$$
$$3v + 2t = 100.$$

$v = 29^1/_{31}\%$ für Sorte I, II, III
$t = 6^{14}/_{31}\%$ „ „ IV, V.

Für die Ermittlung aller übrigen Mischungsverhältnisse sind die Kombinationen maßgebend:

140/150* 140/165 140/175 140/180 150/165 150/175 150/180 165/175*
165/180* 175/180*,

von denen die mit Stern bezeichneten nicht allein in die Rechnung eingeführt werden können, sondern nur in Verkettung mit anderen möglichen Verbindungen.

Diese Zusammenstellung läßt erkennen, daß es hier sehr viele Lösungen geben wird, da die Zahl der möglichen Verkettungen sehr groß ist.

Ich will nur ein einziges Beispiel herausgreifen und den Rechnungsgang vorführen:

140/165	150/165	150/175	150/180
40%	66⅔%	80%	83⅓%
60%	33⅓%	20%	16⅔%

$$\frac{40}{4} + \frac{60 + 33^1/_3}{4} + \frac{66^2/_3 + 80 + 83^1/_3}{4} + \frac{20}{4} + \frac{16^2/_3}{4} = 100$$

Sorte	140	150	165	175	180
mit	10%	57½%	23⅓%	5%	4⅙%

Dieses Resultat würde noch günstiger sein als das unter d angegebene, wenn man die Ansicht teilen will, daß jene Zusammenstellung die günstigste sei, welche der geringsten Sorte den kleinsten Prozentsatz zuweist.

Nicht bei allen Mischungen ist eine solche zufällige Zusammensetzung der Sorten geboten, um den erwünschten Preis zu erzielen. Sehr häufig sind die Fälle, wo bei einer Sorte oder bei mehreren Sorten ein bestimmter Prozentsatz verwendet werden muß. So verlangt beispielsweise der eine Kunde, daß das zu liefernde Kammgarn nicht mehr als 30% Stapelfaser enthalten soll, während ein anderer ein Garn aus 50% Baumwolle mit 50% Wolle gemischt bestellt. Oft sind Lagerposten restlos aufzuarbeiten. Es ergibt sich nun die Aufgabe, wieviel kg von den anderen Mischsorten noch zu nehmen sind, damit der gewünschte Preis erzielt und der Lagerposten aufgearbeitet wird. Die Praxis bringt so zahlreiche Fälle, die nicht alle im Rahmen einer knappen Erläuterung besprochen werden können. Es sollen in Aufgabe 6 und folgenden noch einige praktische Anwendungen der Mischungsrechnung von einigen, sehr häufig vorkommenden Fällen besprochen werden.

Aufgabe 6.

Es befindet sich auf Lager ein Posten von 220 kg zu 160 Mk. je kg. Dieser ist zur Verarbeitung für eine Qualität geeignet, wenn man ihn mit einer Sorte zu 145 Mk. je kg mischt. Wenn nun das Mischungsmaterial 150 Mk. je kg kosten soll, wie ist das Mischungsverhältnis, und wieviel kg hat man von der anderen Sorte zu nehmen?

Lösung: Man ermittelt zunächst das Mischungsverhältnis. Aus der ermittelten Verhältniszahl für die Lagersorte zu ihrer angegebenen Menge berechnet man dann die noch notwendige Menge der anderen Sorte:

150	145	10
	160	5

$5 : 220 = 10 : x; \quad x = 440\ \text{kg}.$

Es sind	220 kg zu 160 Mk. je kg	=	35 200 Mk. und
	440 kg „ 145 Mk. „ „	=	63 800 Mk. zu mischen,
so daß	660 kg	=	99 000 Mk. kosten,
also	1 kg	=	150 Mk. kostet.

Aufgabe 7.

Zwei Lagerposten von 60 kg zu je 180 Mk. und 40 kg zu je 135 Mk. sollen mit zwei anderen Sorten zu 108 Mk. und 126 Mk. je kg verarbeitet werden. Die Mischung soll einen Preis von 144 Mk. geben. Wieviel hat man noch von den anderen beiden Sorten zu nehmen?

Lösung: Man ermittelt erst den Durchschnittspreis von den beiden aufzuarbeitenden Lagersorten.

Das ergibt:

60 kg	à 180 Mk.	=	10 800 Mk.
40 kg	à 135 Mk.	=	5 400 Mk.
100 kg		=	16 200 Mk.
1 kg		=	162 Mk.

Die Aufgabe berechnet sich dann wie eine Aufgabe mit drei Mischsorten. Die Menge der anderen Mischsorten ermittelt man wie in Aufgabe 6. Der Ansatz gestaltet sich wie folgt:

144	162	18 + 36 = 54
	126	18
	108	18

54 : 100 = 18 : x; $\quad x = 33\frac{1}{3}$ kg.

Die Mischaufgabe ist folgende:

60	kg	zu	180	Mk.	je kg	=	10 800	Mk.
40	„	„	135	„	„ „	=	5 400	„
33⅓	„	„	126	„	„ „	=	4 200	„
33⅓	„	„	108	„	„ „	=	3 600	„
166⅔	kg	kosten					24 000	Mk.
1	„	kostet					144	„

Aufgabe 7 könnte algebraisch folgendermaßen behandelt werden. Angenommen, es wären insgesamt x kg in der Mischung vertreten, und von der Sorte von 108 Mk. seien y kg in der Mischung vorhanden; dann ergibt sich folgende Gleichung:

$$180 \cdot 60 + 135 \cdot 40 + 108\,y + (x - y - 100)\,126 = 144\,x$$
$$x + y = 200.$$

Es führen jedoch nicht alle positiven Werte, die in obige Gleichung für x und y eingesetzt werden können, zu einem richtigen Ergebnis. Man hat noch zu berücksichtigen, daß der Wert (x — y — 100) positiv bleiben muß. Es muß also x größer sein als (y + 100).

Beispiel: x = 151 kg, y = 49 kg;

60	kg	zu	180	Mk.	je 1 kg	=	10 800	Mk.
40	„	„	135	„	„ „	=	5 400	„
2	„	„	126	„	„ „	=	252	„
49	„	„	108	„	„ „	=	5 292	„
151	kg	kosten					21 744	Mk.
1	kg	kostet					144	Mk.

oder: x = 199 kg, y = 1 kg:

60 kg	zu	180 Mk.	je 1 kg	=	10 800	Mk.
40 „	„	135 „	„ „	=	5 400	„
98 „	„	126 „	„ „	=	12 348	„
1 „	„	108 „	„ „	=	108	„
199 kg kosten					28 656	Mk.
1 kg kostet					144	Mk.

Das waren die beiden Extreme, innerhalb welcher es nun eine große Zahl anderer Lösungen gibt.

Zum Beispiel: x = 170 kg, y = 30 kg.

60 kg	zu	180 Mk.	je 1 kg	=	10 800	Mk.
40 „	„	135 „	„ „	=	5 400	„
40 „	„	126 „	„ „	=	5 040	„
30 „	„	108 „	„ „	=	3 240	„
170 kg kosten					24 480	Mk.
1 kg kostet					144	Mk.

8. Aufgabe.

Das Mischungsmaterial für ein zu spinnendes Streichgarn soll 120 Mk. je kg kosten. Es wird mit 10% seines Gewichtes geschmelzt, d. h. auf 100 kg Spinnmaterial kommen 10 kg Schmelze. Das kg Schmelze kostet 17 Mk. Zur Mischung sollen verwendet werden 15% Wolle zu 180 Mk. je kg und 35% Wolle zu 140 Mk. je kg. Für die übrigen 50% soll eine Sorte Kammwickel zu 108 Mk. je kg, eine Sorte Kämmlinge zu 70 Mk. je kg und zerrissene weiche Tuchschußfäden zu 56 Mk. je kg Verwendung finden. Wieviel % entfallen auf jede der drei letztgenannten Sorten, wenn das Mengenergebnis auf 96% (Spinnrendement) geschätzt wird?

Lösung: Da die Prozente für die besseren Sorten feststehen, so ist zunächst der Durchschnittspreis der nicht prozentual angegebenen Sorten zu ermitteln. Man findet ihn durch Abzug der feststehenden Beträge von dem Gesamtbetrage der Produktionsmenge, dividiert mit dem Gewicht der nicht prozentual angegebenen Sorten, also:

	96 kg Mengenergebnis zu 120 Mk. je kg			=	11 520 Mk.
./.	15 „ Wolle zu 180 Mk. je kg	=	2700 Mk.		
./.	35 „ „ „ 140 „ „ „	=	4900 „		
./.	10 „ Schmelze „ 17 „ „ „	=	170 „	=	7 770 „

Es dürfen somit die anderen 50 kg nur 3 750 Mk. kosten, 1 kg = 75 Mk.

Auf Grund dieses Durchschnittspreises von 75 Mk. je kg ermittelt man das Mischungsverhältnis der anderen drei Mischsorten durch folgenden Ansatz:

108	$5 + 19 = 24 . 50 : 90 = 13^1/_3$ kg	=	1440 Mk.
70	$33 . 50 : 90 = 18^1/_3$ „	=	$1283^1/_3$ Mk.
56	$33 . 50 : 90 = 18^1/_3$ „	=	$1026^2/_3$ „
	90 50 kg	=	3750 Mk.
	1 kg	=	75 „

Die Zusammensetzung einer Partie von 100 kg ist folgende:

	15 kg	Wolle	zu 480 Mk. je kg	=	2 700 Mk.
	35 „	„	„ 140 „ „ „	=	4 900 „
	$13\frac{1}{3}$ „	Wickel	„ 108 „ „ „	=	1 440 „
	$18\frac{1}{3}$ „	Kämmlinge	„ 70 „ „ „	=	$1\,283\frac{1}{3}$ „
	$18\frac{1}{3}$ „	Faden	„ 56 „ „ „	=	$1\,026\frac{2}{3}$ „
außerdem	10 „	Schmelze	„ 17 „ „ „	=	170 „
			Mengenergebnis: 96 kg	=	11 520 Mk.
			1 kg	=	120 Mk.

Das Problem Aufgabe 8 ergibt nach denselben algebraischen Grundsätzen, die bereits früher erläutert wurden, noch andere Lösungen:

Tuchschußfäden	15,87 kg oder	15,06 kg
Kämmlinge	21,71 „ „	22,80 „
Wickel	12,42 „ „	12,14 „
Summe:	50,00 kg	50,00 kg

9. Aufgabe.

Für eine Mischung wurden bestimmt:

4 Teile	von einer Sorte zu	102 Mk. je kg
6 „	„ „ „ „	114 „ „ „
2 „	„ „ „ „	138 „ „ „
8 „	„ „ „ „	144 „ „ „

Wieviel Teile sind von einer Sorte zu 162 Mk. je kg zu nehmen, wenn der Preis der Mischung 135 Mk. je kg betragen soll?

Lösung:

4 . 102	=	408 Mk.
6 . 114	=	684 „
2 . 138	=	276 „
8 . 144	=	1152 „
20 kg	=	2520 Mk.
1 kg	=	126 Mk.

135	126	27
	162	9

$27 : 20 = 9 : x; \; x = 6\frac{2}{3}.$

Es sind $6\frac{2}{3}$ Teile von der Sorte zu 162 Mk. zu nehmen.

Probe: 20 kg	kosten, wie oben nachgewiesen,	2520 Mk.
$6\frac{2}{3}$ „	zu 162 Mk. je kg =	1080 „
$26\frac{2}{3}$ kg	kosten	3600 Mk.
1 kg	kostet	135 Mk.

10. Aufgabe.

Vier Sorten zu je 125, 130, 140 und 160 Mk. je kg sind so zu mischen, daß von den beiden billigen Sorten je die gleiche Menge, von der nächstteueren Sorte aber dreimal so viel als von einer billigen Sorte genommen wird. Wie ist das prozentuale Mischungsverhältnis, wenn 1 kg 150 Mk. kosten soll?

Lösung:	1 kg zu 125 Mk.	= 125 Mk.
	1 „ „ 130 „	= 130 „
	3 „ „ 140 „	= 420 „
	5 kg	= 675 Mk.
	1 kg	= 135 Mk.

150	135	10 . 100 : 25 = 40 %
	160	15 . 100 : 25 = 60 %
		25

Zusammensetzung der Mischung:

40 % {	8 %	von Sorte zu 125 Mk.
	8 %	„ „ „ 130 „
	24 %	„ „ „ 140 „
	60 %	„ „ „ 160 „

11. Aufgabe.

Der Preis einer Sorte ist zu suchen. Zu einer Mischung sollen verwendet werden:

15 % von einer Sorte zu 180 Mk.
20 % „ „ „ „ 165 „
35 % „ „ „ „ 150 „
10 % „ „ „ „ 115 „

Wie teuer darf der Rest sein, um einen Mischungspreis von 148 Mk. je kg zu erzielen?

Lösung:		100 kg zu 148 Mk.	= 14 800 Mk.
	·/. 15 kg . 180 Mk.	= 2 700 Mk.	
	·/. 20 „ . 165 „	= 3 300 „	
	·/. 35 „ . 150 „	= 5 250 „	
	·/. 10 „ . 115 „	= 1 150 „	
	80 kg	12 400 Mk.	= 12 400 Mk.
restliche	20 kg kosten		2 400 Mk.
	1 kg darf somit		120 Mk. kosten.

Es wird oftmals ein großes Interesse an der geringen Beteiligung einer Sorte vorliegen. Wenn dem so ist, so läßt sich eine solche Sorte bis auf einen kleinen Anteil ausschließen, wenn man folgendes Verfahren anwendet:

Man setzt die Differenzzahlen nicht übers Kreuz, sondern neben den Betrag jeder Sorte, addiert dann die Differenzzahlen der teueren und der billigen Sorten je für sich und nimmt die größte Summe je als Zähler für die als Nenner zu betrachtenden Differenzzahlen, indem man die Zählersumme in beliebig große Zählersummanden teilt.

Die Aufgaben 9, 10 und 11 ergeben nur die bereits angegebenen Lösungen. Man kann diese Aufgaben auch algebraisch lösen und kommt bei Aufgabe 9 auf die Gleichung:

$$135 . (20 + x) = 162 x + 2520; \; x = 6\tfrac{2}{3}.$$

Aufgabe 10 führt zu 2 Gleichungen von folgender Gestalt:

$$125 \,.\, x + 130 \,.\, x + 3 \,.\, 140 \,.\, x + 160 \,.\, y = 15\,000$$
$$5x + y = 100.$$

Daraus ergibt sich: $x = 8$, $y = 60$.

Aufgabe 11:

$$12\,400 + 20\,x = 14\,800$$
$$x = 120.$$

12. Aufgabe.

Es sind vier Sorten von je 135, 140, 155 und 160 Mk. je kg so zu mischen, daß ein Preis von 145 Mk. je kg erzielt wird und die billigste Sorte den geringsten Anteil erhält. Wie ist das Mischungsverhältnis?

Lösung:

	Sorte	Differenz	Summe
145	135	10	15
	140	5	
	155	10	25
	160	15	

Aus diesem Ansatz ergibt sich, daß die Differenzsumme der teueren Sorte von 10 + 15 = 25 die größere ist. Diese Zahl wird nun je als Zähler für die beiden billigen und beiden teueren Sorten genommen. Da nun auf die billigste Sorte der kleinste Anteil entfallen soll, nehmen wir für sie $^1/_{10}$, für die nächste $^{24}/_5$. Wir ersehen hieraus, daß die im Ansatz stehenden Differenzzahlen als Nenner geblieben sind, während die Zähler beliebig aus der Differenzsumme 25 gebildet werden. Dasselbe wenden wir auch bei den nächsten beiden Sorten an, indem wir setzen $^{10}/_{10}$ und $^{10}/_{15}$. Der Ansatz wird also nun wie folgt aussehen:

	Sorte		
145	135	$10 = {}^{1}/_{10} =$	3 Teile
	140	$5 = {}^{24}/_{5} =$	144 „
	155	$10 = {}^{10}/_{10} =$	30 „
	160	$15 = {}^{15}/_{15} =$	30 „

Probe:

3 . 135	=	405 Mk.
144 . 140	=	20 160 „
30 . 155	=	4 650 „
30 . 160	=	4 800 „
207 Teile	=	30 015 Mk.
1 Teil	=	145 Mk.

Aufgabe 12 läßt mehrere Lösungen zu, da man, wie ich früher zeigte, eine große Menge verschiedener Kombinationen aufstellen kann. Soll die Sorte 135 einen sehr geringen Mischungsanteil besitzen, so darf sie in den Kombinationen nur möglichst wenig vorkommen, und ihr Einfluß muß in der betreffenden Kombination so viel wie möglich ausgeschaltet werden. Zur Zusammenstellung derartiger Kombinationen gehört eine gewisse Routine, die man sich aber schnell aneignet. Man stellt z. B. auf:

16 . 135/10 . 140 + 6 . 155	140/155	140/160	140 + 140/155 + 160
$5^{15}/_{17}\%$	$66\frac{2}{3}\%$	75%	$71^{3}/_{7}$
$94^{2}/_{17}\%$	$33\frac{1}{3}\%$	25%	$28^{4}/_{7}$

3 . 140/155 + 2 . 160	3 . 140/2 . 155 + 160
$72^8/_{11}\%$	70%
$27^3/_{11}\%$	30%

$$\frac{5^{15}/_{17}}{6}+\frac{\frac{94^2/_{17}}{16}\cdot 10+66^2/_3+75+71^3/_7+72^8/_{11}+70}{6}$$

$$+\frac{94^2/_{17}\cdot {}^6/_{16}+33^1/_3+\frac{28^4/_7}{2}+\frac{27^3/_{11}}{3}+\frac{30\,.\,2}{3}}{6}$$

$$+\frac{25+\frac{28^4/_7}{2}+\frac{27^3/_{11}}{3}\cdot 2+\frac{30}{3}}{6}.$$

In der Mischung muß daher vertreten sein:

Sorte	135	140	155	160
mit	$^{50}/_{51}\%$	69,11%	18,66%	11,25%

Auf 207 Teile umgerechnet, entfallen auf

Sorte	135	140	155	160
Teile	2	142	40	23

Probe:

2 . 135	=	270 Mk.
142 . 140	=	19 880 „
40 . 155	=	6 200 „
23 . 160	=	3 680 „
207 Teile	=	30 030 Mk.
1 Teil	=	145 Mk.

Durch geeignete Wahl der Kombinationen kann der Anteil der Sorte 135 beliebig klein gewählt werden.

13. Aufgabe.

Fünf Sorten von je 135, 140, 155, 160 und 165 Mk. für je 1 kg sind so zu mischen, daß 1 kg 145 Mk. kostet und auf die beiden Sorten von je 140 und 160 Mk. je kg die kleinsten Anteile entfallen. Wie ist das Mischungsverhältnis?

Lösung:

145	135	10	Summe 15 = $^{44}/_{10}$ = 22 Teile
	140	5	= $^1/_5$ = 1 „
	155	10	Summe 45 = $^{22}/_{10}$ = 11 „
	160	15	= $^3/_{15}$ = 1 „
	165	20	= $^{20}/_{20}$ = 5 „
			40 Teile

Probe:

22 Teile	. 135 Mk.	=	2 970 Mk.
1 „	. 140 „	=	140 „
11 „	. 155 „	=	1 705 „
1 „	. 160 „	=	160 „
5 „	. 165 „	=	825 „
40 Teile		=	5 800 Mk.
1 Teil		=	145 Mk.

Aufgabe 13 dreht sich wieder um die Ermittlung der kleinsten Anteile, jedoch nicht einer, sondern zweier Sorten. Auch hier kann man wieder durch geschickte Wahl der Kombinationen diese beiden kleinsten Mischungsanteile so tief wie verlangt herabdrücken. Wählt man folgende Zusammenstellung:

	21 . 140/10 . 135 + 11 . 155	11 . 135 + 10 . 155/21 . 160	135/155
so erhält man:	8,7 %	96,9%	50%
	91,3 %	3,1%	50%

135/165	2 . 135 + 155/3 . 165	3 . 135 + 155/4 . 165
66,7%	85,7 %	80%
33,3%	14,3 %	20%

$$\frac{91{,}3 \cdot \frac{10}{21} + 96{,}9 \cdot \frac{11}{21} + 50 + 66{,}7 + 85{,}7 \cdot \frac{2}{3} + 80 \cdot \frac{3}{4}}{6} = 54{,}68\,\%^{1)}$$

$$\frac{8{,}7}{6} = 1{,}44\,\%^{2)}$$

$$\frac{91{,}3 \cdot \frac{11}{21} + 96{,}9 \cdot \frac{10}{21} + 50 + 85{,}7 \cdot \frac{1}{3} + 80 \cdot \frac{1}{4}}{6} = 32{,}10\,\%^{3)}$$

$$\frac{3{,}1}{6} = 0{,}52\,\%^{4)}$$

$$\frac{33{,}3 + 14{,}3 + 20}{6} = 11{,}26\,\%^{5)}$$

Sa.: 100,00 %

1)	Sorte	135	21,87	Teile
2)	„	140	0,58	„
3)	„	155	12,84	„
4)	„	160	0,21	„
5)	„	165	4,50	„
			40,00	Teile

Die fraglichen Sorten sind also hier mit geringeren Anteilen beteiligt, als vorher in Aufgabe 13 errechnet.

14. Aufgabe.

Sechs Sorten von je 120, 135, 145, 160, 170 und 185 Mk. je kg sind so zu mischen, daß ein Materialpreis von 150 Mk. je kg sich ergibt und die einzelnen Sorten möglichst gleichmäßig anteilig werden. Wie groß ist das Mischungsverhältnis?

	120	30		30 : 30 = 1 Teil
	135	15	50	25 : 15 = $1^2/_3$ „
150	145	5		10 : 5 = 2 „
	160	10		10 : 10 = 1 „
	170	20	65	20 : 20 = 1 „
	185	35		35 : 35 = 1 „
				$7^2/_3$ Teile

Probe:		
	1 Teil . 120 Mk.	= 120 Mk.
	1⅔ „ . 135 „	= 225 „
	2 „ . 145 „	= 290 „
	1 „ . 160 „	= 160 „
	1 „ . 170 „	= 170 „
	1 „ . 185 „	= 185 „
	7⅔ Teile	= 1150 Mk.
	1 Teil	= 150 Mk.

Auch diese Aufgabe gibt günstigere Lösungen als die oben angegebene. Zum Beispiel:

$$20 . 120 + 5 . 135 + 5 . 145/8 . 160 + 8 . 170 + 14 . 185$$

51%

49%

$$135 + 145/160 + 170$$

60%

40%

$$\frac{51 \cdot \frac{20}{30}}{2} \qquad \frac{51^{5}{}_{,30} + \frac{60}{2}}{2} \qquad \frac{49^{8}{}_{.30} + \frac{40}{2}}{2} \qquad \frac{49 \cdot \frac{14}{30}}{2}$$

Sorte:	120	135	145	160	170	185
	17%	19,25%	19,25%	16,53%	16,53%	11,43%
Teile:	1,30	1,47	1,47	1,27	1,27	0,88

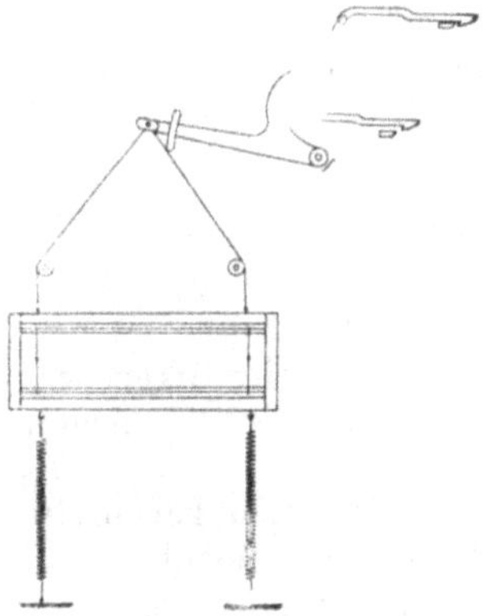

Abb. 265.

Probe:

1,30 . 120	=	156 Mk.
1,47 . 135	=	199 „
1,47 . 145	=	213 „
1,27 . 160	=	203 „
1,27 . 170	=	216 „
0,88 . 185	=	163 „
7,66 Teile	=	1150 Mk.
1 Teil	=	150 Mk.

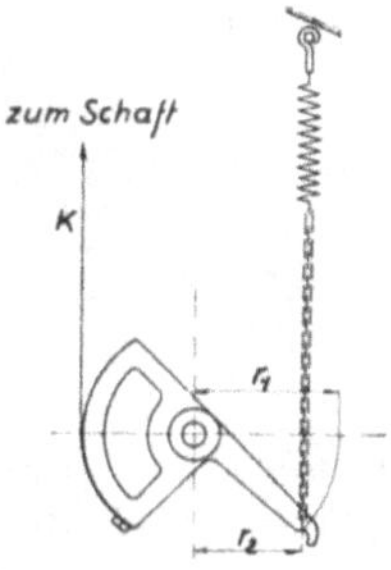

Abb. 287

Auch hier gibt es noch günstigere Lösungen. Eine Abhandlung über Mischungsrechnung stammt von Herrn Joh. Schmidt, der in der Leipziger Monatsschrift für Textilindustrie, Jahrgang 1921, einen Aufsatz über dieses Thema schrieb. Vom Verfasser dieses Buches erfolgte eine Ergänzung zu den Schmidt'schen Resultaten in derselben Zeitschrift.

Diese beiden Arbeiten wurden vereinigt zu dem Beispiel Nr. 81: Die Mischungsrechnung.

Beispiel Nr. 82:

Die Wolfrum-Schaftmaschine.

Man schuf mit dieser Konstruktion eine „schnürlose" Schaftmaschine, welche alle jene Nachteile beseitigen soll, die mit der Verwendung (Abb. 265 u. 287) von Riemchen oder Schnüren verknüpft sind, nämlich:

1. Zeitverlust beim Anschnüren und Richten der Schäfte beim Vorrichten einer neuen Ware.
2. Das Dehnen von Schaftschnuren und das daraus resultierende Schiefarbeiten des Schaftes.
3. Das Zerreißen von Schaftschnuren, welches bereits Veranlassung gab zur Konstruktion eines Schaftwächters, der den Stuhl abstellt, wenn eine Schaftschnur gerissen ist.
4. Das Rutschen von Knoten in den Verbindungsstellen.

Zweifellos hat die direkte Führung des Schaftes, unter Vermeidung irgendwelcher Zwischenteile zwischen Schaftmaschine und Schaft, den Vorteil, daß letzterer unbedingt ruhig und gleichmäßig arbeiten muß, während

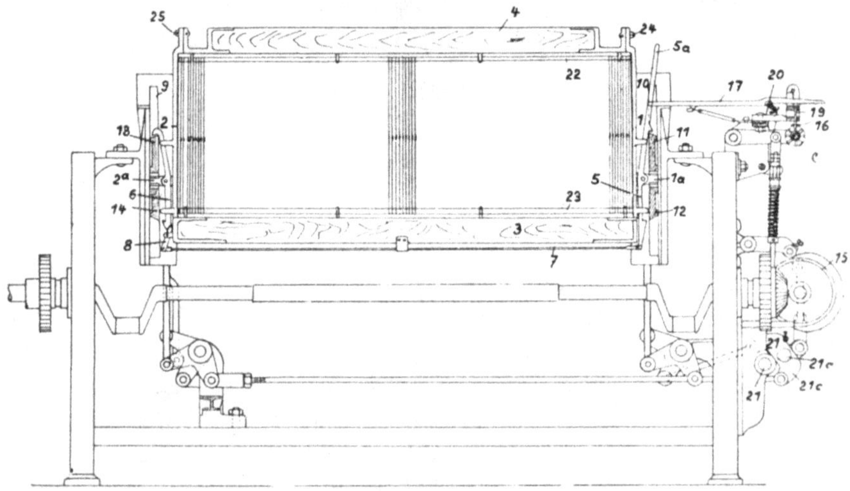

Abb. 264.

bei der Zwischenschaltung von Zugschnuren ein seitliches Schwanken während des Arbeitens, also auch eine vermehrte Beanspruchung des Kettenmaterials, wohl möglich ist.

Der Vorteil der Wolfrum-Schaftmaschine dürfte sich also bei breiten Stühlen mit großer Kettenspannung besonders gut bemerkbar machen.

Im folgenden sei eine Beschreibung der Wirkungsweise der Maschine gegeben: Aus Abb. 264 ist zu ersehen, daß die Schäfte aus den beiden eisernen Seitenteilen 1 und 2 bestehen, welche durch Holzstab 3 und Deckel 4 starr verbunden sind. Den zu beiden Seiten des Schaftes angeordneten Stahlplatinen 5 und 6 dient je ein an den Seitenteilen 1 und 2 angebrachter Bolzen als Drehpunkt. Die beiden Platinen 5 und 6 sind durch Verbindungsstange 7 und zweiarmigen Hebel 8 in ihrer Bewegung voneinander abhängig.

Die beiden Schaftmesser 11 und 13, welche für den Schafthochgang dienen, und die zwei Messer 12 und 14, welche für den Schafttiefgang dienen, werden unter Vermittlung verschiedener Hebel von der Kurbelscheibe 15, die ihre Bewegung von der Hauptwelle des Webstuhles herleitet, derart angetrieben, daß beim Anschlag der Lade beide Messer jeder Seite in der Richtung der Mitte der Führungsplatten 9 und 10 bewegt werden, wobei sie gegen die Anschläge 1a und 2a der Schaftrahmen treffen und diese sämtlich in die Mittelstellung bringen. Durch diesen Vorgang werden die Schaftplatinen von ihren zugehörigen Messern frei und können von der Karte 16 aus aufs neue eingestellt werden. Die Stoßplatine 17 umgreift eine Verlängerung 5a der Schaftplatine 5 und liegt auf der Nadel 19 auf. Befindet sich ein Loch in der Karte, so wird die Stoßplatine 17 vom Hacker 20 erfaßt und nach vorn geschoben. Ist die Karte nicht durchlocht, so wird die Stoßplatine 17 gehoben und der Hacker 20 geht darunter weg.

Ist die Karte also geschlagen, so werden die Platinen 5 und 6 von den Messern 12 und 14 erfaßt, während bei voller Karte die oberen Messer 11 und 13 den Schaft ins Oberfach heben.

Die Größe des Faches kann bequem dadurch reguliert werden, daß man die Schraube 21a des Hebels 21 löst und entweder den Teil 21b für das Unterfach, oder den Teil 21c für das Oberfach verstellt.

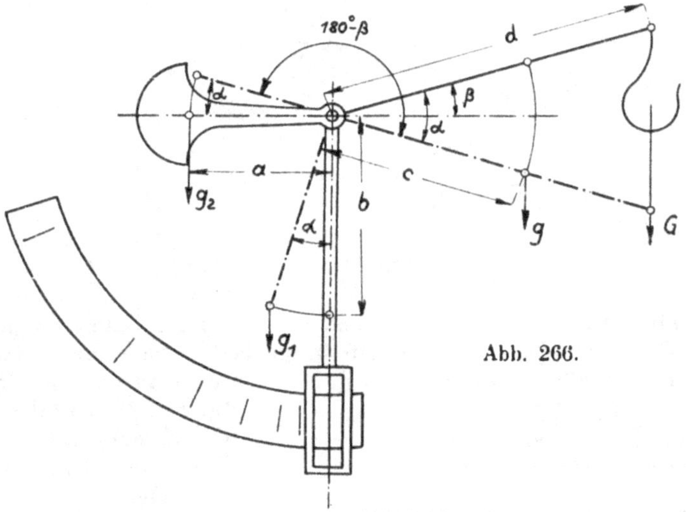

Abb. 266.

Man kann also, je nach den Erfordernissen der Ware, dem Oberfach sehr viel, dem Unterfach sehr wenig Bewegung geben, oder umgekehrt. Das Einlegen neuer Ketten gestaltet sich äußerst bequem: Man löst die Schräubchen 24 und 25 mittels eines besonderen Schraubenschlüssels, nimmt den Deckel ab und entfernt die Flachstäbchen 22, 23, auf welchen die Litzen aufgereiht sind. Nun kann man die neuen Geschirrteile einsetzen und die Deckel 4 wieder anschrauben.

Wenn man nur mit einer geringen Schaftzahl arbeitet, kann man die überflüssigen Rahmen herausnehmen.

Beispiel Nr. 83:

Garnwagen.

Bekanntlich wird die Nummerbestimmung der Garne auf Wagen vorgenommen, die mit einem Gradbogen versehen sind, auf welchem die Nummerneinteilung angebracht ist (Abb. 266).

Man benutzt jedoch auch Wagen gemäß Abb. 267, bei welcher man soviel Fäden einer bestimmten Länge an den Haken anhängt, daß der Zeiger auf den Teilstrich des Gradbogens zu stehen kommt, welcher der in Frage kommenden Numerierungsart entspricht. Die Anzahl der angehängten

Fäden gibt die Garnnummer an. Endlich gibt es noch Garnwagen, bei denen durch Verschieben eines Laufgewichtes das Gleichgewicht hergestellt wird, und bei denen die an einer Skala abgelesene Stellung dieses Laufgewichtes die Garnummer bedeutet (Abb. 268).

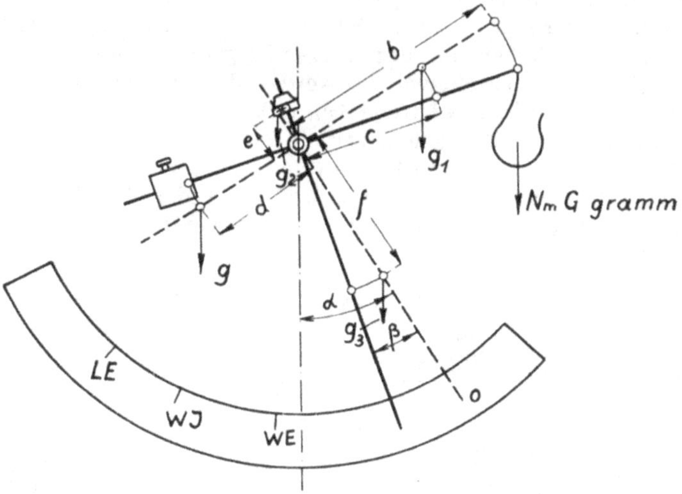

Abb. 267.

Ich halte es für erstrebenswert, daß die Hörer im Unterricht nicht nur über den Gebrauch dieser Garnwagen aufgeklärt werden und sich in der Handhabung derselben üben, sondern daß sie auch erfahren, wie die Einteilung der Gradbogen und Gradlineale zustande kommt. Dies soll der Zweck der folgenden Zeilen sein.

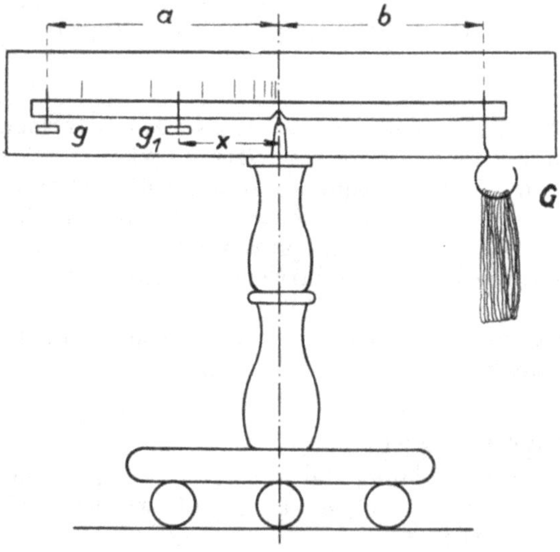

Abb. 268.

Zunächst sei die Garnwage Abb. 266 besprochen. Wir denken uns die Masse eines jeden Hebelarmes in einem einzigen Punkt vereinigt: dem Schwerpunkt, und nehmen an, daß wir das Gewicht eines jeden einzelnen Hebelarmes, sowie den Abstand seines Schwerpunktes von der Drehachse kennen. Es bedeuten: a, b, c die Schwerpunktshebelarmlängen in Millimeter, d, den Abstand des Garnhakens vom Drehpunkt in Millimeter, g, g_1, g_2 die Gewichte der einzelnen Hebelarme in Gramm und G das Gewicht des angehängten Garnes in Gramm.

Man nimmt an, daß im unbelasteten Zustand der Wage der linke Hebelarm horizontal, und der Zeigerhebelarm senkrecht nach unten stehen, und daß der Neigungswinkel des Garnhebelarmes gegen die Horizontale β Grad beträgt. Unter Berücksichtigung des bekannten Gesetzes:

„Man bekommt die in die Rechnung einzuführende Hebelarmlänge, wenn man eine Senkrechte fällt vom Drehpunkte auf die Richtung der Kraft“, ergibt sich für den Gleichgewichtszustand der unbelasteten Wage folgende Gleichung:

$$g_2 . a = g . c . \cos \beta .$$

Ist die Wage belastet, so gilt die Gleichung:

$$g_2 . a . \cos \alpha + g_1 . b . \sin \alpha = g . c . \cos (\alpha - \beta) + G . d . \cos (\alpha - \beta) .$$

Nun ist aber bekanntlich:

$$\cos (\alpha - \beta) = \cos \alpha . \cos \beta + \sin \alpha . \sin \beta \text{ ; also:}$$

$$g_2 . a . \cos \alpha + g_1 . b . \sin \alpha = g . c . \cos \alpha . \cos \beta + g . c . \sin \alpha . \sin \beta + G . d . \cos \alpha . \cos \beta + G . d . \sin \alpha . \sin \beta ;$$

$$\cos \alpha (g_2 . a - g . c . \cos \beta - G . d . \cos \beta) + \sin \alpha (g_1 . b - g . c . \sin \beta - G . d . \sin \beta) = 0.$$

$$\operatorname{tg} \alpha = \frac{G . d . \cos \beta + g . c . \cos \beta - g_2 . a}{g_1 . b - g . c . \sin \beta - G . d . \sin \beta} .$$

Unter Berücksichtigung der ersten Gleichung wird:

$$\operatorname{tg} \alpha = \frac{G . d . \cos \beta}{g_1 . b - g . c . \sin \beta - G . d . \sin \beta} ,$$

$$\operatorname{tg} \alpha = \frac{G . d . \cos \beta}{g_1 . b - \sin \beta (g . c + G . d)} .$$

Da eine Beziehung hergestellt werden soll zwischen der Garnnummer und dem Winkel α, so muß in der obigen Formel G, das Garngewicht in Gramm, durch N, die Garnnummer, ersetzt werden.

Angenommen, es soll die Gradeinteilung für englische Baumwollnumerierung vorgenommen werden, so besteht die Beziehung:

$$N_{engl} \text{ mal } 768 \text{ Meter wiegen } 454 \text{ Gramm,}$$

$$1 \text{ Meter wiegt } \frac{454}{N_{engl} . 768} \text{ Gramm ,}$$

und wenn man x Meter an die Wage anhängt:

$$\frac{x . 454}{N_{engl} . 768} \text{ Gramm} = 0{,}591 . \frac{x}{N_{engl}} \text{ Gramm.}$$

$$\operatorname{tg} \alpha = \frac{0{,}591 . \frac{x}{N_{engl}} . d . \cos \beta}{g_1 . b - g . c . \sin \beta - 0{,}591 . \frac{x}{N_{engl}} . d . \sin \beta} ,$$

$$\operatorname{tg} \alpha = \frac{0{,}591 . x . d . \cos \beta}{N_{engl} (g_1 . b - g . c . \sin \beta) - 0{,}591 . x . d . \sin \beta} .$$

Nimmt man für x eine bestimmte Garnlänge an, so bekommt man drei unveränderliche Größen:

$$0{,}591 \,.\, x \,.\, d \,.\, \cos\beta = k_1$$
$$g_1 \,.\, b - g \,.\, c \,.\, \sin\beta = k_2$$
$$0{,}591 \,.\, x \,.\, d \,.\, \sin\beta = k_3, \text{ also:}$$

$$\operatorname{tg}\alpha = \frac{k_1}{k_2 \,.\, N_{engl} - k_3}.$$

Hat man eine derartige Garnwage zur Verfügung, so kann man k_1 und k_3 ohne weiteres ausrechnen, wenn man d abmißt und mit Hilfe eines Winkelmessers den $\sphericalangle\,\beta$ bestimmt. Hängt man alsdann ein Garn bekannter Nummer an, so läßt sich k_2 berechnen aus der Gleichung:

$$\frac{k_1 + k_3 \,.\, \operatorname{tg}\alpha}{N_{engl} \cdot \operatorname{tg}\alpha}.$$

Für x = 10 Meter sei k_1 = 1026,
für x = 10 Meter sei k_3 = 592, k_2 sei 1200, dann wird:

$$\operatorname{tg}\alpha = \frac{1026}{1200\, N_{engl} - 592}.$$

N_{engl}	$\sphericalangle\,\alpha$	
1	60° 10′	für 10 Meter angehängte Garnlänge!
2	29° 40′	
3	18° 50′	
4	13° 40′	
5	10° 50′	
6	8° 50′	
7	7° 30′	

Feinere Nummern kann man bei 10 Meter Garnlänge nicht mehr einwandfrei ermitteln, weil die Ausschläge zu gering werden und weil sich zu kleine Differenzen zwischen den einzelnen Garnnummern ergeben. Hängt man 100 Meter Garn an, so wird:

$$\operatorname{tg}\alpha = \frac{10260}{1200 \,.\, N_{engl} - 5920}.$$

N_{engl}	$\sphericalangle\,\alpha$	
8	71° 20′	für 100 Meter angehängte Garnlänge!
9	65° 30′	
10	60° 10′	
20	29° 33′	
30	18° 50′	
40	13° 42′	
50	10° 45′	
60	8° 50′	

Feinere Nummern kann man bei 100 Meter Garnlänge nicht mehr einwandfrei ermitteln. Man hängt alsdann 500 Meter Garn an und bekommt:

$$\operatorname{tg} \alpha = \frac{51300}{1200 \,.\, N_{engl} - 29600}.$$

N_{engl}	$\sphericalangle \alpha$	
50	$60^0\ 10'$	für 500 Meter angehängte Garnlänge!
60	$50^0\ 26'$	
70	$43^0\ 18'$	
80	$37^0\ 40'$	
90	$33^0\ 10'$	
100	$29^0\ 38'$	
110	$26^0\ 38'$	
120	$24^0\ 08'$	
130	$22^0\ 07'$	
140	$20^0\ 20'$	
150	$18^0\ 50'$	

Vergleicht man diese drei Tabellen, so sieht man, daß die zu einer Winkelgröße gehörenden Garnnummern sich zueinander verhalten, wie die an die Wage gehängten Garnlängen. Man braucht also den Gradbogen nur für eine Garnlänge auszurechnen. Bei einem Winkel von $18°\ 50'$ würde man die englischen Garnnummern 3 bzw. 30 und 150 anschreiben, wobei sich Nr. 3 auf 10 Meter Garnlänge, Nr. 30 auf 100 Meter und Nr. 150 auf 500 Meter Garnlänge bezieht. Das geht auch ohne weiteres aus der Formel hervor:

$$\operatorname{tg} \alpha = \frac{k_1}{k_2 \,.\, N_{engl.} - k_3}.$$

Nimmt man nämlich einen z mal so langen Faden, so muß sein:

$$\frac{z \,.\, k_1}{k_2 \,.\, N_{engl.\ I} - z \,.\, k_3} = \frac{k_1}{k_2 \,.\, N_{engl.} - k_3}.$$

Diese Gleichung kann nur dann stimmen, wenn $N_{engl.\ I} = z \,.\, N_{engl.}$

Will man den Gradbogen nach der metrischen Numerierungsmethode numerieren, so hat man zu bedenken, daß:

$N_{metr.}$ mal 1000 Meter 1000 Gramm wiegen

und x Meter mithin $\frac{x}{N_{metr.}}$ Gramm.

$$\operatorname{tg} \alpha = \frac{\frac{x}{N_{metr.}} \,.\, d \,.\, \cos\beta}{g_1 \,.\, b - g \,.\, c \,.\, \sin\beta - \frac{x}{N_{metr.}} \cdot d \,.\, \sin\beta}$$

$$\operatorname{tg} \alpha = \frac{x \,.\, d \,.\, \cos\beta}{N_{metr.}\ (g_1 \,.\, b - g \,.\, c \,.\, \sin\beta) - x \,.\, d \,.\, \sin\beta}$$

$$\operatorname{tg} \alpha = \frac{k_1}{k_2 \,.\, N_{metr.} - k_3}.$$

Für x = 10 Meter würde, entsprechend früheren, $k_1 = 1735$
„ x = 10 „ „ „ „ $k_3 = 1000$

k_2 bleibt 1200, $tg\,\alpha = \frac{1735}{1200 \cdot N_{metr.} - 1000}$.

Nummer metrisch für 10 m	für 100 m	für 500 m	∢ α
1	10	50	83° 26′
2	20	100	51° 08′
3	30	150	33° 41′
3½	35	—	28° 29′
4	40	—	24° 30′
4½	45	—	21° 30′
5	50	—	19° 10′
5½	55	—	17° 15′
6	60	—	15° 40′

Die beiden Ausdrücke für $tg\,\alpha$ in englischer und metrischer Numerierung müssen sich unter Benutzung des bekannten Umwandlungskoeffizienten von der englischen Baumwollnumerierung in metrische Numerierung: 1,6934, auf die dieselbe Form bringen lassen. Es muß sein:

$$\frac{1735}{1200 \cdot 1{,}6934 \cdot N_{engl.} - 1000} = \frac{1026}{1200 \cdot N_{engl.} - 592}.$$

Bei der Garnsortierwage Abb. 267 muß im unbelasteten Zustande die Gleichung bestehen:

$$c \cdot \cos\alpha \cdot g_1 + f \cdot \sin\alpha \cdot g_3 = d \cdot \cos\alpha \cdot g + e \cdot \sin\alpha \cdot g_2$$
$$d \cdot g - c \cdot g_1 = tg\,\alpha \cdot (f \cdot g_3 - e \cdot g_2).$$

Im belasteten Zustande:

$$c \cdot \cos(\alpha - \beta) \cdot g_1 + f \cdot \sin(\alpha - \beta) \cdot g_3 + b \cdot \cos(\alpha - \beta) \cdot N_m \cdot G$$
$$= d \cdot \cos(\alpha - \beta) \cdot g + e \cdot \sin(\alpha - \beta) \cdot g_2.$$

Die ganze Gleichung durch $\cos(\alpha - \beta)$ dividiert, ergibt:

$$c \cdot g_1 + f \cdot g_3 \cdot tg(\alpha - \beta) + b \cdot N_m \cdot G = d \cdot g + e \cdot g_2 \cdot tg(\alpha - \beta)$$
$$tg(\alpha - \beta) = \frac{d \cdot g - c \cdot g_1 - b \cdot N_m \cdot G}{f \cdot g_3 - e \cdot g_2}$$

für $d \cdot g - c \cdot g_1$ den oben errechneten Wert eingesetzt, ergibt:

$$tg(\alpha - \beta) = tg\,\alpha - N_m \cdot G \cdot \frac{b}{f \cdot g_3 - e \cdot g_2}.$$

Bei metrischer Numerierung sollen an den Haken soviel Fäden zu 10 cm Länge angehängt werden, bis der Zeiger den metrischen Teilstrich bedeckt.

Bedeutet N_m die metrische Nummer, so ist:

$N_m \cdot 1000$ Meter = 1000 Gramm
$N_m \cdot 0{,}1$ „ = $^1/_{10}$ „

das heißt: $N_m \,.\, G = {}^1/_{10}$ Gramm

$$\text{tg}(\alpha - \beta) = \text{tg}\,\alpha - \frac{b}{10\,(f\,.\,g_3 - e\,.\,g_2)}$$

das Glied $\frac{b}{10\,(f\,.\,g_3 - e\,.\,g_2)}$ stellt einen unveränderlichen Wert dar, der mit k bezeichnet werden soll.

Wollte man sich zu einer solchen Garnwage den Gradbogen selbst herstellen, so müßte man zunächst k ermitteln, indem man die entsprechende Anzahl Fäden in vorgeschriebener Länge eines Garnes bekannter Nummer anhängt. Mit dem Winkelmesser mißt man sodann α und β; dann errechnet man k aus der Formel

$$\frac{\text{tg}\,\beta\,(1 + \text{tg}^2\,\alpha)}{1 + \text{tg}\,\alpha\,.\,\text{tg}\,\beta}.$$

$$\text{tg}(\alpha - \beta) = \text{tg}\,\alpha - k$$

$$\text{tg}(\alpha - \beta) = \frac{\text{tg}\,\alpha - \text{tg}\,\beta}{1 + \text{tg}\,\alpha\,.\,\text{tg}\,\beta}$$

$$\text{tg}\,\alpha - \text{tg}\,\beta = \text{tg}\,\alpha + \text{tg}^2\,\alpha\,.\,\text{tg}\,\beta - k - k\,.\,\text{tg}\,\alpha\,.\,\text{tg}\,\beta$$

$$\text{tg}\,\beta = \frac{k}{1 + \text{tg}^2\,\alpha - k\,.\,\text{tg}\,\alpha}$$

Angenommen k sei 0,85 und $\alpha = 30^\circ$, dann wird tg β für metrische Numerierung:

$$\text{tg}\,\beta = \frac{0{,}85}{1 + (\text{tg}\,30^\circ)^2 - 0{,}85\,.\,\text{tg}\,30^\circ} = \frac{0{,}85}{1 + 0{,}57735^2 - 0{,}85\,.\,0{,}57735}$$

$$\text{tg}\,\beta = 1{,}009\,;\ \beta = 45^\circ\,15'.$$

Dieser Winkel entspricht dem Teilstrich W J in Abb. 267.

Will man den Teilstrich für englische Baumwollnumerierung suchen, so hat man zu erwägen, daß: $N_{\text{engl.}}\,.\,768$ Meter $= 454$ Gramm, und daß die anzuhängenden Fäden eine Länge von 3 Zoll $= 76{,}2$ mm haben sollen.

$$N_{\text{engl.}} \cdot 76{,}2 = \frac{454\,N_{\text{engl.}} \cdot 76{,}2}{N_{\text{engl.}} \cdot 768\,.\,1000} = \frac{454\,.\,76{,}2}{768\,.\,1000}\ \text{Gramm}$$

$$N_{\text{engl.}} \cdot G = 0{,}045$$

und k würde in diesem Falle: $0{,}85\,.\,10\,.\,0{,}045 = 0{,}3825$

$$\text{tg}\,\beta = \frac{0{,}3825}{1 + 0{,}57735^2 - 0{,}3825\,.\,0{,}57735} = 0{,}346154$$

$$\beta = 19^\circ 6'$$

Dies ist der Winkel der englischen Baumwollnumerierung.

Entsprechend ergibt sich bei der Leinennumerierung englisch (L E) folgendes:

$N_{l\,\text{engl.}} \cdot 300$ Yard $= 454$ Gramm,

$N_{l\,\text{engl.}} \cdot 274{,}32$ Meter $= 454$ Gramm,

$$N_{l\,\text{engl.}} \cdot 3\ \text{Zoll} = N_{l\,\text{engl.}} \cdot 76{,}2\ \text{mm} = \frac{454\,.\,76{,}2}{274{,}32\,.\,1000}\ \text{Gramm}$$

$N_{l\,\text{engl.}} \cdot G$ Gramm $= 0{,}1261$

k für Leinennumerierung englisch wird:

$$0{,}85\,.\,10\,.\,0{,}1261 = 1{,}0718$$

$$\operatorname{tg}\beta = \frac{1{,}0718}{1 + 0{,}57735^2 - 1{,}0718\,.\,0{,}57735} = 1{,}5004$$

$$\beta = 56^\circ 19'$$

Dies ist der Winkel für die englische Leinennumerierung (L E).

Sehr einfach gestalten sich die Beziehungen zwischen der Garnnummer und der Stellung des Laufgewichtes bei der Wage gemäß Abb. 268. Das Gewichtchen g dient dazu, den Gleichgewichtszustand der unbelasteten Wage herbeizuführen, während das Laufgewichtchen g_1 den Einfluß der Garnbelastung auszugleichen hat.

Hängt man beispielsweise einen Meter eines Baumwollgarnes englischer Numerierung ($N_{\text{engl.}}$) an, so ist:

$$N_{\text{engl.}} \cdot 768 \text{ Meter} = 454 \text{ Gramm}$$

$$1 \text{ Meter} = \frac{454}{N_{\text{engl.}}\,.\,768} \text{ Gramm} = \frac{0{,}591}{N_{\text{engl.}}} \text{ Gramm}$$

$$g_1\,.\,x = \frac{0{,}591}{N_{\text{engl.}}} \cdot b\,; \qquad x = \frac{0{,}591\,.\,b}{N_{\text{engl.}} \cdot g_1}\,;$$

$\frac{0{,}591\,.\,b}{g_1}$ stellt wieder einen konstanten Wert k dar, also $x = \frac{k}{N_{\text{engl.}}}$

$$\text{z. B.: } k = 600, \text{ dann ist } x = \frac{600}{N_{\text{engl.}}}.$$

Auch hier lassen sich durch Änderung der angehängten Garnlänge und der Länge des Hebelarmes b die nötigen Anpassungsmöglichkeiten schaffen.

Bei der Garnwage nach Stübchen-Kirchner, welche nach diesem Prinzip gebaut ist, verfährt man wie folgt: Zur Ermittlung einer Garnnummer wird die Länge der Garnprobe (100 bis 1000 cm) genau gemessen und der Haken genau auf den Teilstrich eingestellt, welcher mit der Länge des Fadens genau übereinstimmt. Dann wird eines der beiden links befindlichen Laufgewichtchen auf die entsprechende Stelle der symmetrisch mit der Zentimeterskala angebrachten gleichen Teilung eingestellt. Durch Verschieben des zweiten Laufgewichtchens wird Gleichgewicht hergestellt. Die Stellung dieses Gewichtchens gibt dann die Nummer des Garnes an.

Bei allen Garnwagen, deren Nummerablesung durch die verschiedenen Stellungen der Hebelarme erfolgt, die also durch Drehung nach angehängter Garnprobe ihre Gleichgewichtslage wieder herstellen und dadurch die Nummerbestimmung ermöglichen (Abb. 266 und 267), kommen Fehler bei der angegebenen Berechnungsmethode zum Vorschein. Diese Fehler beruhen darauf, daß man die Schwerpunktslage des Garnhebels mit Haken als unveränderlichen Punkt angenommen hat. Dieser Fehler wird um so kleiner, je geringer das Hakengewicht gegenüber dem des Garnhebels ausfällt.

B e i s p i e l Nr. 84: Kettenfadenschonung und Fachbildung.

Von großer Bedeutung für den günstigen Verlauf des Webprozesses und der mehr oder weniger schonenden Behandlung der Kettenfäden während des Hebens ist die Art des Faches und der Fachbildung. Zunächst hat man sich die Frage vorzulegen: wie ist das Material der Kettenfäden beschaffen? Ist das Material sehr unelastisch, wie das z. B. bei Leinen der Fall ist, so muß die Fachbildung so vor sich gehen, daß der Faden bei der Aushebung möglichst wenig gedehnt wird. Man wird also den Schaftsprung (Schafthub) so klein wie möglich machen und einen entsprechend niedrigen Schützen wählen müssen. Das Vorderfach wird man möglichst kurz machen, d. h. man wird die Schäfte möglichst nahe an die hintere Ladenstellung heranrücken und das Hinterfach möglichst lang machen, damit sich die Dehnung auf eine sehr große Strecke verteilt und dadurch relativ (prozentual) geringer wird. Diese Erwägungen sind theoretisch einwandfrei, aber wie so oft würde auch hier die Theorie in ein falsches Fahrwasser geraten, wenn sie praktische Erwägungen außer acht lassen würde. Diese letzteren führen uns nämlich dazu, zu verlangen, daß der Schützen bei seinem Durchgange durch das Fach keine schlaffen, durchhängenden Fäden vorfindet, welche den glatten Verlauf des Webprozesses stören und den guten Ausfall der Ware bzw. den Wirkungsgrad des Webstuhles ungünstig beeinflussen würden. Aus diesem Grunde muß man die Fachbildung so vor sich gehen lassen, daß lockere, durchhängende Fäden mit Sicherheit durch die Aushebung in einen gespannten Zustand gelangen. Besonders bei der Benutzung von Kettenfadenwächtern an mechanischen Leinenwebstühlen hat man auf diesen Umstand zu achten, damit durch lockere Fäden der Stuhl durch den Wächter nicht ausgerückt wird.

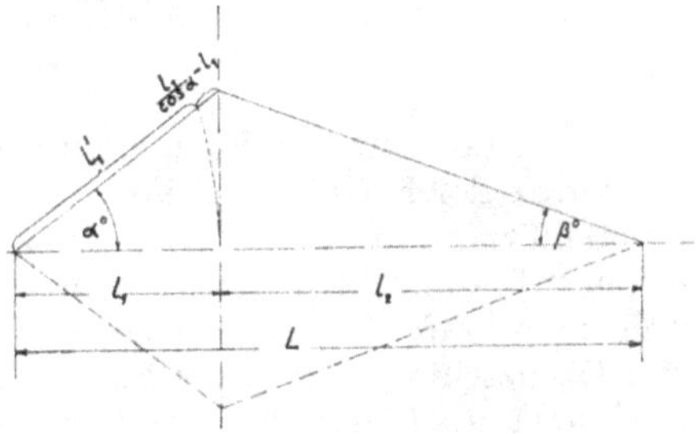

Abb. 269.

Auch bei Wolle, hauptsächlich wenn es sich um rauhes, sehr faseriges Material handelt, macht man den Schafthub reichlich und das Hinterfach kurz, die Schaftbewegung sehr schnell, damit mitgenommene Fäden Zeit haben, durch die ihnen übermittelte Spannung wieder in ihre alte Lage zu gelangen, so daß Bindungsfehler vermieden werden.

Handelt es sich um ein Kettenfadenmaterial, welches in bezug auf Reibung sehr empfindlich ist, so muß man dafür sorgen, daß sich die Fäden bei der Fachbildung möglichst wenig oder gar nicht an den Helfenaugen der Schäfte reiben.

Die Abb. 269 läßt folgende Beziehungen erkennen:

Reibungsweg des Fadens an dem Litzenauge für den ungünstigsten Fall, daß sich die Fadendehnung nur auf jenes Fadenstück erstreckt, welches zwischen letzteingetragenem Schuß und Kreuzschienen liegt:

$$\frac{l_1}{\cos \alpha} - l'_1$$

l'_1 läßt sich berechnen aus der Proportion:

$$l_1 : l'_1 = L : \left(\frac{l_1}{\cos \alpha} + \frac{l_2}{\cos \beta}\right)$$

$$l'_1 = \frac{l_1}{L}\left(\frac{l_1}{\cos \alpha} + \frac{l_2}{\cos \beta}\right)$$

Den Winkel β durch α ausgedrückt, führt zu:

$$l'_1 = \frac{l_1^2}{L}\left[\frac{1}{\cos\alpha} + \frac{l_2}{l_1}\sqrt{1 + \left(\frac{l_1}{l_2}\operatorname{tg}\alpha\right)^2}\right].$$

Soll keine Reibung stattfinden zwischen Helfenauge und Kettenfaden bei der Fachbildung, so muß sein:

$$l'_1 = \frac{l_1}{\cos\alpha};$$

dieses in vorige Gleichung eingesetzt führt zu:

$$1 = \frac{l_1}{L}\left[1 + \frac{l_2}{l_1}\sqrt{\cos^2\alpha + \left(\frac{l_1}{l_2}\right)^2 \sin^2\alpha}\right].$$

Diese Gleichung ist erfüllt für $l_1 = l_2$

$$1 = \tfrac{1}{2}\,[1 + 1] = 1$$

d. h., es findet bei der Fachbildung keine Fadenreibung statt, wenn Vorderfachlänge gleich Hinterfachlänge.

Geht man von einem gegebenen Fachwinkel α und einer gegebenen Entfernung L von letzteingetragenem Schuß bis zu den Kreuzschienen aus, so weiß man, daß die Stellung des Schaftes in der Mitte zwischen Warenrand und Kreuzschienen in bezug auf Fadenreibung die günstigste ist. Anderseits wird aber auch der Fadenreibungsweg immer kleiner, je weiter man den Schaft von einer gewissen Stellung aus nach dem Webblatt zu verschiebt. Nimmt man willkürlich an: Fachwinkel $\alpha = 30°$; Länge L von Vorder- und Hinterfach zusammen = 1000 mm, so erhält man:

l_1	l_2	$\cos\beta$	l'_1	$\frac{l_1}{\cos\alpha} - l'_1$	
0	1000	1	0,00	0,00	Null
50	950	0,9994	55,00	2,70	↓
100	900	0,9979	101,75	13,75	
150	850	0,9950	153,90	19,30	
200	800	0,9897	207,50	23,50	
250	750	0,9822	263,20	25,40	
275	725	0,9769	291,30	26,00	↓
300	700	0,9717	320,10	26,60	Maximum
350	650	0,9550	379,60	24,40	↑
400	600	0,9330	443,00	19,00	
450	550	0,9038	507,00	12,00	
500	500	0,8660	578,00	0,00	Null
l_1	l_2	$\cos\beta$	l'_1	$\frac{l_1}{\cos\alpha} - l'_1$	

Man sieht aus der Tabelle, daß der Schaft in bezug auf Reibung dann am ungünstigsten angeordnet ist, wenn er im Abstande von 300 mm vom Warenrand steht. Es hat dann der Faden bei jeder Hubbewegung des Schaftes einen Reibungsweg in dem Helfenauge von 26,6 mm. Je höher nun die Schußdichte, um so öfter wird ein und dasselbe Fadenelement an diesem

Reibungsweg teilnehmen, und um so mehr besteht die Gefahr eines Zerreibens der Kettenfäden. Hieraus ersehen wir, daß der Ladenhub eng zusammenhängt mit dieser Fadenreibungsfrage. Je mehr es uns gelingt, durch Zwischenschaltung geeigneter Maschinenelemente (starres Dreieck mit kurzer Schubstange) den Ladenhub zu verringern, um so mehr wird eine Schonung der Kettenfäden eintreten. Aber auch die Schützenform, die Dimensionen der Schußspulen, das verwendete Schußmaterial und das System der Schußspulmaschinen sind Faktoren, welche hier hineinspielen.

Beispiel Nr. 85:

Graphische Berechnungen.

In vielen Fällen führen graphische Berechnungen in der Praxis Zeitersparnis herbei, da der Berechnungsvorgang nur einmal (vom Entwerfer des Kurvenblattes) vorzunehmen ist, während die Benutzer das Resultat einfach ablesen können.

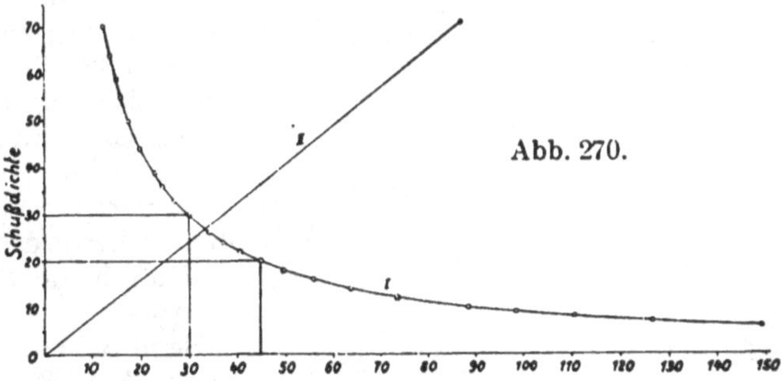

Abb. 270.

Von diesem Gesichtspunkte aus betrachtet, rechtfertigt sich die Benutzung graphischer Darstellungen in der Praxis, wo vielfach des Rechnens Unkundige beschäftigt sind. Aus diesem Grunde halten wir es auch als zur Ausbildung des Textiltechnikers gehörig, daß er mit der Herstellung und dem Lesen graphischer Darstellungen vertraut gemacht wird, welche an zwei Beispielen erörtert werden mögen, aus denen die Herstellung und das Lesen derartiger Schaulinien zu entnehmen sind.

Abb. 69 zeigt einen positiven Riffelbaumregulator des englischen Webstuhles (Hodgsonstuhl). Es soll ein Kurvenblatt Abb. 270 entworfen werden, welches es uns gestattet, aus der gegebenen Schußdichte die notwendige Zähnezahl des Wechselrades — ohne Rechnung — ablesen zu können.

Bezeichnet man mit a die pro Ladenhub von der Schaltklinke geschaltete Zähnezahl des Schaltrades, mit z_1 dessen Zähnezahl, mit w die Zähnezahl des Wechselrades, mit z_2, z_3 die Zähnezahl der Transporträder, mit z_4 die Zähnezahl des Baumrades, mit U den Umfang des Riffelbaumes in cm und mit S die Schußdichte, d. h. die Anzahl der Schüsse auf 1 cm Warenlänge, so lautet die Gleichung:

$$\frac{a}{z_1} \cdot \frac{w}{z_2} \cdot \frac{z_3}{z_4} \cdot U = \frac{1}{S}$$

$$a \cdot w = \frac{z_1 \cdot z_2 \cdot z_4}{S \cdot z_3 \cdot U}.$$

Faßt man die unveränderlichen Werte zu einer Kopf- oder Grundzahl (auch Schlüsselzahl) K zusammen,, so erhält man:

$$a \, . \, w = \frac{K}{S}.$$

Wurde beispielsweise K zu 893 ermittelt, so ist:

$$a \, . \, w = \frac{893}{S}.$$

Durch diese Gleichung ist der Entwurf der Schaulinie I schon gegeben: Man trägt auf der einen (in Abb. 270 auf der lotrechten) Achse eines rechtwinkligen Koordinatensystemes in irgend einem Maßstabe die Schußdichten und auf der anderen Achse die Produkte a . w auf. Nun berechnet man für eine angenommene Schußdichte das Produkt a . w und konstruiert die Schaulinie als gleichseitige Hyperbel (Mariotte'sche Linie), wie aus Abb. 270 zu ersehen ist. Ist a . w beispielsweise 60, so kann man die verlangte Schußdichte 14,5 dadurch erhalten, daß man ein Wechselrad von 60 Zähnen benutzt und das Schaltrad bei jedem Ladenhub um einen Zahn oder mit einem Wechselrade von 30 Zähnen das Schaltrad bei jedem Ladenhub um zwei Zähne fortrückt.

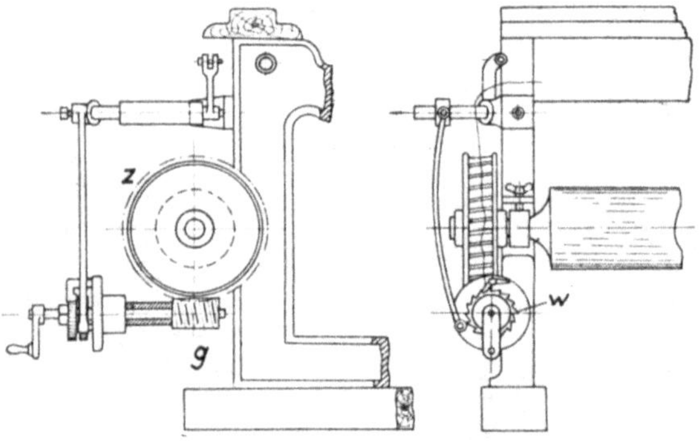

Abb. 271.

Beim Schneckenradregulator (Abb. 271) lautet die Gleichung, in welcher S die Schußdichte auf 1 cm Warenlänge, U den Umfang des Riffelbaumes in cm, z die Zähnezahl des Schneckenrades, g die Anzahl der Schraubengänge der Schnecke, w die Zähnezahl des Schaltrades und a die Anzahl Zähne bedeutet, um welche das Schaltrad bei jedem Schuß (Ladenhub) geschaltet wird:

$$\frac{a}{w} \cdot \frac{g}{z} \cdot U = \frac{1}{S}$$

für $\frac{g \, . \, U}{z} = K$ gesetzt, ergibt

$$\frac{w}{a} = S \, . \, K \, .$$

Man ermittelt nun die Schaulinie II, in diesem Falle eine gerade Linie, indem man für eine Schußdichte den Wert $\frac{w}{a}$ berechnet und den zugehörigen Punkt mit dem Ursprung des Achsenkreuzes verbindet. Ergibt sich beispielsweise $\frac{w}{a} = 40$, so wählt man entweder ein Schaltrad von 40 Zähnen, welches bei jedem Ladenhub um einen Zahn, oder ein Rad von 80 Zähnen, welches um zwei Zähne weitergeschaltet wird.

Sehr lehrreich ist der Entwurf einer graphischen Darstellung zur Ermittlung der Feinheitsnummer eines aus zwei oder mehreren Garnen zusammengesetzten Zwirnes, der aus Einzelfäden von gleichartiger oder verschiedenartiger Numerierung besteht. Man trägt auf der einen Achse eines rechtwinkligen Koordinatensystemes das Gewicht von 1000 m Garn, auf der anderen Achse die Garnnummer auf und erhält dann für jede Numerierungsart eine Schaulinie, wie das Schaulinienblatt Abb. 272 zeigt. Es ergeben sich gerade Linien (für Gewichtsnumerierung) oder Hyperbeln (für Längennumerierung). Die Aufzeichnung dieser Linien geschieht auf Grund folgender Berechnung (beispielsweise für Baumwolle nach englischer Numerierung):

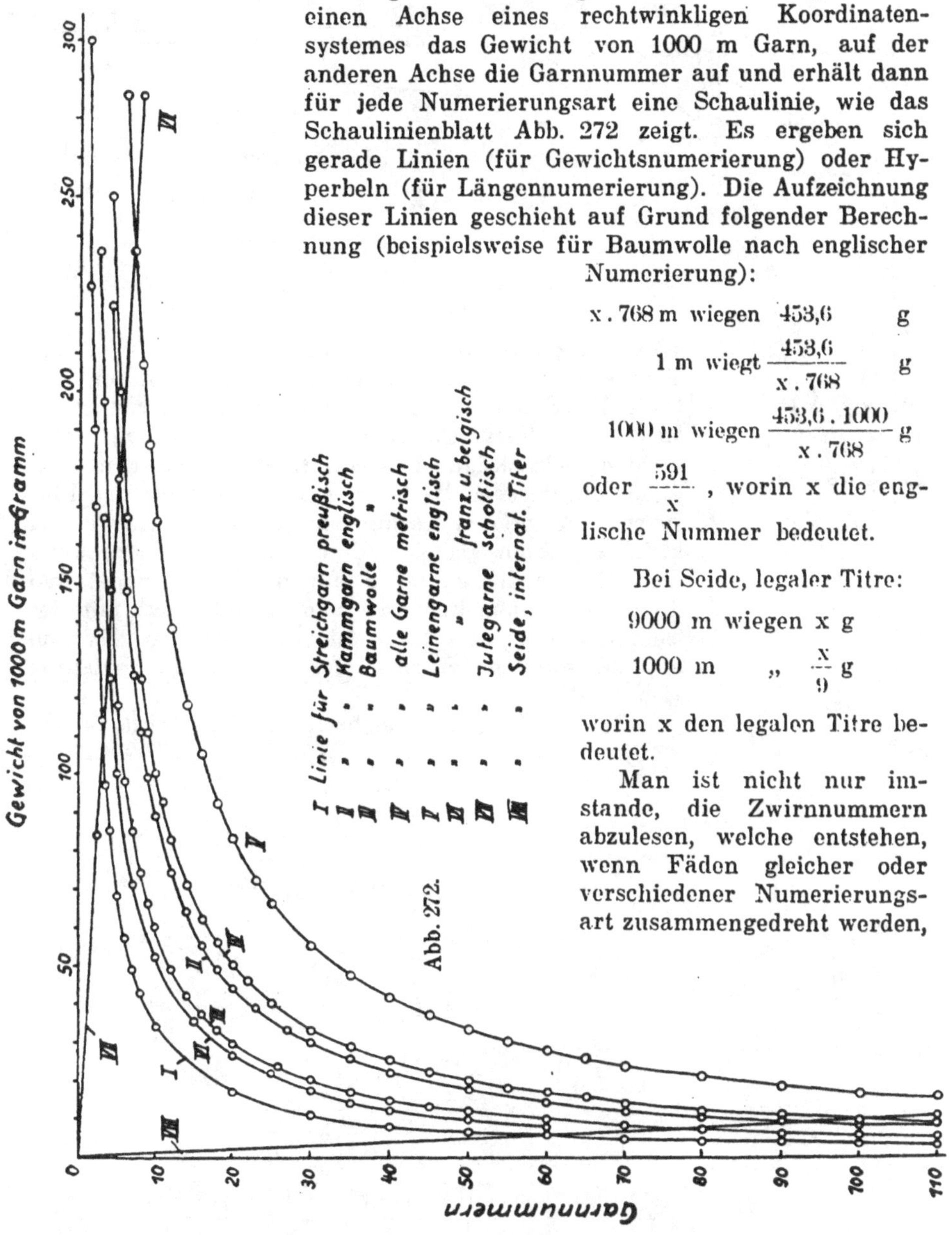

Abb. 272.

$x \cdot 768$ m wiegen $453{,}6$ g

1 m wiegt $\frac{453{,}6}{x \cdot 768}$ g

1000 m wiegen $\frac{453{,}6 \cdot 1000}{x \cdot 768}$ g

oder $\frac{591}{x}$, worin x die englische Nummer bedeutet.

Bei Seide, legaler Titre:

9000 m wiegen x g

1000 m „ $\frac{x}{9}$ g

worin x den legalen Titre bedeutet.

Man ist nicht nur imstande, die Zwirnnummern abzulesen, welche entstehen, wenn Fäden gleicher oder verschiedener Numerierungsart zusammengedreht werden, sondern man kann auch zu einer gegebenen Garnnummer die zugehörigen anderen Garnnummern ermitteln, die einen Zwirn von vorgeschriebener Nummer ergeben sollen. Dies ist durch Abb. 273 näher erläutert.

Will man z. B. wissen, welche Zwirnnummer entsteht, wenn 90er und 30er Baumwollgarn metrischer Numerierung zusammengezwirnt werden, so addiert man die Abstände x g und c d, trägt die Summe auf der Gewichtsachse von o aus auf, wodurch man den Punkt h_1 erhielt, zieht von hier die Senkrechte bis zum Schnitt mit der Linie II (Punkt h_2) und liest bei i die Zwirnnummer 22½ ab. Selbstverständlich ist das Einzwirnen hierbei nicht berücksichtigt. Das beeinträchtigt aber den Wert dieses graphischen Verfahrens keineswegs, da das Einzwirnen neueren Forschungen zufolge verschwindend klein ist. Zum gleichen Ergebnis kommt man, wenn man die Punkte g und d miteinander verbindet und diese Verbindungslinie bis zum Schnittpunkt mit der Gewichtsachse verlängert. Mit Hilfe der Abb. 274 und 275 soll bewiesen werden, daß dieses zweite Verfahren richtig ist.

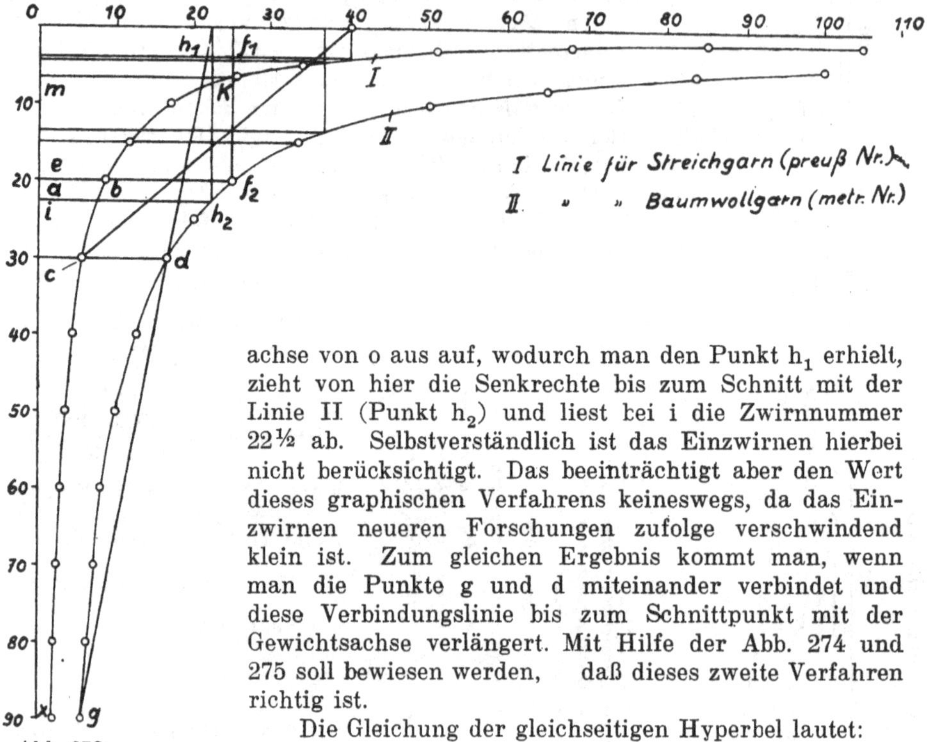

Abb. 273.

Die Gleichung der gleichseitigen Hyperbel lautet:

$$x_1 \cdot y_1 = \frac{1}{2} a^2$$

$$x_2 = \frac{a^2}{2 y_2}$$

$$(w - y_1) : (y_2 - y_1) = x_1 : (x_1 - x_2)$$

$$(w - y_1) : (y_2 - y_1) = \frac{a^2}{2 y_1} : \left(\frac{a^2}{2 y_1} - \frac{a^2}{2 y_2}\right)$$

$$\frac{y_2 - y_1}{2 y_1} = w \cdot \left(\frac{1}{2 y_1} - \frac{1}{2 y_2}\right) - \frac{1}{2} + \frac{y_1}{2 y_2}$$

$$w = \frac{\frac{y_2 - y_1}{2 y_1} + \frac{1}{2} - \frac{y_1}{2 y_2}}{\frac{1}{2 y_1} - \frac{1}{2 y_2}}$$

$$w = \frac{(y_2 - y_1) y_2 + y_1 y_2 - y_1^2}{y_2 - y_1} = \frac{y_2^2 - y_1 y_2 + y_1 y_2 - y_1^2}{y_2 - y_1}$$

$$w = \frac{y_2^2 - y_1^2}{y_2 - y_1}$$

$$w = y_2 + y_1$$

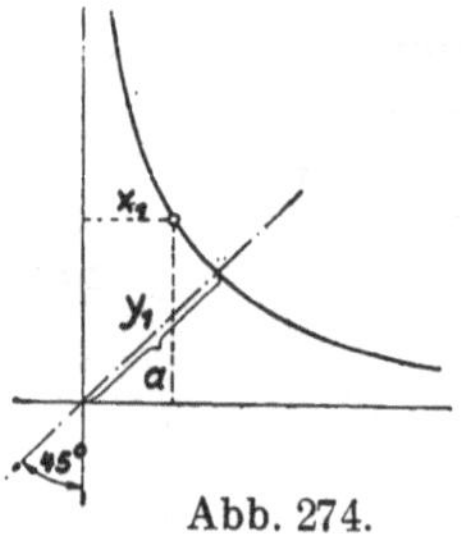
Abb. 274.

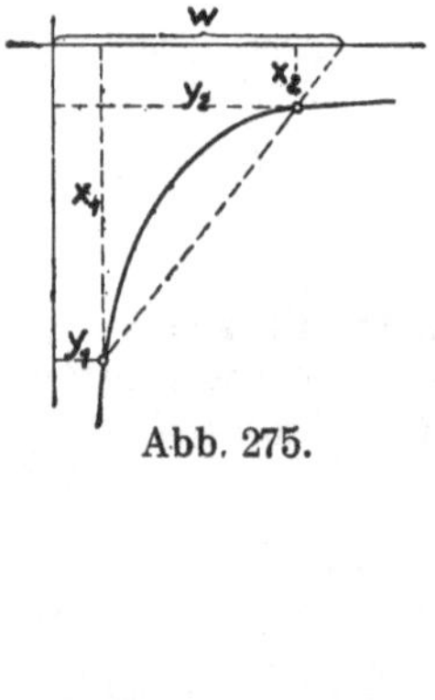
Abb. 275.

Wenn man die metrische Feinheitsnummer eines aus 20er Streichgarn (preußisch) und 30er Baumwollgarn (metrisch) hergestellten Zwirnes ermitteln will, trägt man die Summe der Entfernungen a b und c d (Abb. 273) vom Ursprung des Koordinatensystems auf der Gewichtsachse auf (Punkt f_1). Projiziert man diesen Punkt auf die Schaulinie II, so erhält man den Punkt f_2 und liest die Nr. 19,8 $\backsim$ 20 bei e ab. Will man die Feinheitsnummer des Zwirnes für die preußische Streichgarnnummer ermitteln, so projiziert man auf Linie I (Punkt k) und erhält bei m die Garnnummer 6,7. In der gleichen Art verfährt man bei dreifädigem sowie mehrfädigem Zwirn.

Beispiel Nr. 86: Ermittlung des Webwarengewichtes.

Will man das Gewicht von 1 Quadratmeter Ware wissen, die noch nicht erzeugt ist, so kann man sich einfacher Formeln bedienen, die im folgenden entwickelt werden sollen, ohne Berücksichtigung der Einarbeitung.

Baumwollgewebe, Kette und Schuß Baumwolle, englische Numerierung:

Kettendichte F_K Fäden pro cm, Nummer des Kettgarnes N_K,
Schußdichte F_S „ „ „ „ „ Schuß „ N_S,

1 m² Ware enthält 100 F_K m Kette und 100 F_S m Schuß.

$$N_K \cdot 768 \text{ m} = 454 \text{ g}$$

$$1 \text{ m} = \frac{454}{N_K \cdot 768} \text{ g}$$

$$100 \cdot F_K \text{ m} = \frac{454 \cdot 100 \cdot F_K}{768 \cdot N_K} \text{ g} = 59{,}2 \frac{F_K}{N_K} \text{ Gramm Kette}$$

$$\text{entsprechend } 59{,}2 \frac{F_S}{N_S} \text{ Gramm Schuß}$$

1 m² Ware wiegt ohne Berücksichtigung der Einarbeitung

$$59{,}2 \left(\frac{F_K}{N_K} + \frac{F_S}{N_S} \right) \text{ Gramm.}$$

Für sämtliche metrisch numerierten Garne: Baumwolle, Streichgarn, Kammgarn, Kunstwollgarn (Vigogne, Shoddy), Schappe, Florette, Bourette, erhält man folgende Formel:

$$N_K \cdot 1000 \text{ m} = 1000 \text{ g}$$

$$1 \text{ m} = \frac{1000}{1000 \cdot N_K} \text{ g}$$

$$100 \cdot F_K \text{ m} = \frac{1000 \cdot 100 \cdot F_K}{1000 \cdot N_K} \text{ g} = 100 \frac{F_K}{N_K} \text{ g}$$

$$\text{entsprechend } 100 \frac{F_S}{N_S} \text{ g Schuß.}$$

$$1 \text{ m}^2 \text{ Ware wiegt } 100 \left(\frac{F_K}{N_K} + \frac{F_S}{N_S} \right) \text{ g.}$$

Seidenware, Kette und Schuß Seide, internationaler Titre.

$$10\,000\text{ m} = N_K \text{ Gramm}$$

$$1\text{ m} = \frac{N_K}{10\,000}\text{ g}$$

$$100 \,.\, F_K\text{ m} = \frac{100\,N_K \,.\, F_K}{10\,000}\text{ g} = \frac{N_K \,.\, F_K}{100}\text{ g}$$

$$\text{entsprechend } \frac{N_S \,.\, F_S}{100}\text{ g Schuß}$$

1 m² Ware wiegt $\frac{1}{100}(N_K \,.\, F_K + N_S \,.\, F_S)$ Gramm.

Bei französischer Numerierung:

$$476\text{ m} = N_K \,.\, 0{,}053115\text{ g}$$

$$1\text{ m} = \frac{N_K \,.\, 0{,}053115}{476}\text{ g}$$

$$100\,F_K = \frac{0{,}053115 \,.\, 100 \,.\, N_K \,.\, F_K}{476}\text{ g} = 0{,}011165\,N_K \,.\, F_K\text{ g}$$

$$\text{entsprechend } 0{,}011165\,N_S \,.\, F_S\text{ g Schuß}$$

1m² Ware wiegt 0,011 165 $(N_K \,.\, F_K + N_S \,.\, F_S)$ Gramm.

Jutegewebe, Kette und Schuß Jute, schottische Numerierung:

$$13\,168\text{ m} = N_K \,.\, 454\text{ g}$$

$$1\text{ m} = \frac{454\,N_K}{13168}\text{ g}$$

$$100\,F_K = \frac{454 \,.\, 100\,N_K \,.\, F_K}{13168}\text{ g} = 3{,}45\,N_K \,.\, F_K\text{ g}$$

$$\text{entsprechend } 3{,}45\,N_S \,.\, F_S\text{ g Schuß}$$

1 m² Ware wiegt 3,45 $(N_K \,.\, F_K + N_S \,.\, F_S)$ Gramm.

Jute, englische Numerierung:

$$N_K \,.\, 274{,}31\text{ m} = 454\text{ g}$$

$$1\text{ m} = \frac{454}{274{,}31\,N_K}\text{ g}$$

$$100\,F_K = \frac{454 \,.\, 100\,F_K}{274{,}31\,N_K}\text{ g} = 165{,}5\,\frac{F_K}{N_K}\text{ g}$$

$$\text{entsprechend } 165{,}5\,\frac{F_S}{N_S}\text{ g Schuß}$$

1 m² Ware wiegt 165,5 $\left(\frac{F_K}{N_K} + \frac{F_S}{N_S}\right)$ Gramm.

Bei gemischten Geweben muß man eine entsprechend zusammengesetzte Formel anwenden, die sich aus den vorigen Betrachtungen ohne weiteres ergibt.

Beispiele: Kettenmaterial Mail. Organ. 20/22 den, cuit, einfach, ohne Erschwerung, Schußmaterial Baumwollzwirn Nr. 50/2 englisch. Kettendichte 170 Fäden pro cm, Schußdichte 20 Schuß pro cm.

$$1\text{m}^2 \text{ Ware wiegt } \left[0{,}011\,165\; N_K \,.\, F_K + 59{,}2\,\frac{F_S}{N_S}\right] \text{ Gramm,}$$

$$0{,}011\,165 \;.\; 21 \;.\; 170 + 59{,}2\,\frac{20}{25} = 87{,}2 \text{ Gramm ohne Einarbeitung.}$$

Es wird verlangt, daß die im vorigen Beispiel erwähnte Ware nur 80 Gramm pro 1 m² wiege, und man will dies erreichen durch Verringerung der Kettendichte. Wieviel Fäden pro 1 cm dürfte alsdann die Kette nur besitzen?

$$0{,}011\,165 \;.\; 21 \;.\; F_K + 59{,}2\,\frac{20}{25} = 80$$

$$F_K = \frac{80 - 59{,}2\,\frac{20}{25}}{0{,}011165 \,.\, 21} = \text{ca. } 140 \text{ Fäden.}$$

Melton-Paletotstoff:

Kette 2/36 mm. Kammgarn,
Schuß 2/28 mm Kammgarn,
5560 Kettenfäden auf 193 cm,
160 Schußfäden auf 10 cm.

Lösung:
$$F_K = \frac{5560}{193} = 28{,}85; \qquad F_S = 16.$$

1 m² Ware wiegt im Stuhl, ohne Einarbeitung:

$$100\left(\frac{28{,}85}{18} + \frac{16}{14}\right) = 274^1/_4 \text{ Gramm.}$$

Ein Meter Ware würde wiegen $274^1/_4$. 1,93 = 530 Gramm.

Wieviel Schuß dürfte man der Ware nur geben, wenn das Quadratmeter nur 260 Gramm wiegen soll?

$$100\left(\frac{28{,}85}{18} + \frac{F_S}{14}\right) = 260$$

$$F_S = \left(\frac{260}{100} - \frac{28{,}85}{18}\right) . \; 14 = 14 \text{ Schuß pro cm.}$$

Cheviot-Anzugstoff:

Kette und Schuß 2/18 mm Cheviot,
1980 Kettfäden auf $168^1/_2$ cm Rohbreite,
137 Schußfäden auf 10 cm.

Lösung:
$$F_K = \frac{1980}{168{,}5} = 11{,}74; \qquad F_S = 13{,}7$$

1 m² Ware wiegt im Stuhl, ohne Einarbeitung:

$$100\left(\frac{11{,}74}{9} + \frac{13{,}7}{9}\right) = 282{,}5 \text{ Gramm.}$$

Ein Meter Ware würde wiegen 282,5 . $1{,}68^1/_2$ = 475 Gramm.

Mantelstoff:

A 2/52 mm Kammgarn, B 8 1/2 mm Kunstwollgarn,
Kette: A 5500 Fäden auf 178 cm Rohbreite,
Schuß: 2 Fäden A, 1 Faden B, 390 auf 10 cm.

Lösung:

$$\text{Kette } \frac{5500}{178} = 30{,}9 \text{ Fäden pro cm.}$$

Schuß: 26 Fäden A und 13 Fäden B pro cm
1 m² Ware wiegt im Stuhl ohne Einarbeitung:

$$100\left[\frac{30{,}9}{26} + \frac{26}{26} + \frac{13}{8{,}5}\right] = 372 \text{ Gramm.}$$

Ein Meter Ware im Stuhl ohne Einarbeitung = 662 Gramm.

Kalikogewebe:

28,08 Kettfäden Nr. 36er engl. pro cm.
26,61 Schußfäden Nr. 42er engl. pro cm.

1 m² Ware wiegt im Stuhl ohne Berücksichtigung der Einarbeitung:

$$59{,}2\left[\frac{28{,}08}{36} + \frac{26{,}61}{42}\right] = 83{,}6 \text{ Gramm.}$$

Beispiel Nr. 87: Die Warenprüfungsämter für das Textilgewerbe.

Die Aufgabe der Aemter ist es, den Handel mit Textilien möglichst reibungslos zu gestalten, indem sich die Industrie und der Handel in strittigen Fragen ihrem amtlichen Urteil unterwerfen. Die öffentlichen Warenprüfungsämter, die an den meisten größeren Plätzen mit lebhafter Textilindustrie vorhanden sind, bestimmen den Feuchtigkeitsgehalt sämtlicher Spinnfasern, wie Seide, Kunstseide, Wolle, Baumwolle, Flachs, Ramie, Hanf, Jute sowie von deren Halbfabrikaten, Gespinsten und Abgängen und das Handels-, das Roh- und Reingewicht von Spinnstoffen und Garnen. Sie machen Untersuchungen über den Seidentiter, die Nummer, die Faserlänge sämtlicher Garnarten und deren Drehung oder Zwirnung, Festigkeit und Dehnbarkeit. Sie stellen das Längenmaß, Flächengewicht, die Festigkeit und Dehnbarkeit von Geweben, die Fadendichte und die Nummer der zur Herstellung von Geweben verwendeten Garne fest, und bestimmen den Fettgehalt, den Waschverlust, die Menge der künstlichen Beschwerung und den Karbonisierverlust von Spinnstoffen, Gespinsten und Geweben sowie den Abkochverlust von Seide. Sie untersuchen die Art und den Gehalt an einzelnen Bestandteilen in gemischten Garnen und Geweben. Ueber die Entstehung dieser Anstalten ist folgendes zu sagen: Die echte Seide, das teuerste und edelste Fadenmaterial, ist hygroskopisch, d. h. sie hat die Eigenschaft Feuchtigkeit aus der Luft anzuziehen und somit ihr Gewicht zu vermehren.

Diese Eigenschaft des Seidenfadens machten sich manche Händler zunutze, indem sie die Garne in feuchten Räumen (Kellern) lagerten und sich das aufgesogene Wasser als Seide bezahlen ließen. Um solche Schwindeleien zu vermeiden und genaue Grundlagen für die Preisberechnung zu schaffen, führte man schon vor fast 200 Jahren Verfahren ein, welche es gestatteten, das Handelsgewicht der Seide sicher festzustellen; man nannte die Anstalten, in welchen dieses Verfahren zur Anwendung kam, Konditionier- oder Seidentrocknungsanstalten. Aus denselben sind dann allmählich im Laufe der Jahre die jetzigen Warenprüfungsämter, deren Wirkungsbereich, wie die obige Aufstellung ergibt, bedeutend erweitert und auf alle Textilmaterialien ausgedehnt wurde, entstanden.

Am 14. Oktober 1844 genehmigte König Friedrich Wilhelm IV. von Preußen die Bildung einer Aktiengesellschaft in Elberfeld und Krefeld zum Zwecke der zuverlässigen Ermittlung des Handelsgewichtes der rohen Seide (öffentliche Seiden-Trocknungs-Anstalt).

Die Bestimmung des Handelsgewichtes geschieht wie folgt: Die eingesandten Packstücke werden zunächst auf einer geeichten Dezimalwage genau gewogen und sofort ausgepackt, worauf das Gewicht der äußeren Umschließung bestimmt wird. Findet sich auch im Innern Verpackung vor, so werden drei Pakete ausgepackt, deren Umschließung genau gewogen und aus dem gefundenen Gewichtsmittel sowie aus der festgestellten Anzahl der Pakete das Gewicht der ganzen inneren Verpackung berechnet. Aus drei bis vier Bündeln wird eine durch drei teilbare Anzahl Stränge entnommen. Die von verschiedenen Stellen des Packstückes herrührenden Stränge sollen möglichst gleichmäßig auf drei etwa gleichgroße Lose verteilt werden.

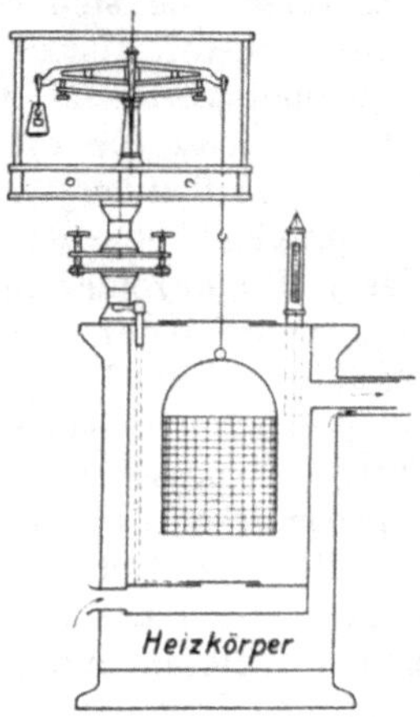

Abb. 276.

Man nimmt zum Beispiel bei Packstücken bis 100 kg Reingewicht drei Lose von etwa 350 Gramm. Die drei Lose werden unmittelbar nach der Auswahl einer je zweimaligen Verwiegung auf zwei Wagen unterworfen. Zwei der vorhandenen drei Lose werden nach vorheriger genauer Wägung in zwei Trockenöfen in einem Heißlufstrom von 140 Grad Celsius der Austrocknung unterworfen. Das dritte Los wird zurückgehalten. Während der Austrocknung wird von 5 zu 5 Minuten das Gewicht festgestellt. Die Trocknung gilt als beendet, wenn das Gewicht innerhalb von fünf Minuten um weniger als 0,02 vom Hundert zurückgegangen ist. Stimmt der Gewichtsverlust der beiden getrockneten Lose bis auf $1/3$ Prozent überein, so gilt die Prüfung als beendet, andernfalls wird auch das dritte Los getrocknet.

Der nach Handelsgebrauch zulässige Feuchtigkeitssatz, der zur Berechnung des normalfeuchten Gewichtes dem Trockengewichte zuzuschlagen ist, beträgt bei echter Seide 11 vom Hundert.

Die Berechnung des Handelsgewichtes erfolgt nach der Formel:

$$\frac{\text{Reingewicht der Sendung in kg} \quad \text{mal} \quad \text{Trockengewicht der Lose in g} \quad \text{mal } 1{,}11}{\text{Reingewicht der Lose in g.}}$$

Die Abb. 276 zeigt einen Schnitt durch einen solchen Feuchtigkeitsprüfer.

Aber nicht nur Seide, sondern auch alle anderen Spinnstoffe sind hygroskopisch; sie enthalten im lufttrockenen Zustand 6 bis 12 Prozent Feuchtigkeit, sättigen sich aber in feuchter Luft bis auf 20 bis 40 Prozent.

Die Zuschläge zum Trockengewicht sind nach Vereinbarung durch internationalen Kongreß bestimmt und betragen

für Kammgarne	$18^1/_4$	Prozent,
„ Streichgarne	17	„
„ Baumwollgarne	$8^1/_2$	„
„ Jute	$13^3/_4$	„

Neben mechanisch-technologischen Untersuchungen werden auch chemische Untersuchungen ausgeführt. Zu diesem Zwecke besitzen die Prüfämter, die allen modernen Anforderungen gewachsen sein wollen, eine reichhaltige Apparatur und ein chemisches Laboratorium; man findet dort Garnwagen der verschiedensten Systeme, Präzisionswagen für Stoffwägungen, Garnweifen, Garnfestigkeitsprüfer mit Elastizitätsmesser, Drehungszähler, Garngleichheitsprüfer, Trockenschränke, Konditionierapparate, Meterzähler, Dynamometer für Festigkeitsprüfungen von schweren Stoffen, wie Segelleinen, Gurtbänder usw., Dickenmesser für Stoffe, Mikroskope, Mikrophotographische Apparate, Apparate zur Prüfung der Wasserundurchlässigkeit, der Luftundurchlässigkeit, der Wärmeleitfähigkeit von Stoffen.

Immer mehr wird daran gearbeitet, Normen zu schaffen für die einwandfreie Klassifizierung von Geweben in bezug auf ihr Verhalten gegenüber den verschiedensten Beanspruchungen, so z. B. das Verhalten gegen fortgesetztes Scheuern (Schaben), was für die Beurteilung von Bekleidungsstoffen für Militär usw. von großer Bedeutung ist.

Die technischen Fortschritte der letzten Jahre brachten auch auf dem Gebiete der Faseruntersuchungen Vervollkommnungen, die es uns ermöglichen, Untersuchungen vorzunehmen und Bestimmungen zu treffen, wie sie in dieser Vollendung früher nicht möglich waren; beispielsweise ist man bei der Wolle imstande, die Haarfeinheit festzustellen, zu sagen, ob das Haar vom gesunden oder kranken Tier herrührt, und welcher Herkunft und Art die Wolle ist. Hierzu bot die Mikrophotographie eine willkommene Handhabe.

Natürlich müssen die Untersuchungsmethoden eine solche Beweiskraft besitzen, daß dagegen berechtigter Einspruch nicht erhoben werden kann; erst dann können sie offiziell an den Prüfämtern eingeführt werden.

V. Elektrizität und Wärme.

a) Die Bedeutung der Elektrizität für die Textilindustrie.

Zunächst wollen wir uns die Frage vorlegen: welche Stellung nimmt überhaupt die Elektrizität in der gesamten Technik ein, welche Aufgaben hat sie zu erfüllen? Die wertvollste Hilfe ist wohl die, daß sie uns die Möglichkeit gibt, Kraft in unbegrenzter Menge an jeden beliebigen Ort, mag er noch so ungünstig gelegen sein, zu schaffen. Die Elektrizität als Arbeitstransmission ist für uns von unschätzbarem Wert. Die elektrische Transmission ist im Gegensatz zur mechanischen Transmission in wirtschaftlicher Hinsicht äußerst vorteilhaft. Sie ist sparsam im Betrieb, braucht weder dauernd beaufsichtigt noch geölt zu werden, nimmt weder Platz noch Licht weg und verlangt keine stärkere Ausführung der Mauern und Traversen. Sie leitet nur diejenige Arbeit weiter, die augenblicklich gebraucht wird, und verursacht im Gegensatz zur mechanischen Transmission nur geringen Eigenverlust. Trotz dieser großen Vorteile hat es lange gedauert, ehe sich die Elektrizität als Kraftspenderin allgemein in der Textilindustrie einführte, und zwar deshalb, weil die Textilmaschinen ganz besondere Anforderungen an die Motoren stellen, denen die ersten der Textilindustrie zur Verfügung gestellten Elektromotoren nicht gewachsen waren. Die ersten derartigen Motoren waren Gleichstrommotoren. Mit ihnen erlitt man in der Weberei ein vollständiges Fiasko. Einen Umschwung brachte die Frankfurter Ausstellung im Jahre 1891 mit der erstmaligen Einführung des Drehstromes auf der Strecke von Lauffen nach Frankfurt. Man fand bald, daß dieser Drehstrom das geeignete Stromsystem für die Textilanlagen war. Es dauerte nicht lange und es hielt der Kurzschlußanker-Drehstrommotor seinen siegreichen Einzug in Textilbetriebe. Man hatte hier einen Motor zur Verfügung, der das höchstmögliche Maß an Einfachheit, Betriebssicherheit und Anspruchslosigkeit in bezug auf Wartung in sich vereinigte. An diesem Motor sind, mit Ausnahme der in allgemein üblicher Weise zu schmierenden Lager, keine der Abnutzung unterworfenen Teile vorhanden.

Freilich läßt sich dieser Motor nur bis zu einer gewissen Höchstleistung in seiner einfachsten Form verwenden, weil er mit sehr hohem Anlaufstrom arbeitet. Dieser beträgt bei direkter Einschaltung das vier- bis achtfache des normalen Betriebsstromes. Welche Durchziehfähigkeit (Anzugsmoment) der Motor bei genanntem Stromstoß entwickelt, hängt von der Konstruktion des Motors ab; so zum Beispiel ergeben Spezialwebstuhlmotoren das zwei- bis dreifache Moment her. Man baut Kurzschlußanker-Drehstrommotoren mit direkter Einschaltung ins Netz höchstens bis zu 5 PS. Kleine Elektrizitätswerke lassen solche Motoren höchstens bis 1 oder $1^1/_2$ PS zu, größere Werke bis 3 PS. Die Tourenzahl der Drehstrommotoren ist abhängig von der Periodenzahl des erzeugten Wechselstromes (50 in der Sekunde) und von der Polzahl des Ständers. Es ergeben 2 Pole 3000 Touren, 4 Pole 1500 Touren, 6 Pole 1000 Touren usw. Praktisch bleibt die Tourenzahl hinter der oben angegebenen um den Betrag der Schlüpfung (2 bis 5 %) zurück. Von großer Bedeutung ist auch die Schaltung des Motors, d. i. die Art und Weise, wie er die drei verketteten Wicklungen, die an die drei Leitungen des Drehstromnetzes angeschlossen sind, miteinander verbunden hat. Man unterscheidet die Sternschaltung und die Dreieckschaltung. Läßt ein Motor beide Schaltungsarten zu, so kann er für Sternschaltung und 380 Volt oder für Dreieckschaltung und 220 Volt verwendet werden, oder aber es kann ein 220 Voltmotor mit Sternschaltung für 125 Volt und Dreieckschaltung verwendet werden. Sehr verbreitet sind die Stern-Dreieckschalter, die beim Anlassen den Motor zunächst im Stern und dann im Dreieck schalten, so daß er über eine geringere Tourenzahl zur Höchsttourenzahl kommt. Vor allen Dingen bilden die Kurzschlußanker-Drehstrommotoren einen ausgezeichneten und betriebssicheren Antrieb für Webstühle in Verbindung mit einer Rutsch- oder Zentrifugal-(Fliehkraft-)Kupplung. Die erstere hat den Zweck, dem Motor die Möglichkeit zu geben, sich auszulaufen, wenn der Webstuhl plötzlich aufgehalten wird, während die letztere außerdem noch die Aufgabe hat, den Motor beim Anlauf erst dann mit der Webstuhlachse zu verbinden, wenn die volle Tourenzahl erreicht ist.

Dieses Inbetriebsetzen des Webstuhles mit voller Tourenzahl ist für manche empfindliche Gewebe von großer webtechnischer Bedeutung.

Größere Motoren sind als Anlaßschleifringankermotoren gebaut, d. h. der Rotor (Läufer) besitzt eine Wicklung, deren Enden zu drei Schleifringen führen, die auf der Motorachse befestigt sind. Das Anlassen eines solchen Motors geschieht in der Weise, daß der Ständer (Stator) direkt an die volle Netzspannung gelegt wird, während die auf den Schleifringen liegenden Bürsten durch einen Anlasser über einen Widerstand verbunden sind, der nach und nach mit der zunehmenden Geschwindigkeit des Motors abgeschaltet wird. Alsdann werden die Bürsten von den Schleifringen abgehoben, und der Motor arbeitet als Kurzschlußankermotor weiter, nachdem die Bürsten kurz vor dem Abheben direkt miteinander verbunden worden sind. Anwendung finden auch die Regulierschleifringankermotoren, bei denen die Bürsten dauernd auf den Schleifringen aufliegen und nicht abgehoben werden können. Diese Motoren finden dort Verwendung, wo eine fortwährende Änderung der Umdrehungszahl notwendig ist. An Spinnmaschinen benutzt man oft die sogenannten Polumschaltmotoren, welche je eine Tourenzahl für das An- und Abspinnen und für das Hauptspinnen gestatten (aus spinntechnischen und wirtschaftlichen Gründen nicht zu empfehlen, siehe Beisp. Nr. 77). Der Stator besitzt zwei Wicklungen mit verschiedenen Polzahlen, zum Beispiel 4 und 6 Pole, so daß die Tourenzahl der Ringspindeln in demselben Verhältnis veränderlich ist. Soll ein Motor seine Drehrichtung ändern, so benutzt man einen Schalter, der die Vertauschung der äußeren Polklemmen gestattet; dann läuft der Motor mit derselben Tourenzahl rückwärts. In der Textilindustrie zieht man in den meisten Fällen den Einzelantrieb vor, d. h. es wird jede Maschine mit einem eigenen Antriebsmotor ausgerüstet. Hauptsächlich in der Weberei ist man zu der Ueberzeugung gekommen, daß diese

Art des elektrischen Antriebes die einzig richtige ist, weil die Webstühle (Webmaschinen) verhältnismäßig viel Stillstände besitzen, wodurch die Vorteile des Einzelantriebes besonders stark zur Geltung kommen. Natürlich sind die Anlagekosten bedeutend größer als bei Gruppen- oder Transmissionsantrieb, aber dafür sind auch die Betriebskosten geringer, so daß sich die Mehrausgaben schnell bezahlt machen.

Die große Bedeutung des elektrischen Einzelantriebes zeigt sich am augenscheinlichsten bei den Ringspinnmaschinen mit periodisch wechselnder Spindeltourenzahl im Interesse einer höheren Produktion und eines gleichmäßigeren Gespinstes. Hier sind es die Einphasen- oder Dreiphasen-(Drehstrom-)Kollektormotoren, die sich in hervorragender Weise den Anforderungen des Spinnprozesses anpassen. Es beträgt zum Beispiel die Spindeltourenzahl zu Beginn des Spinnens 10 600 pro Minute. Während der Hauptspinnperiode schwankt diese Tourenzahl beispielsweise periodisch wechselnd zwischen 11 700 und 13 200. Die Mehrerzeugung bei elektrischem Einzelantrieb kann in günstigen Fällen 20 % und mehr betragen. Diese Drehstrom-Kollektormotoren haben einen Stator wie die erwähnten Kurzschlußankermotoren, jedoch ist der Rotor mit einer Wicklung versehen, von welcher eine auf den gesamten Umfang gleichmäßig verteilte Anzahl Drähte zu einzelnen Metallstäben führen, die am Umfange eines kleinen Zylinders (Kollektors) gleichmäßig verteilt und voneinander isoliert sind. Auf dem Umfange dieses Kollektors schleifen Bürsten, von denen die Hälfte festgelagert und die andere Hälfte verschiebbar angeordnet ist; durch diese Verschiebung wird die Tourenregulierung herbeigeführt.

Auch die Gleichstromnebenschlußmotoren sind für Tourenregulierungen in weiten Grenzen (1 : 3) verwendbar. Man findet sie aber weniger, weil der Gleichstrom nur noch selten verwendet wird. Nur in der Zeugdruckerei macht sich eine weitgehende Tourenregulierung notwendig, die in vielen Fällen noch mit Hilfe des Gleichstromes erzielt wird. Man benutzt das sogenannte Fünfleitersystem, bei welchem vier Grundspannungen, die im Verhältnis 1 : 3 : 3 : 2 stehen, verwendet werden. Als absolute Spannungen haben sich 50, 150, 150 und 100 Volt eingeführt, so daß es möglich ist, mit 50, 100, 150, 200, 250, 300, 350, 400 und 450 Volt zu arbeiten und dementsprechende Tourenzahlen zu erzielen.

Erwähnt sei noch, daß es auch Spinnmaschinen gibt, bei denen jede einzelne Spindel durch einen besonderen Elektromotor regulierbar angetrieben werden kann.

In Webereien benutzt man, wie bereits erwähnt, den Kurzschlußanker-Drehstrommotor häufig in Verbindung mit Kupplungen. Am bekanntesten ist die Rutschkupplung und die Zentrifugalkupplung. Erstere soll eine Beschädigung des Ankers (Rotors) vermeiden, wenn der Stuhl plötzlich in die Stecher fällt, und letztere rückt die Webstuhlachse erst in dem Augenblicke ein, wo der Motor seine volle Tourenzahl erreicht hat, unter Benutzung der Fliehkraft.

Die Elektrizität wird in Textilbetrieben weiterhin zum Antriebe von Kettenfadenwächtern, Spulenfühlern, Alarmvorrichtungen usw. benutzt. Diese Apparate wurden früher durch eine galvanische Batterie oder durch Akkumulatoren bezw. durch kleine Gleichstromdynamomaschinen mit dem nötigen Schwachstrom versorgt. Jetzt zieht man die sogenannten Reduktoren vor, die an die Lichtleitungen angeschlossen werden und die

Spannung entsprechend vermindern. Ferner findet der elektrische Strom Anwendung zur Erzeugung von Bleichlauge, zur Erleichterung des Walk- und Waschprozesses, zur Reinigung des Wassers von Oel, zur Erzeugung von künstlichem Tageslicht zum Zwecke des Ausmusterns, zur Beleuchtung von Spinn-, Websälen, Lagerräumen, Kellern usw., zur Trocknung von Textilmaterialien zwecks Feststellung des Trockengewichtes (Konditionierung).) Beim Pressen von Wollwaren legt man in die Gewebelagen sogenannte Preßspäne ein, welche elektrisch geheizt werden können, um den richtigen Effekt herauszubekommen. Ja, man hat sogar schon versucht, die Nadeln der Jacquardmaschine elektrisch zu betätigen. Es sollte durch die Verwendung des elektrischen Stromes die Möglichkeit geschaffen werden, die Patrone gleich als Kartenspiel benützen zu können. An Spannmaschinen trifft man elektrische Fühlvorrichtungen an, welche den Zweck haben, das Einlegen der Warenleisten in die Kluppen der Transportketten selbsttätig zu besorgen. Zweifellos wird sich die Elektrizität immer mehr Eingang verschaffen in die verschiedensten Zweige der Textilindustrie zum Wohle unserer Volkswirtschaft und des Bedienungspersonals.

b) Kraft- und Wärmewirtschaft in der Textilindustrie.

Wenn man bedenkt, daß der Kohlenverbrauch pro Kilogramm Ware in Textilbetrieben zwischen ¾ und 9,5 Kilogramm liegt, so ist es verständlich, daß der Textilindustrielle das größte Interesse daran hat, seinen Kohlenverbrauch so niedrig wie eben möglich zu halten, weil der Anteil der Kosten für die Wärmebehandlung oder für sonstige technologische Zwecke an den Fabrikationskosten eines Textilgutes ein besonders hoher ist.

Von der in der Textilindustrie aller Textilländer benötigten Brennstoffmenge werden etwa 70 Prozent unter Dampfkesseln verfeuert, die restlichen 30 Prozent entfallen auf den Bezug von Leuchtgas, den Eigenerzeugungsapparaten von Brenngas, auf Apparate mit eigener Feuerung, wie z. B. die Sengmaschinen mit geheizten Platten, u. a. m.

Im folgenden sollen kurz die wichtigsten Prozesse besprochen werden, die einen mehr oder weniger großen Dampfverbrauch bedingen. Beim Dämpfen handelt es sich um eine Veränderung der Oberflächenbeschaffenheit durch feuchte Wärme. Sparen kann man dadurch, daß man die Dämpfe nicht in die freie Luft entweichen läßt, sondern einen Kasten überbaut.

Beim Trocknen unterscheidet man zwei Arten: das Trocknen mit beheizten Zylindern (Verdampfungstrocknen) und das Trocknen mit heißer Luft (Verdunstungstrocknen).

Der Vorgang beim Verdunstungstrocknen ist folgender: Die normale Luft birgt nur etwa 75 Prozent derjenigen Feuchtigkeit, die sie aufzunehmen imstande wäre; erwärmt man die Luft, so sinkt der Feuchtigkeitsgehalt noch weiter. Bringt man nun feuchtes Textilgut mit derartig beschaffener Luft in Berührung, so entzieht letztere dem Gut die Feuchtigkeit, gibt aber dafür die zur Verdunstung notwendige Wärmemenge ab, wodurch sie sich abkühlt. Von der Höhe der Lufttemperatur hängt nicht nur die Wärmemenge ab, welche die Luft abzugeben imstande ist, sondern auch die Dampfmenge (Wassermenge), die sie aufzunehmen vermag. Das aus dem Trockenapparat austretende Dampfluftgemisch hat noch eine so hohe Temperatur, daß es zum Vorwärmen der Eintrittsluft benutzt werden kann. Die Wirkungsgrade der Trockenapparate liegen meist unter 52 Prozent. (Zum Austreiben von

1 kg Wasser braucht man 2 bis 3 kg Dampf. Statt mit Dampf hat man auch versucht, die Trockenluft mit Gas zu erwärmen, wodurch es möglich sein soll, die Trockengeschwindigkeit zu steigern. Abgesehen von der Temperatur wird die Trockenwirkung bestimmt durch die Luftgeschwindigkeit. Die Trockengeschwindigkeit steigt etwa im Verhältnis der Quadratwurzel aus der Luftgeschwindigkeit.

Wenn auf dem Gebiete der rationellen Trocknung auch noch viel zu tun übrig bleibt, so muß man doch berücksichtigen, daß in manchen Fällen, die allerdings stark in der Minderzahl sind, eine Verbesserung des Wärmewirkungsgrades aus Gründen unmöglich ist, die außerhalb der Anordnung und des Baues der Trockenvorrichtung zu suchen sind. Hier stößt der Wärme-Ingenieur auf den Widerspruch des Fabrikationsleiters, der im Interesse eines guten Ausfalles der Qualitätsware gegen eine Aenderung der Trockeneinrichtung protestieren muß.

Einen solchen Fall hatte ich seinerzeit zu begutachten, wo ein Trockenraum mit Raumheizkörpern und einer Hänge ausgerüstet war. Er enthielt 12 Rippenrohröfen von je 6 m^2 Heizfläche. Die Wärmeabgabe konnte bei einem Betriebsdruck von 5 at, entsprechend 158°, und einer Raumtemperatur von etwa 40° mit $(158—40) . 6 = 708$ WE/m^2 eingeschätzt werden unter der Annahme, daß pro 1m^2 Heizfläche und 1° Temperaturdifferenz 6 WE abgegeben wurden. Da der Dampf, der mit ungefähr 10% Feuchtigkeit an die Verwendungsstelle kommt (Rohrleitungsverlust), an der Heizfläche um ungefähr 20° unter die Verdampfungstemperatur gekühlt wird, gibt er $608—138=470$ WE. Der Dampfverbrauch ist daher 1,5 kg/m^2 oder insgesamt $12 . 6 . 1{,}5 = 108$ kg/Stunde. Demgegenüber war die getrocknete Warenfläche sehr gering. Eine rationellere Umgestaltung der Trockeneinrichtung mußte trotzdem abgelehnt werden, weil die zu trocknenden Waren (Seiden- und Baumwollsamte und Plüsche) keinen mechanischen Durchgang durch eine maschinelle Einrichtung gestatteten, weil die Warenzufuhr eine ganz unregelmäßige war, und weil die Ware zum Teil, entsprechend dem Verlauf der Appreturbehandlung, direkt von der Appreturmaschine weg von Hand aus durch einen Schlitz des Trockenraumes in diesen hineingezogen werden mußte. Die einzig mögliche Verbesserung war eine gleichmäßigere Wärmeabgabe dadurch, daß man die Rippenrohröfen durch Rohrleitungen ersetzte. Man sieht, es wäre falsch, alle Fälle der Praxis nur vom Standpunkt des Wärmewirtschaftlers aus beurteilen zu wollen. Läßt hingegen die Fabrikation eine einheitliche Behandlung aller Waren im Trockenapparat zu, so muß allerdings eine rationelle Trocknung in jedem Falle möglich sein, derart, daß man möglichst geringe Dampfdrücke von einer Atmosphäre oder wenig darüber benutzt, weil man bei den üblichen Temperaturen von 50 bis 80° C mit solchen niedrigen Drücken am billigsten arbeitet, und daß die Abluft einen möglichst vollkommenen Grad der Sättigung besitzt.

Beim Verdampfungstrocknen erfolgt die Wärmezufuhr im allgemeinen durch beheizte Zylinder, das Abführen des gebildeten Dampfes durch Sättigung der Umgebungsluft. Es ist deshalb wesentlich, daß immer genügend frische Luft hinzukommt, wofür unter Umständen durch Ventilation gesorgt werden muß.

Die beim Pressen und Kalandern notwendige Wärmebehandlung unterliegt wärmewirtschaftlichen Verbesserungen nur in geringem Grade.

Für Textilbetriebe mit stark schwankendem Dampfverbrauch empfiehlt man in letzter Zeit die Dampfspeicher. Diese ergeben in der Regel bedeutende Brennstoffersparnis, insbesondere in Färbereien, Bleichereien, Wäschereien und Appreturanstalten. Bei Dampfverbrauchsziffern, schwankend um 40 und mehr Prozent, läßt sich alsdann eine Brennstoffersparnis von 30 Prozent und mehr erzielen.

Wichtig sind auch die Dampfmengenmesser, besonders in großen Betrieben, in welchen die einzelnen Abteilungen (Weberei, Appretur, Färberei) eigene Rentabilitätsstatistiken führen. Um einen genauen Wert über den Dampfverbrauch der einzelnen Zweige zu bekommen, sind diese Dampfmesser unentbehrlich. Mancher Betrieb würde eine wesentliche Verschiebung in der Verteilung der Unkosten vornehmen müssen, wenn er Dampfmesserablesungen als Unterlage hätte. Die Bedeutung dieses Umstandes für die scharfe Kalkulation eines neuen Artikels, besonders in Zeiten eines starken Konkurrenzkampfes, ist groß.

Für die Besitzer billiger elektrischer Energie spielt in neuerer Zeit der Elektro-Dampfkessel eine große Rolle. Er ist befähigt, eine erhöhte und intensivere Verwendung der Wasserkräfte zu verwirklichen, indem er die Energie billigen Nachtstromes oder Abfallstromes vorteilhaft in Dampfenergie umwandelt. Schon mehrere Textilbetriebe sind mit elektrisch beheizten Kesseln ausgerüstet. Eine bemerkenswerte Anlage dieser Art besitzt eine Baumwollspinnerei und -weberei in der Schweiz. Früher wurde dort der Dampf für die Schlichterei und Heizung durch einen Röhrenkessel erzeugt, der jetzt nur noch zur Reserve dient. Da das Elektrizitätswerk der Fabrik für eine Leistung von 300 KW gebaut ist, zum Betriebe der Motoren während der Arbeitszeit aber nur 250 KW gebraucht werden, so stehen für das Heizen des Elektro-Dampfkessels während der Arbeitszeit 300 — 250 = 50 KW zur Verfügung. Durch die sonst nutzlos fortfließende Wasserkraft wird jetzt während der Nacht Strom erzeugt, der den Kessel auf den höchsten Betriebsdruck von 14 at bringt, was zur Abgabe von 3600 kg Dampf für die Schlichterei ausreicht. Der Elektro-Dampfkessel, in welchem das Elektrodensystem für die Dampferzeugung eingebaut ist, steht mit einem Dampfspeicher in Verbindung. Der letztere gestattet es, den Betrieb der Verbraucher ganz nach dem Dampfbedarf ohne Rücksicht auf die Kesselanlage und die Stromerzeuger einzustellen.

Diese elektrisch beheizten Kessel werden in verschiedenen Ausführungen für Spannungen bis zu 15 000 Volt und für Kesseleinheiten mit Leistungen bis zu 6000 KW und einem Druck von maximal 15 at hergestellt. Für vorhandene Kessel läßt sich die elektrische Beheizung nachträglich vorsehen, doch kann über die Art derselben erst nach genauer Kenntnis der jeweiligen Verhältnisse entschieden werden.

Auch eine Färberei in der Schweiz hat eine Elektro-Dampfkesselanlage, aber ohne Dampfspeicher. Dafür ist der Elektrokessel entsprechend geräumig gebaut. Man arbeitet mit Dreiphasen-Wechselstrom (Leistungsaufnahme 600 bis 1750 KW).

Mancher Wasserkraftbesitzer könnte durch eine solche oder ähnliche Anlage seinen bis jetzt verschwendeten Nachtstrom ausnutzen. Handelt es sich nur um geringe Leistungen, so lohnt sich die Aufstellung eines Elektro-Dampfkessels beziehungsweise Dampfspeichers nicht.

In einem solchen Falle gibt es aber ein anderes Mittel: den Umlaufbehälter. In einem mir vorgelegten Falle handelte es sich um eine Textilfabrik mit ca. 50 PS Wasserkraft. Vorhanden war ein Dampfkessel von 70 qm Heizfläche und 6 at Betriebsdruck. Hier ist zur Ausnutzung des Nachtstromes ein Umlaufbehälter am Platz, der elektrisch beheizt wird und mit dem vorhandenen kohlenbefeuerten Dampfkessel in Verbindung zu bringen ist. Der untere Teil des Kessels wird mit dem unteren Teil des Umlaufbehälters in Verbindung gebracht, während der obere Teil des Behälters direkt unter der Normal-Wasserstandsmarke in den Kessel einmündet. Der schmiedeeiserne Umlaufbehälter würde bei der fraglichen Leistung einen lichten Durchmesser von 380 mm besitzen, bei einer Länge von 1000 mm. Sein Deckel ist abschraubbar und trägt drei Stück Heizzapfen, die in Stern geschaltet zu einer Drehstromgruppe vereinigt sind. Jeder Heizzapfen trägt auf keramischem Material gewickelt die Heizspule. Als Widerstandsmaterial dient Chromnickellegierung, welche dauernd eine Temperatur bis zu 1000° C verträgt, ohne mit dem Sauerstoff der Luft eine Verbindung einzugehen. Ferner wird eine Sicherheitseinrichtung angeordnet, bestehend aus einem Thermostaten, welcher beim Erreichen einer für die Apparatur gefährlichen Temperatur durch Ausdehnen einer Blattfeder einen Kontakt öffnet. Letzterer kann in Verbindung mit der Nullspannungsspule einer Schaltanlage die Abschaltung der Heizeinrichtung bewirken.

Eine Dampfkraftmaschine mit Kondensation hat die Aufgabe, die im Dampf enthaltene Wärme möglichst restlos in mechanische Arbeit umzuwandeln. Diese Aufgabe erfüllt sie jedoch nur in recht unvollkommener Weise. Bei 15 at Überdruck und 350° C werden mit jedem Kilogramm Dampf rund 750 WE der Maschine zugeführt. Von dieser Gesamtwärme wird aber nur ein kleiner Teil tatsächlich in mechanische Arbeit verwandelt. Hat der Kondensator ein Vakuum von 95%, und handelt es sich um eine Maschine mittlerer Größe, wie sie in Textilbetrieben üblich sind, so kann man den Dampfverbrauch mit $5^3/_4$ kg pro Kilowattstunde, an der Transmissionswelle gemessen, annehmen. Die Wärmeaufnahme beträgt also $5^3/_4 \times 750 = 4300$ WE, der Wärmewert der erzeugten Kilowattstunde beträgt 860 WE, also die übrigbleibende Wärme = 3440 WE, d. i. 80 % der zugeführten Wärme, welche durch den Kondensator dem Wärmevernichtungsapparat, dem Kühlturm, zugeführt werden, oder die man zur Heizung der Außenluft verwendet bezw. in einen Fluß führt.

Nun wird aber in Textilbetrieben für Fabrikationszwecke eine erhebliche Wärmemenge verbraucht, die man direkt dem Dampfkessel entnimmt, also besonders erzeugt. Während man also einerseits gezwungen ist, kostspielige Aufwendungen zu machen, um Wärme zu vernichten, wird andererseits in demselben Betriebe Wärme gebraucht. Es ist also zu untersuchen, ob und wie sich die Fabrikationswärme aus der Abwärme von der Dampfkraftmaschine decken läßt. Fabrikationswärme ist erforderlich für das Waschen, Färben, Trocknen, Pressen usw. Da diese Prozesse eine ganz bestimmte Temperatur zu ihrer ordnungsgemäßen Durchführung benötigen und da bekanntlich zu jeder Temperatur ein bestimmter Dampfdruck gehört, so hat man sich zunächst zu orientieren über die für die Fabrikation nötigen Dampfdrücke bezw. Temperaturen. Man kommt zu dem Resultat, daß die Kondensatorabwärme normalerweise für die Fabrikation nicht benutzt werden kann.

Nun kann aber die Dampfkraftmaschine bis zu einem beliebigen Druck (Gegendruck) herunter arbeiten. Je tiefer dieser Gegendruck, um so größer ist der Teil der zugeführten Wärme, welcher sich in mechanische Arbeit umsetzt und um so geringer die Abwärme. Wählt man also als Gegendruck den Fabrikationsdruck statt des Vakuums der Kondensation, so ist wohl die mechanische Leistung der Dampfkraftmaschine pro Kilogramm Dampf geringer, aber dafür wird die gesamte Abwärme für die Fabrikation verwendbar. Wenn die Fabrikation einen Gegendruck von 3,5 at absolut erfordert, entsprechend einer Temperatur von ca. 138°, so ist bei einem Spannungsabfall von 15 at Überdruck auf 3,5 at absolut der für die Kilowattstunde erforderliche Dampfverbrauch etwa 17 kg, also ist die Wärmeaufnahme der Maschine $17 \times 750 = 12\,750$ WE, der Wärmewert der erzeugten Kilowattstunde 860 WE, die übrigbleibende Wärme wird in der Fabrikation verbraucht. Demnach ist der Wärmewirkungsgrad ca. 100%. Die Dampfmaschine wirkt als Reduzierventil zwischen Kesselspannung und Heizdampfspannung. Die Ersparnisse bei Gegendruckbetrieb bestehen also darin, daß bei der Entspannung des Kesseldruckes auf Fabrikationsdruck die Betriebskraft der Dampfmaschine sozusagen gratis frei wird.

Zum Trocknen kann man mit der Umgebungstemperatur auskommen; denn man sieht sich ja nur vor die Aufgabe gestellt, die im Trockengut enthaltene Wassermenge zu verdampfen. Es ist für jedes Kilogramm des im Trockengut enthaltenen Wassers eine ganz bestimmte Wärmemenge erforderlich. Das Verfahren, der umgebenden Luft die Aufgabe zuzuweisen, das Wasser des Trockengutes aufzunehmen, ist nur anwendbar, wenn genügend Raum zur Verfügung steht und es auf die Zeitdauer des Trockenvorganges nicht ankommt. In Fabrikbetrieben müssen wir natürlich in den weitaus meisten Fällen auf dem Standpunkt stehen, den Trockenvorgang so schnell wie möglich vorsichgehen zu lassen, dadurch, daß man die Trockentemperatur so hoch steigert, wie es ohne Schädigung des Produktes angängig ist. Wir können also die notwendige Verdampfungswärme nicht mehr der Umgebungstemperatur entnehmen, sondern müssen eine Wärmemenge zuführen, welche theoretisch der Verdampfungswärme des ausgetriebenen Wassers ist.

Der Wärmetransport des Abdampfes von der Maschine zu den Apparaten geschieht bis auf Entfernungen von etwa 1 km. Je weiter Rohrleitungen und Absperrorgane sind, um so höher sind die Anlagekosten, aber auch um so geringer die Druckverluste. Für die Verhältnisse der Textilindustrie kann die Regel gelten, die Rohrleitungen so reichlich zu bemessen, daß ein Druckabfall von 0,25—0,5 at nicht überschritten wird. Dasselbe gilt für die Querschnitte innerhalb der Apparate.

Wichtige Wärmeverbraucher sind die Trockenkästen an Schlichtmaschinen. Die gegenwärtige Zeit zwingt mehr und mehr zur Hebung der Produktion. Demzufolge sind Versuche unternommen worden, die Trocknung der zu schlichtenden Ketten zu beschleunigen. Es gelang der modernen Technik, die Leistungsfähigkeit der Maschinen um ca. 100% zu steigern.

Andere wärmeverbrauchende Prozesse sind das Dämpfen, das Dekatieren, das Bäuchen, Auskochen, Färben, Pressen, Kalandern usw. Erfolgt die Wärmezufuhr durch beheizte Zylinder und das Abführen des gebildeten Dampfes durch Sättigung der Umgebungsluft, so spricht man von einem

Verdampfungstrocknen. Bei diesem ist es wesentlich, daß immer genügend frische Luft hinzukommt, wofür unter Umständen durch Ventilation gesorgt werden muß. Beim Waschprozeß kann man vielfach den Kondensator der Dampfmaschine als Lieferant benutzen. Bei Deckung des Warmwasserbedarfs aus der Kondensation können im Mittel für jeden Kubikmeter vier Kilowattstunden an Kraft gewonnen werden, gegenüber Erwärmung durch Anzapfdampf.

Beispiel Nr. 88. Heizung, Luftbefeuchtung, Lufterneuerung.

Es ist bekannt, wie sehr körperliches Wohlbehagen des Arbeiters die Produktion in Textilbetrieben erhöhen kann. Versuche, welche in Spinnereien Oberitaliens vorgenommen wurden, ergaben die überraschende Tatsache, daß man durch eine modern eingerichtete Universalanlage, welche Luftbefeuchtung, Lufterneuerung, Luftkühlung bezw. -heizung umfaßt, Verbesserungen des Wirkungsgrades bis zu 20% erzielte, welche allerdings nicht lediglich und allein auf die lebhaftere Tätigkeit des Arbeitspersonals zurückzuführen sind, sondern auch auf die Erhöhung der Festigkeit des Arbeitsgutes und die dadurch eingetretene Verringerung der Fadenbrüche und Maschinenstillstände.

Die Heizungsanlage muß natürlich imstande sein, die Normaltemperatur im Raume auch an den Tagen strengster Kälte zu erhalten. Zu diesem Zwecke muß eine Heizfläche im Raume vorhanden sein, welche die Hergabe einer genügend großen Wärmemenge gewährleistet.

Es tauchen daher zwei Fragen auf:

1. Wie kann man die notwendige Wärmemenge berechnen, und
2. welche Wärmemenge ist denn eine Heizfläche pro Flächeneinheit imstande abzugeben?

Der Heizungsfachmann unterscheidet bei der Raumbeheizung zwei Perioden: a) die Anheizperiode, b) den Beharrungszustand.

Wird ein Raum erwärmt, so erfolgt ein Ausgleich zwischen der warmen Innenluft und der kalten Außenluft. Beim Anheizen sind die den Raum begrenzenden Mauern, Fenster, Türen, Decken, Fußböden usw. noch kalt, und es findet deshalb eine starke Wärmeabsorption statt. Vom ersten Augenblick an beginnt aber auch gleichzeitig ein Überführen von Wärme durch die Wände, Türen, Decken, Fußböden, Fenster an die kalte Außenluft bezw. an benachbarte ungeheizte Räume, was man mit dem Ausdruck Wärme-Transmission bezeichnet.

Das Charakteristikum der Anheizperiode ist es nun, daß in ihr die Wärmeabsorption allmählich ab- und die Wärmetransmission allmählich zunimmt.

Von dem Augenblick an, wo die Absorption ihr Minimum und die Transmission ihr Maximum erreicht hat, datiert der Beginn der zweiten Periode, Beharrungszustand genannt, der so lange anhält, wie dem Raume diejenige Wärmemenge zugeführt wird, welche er fortwährend infolge der Wärmetransmission nach außen abgeben muß. Es ist klar, daß die nach außen abfließende Wärmemenge abhängig sein wird von der Beschaffenheit der Umschließungsfläche, von der Größe derselben und von dem Unterschiede zwischen Innen- und Außentemperatur. Der Wärmestrom wird offenbar um so intensiver abfließen, je größer die Temperaturunterschiede sind. Man hat, gestützt auf langjährige Erfahrungen, die Wärmeverluste für die in Betracht kommenden Materialien und Stärken festgelegt und auf die Flächeneinheit von 1 qm bezogen bzw. auf einen Temperaturunterschied zwischen Innen- und Außenluft von 1° C. Die entsprechende Wärmemenge nennt man den Transmissionskoeffizienten.

Nunmehr ist es verständlich, daß man die Wärmemenge, welche durch die Wärmetransmission stündlich verloren geht, ausgedrückt in Wärmeeinheiten, aus der Formel berechnen kann:

$$W = F \cdot k \cdot (t_1 - t_2).$$

Hierin bedeutet:

W die Anzahl der pro Stunde notwendigen Wärmeeinheiten (Kalorien). Eine Kalorie ist jene Wärmemenge, welche imstande ist, 1 Liter Wasser um 1° C in der Temperatur zu erhöhen,
F die Größe der Umschließungsfläche in qm,
t_1 die Innentemperatur in Celsius-Graden,
t_2 die Außentemperatur in Celsius-Graden,
k den Transmissionskoeffizienten.

Hat ein Raum mehr als 3 m Höhe, so muß die Innentemperatur t_1 einen Mittelwert darstellen aus der Fußboden- und der Deckentemperatur, der nach der Formel:

$$t_1 = t_f [1 + 0{,}05 (h - 3)]$$

berechnet werden kann, worin h die Zimmerhöhe in Metern bedeutet und t_f die gewünschte Fußbodentemperatur.

Will man die einem Raume stündlich zuzuführende Wärmemenge berechnen, so muß man die Umfassungsflächen nach solchen mit gleichem Transmissionskoeffizienten zerlegen.

Nachdem man nun die dem Raume stündlich zuzuführende Wärmemenge festgestellt hat, kann man die Heizfläche der Heizkörper berechnen aus der Formel:

$$\frac{W_n}{k (t_m - t)} \text{ qm.}$$

Hierin bedeutet: W_n die Wärmemenge, welche der Heizkörper stündlich zu liefern hat, k den Transmissionskoeffizienten des Heizkörpers, t_m die mittlere Temperatur des Wärme abgebenden Mediums (Warmwasser, Heißwasser, Dampf), t die Temperatur der den Heizkörper umstreichenden Raumluft.

Man kann aber auch die notwendige Heizfläche aus Versuchswerten berechnen, die in den Katalogen einzelner Fabriken angegeben werden.

So hat man gefunden für eine gußeiserne Rippenheizfläche mit 50 mm Rippenhöhe und 20 mm Rippenabstand 400 — 500 Wärmeeinheiten (für Niederdruck-Dampfheizungen).

Mit diesem Werte berechnet sich dann die notwendige Heizfläche in qm zu:

$$\frac{W}{400 \div 500} \text{ qm.}$$

Bei der elektrischen Heizung ermittelt man den erforderlichen Wattverbrauch zu: 1.157 . W, entstanden aus der bekannten Beziehung:

Wärmeeinheiten = 0,00024 . Wattverbrauch . Zeit.

Hand in Hand mit der Erwärmung muß aber auch die Lufterneuerung gehen, damit das Personal frisch und arbeitsfähig bleibt.

In jedem Raume ist ein natürlicher Luftwechsel vorhanden, der bewirkt wird durch die Durchlässigkeit der Baustoffe.

Gewöhnliche Wohnräume erfahren durch die natürliche Lüftung bei mittlerer Wintertemperatur einen halb- bis einmaligen Luftwechsel pro Stunde.

Da man aber je nach der Art des Betriebes einen bis zu fünffachen Luftwechsel verlangt, so muß für künstliche Lüftung gesorgt werden, indem man beispielsweise durch einen Ventilator Frischluft in den Raum hineinpreßt, während die verbrauchte Luft durch Ritzen und Öffnungen von Türen und Fenstern entweicht.

Es würde im strengen Winter zu kostspielig sein, immer wieder kalte Frischluft von außen anzusaugen und sie auf die Raumtemperatur zu erwärmen, während die Wärme der verbrauchten Innenluft nutzlos verloren geht. Deshalb sind Vorrichtungen vorhanden, welche die angesaugte Außen- oder Innenluft waschen. Man kann auch dem Wasser einer vorhandenen Luftbefeuchtungsanlage Formaldehyd oder ein anderes antiseptisches Mittel beimengen.

Soll die Luft nur von Staub befreit werden, ohne daß man eine Änderung ihrer sonstigen Zusammensetzung verlangt oder gar eine Absonderung von Mikroorganismen wünscht, so genügt eine Reinigung in Staubkammern bzw. in Filtern aus wollenen oder baumwollenen Geweben (gerauhter Barchent).

Sehr wichtig ist auch die Kühlung der Saalluft im Sommer. Diese ist verhältnismäßig einfach in Betrieben, welche mit Befeuchtungsanlagen ausgerüstet sind. Es ergibt sich, daß, wenn die warme Saalluft durch ein genügendes Quantum kühle und feuchte Luft ersetzt ist, die Saaltemperatur nach Belieben reguliert werden kann, da die intensive Verdunstung, welche durch die Atomisation (Zerstäubung) des Wassers erreicht wird, eine sehr empfindliche Abkühlung der in den Saal eingeführten Luft bewirkt.

Eine Luftbefeuchtungsanlage muß imstande sein, den vorgeschriebenen günstigsten Feuchtigkeitsgehalt der Luft unter allen Umständen zu erzielen, ohne daß Nebel- oder Tropfenbildung im Arbeitssaal eintreten. Zu diesem Zwecke muß das Wasser in denkbar feinst verteiltem Zustand der Luft zugesetzt werden.

Man benutzt deshalb beispielsweise Druckwasser (kalt oder warm), welches durch Druckluft oberhalb eines Frischluftstromes zerstäubt (atomisiert) wird, so daß es sich in feinverteiltem Zustande, als Wasserschleier, dem Luftstrome mitteilt. Man benutzt aber auch Apparate, welche eine ähnliche Konstruktion aufweisen, wie die Zentrifugal-Ventilatoren.

Beispiel Nr. 89: Kettenfadenwächter.

Auf dem Gebiete der Kettenfadenwächter hat man eine ganze Reihe von Neukonstruktionen zu verzeichnen.

Die Abb. 277 und 278 zeigen die alte bzw. verbesserte Konstruktion des Kettenfadenwächters von Gebr. Pick.

Prinzipiell unterscheidet sich dieser elektrische Wächter dadurch von anderen Konstruktionen, daß er Stromschluß, also Einleitung der Abstellung des Webstuhles erst dann gestattet, wenn der Schaft sich in der Tiefstellung befindet, also das Fach geöffnet ist (siehe bei x in Abb. 278), während die anderen Kettenfadenwächter (z. B. jener der Abb. 279) immer dann Ab-

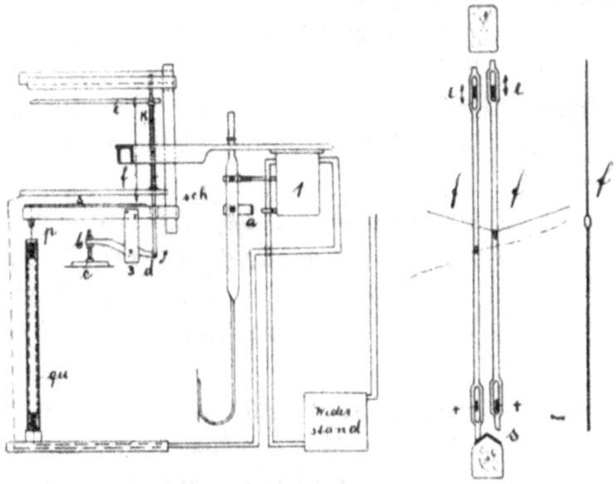

Abb. 277.

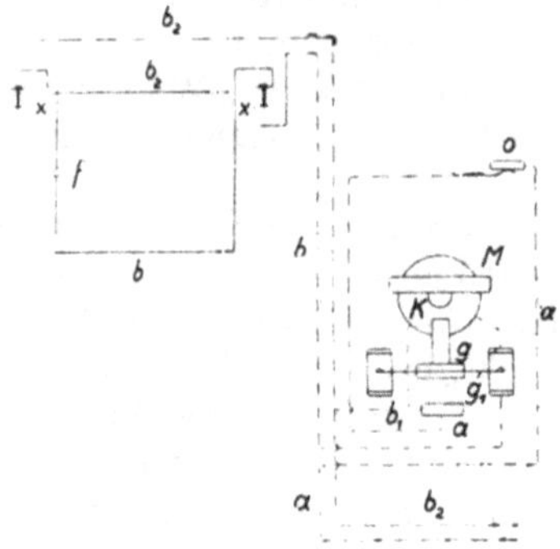

Abb. 278.

stellung des Webstuhles herbeiführen, wenn eine Lamelle f (ein Draht, ein Gewichtchen u. a.) herunterfällt, ganz gleichgültig, in welcher Stellung sich der zugehörige Schaft hierbei befindet.

Vor der Konstruktion Abb. 279 haben jene der Abb. 277 u. 278 den Vorteil, daß ein Abstellen des Webstuhles durch einen lockeren Faden nicht erfolgen kann.

In der älteren Ausführung (Abb. 278) ist der Elektromagnet am Ausrücker des Webstuhles befestigt.

Magnethebel M befindet sich bei geöffnetem Stromkreis in der gezeichneten Stellung, kann von der vorgehenden Lade nicht erfaßt, daher auch der Ausrückhebel nicht in Ausschaltstellung gebracht werden. Wird der Stromkreis durch die herunterfallende Litze f geschlossen, so entsteht Kontakt zwischen den Leitungen b und b_2, Eisenkern K wird elektromagnetisch, M wird gesenkt. Es wird aber auch gleichzeitig der Hilfsanker g angezogen und dadurch Kontakt zwischen a und b_2 hergestellt unter Zuhilfenahme der mit g verbundenen Schiene g_1 und der Hilfsleitung b_1. Hierdurch wird erreicht, daß der Stromfluß erhalten bleibt, wenn durch Hebung des Schaftes der Kontakt bei x wieder geöffnet ist, daß also die Wirkung des Magneten erhalten bleibt, bis die vorgehende Lade auf seinen Hebel M einwirken konnte und verhütet, daß der Stromkreis schon wieder unterbrochen wird (die Schäfte haben sich schon wieder gehoben), ehe der Ausrückhebel von der Lade beeinflußt wurde.

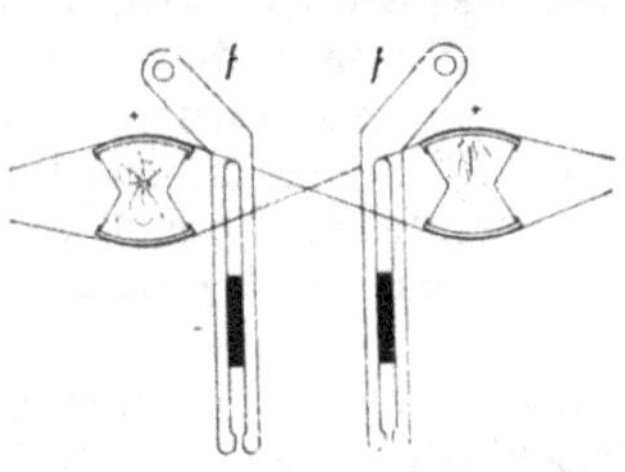

Abb. 279.

Kommt die Lade in die vordere Stellung, so wird jetzt der Ausrückhebel nach innen bewegt und der Stromkreis bei o unterbrochen.

Abb. 277 zeigt den verbesserten Wächter. Derselbe ist ein Starkstromkettenfadenwächter und arbeitet mit 50 und mehr Volt Spannung. Hat man

Drehstrom (Sternschaltung) 220 Volt zur Verfügung, so führt man eine Phase und Nulleiter zum Stuhl und erhält somit eine Spannung von $\frac{220}{\sqrt{3}} = 128$ Volt. Der notwendige Wechselstromelektromagnet 1 ist dann für eine Spannung von 110 Volt zu beziehen, während man die übrigbleibenden 18 Volt in einem Widerstande vernichtet.

Durch die Metallitzen f kann nur dann ein geschlossener Stromkreis gebildet werden, wenn der Ansatz a am Stuhlausrücker beim Einrücken des Stuhles den Hauptstromkreis schloß. Nur in der Tiefstellung des Schaftes ist es möglich, daß die Litze f eines zerrissenen Fadens den Stromkreis durch Aufsetzen auf die Schiene s schließt. Dies wird erreicht durch folgende Anordnung:

Die Schäfte sind zweiteilig ausgeführt. Gelangt sch in die Tiefstellung, so stößt Stellschraube b gegen einen mit Vulkanfiber belegten, im Stuhl gelagerten, um ein geringes nachgebenden Hebel c, welcher also ein Drehen von d in der Pfeilrichtung um 3 herbeiführen wird. Die mit d verbundene Schiene e wird sich senken und den Litzen gerissener Fäden Gelegenheit geben, sich auf s aufzusetzen. Hebt sich der Schaft sch wieder, so wird die Feder k ein Zurückführen von e in die Hochstellung bewerkstelligen. Durch den Stromschluß f—s wird der Magnet I (Relais Abb. 280) erregt und zieht einen davorliegenden Eisenbalken III an, welcher veranlaßt, daß ein am Ausrücker drehbar befestigtes Flacheisen in eine solche Lage gelangt, daß letzteres von einem Vorsprung der herannahenden Lade erfaßt wird, wodurch ein Herausdrücken des Ausrückers aus seiner Rast und damit ein Abstellen des Webstuhles erzielt wird.

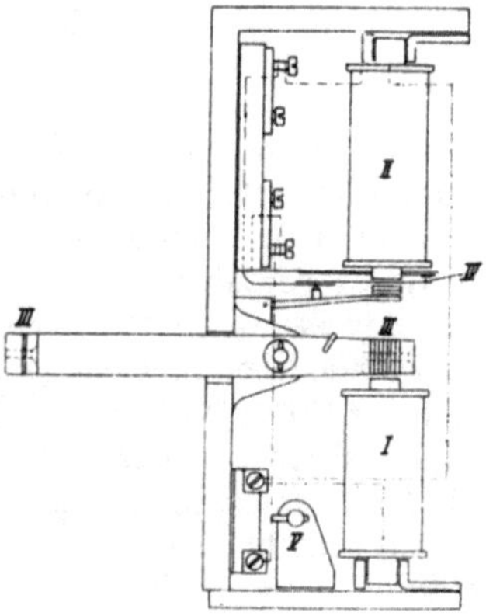

Abb. 280.

Da der Elektromagnet noch arbeiten muß, wenn der von der Litze gebildete Stromkreis bereits wieder geöffnet ist, so muß auch hier im Relais ein automatisches Umleiten des Stromkreises vor sich gehen, weshalb die Einrichtung dieses Wechselstromrelais ziemlich kompliziert ist. Abb. 280 läßt dies erkennen.

I ist der Hauptmagnet, der nur dann Strom erhält, wenn der Stromkreis bei IV geschlossen ist, d. h. wenn der mit Wechselstrom gespeiste Hilfsmagnet II anziehend wirkt. Das geschieht aber, entsprechend der Periodenzahl des Wechselstromes, z. B. fünfzigmal in der Sekunde, so daß in I ein wellenförmiger Gleichstrom entsteht, der einen dauernden Pol erzeugt.

Die Versorgung der elektrischen Kettenfadenwächter mit Kraft kann erfolgen:

1. durch galvanische Elemente,
2. durch Akkumulatoren,
3. durch Dynamomaschine,
4. durch Anschluß an eine Lichtleitung.

Die galvanischen Elemente zum Antriebe der Wächter werden nach und nach von der unter 4. angegebenen Einrichtung verdrängt werden.

Meistens sind dieselben unterhalb des Webstuhles aufgestellt.

Beträgt die für den Wächter vorgeschriebene Spannung e_w Volt, seine Stromstärke i Ampère, der innere Widerstand eines Elementes w_i, die Spannung eines Elementes e_m und bezeichnet man die notwendige Anzahl der Elemente mit n, so herrscht, bei Hintereinanderschaltung der Elemente, die Beziehung:

$$i = \frac{e_m \cdot n}{w_i \cdot n + \frac{e_w}{i}}; \qquad n = \frac{e_w}{e_m - i \cdot w_i}.$$

Braucht der Wächter z. B. 4 Volt bei 0,5 Ampère, und benutzt man Leclanché-Elemente ($W_i = 0{,}69$; $e_m = 1{,}49$), so wird:

$$n = \frac{4}{1{,}49 - 0{,}5 \cdot 0{,}69} = 4 \text{ Elemente.}$$

Man hätte also bei 20 Stühlen $4 \cdot 20 = 80$ Elemente nötig, wenn man je vier Elemente, hintereinander geschaltet, unter jedem Stuhl anordnet.

Will man sämtliche Wächter von einer einzigen Elementengruppe aus mit Kraft versehen, so ist zu berücksichtigen, daß bei der weiten Verzweigung des Netzes leicht bedeutende, der Rechnung nicht zugängliche Spannungsverluste entstehen, da der Widerstand der vielen Kontaktstellen unbekannt ist. Der Vorsicht halber wählt man deshalb eine größere Netzspannung, z. B. in unserem Falle statt 4 Volt 10 Volt.

Bei Elementen mit großem Widerstand ist nunmehr Hintereinanderschaltung nicht mehr möglich; denn, wenn man annimmt, daß von den zwanzig Stühlen im ungünstigsten Falle acht gleichzeitig abstellen, wird:

$$0{,}5 \cdot 8 = \frac{1{,}49 \cdot n}{0{,}69 \cdot n + \frac{10}{0{,}5 \cdot 8}}; \qquad 2{,}76\, n + 10 = 1{,}49\, n.$$

Diese Gleichung ist aber nur für $n = \infty$ erfüllt.

Es kommt also nur die gemischte Schaltung in Frage.

Bedeutet y die Anzahl der Elementengruppen und x die Anzahl der in jeder Gruppe parallel geschalteten Elemente, so ist:

$$e_w = e_m \cdot y - \frac{w_i}{x} \cdot y \cdot i$$

$$10 = 1{,}49 \cdot y - \frac{0.69}{x} \cdot y \cdot 8 \cdot 0{,}5$$

$$\frac{10}{y} + \frac{2{,}76}{x} = 1{,}49.$$

Es handelt sich nun darum: wie groß müssen x und y gewählt werden, damit ihr Produkt P ein Minimum wird?

Man kann das durch Probieren und Anlegen einer Tabelle machen. An dieser Stelle darf ich wohl die Minimum- und Maximum-Rechnung wählen:

$$y = \frac{10}{1{,}49 - 2{,}76 \cdot \frac{1}{x}}; \quad d\frac{10\,x}{1{,}49 - 2{,}76 \cdot \frac{1}{x}} = d\,P;$$

$$\frac{10\left(1{,}49 - 2{,}76\frac{1}{x}\right) - 10 \cdot x \cdot 2{,}76 \cdot \frac{1}{x^2}}{\left(1{,}49 - 2{,}76 \cdot \frac{1}{x}\right)^2} = \frac{d\,P}{d\,x} = 0;$$

$$10\left(1{,}49 - 2{,}76\frac{1}{x}\right) = 10 \cdot 2{,}76 \cdot \frac{1}{x}$$

$$1{,}49 \,.\, x = 5{,}52$$

$x = 4$ Elemente pro Gruppe.

$$\frac{10}{y} + \frac{2{,}76}{4} = 1{,}49;$$

$y = 12$ oder 13 Gruppen.

Es wären also jetzt nur 48—52 Elemente statt 80 Elemente für die 20 Stühle nötig. Eine Überlastung der Batterie ist nicht zu befürchten, weil die Stromentnahme sich ja nur auf kurze Zeiten beschränkt.

Die Wartung und Instandhaltung dieser immerhin beträchtlichen Anzahl Elemente verursachen verhältnismäßig hohe Kosten, so daß von der Benutzung galvanischer Elemente mit größerem inneren Widerstand abzusehen ist.

Günstiger gestaltet sich schon die Anwendung von galvanischen Elementen mit geringem inneren Widerstand und großer Kapazität.

Cupron-Elemente geben ca. 0,8 Volt, bei einem inneren Widerstand $w_i = 0{,}0075$ Ohm.

In unserem Beispiel würden $\frac{10}{0{,}8} = 12 - 13$ Elemente nötig sein, deren Kapazität, dem Stromverbrauch entsprechend, gewählt werden kann. Die größte Type gibt 350—400 Ampèrestunden her.

Ist Ladegelegenheit vorhanden, so wird man Akkumulatoren wählen können. Dieselben werden hintereinandergeschaltet; in unserem Falle wären $\frac{10}{1{,}83} = 5 - 6$ Zellen notwendig. Ist die Kapazität nicht genügend groß, so wird man 5—6 Gruppen hintereinanderschalten und in jeder Gruppe soviel Zellen anordnen, daß nur von ca. 5 zu 5 Wochen eine Ladung notwendig ist.

Wählt man zweckmäßig eine Dynamomaschine zur Stromversorgung der Wächter, so genügt, nach Erfahrung der Praxis, für die erwähnten Schwachstromwächter eine Maschine von 16 Volt und 12 Ampère auch für die weitverzweigtesten Netze. Man benutzt Gleichstromdynamo mit Nebenschlußregulator, damit man je nach dem Kraftbedarf den Widerstand der Erregerwicklung ändern kann. Man kann alsdann die Maschine auch dann noch benutzen, wenn die Zahl der Wächter nach und nach durch Vergrößerung des Betriebes zunimmt.

Ein anderes Mittel ist der Anschluß des Wächters an die Lichtleitung. Benutzt man einen Schwachstromfadenwächter, so ist es vorteilhaft, einen Reduktor anzuwenden, mit dem ich gute Erfahrungen gemacht habe. Es ist ein kleiner Transformator mit hohem Wirkungsgrad, der nach Belieben die Netzspannung (100—250 Volt) auf 3 oder 5 oder 8 Volt herabtransformiert. Sein Leerlauf verursacht einen Verlust von nur ca. $^1/_2$ Watt. Handelt es sich um einen Starkstromwächter, der z. B. mit 110 Volt arbeitet und 0,3 Ampère, und will man die Lichtleitung eines Drehstromnetzes (Sternschaltung) 220 Volt benutzen, die bei Zuhilfenahme der Nulleitung $\frac{220}{\sqrt{3}} = 128$ Volt hergibt, so müssen 18 Volt in einem dem Wächter vorzuschaltenden Widerstand vernichtet werden. Wählt man einen induktionslosen Widerstand (Glühlampe), so müßte dieser einen Widerstand von $\frac{18}{0{,}3} = 60$ Ohm besitzen. Den Widerstand, den eine Lampe besitzt, kann man sich leicht ungefähr ausrechnen. Hat man alte vierkerzige Kohlenfadenlampen zur Verfügung für eine Spannung von ca. 20 Volt, so weiß man, daß ihr Wattverbrauch $\sim 4 \,.\, 3{,}3 = 13{,}2$ ist, ihre Stromstärke $\frac{13{,}2}{20} = 0{,}66$ Ampère und ihr Widerstand $\frac{13{,}2}{0{,}66^2} = 30$ Ohm. Man müßte also zwei solcher Lampen hintereinanderschalten.

Beispiel Nr. 90: Der Heizwert der Brennstoffe.

Unter dem Heizwert eines Brennstoffes versteht man die Anzahl der Wärmeeinheiten, die bei der Verbrennung fester und flüssiger Brennstoffe von 1 kg, gasförmiger Brennstoffe von $1 m^3$ entwickelt werden. Die Heizwertbestimmung für gasförmige und leichtflüssige Brennstoffe erfolgt am besten im Junkersschen Kalorimeter, und für feste und schwerflüssige Brennstoffe in der kalorimetrischen Bombe. Der im Kalorimeter gefundene Heizwert (oberer Heizwert H_o) hat nur theoretischen Wert, weil er auch die Kondensationswärme des in den Abgasen enthaltenen Wasserdampfes enthält, die aber im technischen Betriebe nicht frei wird. Hierbei gilt als Heizwert stets nur der untere Heizwert H_u.

$H_u = H_o - 600$ W Wärmeeinheiten pro 1 kg bzw. pro $1 m^3$.

In dieser Gleichung bedeutet 600 W die Kondensationswärme von W kg Wasserdampf, die bei der Verbrennung von 1 kg Brennstoff entstehen, da 600 Wärmeeinheiten (WE) pro kg Wasserdampf bei der Kondensation frei werden.

Bei den flüssigen Brennstoffen setzt sich W zusammen aus der freien Feuchtigkeit (vorhandene Feuchtigkeit H_2O kg) und aus dem Bildungswasser (9 H kg); denn 1 kg H_2 ergibt mit 8 kg O_2 9 kg H_2O. Also gilt für flüssige Brennstoffe:

$$H_u = H_o - 600(H_2O + 9\,H)$$

WE pro 1 kg bzw. $1 m^3$. W ist immer in kg gemessen.

In der folgenden Tabelle beziehen sich die Werte in den m^3-Spalten auf 0° C und 760 mm Quecksilbersäule. Der Zusammenhang zwischen H pro kg und H pro m^3 ist gegeben durch das spezifische Gewicht s; z. B. für Kohlenoxyd: $H_o/kg = 2440$ WE/kg, dann ist $H_o/m^3 = 2440\,s = 2440 \,.\, 1{,}251 = 3050$ WE/m^3.

Heizwerte einiger Brennstoffe:

1 kg Brennstoff	H_o	H_u	1 m³ Gas	H_o/kg	H_o/m^3	H_u/kg	H_u/m^3
Kohlenstoff . .	8 080	—	Wasserstoff .	34 200	3 070	28 800	2 570
Steinkohle . .	—	6 800 ÷ 7 700	Kohlenoxyd .	2 440	3 050	—	—
Erdöl roh . .	—	10 000	Sumpfgas .	13 240	9 470	11 910	8 510
Petroleum . .	—	10 500	Koksofengas	—	—	—	3 760
Benzol . . .	10 000	9 590	Azethylen .	12 000	13 900	11 600	13 470
Benzin . . .	10 500	—	Äthylen . .	11 905	14 950	11 120	13 910
Steinkohlenteer	—	8 000 ÷ 8 800	Gichtgas . .	—	—	—	750 ÷ 950
Teer-Oel . . .	—	8 800 ÷ 9 800	Kraftgas . .	—	—	—	1 300
Gas-Oel . . .	—	9 800 ÷ 10 150	Leuchtgas .	10 700	5 500	—	5 000
Spiritus . . .	7 184	6 480					
Naphtalin . .	9 700	9 370					

Aus der Analyse eines festen oder flüssigen Brennstoffes kann der obere Heizwert bzw. bei Berücksichtigung der Kondensationswärme 600 W des Wasserdampfes, auch der untere Heizwert ermittelt werden.

Für Steinkohle ist auf diese Weise auf Grund zahlreicher Versuche ein Mittelwert H_u aufgestellt worden, d. i. die sog. Verbandsformel:

$$H_u = 8100\,C + 29\,000\left(H - \frac{O}{8}\right) + 2500\,S - 600\,W \quad WE/kg.$$

In dieser Gleichung bedeuten C, H, S und O die Gewichtsbestandteile der Kohle an Kohlenstoff, Wasserstoff, Schwefel und Sauerstoff, und W den Dampfgehalt der Rauchgase.

Die kalorimetrische Untersuchung geschieht in der Weise, daß man eine Durchschnittsprobe in der kalorimetrischen Bombe einer vollkommenen Verbrennung unterwirft, zu welcher man verdichteten Sauerstoff von etwa 25 Atmosphären Druck verwendet. Die Zündung erfolgt beispielsweise mittels einer feinen Stahldrahtspirale, die durch elektrischen Strom zum Glühen gebracht wird und verbrennt.

Das bei der Verbrennung in der Bombe gebildete Wasser schlägt sich flüssig nieder und wird mit seiner latenten Verdampfungswärme vom Resultate in Abzug gebracht, desgleichen die Verbrennungswärme der Spirale, sowie die Bildungs- und Verdünnungswärme der Salpetersäure (aus dem flüchtigen Schwefel der Kohle). Der Heizwert gilt für die Verbrennungsprodukte: Kohlensäure und schweflige Säure gasförmig und Wasserdampf von gewöhnlicher Temperatur.

Beispiel eines Versuches:

Gewicht des verbrannten Brennstoffes	1 Gramm
„ „ Wassers in der kalorimetrischen Bombe	2220 „
Wasserwert der Bombe	530 „
„ des ganzen Apparates	2750 „
Temperaturerhöhung, beobachtet	1,3125° C
Korrektur für Abkühlung	0,0095° C
Wirkliche Temperaturerhöhung	1,3220° C

Beobachtete Wärmeentwicklung		3636 Gr.-Kal.
Korrektur für Zündung 48, Salpetersäure 5	. . . .	53 „
Verbrennungswärme Gramm	. . . .	3583 „
Menge des bei der Verbrennung gebildeten Wassers	0,6532 g	
Korrektur hierfür	392 Gr.-Kal.	
„ für verd. Schwefelsäure, reduziert auf gasförmige schweflige Säure	19 „	
der Heizwert beträgt je Gramm	. . . .	3172 Gr.-Kal.

oder für 1 kg 3172 WE.

Theoretischer Verdampfungswert: 1 kg des Materials verwandelt 4,979 kg Wasser von 0° C in Dampf von 100° C.

Soll der ermittelte Heizwert möglichst voll zur Geltung kommen, so hat der Heizer folgende Regeln zu beobachten: die Verbrennung des brennbaren Teiles der Heizgase und des brennbaren Kokses erfolgt durch O-Zufuhr mittels Kaminzuges. Die Verbrennung beginnt erst dann, wenn der Brennstoff, Gas und Koks, durch Glut und Strahlungshitze auf seine Entzündungstemperatur gebracht worden ist. Die Verbrennung wird gestört, wenn dem Brennstoff zu wenig Luftsauerstoff zugeführt wird; die brennbaren Gase verbrennen unvollkommen, und die Feuerung rußt und raucht. Die festen und flüchtigen brennbaren Bestandteile werden durch übermäßige Luftzufuhr unter die Entzündungstemperatur abgekühlt, die Feuerung erkaltet, die hochwertigen Gase entweichen entweder unverbrannt, oder deren Wärmeentwicklung wird nur zur Erwärmung unnötiger Luftmengen aufgebraucht, die Rauchgase erscheinen verdünnt. In beiden Fällen werden große Wärmewerte durch CO_2, Flugkoks oder unnötige Lufterwärmung durch den Schornstein und mit der Flugasche entführt. Hoher Luftüberschuß ist ebenso schädlich wie Mangel an Luft. Der beste Maßstab ist der CO_2-Gehalt der Abgase (zu messen durch Rauchgasprüfer) und die Angabe des Zugmessers. Der CO_2-Gehalt soll hoch sein, die Zugstärke soll niedrig sein. Der richtige Gleichgewichtszustand in der Feuerung ist vorhanden, wenn helles, volles Feuer und gleichmäßiger Dampfdruck bei gut bedecktem Rost gehalten werden können. Man halte hohe Feuerraumtemperatur, helles Feuer, niedrige Abgastemperatur.

Wenn man bedenkt, daß der Kohlenverbrauch in Textilbetrieben pro kg Ware zwischen 1,05 und 10 kg schwankt, wird man die Bestrebungen begreifen, die dahin zielen, die wärmewirtschaftlichen Gesichtspunkte zur Hebung der Textilindustrie in finanz- und volkswirtschaftlicher Beziehung mehr in den Vordergrund zu rücken.

In diesem Sinne sollen die vorstehenden Zeilen aufklärend wirken.

Beispiel Nr. 91: Der Leistungsfaktor im elektrischen Fabrikbetrieb.

Bei den neuesten Elektromotoren ist man bemüht, den sogenannten Blindstrom in Wegfall kommen zu lassen, der zwar auf Seiten des Stromabnehmers nicht zählt, dessen Verschwinden aber die Elektrizitätswerke in den Stand setzt, mit den Strompreisen herabzugehen. Die folgenden Zeilen mögen nun die Bedeutung des Leistungsfaktors ($\cos \varphi$) in diesem Sinne erläutern.

Bestehen die Stromverbraucher eines Netzes aus vielen, und teilweise belasteten Drehstrommotoren, so ist ein im Verhältnis zur tatsächlichen Leistung sehr großer Magnetisierungsstrom erforderlich, der sowohl die Generatoren als auch die Leitungen unnützerweise belastet und Verluste erzeugt. Hauptsächlich legen daher die Elektrizitätswerke neuerdings großen Wert auf einen hohen Leistungsfaktor der angeschlossenen Anlagen. Zur Erklärung des Begriffes „Leistungsfaktor“ sei folgendes gesagt: In allen Katalogen und an allen Wechselstrommaschinen finden wir neben der Wattzahl noch die Bezeichnung „cos φ“, z. B.: Leistung der Maschine 30 000 . cos φ Volt-Ampere. Hierbei ist cos φ eine Zahl, die zwischen 0 und 1 alle Werte annehmen kann. In einem Wechselstromkreis, der Krafterzeugungszwecken dient, erreichen Spannung und Stromstärke nicht gleichzeitig ihre höchsten und niedrigsten Werte; es bekommt vielmehr die Stromstärke später ihren Höchstwert als die Spannung. Diese Erscheinung bezeichnet man als Phasenverschiebung, die sich ergibt aus dem Kosinus des jeweiligen Phasenverschiebungswinkels φ (siehe Abbildung 220).

1. Eine Drehstrommaschine (Sternschaltung) gebe eine Leistung von 110 Kilowatt (KW) her, bei einer Klemmenspannung von 3300 Volt. Die Belastung sei so, daß zwischen Strom und Klemmenspannung eine Phasenverschiebung von 38° herrsche. Dann ist cos 38° = 0,788, und der Strom

$$i = \frac{A}{e \,.\, \cos\varphi \,.\, \sqrt{3}} = \frac{110\,000}{3300 \,.\, 0{,}788 \,.\, 1{,}73} = 24{,}4 \text{ Ampere.}$$

Wäre die Belastung nicht durch Motoren, sondern durch Glühlampen hervorgerufen (induktionsfreie Belastung) mit $\varphi = 0$ und $\cos\varphi = 1$, so ergäbe sich ein notwendiger Strom von

$$i = \frac{110\,000}{3300 \,.\, 1{,}73} = 19{,}3 \text{ Ampere.}$$

Elektrodynamometer (Wattmeter) zeigen die wirkliche Leistung des Stromes an, also im ersteren Fall $A = i \,.\, e \,.\, \cos\varphi \sqrt{3}$. Wenn Spannung und Stromstärke einzeln gemessen werden, so ergibt das Produkt $i \,.\, e \,.\, \sqrt{3}$ die „scheinbare Leistung“. Zur Feststellung der wirklichen Leistung ist die Messung von cos φ erforderlich; hierzu dienen die Phasenmesser. Es gibt Prüfinstrumente zur Feststellung des Leistungsfaktors, wie überhaupt Strömungen in der Elektrobranche zu erkennen sind, welche dahin zielen, den Vorstoß der Elektriziätswerke gegen Betriebe mit schlechtem Leistungsfaktor zu parieren. Es müssen also beim Motorenbetrieb mehr Ampere zugeführt werden als tatsächlich zur Arbeitsleistung kommen.

2. Wieviel Ampere verbraucht ein 225 PS-Drehstrommotor, dessen Wirkungsgrad 93% ist, wenn cos φ zu 0,8 angenommen wird und sein Anschluß an 750 Volt erfolgt?

$$i = \frac{225 \,.\, 736}{0{,}93 \,.\, 1{,}73 \,.\, 750 \,.\, 0{,}8} = 171{,}5 \text{ Ampere.}$$

3. Wie groß ist der Leistungsfaktor eines 3,2 PS - Drehstrommotors, dessen Wirkungsgrad 78% ist, wenn er beim Anschluß an dreimal 190 Volt 10,9 Ampere verbraucht?

$$\cos\varphi = \frac{3{,}2 \,.\, 736}{0{,}78 \,.\, 1.73 \,.\, 190 \,.\, 10{,}9} = 0{,}843\,.$$

Den im ersten Beispiel errechneten Stromunterschied 24,4 bis 19,3 = 5,1 Ampere nennt man Blindstrom. Dieser braucht zu seiner Erzeugung zwar keine Antriebskraft, aber er belastet die Leitungen, die Transformatoren und die Stromerzeuger. Ein Elektrizitätswerk, das bei $\cos \varphi = 1$ ca. 2000 KW nutzbringend abgeben kann, vermag bei $\cos \varphi = 0{,}62$ nur noch 1240 KW zu leisten. Ein Elektrizitätswerk, welches mit niedrigem Leistungsfaktor arbeitet, braucht also ein bedeutend höheres Anlagekapital, als ein solches, welches mit höherem $\cos \varphi$ arbeitet, weil ersteres seine Stromerzeuger, Transformatoren und Leitungsquerschnitte schlechter ausnutzt und mit höherem Energieverlust arbeitet. Ein schlechter Leistungsfaktor ist also mit unmittelbaren Nachteilen für das Elektrizitätswerk verbunden, von dem der Strom bezogen wird. Aber auch für das Fabrikunternehmen selbst ist ein schlechter $\cos \varphi$ nachteilig, wie folgendes Beispiel zeigt: Wenn z. B. die Motoren 650 KW einschließlich Leitungsverlust bei einem Leistungsfaktor 0,62 verbrauchen, so beträgt die Scheinleistung, für welche die Bemessung der Transformatoren maßgebend ist $\frac{650}{0{,}62} = 1050$ Kilo-Volt-Ampere. Wäre der Leistungsfaktor $= 1$, so würden nur 650 Kilo-Volt-Ampere in Frage kommen. Im ersteren Falle würden vorhanden sein drei Transformatoren von je 350 Kilo-Volt-Ampere; bei einem Wirkungsgrad von 97,5% betrüge der Verlust 2,5% von $1050 = 26{,}2$ KW, der Leitungsverlust angenommen 4% von $1050 = 42$ KW. Der Verbrauch der Motoren demnach $650 - 42 = 608$ KW, der Gesamtverbrauch $608 + 42 + 26{,}2 = 676{,}2$ KW. Beim Leistungsfaktor 1 werden nur 650 KVA verbraucht; es brauchen also nur 2 Transformatoren eingeschaltet zu werden. Der Verlust verringert sich auf rund 17 KW. Der Leitungsverlust beträgt nur $4 \,.\, 0{,}62 = 2{,}48\%$ von 650 KVA = rund 16 KW. Es werden also jetzt verbraucht $608 + 17 + 16 = 641$ KW. Die Ersparnis beträgt $676{,}2 - 641 = 35{,}2$ KW oder rund 5½ %.

Man sieht aus diesen Zahlen, daß die Frage des Leistungsfaktors auf jeden Fall von wesentlicher Bedeutung für die Wirtschaftlichkeit des Betriebes sein wird. Wenn bisher die meisten Elektrizitätswerke von einer besonderen Berechnung des Blindstromes abgesehen haben, so wird das in Zukunft anders werden; denn ein Werk nach dem anderen geht dazu über, den Leistungsfaktor in die Tarife mit einzubeziehen. Die Elektrizitätswerke können eben ihre Rentabilität nur dadurch erhalten, daß sie durch energische Maßnahmen auf die Verbesserung des $\cos \alpha$ ihrer Anschlußanlagen einwirken.

Neuerdings werden nun Synchronmotoren angeboten, die ein brauchbares Mittel zur Hebung des Leistungsfaktors sind. Dieser Motor erzeugt seinen Magnetisierungsstrom selbst; er entnimmt also dem Netz keinen Blindstrom. Bisher wurden Synchronmotoren in Fabrikbetrieben nur ausnahmsweise verwendet, weil ihre Bedienung recht umständlich war. Die für Fabrikbetriebe in Frage kommenden Synchronmotoren laufen in gleicher Weise wie ein Asynchronmotor mit Schleifringen so an, daß sich beim Anlassen der Asynchronmotor in einen Synchronmotor verwandelt. Der Leistungsfaktor ist bei Leerlauf wie bei Vollast und bis zu 30% Überlast annähernd $= 1$. Überschreiten die Überlastungen 30% der Normallast, so fällt der Motor außer Tritt, kommt aber nicht zum Stillstand, sondern arbeitet als Asynchronmotor weiter. Das Außertrittfallen macht sich dadurch bemerkbar, daß der Leistungsfaktor von 1 auf etwa 0,8 sinkt, während die Stromstärke um ca. 20% zunimmt. Da solch starke Überlastungen nur vorübergehend eintreten, so ist dieses Verhalten praktisch ohne Bedeutung. Der Anlauf kann unter Vollast erfolgen. Der Motor kann für alle Antriebe verwendet werden, die keine Drehzahlregelung erfordern. Sein Vorteil kommt nur zur Geltung, wenn der Motor dauernd in Betrieb bleibt. Vor allen Dingen käme ein solcher Synchronmotor in Frage, wenn ein Betrieb erweitert werden soll.

Man würde aus der alten Anlage zunächst diejenigen Motoren aussuchen, die besonders ungünstig belastet sind. Sie werden in der Neuanlage an Stellen verwendet, wo sie besser ausgenutzt werden können. Hierdurch würde der Leistungsfaktor der Anlage vielleicht von 0,62 auf 0,7 gehoben. Es könnten nunmehr neue Synchonmotoren zur Aufstellung kommen, so daß unter Umständen auch bei doppelter Leistung der Motoren die zulässige Belastung des Kabels und der Transformatoranlage nicht überschritten würde. Inwiefern der Synchronmotor imstande sein wird, die im Textilbetrieb vorliegenden Aufgaben zu lösen, muß erst die Erfahrung lehren.

Beispiel Nr. 92: Elektrischer Gruppen- oder Einzelantrieb in Webereien?

Immer wieder muß darauf hingewiesen werden, daß eine rein rechnerische Behandlung dieser Materie kein vollständig klares Bild schaffen kann, daß vielmehr manches für den Einzelantrieb spricht, was sich nicht in ein formelmäßiges Gewand kleiden läßt.

Immerhin geben die folgenden rechnerischen Entwicklungen die Möglichkeit, die Betriebskosten beider Antriebsarten annähernd miteinander vergleichen zu können. Zugunsten des Einzelantriebes müßte man alsdann die sonstigen Vorteile buchen, die sich zahlenmäßig nicht erfassen lassen, als da sind: Ersparnis an künstlichem Licht, wegen Fortfall der lichtabhaltenden Riemen, Erhöhung der Produktion wegen Vergleichmäßigung der Webstuhltourenzahlen, Verbesserung der Warenqualität usw. Es sei:

A = Anzahl der anzutreibenden Webstühle.
J_m = Energiebedarf jedes Stuhles in Watt bei normaler Leistung.
J_e = Eigenverbrauch des Einzelantrieb-Motors in Watt.
J_g = Eigenverbrauch des Gruppenmotors.
J_t = Eigenverbrauch der Transmission.
t_1 = Antriebszeit der Webstühle in Stunden pro Jahr.
t_2 = Antriebszeit der Transmission in Stunden pro Jahr.
W_e = Anlagekosten der Einzelantriebsanlage.
W_g = Anlagekosten der Gruppenbetriebsanlage.
Z = Verzinsung und Tilgung der Anlagekosten in Prozent.
R = Stromkosten pro Kilowattstunde in Pfennigen.

Dann ist der Energiebedarf in Kilowattstunden bei Einzelantrieb:

$$E = \frac{A \cdot (J_m + J_e) \cdot t_1}{1000}$$

und der Energiebedarf in Kilowattstunden bei Gruppenantrieb:

$$G = \frac{A \cdot J_m \cdot t_1 + (J_g + J_t) \cdot t_2}{1000}.$$

Die Betriebskosten bei Einzelantrieb berechnen sich zu $Z\,(W_e) + E \cdot R$ und die Betriebskosten bei Gruppenantrieb zu $Z\,(W_g) + G \cdot R$.

An einem Beispiel wollen wir jetzt die Anwendung dieser Formeln erläutern.

Eine bestehende Baumwollweberei soll vergrößert werden, und es sollen in dem Neubau 132 Stühle untergebracht werden. Wie stellen sich die Betriebskosten bei Einzel- und Gruppenantrieb?

Bei elektrischem Einzelantrieb würde man wählen Kurzschlußanker-Drehstrommotoren mit Bock- und Zahnradantrieb, eingebauter Rutschkupplung, Walzenschalter, 0,54 PS, 960 Touren; je vier Stühle bekommen einen Verteilungskasten. Die Weberei arbeitet jährlich 300 Tage zu je 8 Stunden. Der Strompreis pro Kilowattstunde betrage 13 Pfennig. Die Anlagekosten des gesamten Einzelantriebes werden geschätzt zu ca. 41 000 Mark. Beim Gruppenantrieb wollen wir sechs Wellenstränge annehmen, deren je drei von einem Gruppenmotor angetrieben werden. Die beiden Gruppenmotore wollen wir mit Absicht reichlich stark wählen mit Rücksicht auf die Möglichkeit, eventuell auch schwerere Stühle anhängen zu können. 46 PS, 965 Touren, mit Spannschienen, Anlasser, Bürstenabhebevorrichtung, Type: Anlaßschleifringanker-Motoren. Anzuordnen im besonderen staubdichten Raum, damit sie als offene Motoren nicht verschmutzen. Die Anlagekosten dieses Gruppenantriebes schätze ich mit 18 000 Mark. Die Einzelantriebsmotoren haben schätzungsweise einen Wirkungsgrad von 83 %, und die Schleifringanker-Motoren einen solchen von 87 %. Der Wirkungsgrad der Webstühle wird mit 77 % angenommen, das heißt ca. 23 % der Gesamtarbeitszeit entfallen auf Stillstände infolge Fadenbruch, Einrichten neuer Ketten, Stuhlreparaturen usw. Der Leitungsverlust werde mit 3 % einkalkuliert. Der Eigenkraftbedarf der Transmission wird vielfach unterschätzt. Vollständig falsch ist es, den Leerlaufkraftbedarf zugrunde zu legen. Im Betrieb, bei voller Belastung, ist der Eigenkraftbedarf der Transmission bedeutend größer. Wir schätzen ihn zu 25 % des Gesamtkraftbedarfs. Dann ist $A = 132$, $J_m = 400$ Watt,

$J_e = 80$ Watt einschließlich Leitungsverlust,
$J_g = 5400$ Watt einschließlich Leitungsverlust,
$J_t = 18\,000$ Watt,
$t_1 = 1850$ Stunden,
$t_2 = 2400$ Stunden,
$W_e = 41\,000$ Mark,
$W_g = 18\,000$ Mark,
$Z = 20\% \, (W_e) = 8200$ Mark,
$Z = 20\% \, (W_g) = 3600$ Mark,
$R = 13$ Pfennige.

Es ergeben sich alsdann:

$$\frac{132\,(400 + 80)\,.\,1850}{1000} = 117\,200 \text{ Kilowattstunden bei Einzelantrieb,}$$

$$\frac{132\,.\,400 + 1850 + (5400\,.\,2 + 18\,000)\,.\,2400}{1000} = 166\,850 \text{ Kilowattstunden bei Gruppenantrieb,}$$

$$8200 + 117\,200\,.\,0{,}13 = 23\,436 \text{ Mark Betriebskosten bei Einzelantrieb,}$$

$$3600 + 166\,850\,.\,0{,}13 = 25\,290 \text{ Mark Betriebskosten bei Gruppenantrieb,}$$

das heißt: bei Einzelantrieb werden 1854 Mark = ca. 7 % Betriebskosten weniger erforderlich. Außerdem hat man auch zu berücksichtigen die sonstigen Vorteile des Einzelantriebes, z. B. leichtere, also billigere Gebäudekonstruktion, sowie die Möglichkeit der Produktionssteigerung.

Nicht so günstig liegen die Verhältnisse für den Einzelantrieb, wenn es sich um die Umänderung einer bestehenden Anlage handelt, weil Transmission und Riemen vorhanden sind, wodurch die Unterschiede in den Anlagekosten wesentlich größer werden. Nehmen wir also an, die im Beispiel angeführte Anlage sollte von Transmissionsantrieb in Einzel- bzw. Gruppenantrieb umgewandelt werden, so ständen den Kosten des Einzelantriebes von 41 000 Mark die Kosten für die beiden Gruppenmotoren (angenommen mit 7000 Mark inklusive Leitungsanlage usw.) gegenüber. Es ergeben sich alsdann $1400 + 166850 . 0{,}13 = 23090$ Mk. Betriebskosten bei Gruppenantrieb, also eine jährliche Betriebsersparnis von 346 Mark zugunsten des Gruppenantriebes.

Beispiel Nr. 93: Der Pendelantrieb (Abb. 281).

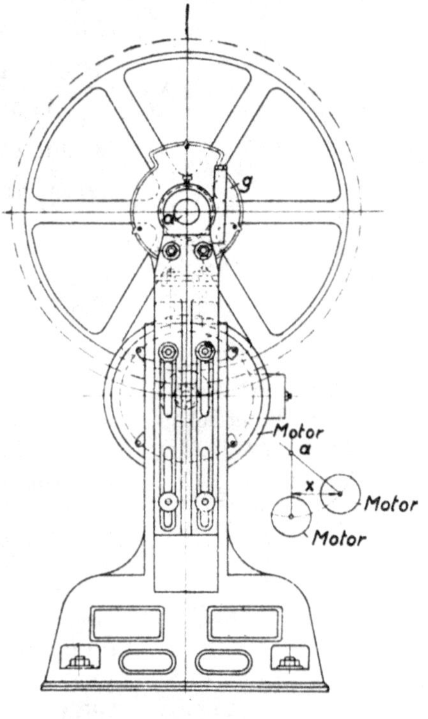

Abb. 281.

Der Motor hängt schwingend an der Webstuhlachse a, welche er unter Vermittlung seines Ritzels und eines auf der Webstuhlachse sitzenden Stirnzahnrades drehen soll.

Damit die während des Betriebes auftretenden Schwingungen des Motors sich in zulässigen Grenzen halten, begrenzt eine in einem Gehäuse g angeordnete Federkombination dieselben in ihrer Weite.

Dieser Antrieb ergibt ein stoßfreies Anlaufen des Webstuhles dadurch, daß der Motor beim Ansetzen etwas aus seiner Mittellage herausgedreht wird (er läuft sozusagen das große Zahnrad hinauf), der Feder im Gehäuse g eine größere Spannung erteilt und so, mit Unterstützung seines jetzt an einem Hebelarme x wirkenden Eigengewichtes, die Wirkung des Anzugsmomentes vergrößert.

Außerdem wird diesem Antrieb ein geringer Stromverbrauch und ein gleichmäßiger und ruhiger Gang des Webstuhles nachgerühmt.

Beispiel Nr. 94.

Ein Garn besteht aus zwei verschiedenen Rohstoffen. Es enthält 24 Gewichtsprozente einer Baumwollfaser, bei welcher der zulässige Feuchtigkeitszuschlag 8,5% beträgt, und 76% einer Seidenfaser mit 11% zulässigem Feuchtigkeitszuschlag.

Eine Probe wiegt 61 Gramm, und nach dem Trocknen 53 Gramm.

Der Posten wiegt 120,850 kg.

Welches ist das Handelsgewicht?

$$61 . 0{,}24 = 14{,}64 \text{ g}$$
$$61 . 0{,}76 = 46{,}36 \text{ „}$$
$$61{,}00 \text{ g}$$

$$53 . 0{,}24 = 12{,}72 \text{ g}$$
$$53 . 0{,}76 = 40{,}28 \text{ „}$$
$$53{,}00 \text{ g}$$

$$120{,}85 . 024 = 29{,}004 \text{ kg}$$
$$120{,}85 . 0{,}76 = 91{,}846 \text{ „}$$
$$120{,}850 \text{ kg}$$

$$14{,}64 : 12{,}72 = 29{,}004 : x$$

$$x = \frac{29{,}004 . 12{,}72}{14{,}64} = 25{,}200 \text{ kg}$$

$$46{,}36 : 40{,}28 = 91{,}846 : y$$

$$y = \frac{40{,}28 . 91{,}846}{46{,}36} = 79{,}800 \text{ kg}$$

$$25{,}2 + 8{,}5\ \% = 27{,}342 \text{ kg}$$
$$79{,}8 + 11\ \% = 88{,}578 \text{ „}$$
$$115{,}920 \text{ kg} \quad \text{Handelsgewicht.}$$

Beispiel Nr. 95. Ermittlung des Feuchtigkeitsgehaltes der Luft.

In Fabrikbetrieben benutzt man oft die sog. Psychrometer. Dies Instrument besitzt zwei Thermometer, die gleichzeitig beobachtet werden müssen, und von denen bei dem einen die Kugel mit einem feinen Baumwolldocht umgeben ist, welcher in ein untergestelltes Gefäß mit destilliertem Wasser herabhängt, so daß die Hülle dieser Thermometerkugel stets befeuchtet ist. Das Wasser verdunstet von dem schlauchartigen Docht desto schneller, je trockner die Luft ist, und dementsprechend wird die durch die Verdunstung hervorgerufene Temperaturerniedrigung des sog. feuchten Thermometers bald stärker, bald schwächer sein. Aus dem Unterschied der durch die beiden Thermometer angezeigten Temperaturen sowie aus der durch das trockene Thermometer angezeigten Lufttemperatur kann auf den Feuchtigkeitszustand der Luft geschlossen werden. Um denselben ohne zeitraubende Rechnungen ableiten zu können, sind Psychrometertafeln zusammengestellt worden.

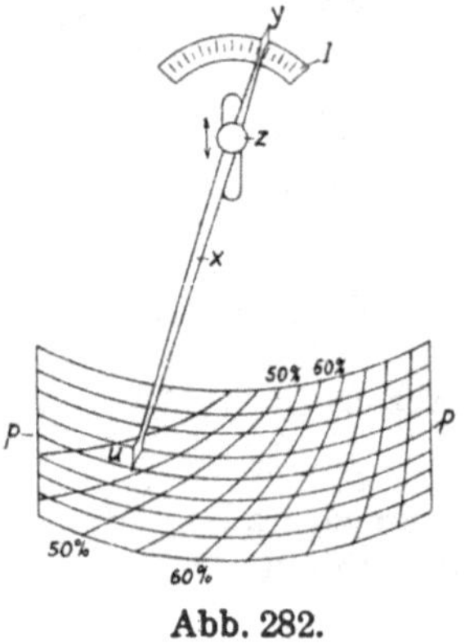

Abb. 282.

Nachdem man sich überzeugt hat, daß der Docht der Quecksilberkugel des Feuchtthermometers genügend mit Wasser getränkt ist, liest man ab: z. B. Temperatur des Trockenthermometers 14°, des Feuchtthermometers 11,4°, dann ist die psychrometrische Differenz 2,6°.

Manchen Psychrometern ist nun gleich ein Diagramm mit verstellbarem Zeiger x beigegeben. Dreht man die obere Zeigerspitze y entlang der oberen kleinen Skala I bis auf die Zahl 2,6 und verschiebt den Zeiger mit Hilfe des Drehknopfes z soweit, daß die untere Zeigerspitze u sich auf dem Kreisbogen p befindet, der die Gradzahl des Feuchthermometers anzeigt, so wird die untere Zeigerspitze u auf dem Diagramm auf Kurve 72% weisen; das ist dann die relative Feuchtigkeit der Luft in Prozenten (Draka-Psychrometer). Abb. 282.

Man kann diese auch rechnerisch ermitteln, und zwar unter Benutzung der Gleichung

$$w = f - 0{,}6\,(t - t_1)$$

worin bedeutet:

w = Wassergehalt der Luft pro m^3 in Gramm,
f = Gramm Wasser pro m^3 bei der Temperatur t_1,
t = Temperatur der Zimmerluft,
t_1 = Temperatur nach der Abkühlung.

Den Wert f findet man aus der folgenden Zahlentafel:

Grad Celsius	f	Grad Celsius	f	Grad Celsius	f	Grad Celsius	f
4	6,38	9	8,82	14	12,04	19	16,26
5	6,81	10	9,38	15	12,81	20	17,23
6	7,27	11	9,99	16	13,59	21	18.26
7	7,67	12	10,62	17	14,43	22	19,37
8	8,07	13	11,31	18	15,14	23	20,50

Für die Zahlentafel kommen die Ablesungen des Feuchtthermometers in Betracht. In unserem Beispiel würde sich die Rechnung wie folgt gestalten:

$$f \text{ (aus der Zahlentafel ermittelt)} = 9{,}99 + 0{,}63 \cdot \frac{4}{10} = 10{,}24$$

$$w = 10{,}24 - 0{,}6 \,.\, 2{,}6 = 8{,}68$$

Die so gefundene Zahl w dividiert man durch die der Lufttemperatur entsprechende Feuchtigkeit, welche man nach der Zahlentafel mit 12,04 findet:

$$\frac{8{,}68}{12{,}04} \cdot 100 = 72\% \text{ Luftfeuchtigkeit}$$

B e i s p i e l Nr. 96. Die Garnbefeuchtung.

Der Feuchtigkeitsgrad der Luft in den Spinnsälen ist teils aus praktischen, teils auch aus gesundheitlichen Gründen begrenzt. Höhere Sättigungsgrade wie 95% machen den Arbeitern den Aufenthalt in den Arbeitsräumen unmöglich und verursachen unter Umständen Rostbildung durch Niederschläge auf die Eisenteile der Spinnmaschinen. Diese Begrenzung der Luftfeuchtigkeit kann zur Folge haben, daß die Gespinste beim Verlassen der Spinnmaschine nicht denjenigen Feuchtigkeitsgrad haben, der ihnen vom Gesichtspunkte des Handelswertes für Fertigwaren zukommt.

Diese Tatsache führt unter Umständen zur Notwendigkeit der Nachbefeuchtung des versandfertigen Produktes, da die Einträglichkeit des Spinnereiunternehmens auf's engste mit dieser Frage verknüpft ist.

Nimmt man ein Baumwollgarn an, welches einen Feuchtigkeitszuschlag von 8½% haben darf, und welches mit einem Feuchtigkeitsgehalt von 6,956%

direkt von den Spindeln kommt, so entspricht dies einer Unterfeuchtigkeit von 0,953%. Gefunden aus:

$$x - 0,06956 \,.\, x = 100;$$

$$0,93044 \,.\, x = 100; \quad x = \frac{100}{0,93044} = 107,476$$

$$\begin{array}{r} 108,500 \\ -\ 107,476 \\ \hline 1,024 \end{array}$$

$$\frac{1,0240}{1,0748} = 0,953$$

Damit diese verschwindet und sich in eine Überfeuchtigkeit verwandelt, wird das Garn gedämpft und in einem Befeuchtungsapparat behandelt. Nach dem Verlassen des Apparates habe das Garn einen Feuchtigkeitsgehalt von 8,905% und entsprechend eine Überfeuchtigkeit von

$$100 - 8,905 = 91,095\ ;\ 91,095 + 8,5\% = 98,838\ ;\ 100 - 98,838 = 1,162\%.$$

Dies ergibt einen Gewichtsgewinn von 0,953 + 1,162 = 2,115%.

Selbst wenn infolge der weiteren Verarbeitung des Garnes dieses noch etwas Feuchtigkeit verliert, und der relative Feuchtigkeitsgehalt auf 8½% zurückgeht, so bleibt immer noch ein Gewinn von 0,953%.

Benutzte und empfehlenswerte Literatur.

Georg Lindner, Spinnerei und Weberei, Verlag Friedrich Gutsch, Karlsruhe und Leipzig.

Siegmund Edelstein, Die Kettenschaltgetriebe am mechanischen Webstuhle, Verlag Richard Dietze, Berlin.

Karl Mikolaschek, Mechanische Weberei, Verlag Franz Deuticke, Wien und Leipzig.

Ullrich, Der Rechenstab in der Textilindustrie.

Marschik, Technik und Wirtschaft des Webereibetriebes, nach den Grundsätzen der wissenschaftlichen Betriebsführung, Verlag Bernh. Voigt, Leipzig.

Leipziger Monatsschrift für Textilindustrie.

Melliands Textilberichte.

Zeitschrift für die gesamte Textilindustrie.

Druckschriften und Zeichnungen der Firmen:

Sächs. Webstuhlfabrik, vorm Louis Schönherr, Chemnitz,
Eisenwerke Sandau, Böhmen,
Brown, Boveri & Co., Mannheim,
Allgemeine Elektrizitätsgesellschaft, Berlin,
Carl Wiessner, Görlitz,
Franz Müller, Maschinenfabrik, M.-Gladbach,
Dr.-Ing. Schatz, Maschinenfabrik, Zittau,
Sächs. Maschinenfabrik, vorm. Rich. Hartmann, Chemnitz,
Karl Zangs, Maschinenfabrik, Crefeld,
Johann Knecht, Oberingenieur.

Sachregister.

A

Abdampf 250
Abfallstrom 248
Abkochverlust 240
Ablesungsfehler 10
Abscheren 61
Abschlagen 181
Abstellvorrichtung 148
Abstufung 78
Abweben 118
Abziehwalze 45
Abzugswalze 54, 200
Adiabate 8
Aequivalent, kalorisches 8
Aequivalent, mechanisches der Wärme 8
Aggregatform 8
Appretieren 16
Akkumulator 245, 255
Alarmvorrichtung 245
Aluminiumscheibe 61
Amperemeter 166
Analyse 259
Anfangsgeschwindigkeit 127
Anheizungsperiode 251
Anlasser 186
Anlaßschleifringankermotor 244
Anlaßvorrichtung 155, 190
Anlaufen 165
Anlaufstrom 243
Anpressungsdruck 53, 77
Ansatz, konischer 111
Anschlagstellung 91
Anschluß 111
Anspinnen 184
Antriebskraft 103
Antriebsscheibe 120
Antriebswelle 76
An- und Abspinnen 244
Anzugsmoment 98, 119, 243, 265
Apparate, mikrophotographische 242
Arbeit, mechanische 6
Arbeitsbedarf 76
Arbeitsbedarf, konstanter 131
Arbeitsdiagramm 53, 151
Arbeitsinhalt 6
Arbeitsleistung 53
Arbeitsübertragung 53
Arbeitsvermögen 6
Arbeitsvorgänge 151
Armbrust 160
Arschin 66
Asymptote 27
Asynchronmotor 262
Atomisieren 253
Auerbach-Automat 170
Aufwickelgeschwindigkeit 77
Aufwickelgetriebe 57, 62
Aufwickelprozeß 54
Aufwickelweg 129
Ausnutzung, rationelle 135
Ausrücker 254

B

Ballongröße 188
Ballonwiderstand 183
Bandbreite 111
Bandform 110
Bandverschiebung 112, 113
Bandwebstuhl 79
Bar 16
Barchent 253
Bäummaschine 72
Baumträger 156
Bäumvorrichtung 156
Baumwolldraht 266
Baumwollgarn, hartes 198
Baumwollgarn, lockeres 198
Baumwollgarn, Numerierung 12
Baumwollrohweberei 97
Baumwollstuhl 132
Befeuchtungsanlage 253
Befeuchtungsapparat 268

Beharrungsvermögen 99
Belastung, induktionsfreie 261
Belastungsgewicht 63, 118
Berechnungen, graphische 233
Bergmann-Nu-Antrieb 53
Beschleunigung 6
Beschleunigung, maximale 88
Beschleunigungsarbeit 140, 145
Beschleunigungsdruck 88, 89, 106, 131, 143, 144
Beschwerung, künstliche 240
Betriebsdruck 248
Betriebsführung, wissenschaftliche 100
Betriebssicherheit 172
Bewegungen, addierte u. subtrahierte 86
Bewegungsdiagramm 90
Bewegungsumkehr 84
Bewicklungsdurchmesser 136
Bewicklungslänge 198
Bewicklungsrapport 56
Biegungsbeanspruchung 75, 153
Biegungsgleichung 78
Bildungswasser 258
Bindungsfehler 75, 231
Bindungsprozeß 193
Bindungsrapport 56
Bindungszahl 56
Blattbreite 97
Blattspannung 33
Blattzähne 96, 141
Blindstrom 260
Bleichlauge 246
Blockschärmethode 54
Blockscheibe 77
Bobbinettgewebe 16
Bobinen 55
Bockrad 179
Bogenlampe 170
Bombe, kalorimetrische 258
Bremsbacke 97
Bremsband 119
Bremse, automatische 118
Bremsgewicht 116
Bremskraft 97
Bremsscheibe 119
Bremsvorrichtung 152
Bremswiderstand 164
Brennpunkt 48
Brennpunkte 23
Bruchgrenze 103
Brustbaum 171
Buchstabenrechnung 117
Bügel 89
Bürstenverschiebung 187

C

Cheviot-Anzugstoff 239
Chromnickellegierung 249
Cupron-Element 257

D

Dampfenergie 248
Dampfmengenmesser 248
Dampfspeicher 248
Dampfverbrauch 247
Dampfverbrauchsziffern 248
Darmsaite 61
Darmseil 69
Darstellung, graphische 53
Daumenscheibe 87
Dehnung 141
Dehnungsgröße 93
Dekatieren 250
Dessinwalze 44
Dezimalwage 241
Dichte, konstante 111
Dickenmesser 242
Differentialgetriebe 78
Differentialquotient 29, 145
Differentialrad 41
Differentialwerk mit Kegelrädern 40
Differenz, psychrometrische 266
Differenzialspulenführer 171
Differenzzahl 204
Dimension 12, 13
Doppelkegelrad 41
Doppelrad 84
Doppelsamt 59
Doppelstuhl 59
Drahtberechnung 179
Drahtdifferenz 192
Drahtgebung 172
Drahtlänge 194
Drahtrichtung 177
Drahtspitze 201
Drahtgewebe 193
Drehmittelpunkt 122
Drehmoment 75
Drehstrom-Kurzschlußankermotor 119
Drehungsbeanspruchung 102
Drehungskonstante 178

Drehungstabelle 179
Drehungszähler 242
Drehwinkel 53
Dreieck, starres 90, 91, 141
Dreieckschaltung 244
Dreiphasen-Kollektormotor 185, 245
Dreischuß-Poldurch 59
Druck, spezifischer 33
Druckknopf 160
Durchbiegung 156
Dynamometer 165

E

Ebene, schiefe 7
Effektgröße 166
Effektzwirn 180
Eichung 11, 166
Einarbeitung 60, 180, 192, 193
Einfluß, quadratischer 108
Einhubmaschine 88
Einlegerhebel 171
Einphasen-Kollektor-Motor 19, 185
Einschützig 59
Einstiftrad 22, 61
Ein- u. Ausrückstange 120
Einzelantrieb, elektrischer 152
Einzwirnen 236
Einzwirnung 176
Elastizitätsgrenze 189
Elastizitätsmesser 242
Elastizitätsmodul 153
Elektro-Dampfkessel 248
Elektrodensystem 248
Elektrodynamometer 261
Elemente, galvanische 255
Energie, kinetische 6
Energierückgabe 169
Entlastung 100
Entlastungsvorrichtung 135
Entzündungstemperatur 260
Erdbeschleunigung 102, 103, 122, 150
Erfahrungszahl, Gehrkens'sche 76
Export 160
Exzenter, ineinandergeschobene 87
Exzentergetriebe 49
Exzenter-Kreuzkettspulmaschine 147
Exzenternabe 88
Exzenterschlageinrichtung 131
Exzenterschlagvorrichtung 101
Exzenterspulmaschine 161
Exzentrizität 36, 88, 140

F

Fach, reines 128
Fachbildeexzenter 30, 31
Fachliteratur 100
Fachschluß-Vorrichtung 129
Fachwechsel 103
Fachwinkel 93, 141
Faden 93
Fadenabzug 54, 190
Faden an Faden 161, 198
Fadenbrüche 184
Fadendehnung 231
Fadendichte 54
Fadendicke 113
Fadendurchmesser 195
Fadeneinziehen 112
Fadenführer, rotierender 164
Fadenführerantrieb 81
Fadenführerhub 56
Fadenführermechanismus 55
Fadenführerstange 56
Fadenführungsrad 148, 149
Fadengeschwindigkeit 25, 135
Fadengeschwindigkeit, konstante 137
Fadenkreuz 54, 112
Fadenlage 80
Fadenneigungswinkel 161
Fadenspanner 190
Fadenspannung 54, 164
Fadenwächter 54
Fadenzug 130
Fahne 172
Fahrstift 168
Fallbewegung 104
Farbrolle 74
Farbzeichen 73
Feder 102
Feder, regulierbare 120
Federkombination 265
Federmaßstab 168
Federn 160
Federschlag 101, 102
Federspannung 63
Federzug 103
Feldspulen 186
Feldstärke 186
Fertigkeit, manuelle 135
Festblatt 160
Festblattwebstuhl 97
Fettgehalt 240
Feuchtigkeitssatz 241

Feuchtigkeitszuschlag 265
Feuchtthermometer 266
Filter 253
Filz 54
Filzwebstuhl 90
Flächen, negative 169
Flächendruck, spezifischer 131
Flächendrücke, spezifische 84
Flächenmomente 174
Flachs 19
Flachsbrechmaschine 42
Flattern 130
Fliehkraft 94
Fliehkrafthebel 123
Flor 60
Flugasche 260
Flügelspinnsystem 181
Flugrichtung 131
Flüssigkeitswärme 8
Förderband 65
Formaldehyd 253
Formänderungsformel 77
Fortschaltung, intermittierende 60
Freifallbewegung 127
Friktionsantrieb 20, 76
Friktionskupplung 151
Friktionsscheibe 151
Friktionswelle 148
Friktionswirkung 123
Frischluftstrom 253
Fühlmechanismus 170
Fühlrolle 19, 55, 62, 118, 139
Fühlvorrichtung, elektrische 246
Fühlwalze 64
Füllungsrad 187
Fünfleitersystem 245

G

Gabelhebel 75
Gang, toter 79
Gardinen, englische 16
Garn, rechtsgedrehtes 172
Garnbefeuchtung 267
Garndicke 47
Garne, gesponnene 112
Garne, metrisch numerierte 237
Garnfeinheit 12
Garnfestigkeitsprüfer 242
Garngleichheitsprüfer 242
Garnhaken 224
Garnkötzer 173
Garnsorte 114
Garnstärke 111
Garnwagen 223
Geflecht 15
Gegendruck 94
Gegenkraft 62
Gegenstrichwalze 199
Gehrkens'sche Zahl 84
Gekrümmter Radkranz 147, 148
Gelesegestell 112
Generator 169, 261
Geschwindigkeit 6
Geschwindigkeit,
periodisch wechselnde 22
Geschwindigkeitsdiagramm 40
Geschwindigkeitsregelung 115
Geschwindigkeitszunahme 127
Gestellwände 160
Getriebe,
ununterbrochen arbeitende 29
Gewebebindung 56
Gewicht, spezifisches 5
Gewichtshebel 149
Gewichtsmittel 241
Gewichtsnumerierung 235
Gewinde, flaches 77
Glanzstellen 55
Gleichstrom-Nebenschluß-Motor 19, 185
Gleichstrom, wellenförmiger 255
Gleichungen, unbestimmte 205
Gleichungen, widersprechende 206
Gleitkurve 87
Gleitmodul 102
Gleitverluste 10, 55, 83, 134, 179
Gradbogen 223
Gradlineal 224
Graphische Darstellung 64
Greifschienen 65
Grenzfäden 111
Grenzwerte 95, 106
Grundkette, gespannte 60
Grundkette, lockere 60
Grundschäfte 59
Grundspannung 245
Gruppenmotor 264
Gußeisen 76

H

Haarfeinheit 242
Hacker 223
Haken 103

Halbmondrad 86
Halbverfilzungsmaschine 201
Handelsgewicht 240, 241
Handrad 77
Hänge 247
Harnisch 83
Harnischmaschinen 104
Hauptexzenter 56
Hauptspinnen 244
Hebel, einarmiger 88
Hebel, zweiarmiger 88
Hebelkombination 86
Hebelrolle 49
Heißluftstrom 241
Heizfläche 247
Heizspule 249
Heizwert 258
Heizzapfen 249
Helfenauge 231
Hemmungen 104
Herausfliegen des Webschützens 130
Herzexzenter 178
Herzräderpaar 49
Herzscheiben 80
Hilfsanker 254
Hilfsleitung 254
Hintereinanderschaltung 256
Hinterfachlänge 232
Hoch- und Tieffachmaschine 104
Hodgsonstuhl 57
Höhen, geographische 163
Hohlräume 80
Holzklötzchen 119
Holzscheibe 61, 118
Holzspulen 178
Honeggerschützenwechsel 105
Horizontalebene 94
Hubarbeit, nutzbare 53
Hubkurve 30, 53
Hublinien 49
Huborgan 104
Hubrad 87
Hülsen 160
Hülsengewicht 138
Hygroskopisch 240, 241
Hyperbel 27, 234

I

Innentrittexzenter 128
Innenverzahnung 67
Instrumente, registrierende 166
Intermittierende Bewegung 21
Interpolation 36
Intervall 192
Isobare 8
Isotherme 8
Isovolume 8

J

Jacquardmaschine 15, 79, 84, 88, 169
Jacquardmaschine, elektrische 246
Jacquardplüschweberei 149
Junkers'sches Kalorimeter 258
Jute, schottische Numerierung 238
Jutegarn, Numerierung 12

K

Kalikogewebe 195, 240
Kalorie 8
Kammgarn, Numerierung 12
Kammgarn 213
Kämmlinge 215
Kämmaschine 22, 35
Kammwickel 215
Kanonenrad 56
Kanterspülchen 149
Kapazität 257
Kapselspinnmaschine 172
Karbonisierverlust 240
Karte 87
Kartenzylinder 67
Kastenbremsung 102
Kastenhubexzenter 87
Kastenklappe 99
Kastenzungenbremsung 127
Kegelräder 23, 46, 47
Kegelradvorgelege 120
Kegelriementrieb 200
Kegelspitze 173
Kegelzahnrad 76
Keilband 53
Keilnuten 89
Keilrille 79
Kettbaumbremse 115
Kettenfadenbrüche 96
Kettenfadendichte 47
Kettenfadenwächter, elektrischer 112
Kettengetriebe 84, 88
Kettenkörper 128

Kettenlänge 54
Kettenmaterial 90
Kettenschaltwerk 78
Kettenspannung 54
Kettenspannung, konstante 139
Kettfadenbrüche 141
Kettfadenschonung 107
Kettgarngewicht 192
Kettspulmaschine 135
Kilowatt 6
Kilo-Volt-Ampere 262
Kinetische Energie 163
Klassifizierung, einwandfreie 242
Klauenring 122
Kleinhandel 160
Klemmbacke 79
Klemmenspannung 261
Klemmgetriebe 79
Klemmstreifen 79
Klingel 54
Klinken 34
Klinkenhub 78
Klinkenkraft 78
Klinkenschaltgewicht 62
Klinkenschaltwerk 54, 78
Klöppeln 15
Kluppen 246
Knickung 189, 193
Kniebildung 199
Knowlesgetriebe 21, 85
Kohlenverbrauch 246
Kollektor 245
Kombinationen 207, 218
Kommutator 186
Kompensationsregulator 63
Komponente 107
Kondensation 249
Kondensationswärme 258
Konditionieranstalten 241
Kongress, internationaler 242
Konkurrenz 100
Konstante 64, 168
Konstruktionsbedingungen 118
Kontinuierlich 116
Kontrolle 78
Konusfriktionskupplung 69
Konus-Kettenschärmaschine 110
Konusschärmaschine 156
Konusschräge 111
Konusstab 111
Konuswinkel 113
Kopfzahl 61
Koordinatensystem 27
Koordinatensystem, rechtwinkliges 234
Körper 195
Körper gleicher Festigkeit 33
Korrektion 180
Korrektionsfaktor 58
Korrekturen 64
Kraft, resultierende 123
Kraftschlüssig 60
Kraftschlüssigkeit 81
Kraftschwankung 150
Kraftverbrauchsschaulinie 167
Kratzenbänder 199
Kratzenhäkchen 199
Kratzenrauhmaschine 199
Kratzenwalze 45
Kreidestrich 79
Kreisring 56
Kreisringexzenter 20, 88
Kreisstirnrad, exzentrisch gebohrt 38
Kreisstirnzahnrad, exzentrisch gebohrtes 22
Kreuzbildung 112
Kreuzschienen 93, 231
Kreuzschnur 112
Kreuzspule, konisch feststehende 190
Kreuzspulen 149
Kreuzspulmaschine 84, 104, 160
Kreuzungswinkel 80, 147, 161
Kritikvermögen 100
Krümmungen 110
Krümmungs-Mittelpunkt 188
Kühlturm 249
Kulierware 14
Kulissenhebel 63
Kunstseide 60
Kupplung 75
Kupplungshälfte 120
Kurbelbolzen 85
Kurbelgetriebe 20
Kurbelhub 142
Kurbelkreis 88
Kurbelschere 142
Kurbelschleife 67
Kurbelschlitz 115
Kurbelstangenantrieb 84
Kurbelwellenrad 56
Kurbelzapfen 90
Kurvenblatt 233
Kurvenscheiben 20, 188

L

Ladenanschlag 61, 121, 151
Ladenantrieb 167
Ladenarbeit 1, 43, 144
Ladenbahn, Neigung derselben 130
Ladenbeschleunigung 94, 140 143
Ladenbewegung 92
Ladenbolzen 142
Ladendrehpunkt 94
Ladenfuß 140
Ladengeschwindigkeit 140, 143
Ladenhub 108, 233
Ladenschwinge 79
Ladenstelze 90
Ladenweg 140
Ladenwickel 20
Lamellen 112, 254
Längenmarken 66
Längennumerierung 235
Längsstreifen 54
Läuferreibungswiderstand 183
Lauffläche 89
Laufgewicht 224
Laufgewichtsskala 165
Laufrichtung 141
Lebendige Kraft 163
Leclanché-Element 256
Leerlaufkraftbedarf 264
Leinengarn, Numerierung 12
Leinennumerierung, englisch 229
Leinwandbindig 60
Leinwandbindung 195
Leistung, scheinbare 261
Leistung, theoretische 135
Leistung, wirkliche 135
Leistungsfähigkeit, quantitative 135
Leistungsfaktor 169, 260
Leistungsversuch 135
Leitungsquerschnitte 262
Leitungsverlust 264
Lichtstrahl, wandernder 170
Lieferzylinder 178
Linksdraht 192
Litze 254
Litzenauge 231
Lose 241
Losscheibe 122
Lufterneuerung 251, 253
Lufttrockenschlichtmaschine 46
Luftundurchlässigkeit 242
Luftwechsel 253

M

Magnetfeld 170
Magnetisierungsstrom 261
Maltesergetriebe 22, 29, 161
Malzdarrgewebe 195
Mangelradgetriebe 84
Manipulation 110, 111
Mantellinie 25, 28
Mariotte'sche Linie 234
Markierapparat 66
Masche 13
Masse 6
Massenausgleich 160
Massenbeschleunigung 126
Massenmittelpunkt 130
Massenträgheit 104
Material, keramisches 249
Mechanik 101, 117
Melton-Paletotstoff 239
Messer 60, 67
Messerhub 104
Messerkasten 88
Messerkorb 104
Messerschlitten 60
Meßinstrumente, elektrische 166
Meßschleife 169
Meßtrommel 65
Messung, dynamometrische 165
Meßvorrichtung 70
Meßwalze 70
Mikroorganismen 253
Millar Loom 14
Minuend 203
Mischungsanteil 203
Mischungsrechnung 202
Mischungsverhältnis 202
Mitnehmerring 86
Mittel, antiseptische 253
Modul 17, 44, 45
Mohair 22
Moment, statisches 7
Montage, falsche 119
Muffe 75
Mulde 200
Musterungen 47

N

Nachtstrom 248
Nadeln 67
Nadelstabstrecke 35

Nähgarnspülchen 160
Nähzwirnspule 198
Nebenschlußregulator 257
Neigung 77
Neigungsänderung 131
Neigungswinkel 53, 80
Netzbindungen 16
Netzspannung 256
Niederdruck-Dampfheizung 252
Noppen 181
Noppe 61
Normaldruck 108
Normal- od., Grundzahl 58
Normalinstrument 11
Normalleistung 152, 166
Northrop 107
Nulleiter 255
Nullinie 168
Nullspannungsspule 249
Numerierungsmethode, englisch 227
Numerierungsmethode, metrisch 227
Nut und Feder 53, 77, 185
Nutexzenter 106, 157
Nutzarbeit 9
Nutzeffekt 9

O

Oberfach 31, 223
Oberschlagstuhl 140
Oberschlagvorrichtung 101
Oberware 59
Oeltropfapparat 202
Oszillograph 167, 169

P

Papierband 66
Papierwalze 44
Papphülsen 178
Parallel-Kettspulmaschine 80
Parallelogramm 111
Parallelogramm der Kräfte 7, 50, 183
Parallelspulmaschine 84
Pendelantrieb 265
Pendelbewegung 94
Periodenzahl 244
Perserteppich 16
Pfeifen 80
Phase 255
Phase der Bewegung 168
Phasenmesser 261
Phasenverschiebung 261
Photographisch 184
Picker 101, 126, 131, 146
Pickerendgeschwindigkeit 132
Pilgerschrittgetriebe 42
Planetengetriebe 67
Planetenrad 41
Planimeter 168
Platine 14
Platinenboden 104
Platinen 67, 222
Platinenpaar 87
Plüschwebstuhl 59
Point 16
Polkette 59
Polkette, lockere 60
Polklemme 244
Polmaterial 60
Polschäfte 59
Polumschaltmotor 244
Polygon der Kräfte 7
Polytrope 8
Präzisionsmeßmaschinen 64
Präzisions-Oelpumpe 202
Präzisionsregulatoren 33
Presse 14
Preßmaschine 44
Preßspäne 246
Pressung 99
Preßwalze 55
Prisma, achtseitiges 31
Probespulen 137
Projektion 111
Proportion 48
Psychrometer 266
Puffer 97
Pufferfeder 99
Puffernase 97

Q

Quadratmetergewicht 192, 193, 239
Qualitätsverfeinerung 205
Querschnittsfläche 111

R

Rahmenlatte 115
Rand 55
Rauchgasprüfer 260
Rauhkratze 199
Rauhmaschine 165

Rauhtrommel 199
Raumheizkörper 247
Rechenschieber 13
Rechtsdraht 192
Reduktor 245, 258
Reduzierventil 250
Regulator 58
Regulator, intermittierend arbeitender 61
Regulator, positiver 32
Regulatoren, positive 33
Regulierschleifringankermotor 244
Repulsionsmotor 19, 186
Reibflächen, konische 53
Reibrad 77
Reibscheibe 77
Reibungsarbeit 50
Reibungsarbeit 50, 96, 140
Reibungskoëffizient 7, 53, 75, 94
Reibungskupplung 54, 103, 120
Reibungsrolle 106
Reibungsweg 231
Reibungswiderstand 7, 94
Reibungswinkel 7
Reibungszahl 77
Reihe, arithmetische 67
Reihenentwicklung 38
Reißlänge 12
Reklamationen 64
Renoldsche Zahnkette 85
Rentabilitätsstatistiken 248
Riemen 120
Riemen, gekreuzte 26
Riemenantrieb 119
Riemenbreite 76
Riemendicke 83
Riemengeschwindigkeit 76
Riemenkonusse 25
Riemenzugkraft 165
Ringbank 19, 178
Ringrahmenbewegung 183
Ringschiene 178
Ringspinnmaschine 19, 181, 245
Rispelblatt 112
Ritzel 265
Rohrleitungsverlust 247
Röhrenkessel 248
Relais 255
Rollenkette 85
Rollenkurbel 100
Rollenkurve 32
Rollenriemendicke 129
Rollenzug, dreischäftiger 128
Rollspule 190
Rotor 244
Rotorgeschwindigkeit 169
Rückstoß 119
Rückwärtshebel 76
Rückwärtslauf 76, 94
Rundwebstuhl 13, 164
Rundwirkmaschinen 13
Rutenführungsapparat 69
Rutenschloß 69
Rutenwebstuhl 23, 69
Rutschkupplung 119

S

Sammelkasten 171
Sandbaumregulator 57
Sättigungsgrad 267
Schäfte 128
Schaftexzenter 30
Schafthebelrolle 30
Schaftmaschine, schnürlose 221
Schaftmaschinen 85
Schaftrahmen 222
Schaftrollenzüge 128
Schaftschnuren 222
Schaftsprung 231
Schaftstillstand 31
Schaftwächter 222
Schaltklinke 57
Schaltrad 77, 78
Schalträder 33
Schaltscheibe 79
Schaltung, gemischte 256
Schaltwelle 188
Schaltwerke 32
Schappe 60
Schärblatt 54
Schärblattsupport 111, 113
Schärblattsupport 156
Schärlatten 111
Schärmaschine, englische 76
Schärmaschine 113, 164
Schärmethode 110
Schärmuster 110
Schärprozeß 54
Schärtrommel 111, 156
Schaulinie 167, 234
Scheiben, konische 53
Scheibenspule 80

Sperradteilung 78
Scheuern 242
Schiene 112
Schienen, stromführende 112
Schlagapparat 158
Schlagarm 132
Schlagarmlänge 101
Schlagdaumen 145
Schlagexzenterwelle 56
Schlaggröße 108
Schlagkonus 101
Schlagkurvenwinkel 133
Schlagmechanismus 126
Schlagnase 134
Schlagpeitsche 102, 146
Schlagriemen 101, 102, 134
Schlagrolle,
Beschleunigung derselben 131
Schlagspindel 146
Schlagspitze 134
Schlagstärke 53
Schlagstock 134
Schlagwinkel 147
Schlagzeit 141
Schlagzeug 158
Schlauchkötzer 173
Schleifring 244
Schleifstein 22
Schleifvorrichtung 199
Schlichtmaschine 250
Schlitz, radialer 111
Schlitz, schräger 111
Schlitzhebel 63
Schlitztrommelmaschine 161
Schlüpfung 169, 244
Schlüsselzahl 234
Schußstreifen 121
Schmelze 215
Schmirgelpulver 199
Schmirgelstein 61
Schmitzapparat 72
Schmitzfarbe 72
Schmitzhammer 72
Schmitzzähler 74
Schnecke 70
Schneckengetriebe 61
Schneckenradregulator 234
Schneckenscheibe 69
Schneidwerkantrieb 22
Schneidwerke 35
Schnelläufer 108, 141
Schnurlänge 119
Schraube, eingängige 77
Schraubengetriebe 53, 77
Schraubenlinie 149, 175
Schraubenrad 61, 70
Schraubenspindel 53
Schreibstift 168
Schreibvorrichtung 166
Schubstange 90
Schubstange, unendlich lang 141
Schuß, vorgebrochener 193
Schußdichten 48
Schußdichte 33, 57, 93
Schußdichten, periodisch wechselnde 47
Schußdichtenrapport 48, 49
Schußfadenspannung 130
Schußgabelhammer 171
Schußgarngewicht 192
Schußspulmaschine 105, 135
Schußwächterschützen 172
Schützenauffangvorrichtung 160
Schützenauswechsler 170
Schützenbahn 86
Schützenbewegungsvorrichtung 35
Schützenbremsung 127, 133
Schützendurchgang 30, 31, 91, 93, 108
Schützendurchgang, Dauer 132
Schützeneintritt 126
Schützengeschwindigkeit 133
Schützengewicht 94, 127
Schützenhinterwand 141
Schützenkasten 67
Schützenkastenzunge 126, 134
Schützenlauf 128
Schützenpressung 134
Schützenquerschnitt 142
Schützenschlag 87, 158, 169
Schützenschwerpunkt 130
Schützentreibermechanismus 53
Schützenwechselvorrichtung 67, 85
Schwachstrom 245
Schwere 5
Schwerkraft 106
Schwerpunktsachse 7
Schwingebene der Schlagrolle 134
Schwinggewicht 122
Schwung- und Bremsrad 97
Schwungkraft 120
Schwungmasse 122, 159
Schwungrad 120, 149
Schwungring 159

Seaton 107
Seide, gehaspelte 112
Seidengewebe 63
Seidenstühle 108
Seilbremse,
automatisch regulierende 116
Seilzug 117
Seide 60
Seitenkräfte 97, 123
Sektionalschärmaschine 112
Sektions-Schärmaschine 76
Selfaktor 69, 181
Sengmaschinen 246
Siemens-Blondel 170
Single tie 16
Sinuslinie 184
Skala 70, 115, 224
Skalenscheibe 78
Skelettwalzen 43
Smyrnateppich 16
Souczek 159
Spannrollen 84
Spannschienen 264
Spannung, absolute 245
Spannung, zusätzliche 103
Spannungsausgleicher 60
Spannungskurve 169
Spannungsverluste 256
Spannwalze 54, 199
Spezialspulmaschinen 162
Spezialwebstuhlmotor 119, 152
Spindelschnur 192
Spindeltourenzahl, konstante 136
Spindelwirtel 179
Spinnperiode 184
Spinnrahmen 185
Spinnrendement 215
Spirale, archimedische 69
Spiralrillen 69
Spulen 54
Spulenansatz, konischer 140
Spulenantriebswelle 148
Spulenauswechslung, selbsttätige 129
Spulendicke 148
Spulendorn 161
Spulendurchmesser 136
Spulenfühler 170
Spulengatter 164, 192
Spulenrähmchen 148
Stahldrähte 199
Standard types 100
Ständer 244
Stapelfaser 213
Starkstrom-Kettenfadenwächter 254
Stator 244
Statordrehfeld 169
Staubkammer 253
Stecher 121
Stechereinrichtung 97, 120, 160, 172
Stecherlappen 97
Stecherniederzugfeder 99
Stecherplatte 99
Stecherschützenwächter 151
Stecherstange 97
Steilheit der Kurve 132
Stein 63
Steinkohlenmenge 127
Stellvorrichtung 115
Stern-Dreieckschalter 244
Sternrad-Mitnehmergetriebe 61
Sternschaltung 244
Stickspülchen 160
Störungsglied 141
Stoßfrei 104
Stoßarm 90, 140
Stotzsche Kette 85
Strahlungshitze 260
Streckenzylinder 183
Streichbaum 153
Streichgarn 215
Streichgarnnumerierung 237
Streifenbürstwalze 202
Strichrauhen 201
Strichwalze 199
Stromkreis 121
Stromkurve 169
Stromschluß 172
Stromstoß 243
Stufenscheiben 23, 24
Substitution 27
Subtrahend 203
Summenwert 62
Symmetrisch 107
Synchronismus 181
Synchronmotor 262
System Schlafhorst 190

T

Tabellen 192
Tabellenwert 115
Tafelapparat 200
Tageslicht, künstliches 246

Tambour 200
Tangenten, trigonometrische 112
Tangential- oder Umfangskraft 51
Tauchschlichtwalzen 46
Technologie, mechanische 117
Teilkreis 76
Teleskopantrieb 65
Temperatur, absolute 8
Temperatur, kritische 8
Textilfachschulen 100
Thermostat 242
Titre, international 238
Titre, legaler 235
Tourenregelung 186
Tourenregelungsvorrichtung 53
Tourenregulierung 181
Tourenzahl, reduzierte 185
Tourenzahl, theoretische 138
Tourenzähler 168
Trägheit 121
Trägheitsellipse 155
Trägheitshalbmesser 155
Trägheitsmoment 6, 153, 164
Transmissionsantrieb 152, 169
Transmissionskoëffizient 251
Transformator 258
Transportbaum 61
Transportkette 115
Trapez-Gewinde 77
Traveller 177
Treiber 99
Tritt 59, 60
Trittexzenter 22
Trittexzenterrad 56
Trittlager 129
Trockengeschwindigkeit 247
Trockengewicht 241
Trockenöfen 241
Trockenraum 247
Trockenthermometer 266
Tuchschußfäden 215
Tüllgewebe 16
Tussah 60

U

Ueberfeuchtigkeit 268
Ueberlaufen 97
Uebersetzungsverhältnis 30, 88, 118
Uebersynchron 169
Uebertragungsgetriebe 63
Umfangskraft 32, 75, 84
Umfangskraftkurve 166
Umfangsweg 118
Umlaufbehälter 249
Umschlagen 111
Umschlagstellung 143
Umwandlungskoëffizient 228
Ungleichung 103
Unterfach 31, 223
Unterfeuchtigkeit, 268
Untersuchungen, mechanisch-technologische 242
Unterware 59
Ursprungspatent 172

V

Vakuum 249
Ventilation 247, 251
Verbandsformel 259
Verbrennungswärme 259
Verdampfungstemperatur 247
Verdampfungswärme 8, 250
Verdampfungswert, theoretischer 260
Verdunstungstrocknen 246
Verfilzungseffekt 201
Verhältniszahl 203
Verklemmung 79
Verkuppeln 122
Verschiebkraft 75
Versuchsmaschine 137
Versuchszeit 138
Verteilungskasten 264
Verziehung 181
Verzögerung 6
Vollzylinder, homogener 164
Voltmeter 166
Vorderfachlänge 232
Vorderzylinder 177
Vorgarnfaden 173
Vorgarnwickel 172
Vorgelege 56
Vorgelegeräder 179
Vorlegewelle 120

W

Wagenherz 187
Walzendruck 46
Walzenschalter 264
Ware, 4, 5, 8bindig 56
Warenabzugsvorrichtung 57, 62
Warenbaum 33
Warendicke 65

Warengewicht 192, 193
Warenleisten 246
Warenprüfungsämter 240
Wärmeabführung 89
Wärmeabsorption 251
Wärmedurchgangskoëffizient 8
Wärmeeinheit 8, 127
Wärmeleitfähigkeit 242
Wärmetransmission 251
Wärmewirkungsgrad 250
Waschverlust 240
Wasser, destilliertes 266
Wasserundurchlässigkeit 242
Waterkette, geschlichtete 170
Wattmeter 166
Webblatt 93
Webfach 88, 141
Webkettenspannung 88
Webkette 54
Webladenantrieb 90
Webschützen 92
Webstuhl 14
Webstuhlart 90
Webstuhlkettenbaumbandbremse 139
Webstuhlkupplung 119
Webstuhlwirkungsgrad 138
Wechselkarte 85
Wechselrad 32, 33 178
Wechselradberechnung 61
Wechselstrom-Elektromagnet 255
Wechselvorgang 170
Weiche 84
Weichen 15
Welle, gekröpfte 106
Wendestück 84
Werkzeugmaschinen 24
Wicklung, offene 161
Wicklungen, verkettete 244
Widerstand, inductionsloser 258
Widerstandsmoment 7
Windemaschine 80
Windemaschine, amerikanische 55
Windungsumfang 173
Windungswinkel 162
Winkelgeschwindigkeit 6, 32
Winkelgeschwindigkeiten,
periodisch wechselnde 35
Wirkungsgrad 9, 77, 135, 169
Wirkware 13
Wolfrum-Schaftmaschine 221

Y

Yard 66

Z

Zählapparat 72
Zählwalze 54
Zahnbreite 76
Zahndruck 76, 120, 168
Zahndruckdynamometer 151, 167
Zahnkranz 65
Zahnräder, elliptische 35
Zahnradgetriebe, elliptisches 22
Zahnriegel 87
Zahnsektor 60
Zahnteilung 76
Zentralrad 67
Zentralschmierung 202
Zentrifugalkraft 6
Zentrifugalkupplung 121
Zentrifugal-Ventilator 253
Zettelkettenlängen 70
Zettelmaschine, amerikanische 190
Zettelmaschine, Drapersche 25
Zettelwalzen 190
Zeug-Webstuhl 129
Zifferteilung 115
Zschasche 14
Zugkraft des Regulators 62
Zugmesser 260
Zungenform 128
Zungenhebel 100
Zusammenziehgeschwindigkeit 105
Zusatzdrehung 173
Zusatzspannung 165
Zusatztransformator 182
Zwangläufig 60
Zweistiftrad 22
Zwirn, dreifädiger 174
Zwirnmeister 179
Zwirnmühle 40
Zwirnprozeß 174
Zwischenrad (Transporteur) 56 56
Zwischenstück 141
Zwischentrieb 148
Zwischenvorgelege 165
Zykloide 201
Zylinder, beheizte 247

Kolibri 360 GmbH
Ferdinand-Jühlke-Straße 7
99095 Erfurt, Deutschland
produktsicherheit@kolibri360.de